U0394230

Draping for Apparel Design

服装立体裁剪（下）

[美] 海伦 · 约瑟夫-阿姆斯特朗(Helen Joseph-Armstrong)　著
刘　驰　等译
崔志英　等校

東華大學 出 版 社 · 上海

图书在版编目（CIP）数据

服装立体裁剪．下 /（美）约瑟夫 - 阿姆斯特朗著；刘驰译．
—上海：东华大学出版社，2016.3
ISBN 978-7-5669-1001-1

I. ①服… II. ①约… ②刘… III. ①立体裁剪 IV. ① TS941.631

中国版本图书馆 CIP 数据核字（2016）第 022628 号

责任编辑　徐建红
封面设计　Callen

服装立体裁剪（下）

[美] 海伦・约瑟夫 – 阿姆斯特朗　著
刘　驰　等译
崔志英　等校

出　　　版：东华大学出版社（上海市延安西路 1882 号，200051）
本 社 网 址：http://www.dhupress.net
天猫旗舰店：http://dhdx.tmall.com
营 销 中 心：021-62193056　62373056　62379558
电 子 邮 箱：425055486@qq.com
印　　　刷：苏州望电印刷有限公司
开　　　本：889mm × 1194mm　1/16
印　　　张：18.5
字　　　数：650 千字
版　　　次：2016 年 3 月第 1 版　2018 年 1 月第 3 次印刷
书　　　号：ISBN 978-7-5669-1001-1
定　　　价：87.00 元

目录

致谢

写一本书需要不止一个作者，需要很多有才能的人愿意花时间一起合作，才能成就一本非常特殊的书。

我诚挚地感谢Vincent James Marizzi，一个技术插画的专家，他不仅更新了原始的1700幅工艺图，而且新增加了一些完美无暇的铅笔画。Ryan McMenamy，一个非常有才气的时装插画家，更新了本书中所有的原始时装插画，并且用他那特殊的美丽的绘画风格创作出了更多新的设计。Nancy Spaulding，Pima社区学院，辅助检查文字中的错误，缝制服装以检查本书的说明是否清晰，并给出改进这一版的建议。她也找到了一种材料产品，Pellon Peltex可熔性稳定剂（#70），在第五章中描述的可以改进直接式手臂的使用。在第五章中包含的可替换Peltex版本的直接式手臂可以通过邮件Nancy@Nancyspaulding.com联系Nancy Spaulding.

特别的感谢还要给我的同事和朋友们。Mary Brandt Njoko，她总是给予鼓励。Hyein Kim，花时间讨论女装人台的加垫并提出其他有深刻见解的建议。Dixie Cunnigan，一个优秀的立体裁剪老师，其反馈意见改进了本书说明。Marva Brooks，总是提供帮助，并且是第一章中描述的便携式尺子的设计师。Cinzia Laffaldono，她对立体裁剪的热情是具有感染性的，这不应该被忽略。Joseph Veccharelli，时装供应有限公司，慷慨地给出奖学金，并支持了在学院/大学的时装秀。Sharon Tate，《时装设计内情》第五版（Prentice Hall出版社）的作者，我在那里找到很多有用的信息。

在女装人台上加垫的方法还有很多，尤其有益的是在洛杉矶贸易技术学院时装中心教授立体裁剪的Suzanne Pierrette Stern采用的Parisian方法。我在第四章新的女装人台加垫方法中结合了Stern女士的一些信息，并且为了清楚起见增加了说明。我感谢Stern女士留下了这么宝贵的资料。

感谢由出版商挑选的第二版的评审员，他们给出了有深刻见解的评论和反馈，他们是：George Bacon, 密西根大学；Rose Baron，普拉特艺术学院；Lynn Black，拉萨尔学院；Catherine Burnham，杨百翰大学；Melanie Carrico，北卡大学格林斯堡分校；Lindsay Fox，鞍峰学院；Claudia Gervais，雪城大学；Monica Haban，圣地亚哥艺术学院；Mary Kawenski，罗德岛设计学院；Laura Kidd，南伊利诺大学卡本代尔分校；Maria T. Kuzutz，威斯康星大学；Belinda Orzada，特拉华州大学；Debra B. Otte，蒙特克莱尔州立大学；Carol Salusso，华盛顿州立大学；Wendie Soucier，加利福尼亚艺术学院；Natalie Swindell，印第安纳波利斯艺术学院。

感谢洛杉矶贸易技术学院时装中心的优秀教学人员，他们为了使学生准备充分地踏入时装业，不知疲倦地奉献自己。Carol Anderson，洛杉矶贸易技术学院时装中心主任，给予我强有力的帮助；Tessie Fernado，无论在何种情况下，从来都不拒绝我的要求。

这是一本具有很多工艺图和设计图的复杂的和较难的书，然而经过了艰难的时刻后，过程进展得很顺利。Amanda Breccia，助理编辑，经过指导，将看似不可能的事情变为可能。Robert Phelps，开发编辑，一直保持镇静，认真完成其工作。Lauren Vlassenko，制作助理，以及Elizabeth Marotta，高级制作编辑，他们对本书的贡献重大。还有Sarah Silberg，副美术指导，给本书做了最后的装饰，使《服装立体裁剪》一书成为最骄傲的版本呈现出来。

连衣裙基础样板与设计

第1章

- 设计1：基础合体连衣裙（紧身连衣裙）
- 设计2：半合体连衣裙（直身型轮廓）
- 设计3：宽松连衣裙（箱型轮廓）
- 设计4：大下摆公主线连衣裙
- 设计5：有分割线连衣裙
- 设计6：帝政式连衣裙
- 设计7：帐篷式连衣裙基础样板I（基础帐篷式连衣裙）
- 设计8：帐篷式连衣裙基础样板II（大下摆帐篷式连衣裙）

衣身原理是基于《服装立体裁剪（上）》第5章中对基础女装立体裁剪的理解。衣身基础原理用于连接上装（衣身部分）与下装（裙子部分），依赖于刀眼位来定义腰线位置的无腰线设计。衣身基础的原理是无数设计的基础。基本款衣身连衣裙可以分为三类：合体的紧身连衣裙、半合体的无腰线直筒连衣裙和松身连衣裙，有时参考箱型结构，尽管有些款式侧缝有变化，但图示的三种连衣裙都是“直线型”。

公主线连衣裙、带分割线连衣裙、帝政式连衣裙及帐篷式连衣裙均显示了衣身原理的通用性，衣身原理还可以扩展应用到礼服、夹克、男式衬衫、女式衬衫以及紧身衣等任何没有腰线设计的服装中。

衣身基础样板

衣身基础样板的立裁是上衣衣长，不被腰线打断，经过腰部直至臀部水平线(见第5页图1)。在立裁中应用衣身原理，在人台臀围线处，布料横丝缕平行于地面。侧缝处腰部以上的余量可以收作侧缝省。基础衣身原理是立裁的基础，也是无数设计的基础，通过增加连衣裙长度和礼服设计或者通过增加或缩短衣身部分的长度，使之与下面与裙子缝合，即所谓的“低腰紧身连衣裙”，夹克和大衣也包括在内。

多余的省量可以创造性地将其设计为等效的省——好风格褶、抽褶、塔克、褶裥、垂褶以及作为接触或穿过胸部的风格线条。在宽松腰线上收掉两个省为合体连衣裙；收掉一个省为半合体连衣裙。箱型轮廓裙和松身裙在衣身部分不需要省道。帐篷式、公主线式和帝政式连衣裙都是基于这个基础的。在衬衫、针织衫以及和服等基础上的连衣裙将会在后面章节中加以介绍。服装杂志和其它资料上也有很多基于这些基础的设计。增加的衣领、口袋、袖子和锥形下摆，或者一条A形线就可以使轮廓发生变化，并给基础型带来无数的变化。

设计1：基础合体连衣裙（紧身连衣裙）

设计分析

图1

此款连衣裙装的轮廓从臀部到下摆垂直向下。它属于紧身服装，但是也不能太紧，否则臀部的丝缕将会向上拉，使得整个服装不平衡。为了使裙子合体，在腰线部位使用双向省道以消除余量。无袖款式在袖窿中部缩短0.3cm，而在后侧缝中增加1.3cm的松量。

图中虚线被称为基本衣身线，或者是HBL（水平平衡线）。

图1

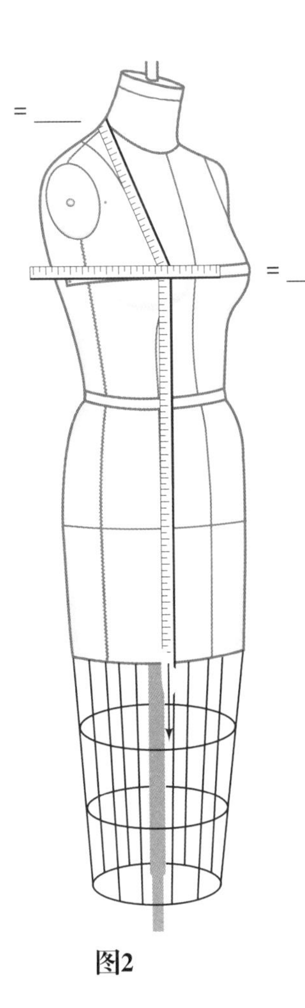

图2

准备坯布

图2

- 尺寸应用到前后片中
- 长度：测量从侧颈点到裙底摆的距离，加7.6cm。
- 宽度：经过胸部测量，加7.6cm。

图3

- 沿直丝缕方向折叠2.5cm。
- 按照测量尺寸画一条临时的领围线。
- 在尺寸表（本书提到的尺寸表或测量数据记录表请参阅《服装立体裁剪（上）》第32页和42页。−译者注）中标记中线长度（#7），臀高（#14）并在坯布上画出基础线。
- 标记臀围（#13），增加1.3cm松量并且以这个标记向上作垂线（缝线）。
- 从下摆到腰进行修剪（侧缝会慢慢向里移动）。
- 剪下两个坯布的长度。

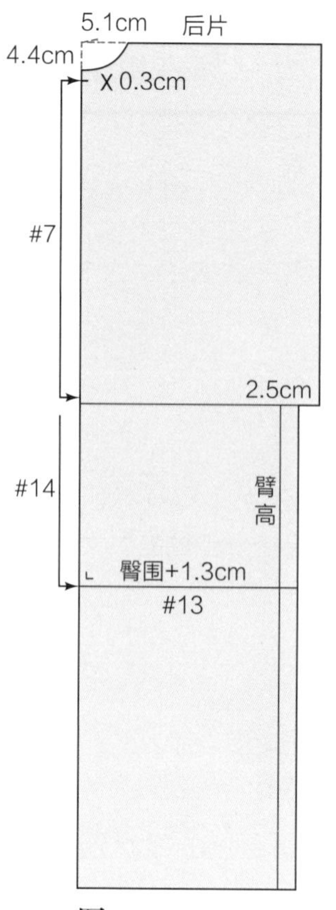

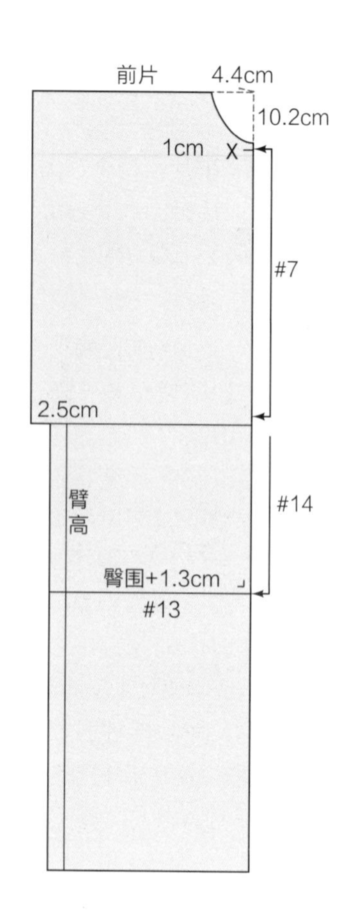

图3

立体裁剪步骤

前片

图4

- 臀围的横丝缕线与人台HBL线重合，从中心X点起沿直丝缕方向至底摆，向内折出前中线，用针固定。
- 抚平臀部的坯布，在臀围侧缝处别出缝迹线。平滑地推走余量并在参考线处用针固定。
- 沿着臀围弧线向上至腰部将坯布抚平，直丝缕将改变方向，现在弧线变为斜丝缕方向，用针将其固定住，铅笔擦印标记侧缝线。
- 在腰部铅笔擦印线内0.6cm处打剪口。
- 沿着侧缝将12.7cm的布料向上抚平。用针将边缝缝合。沿着侧缝向上12.7cm的距离，抚平坯布。用针固定并用铅笔擦印标记侧缝线。

立体裁剪上衣

图5

- 立裁裙装的上半部分用针固定、修剪，在关键位置做上标记。
- 将接缝下面的剩余布料进行折叠，然后将其缝合。在侧缝处折叠，将省量收在里面，向下用针固定。
- 在腰部用两个双向省收去余量。保证两省的折叠中心线为直丝缕方向，并且两省的折入量相等。在校准的过程中对省还可以进行相应调整。

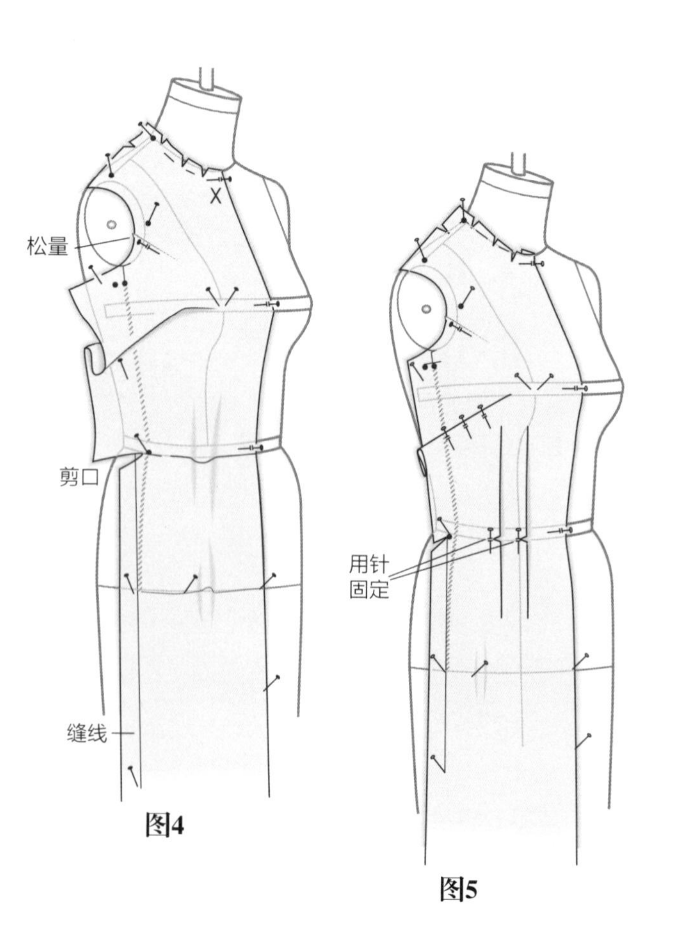

图4

图5

建议的省量

如果腰部出现裂纹线，省量应减小。

- 前片：两个省大小相同1.3~1.6cm。
- 后片：两个省大小相同2.5~2.9cm。
- 在收省时以及在整个立裁过程中必须保持臀围标记线（横丝缕）与人台的臀围线保持重合。
- 在公主线上别合第一个省，第二个省距离第一个省3.2cm。
- 将多余的部分作为省向外别住，并且标记两边。有些人台的胸部从外型上看较小，允许只做一个省，但是如果一个省省量太大的话，可以改成两个。

立体裁剪步骤

后片

图6

- 按照第6页图4下半部分的说明将坯布固定至人台上。
- 根据第6页图4的说明把衣身下半部分布料别合成规定形状。
- 立裁后片。
- 在肩部公主线上标记省道余量。

注意：如果设计的连衣裙有袖，则需在袖窿中部向外别出0.6cm松量，并且在袖窿深处也增加1.9cm的松量。

图7

- 向后中折叠肩省并针固定。
- 在腰部用两个双向省收去余量。
- 在公主线上别住第一个省位。第二个省位在距第一个省3.2cm处。（省量为2.5~2.9cm。）
- 向外别住腰省并标记。在腰部打剪口。

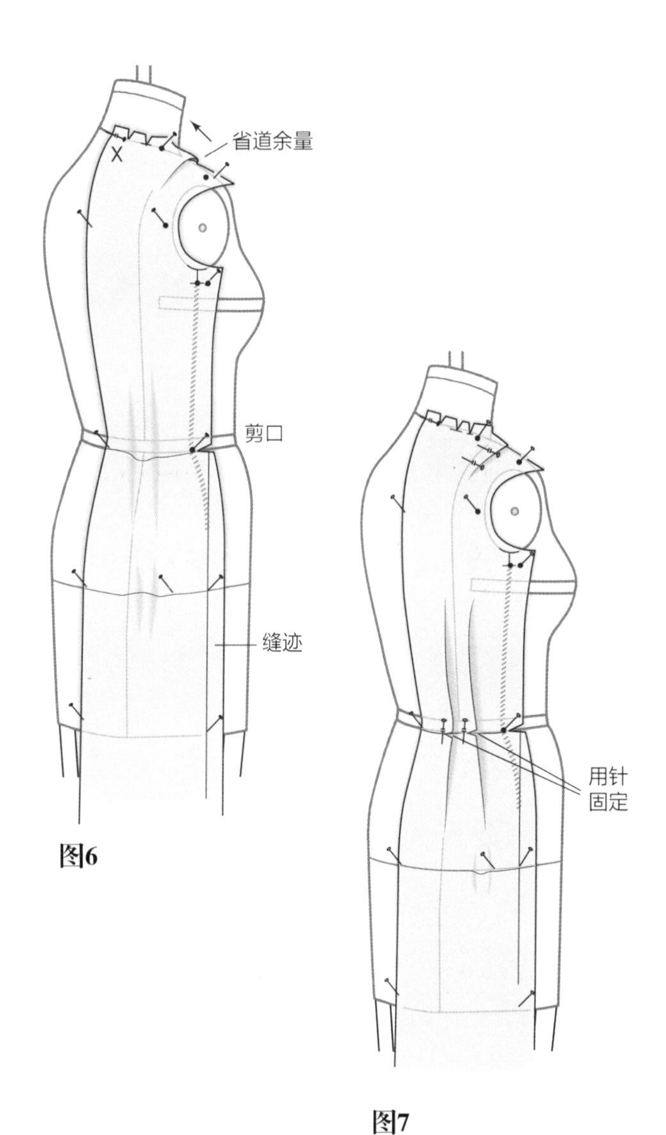

图6

图7

前片

图8和图9

- 去掉针使其向中间部位折叠并重新固定住。
- 将前肩线固定在后肩线上。
- 将前侧缝固定在后侧缝上。
- 检查服装的合体性。检查臀部的横丝缕是否与人台的臀围水平线相平齐？如果不平齐的话，将侧缝的针松开，适当缩小省量。检查袖窿部分的合体度，详细步骤见65页。
- 检查腰部的松紧程度。
- 将裁片从人台上取下修顺并校准。每个省的中心线都应平行于前后中心线，且保证在直丝缕上。调整并缝合坯布，或转移到纸上，检测其适体性，完成纸样可参照《服装立体裁剪（上）》第91、92页的指导说明。

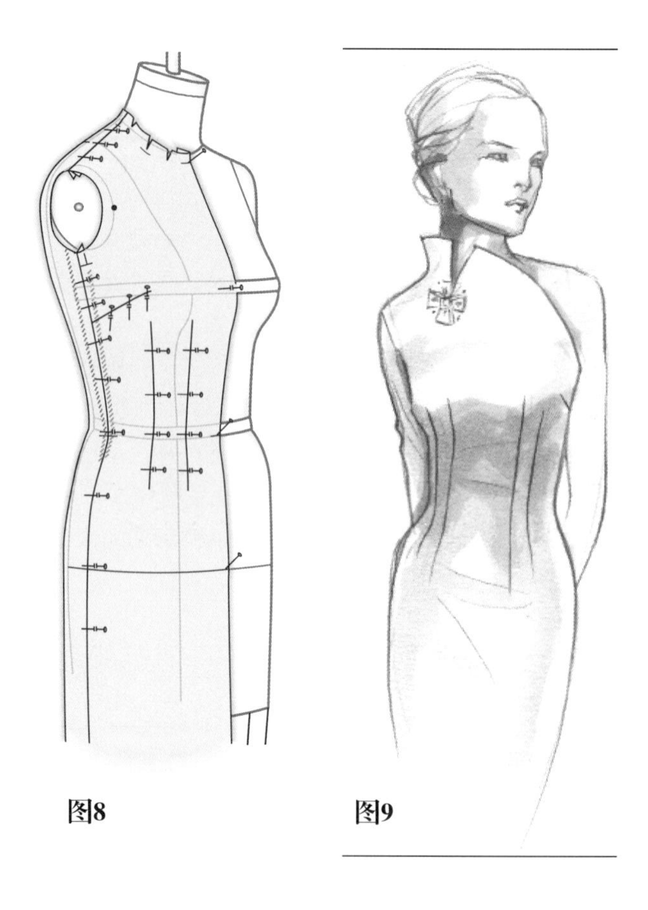

图8　　**图9**

完成纸样

图10

- 在腰部区域，钻孔位于每个省折入量的中间，并且距离缝迹线0.3cm的距离。请勿标记在两边，因为折叠时，下面是看不到的。在肩省和侧省上，在省尖处向下或向上1.3cm处做标记（图9）。

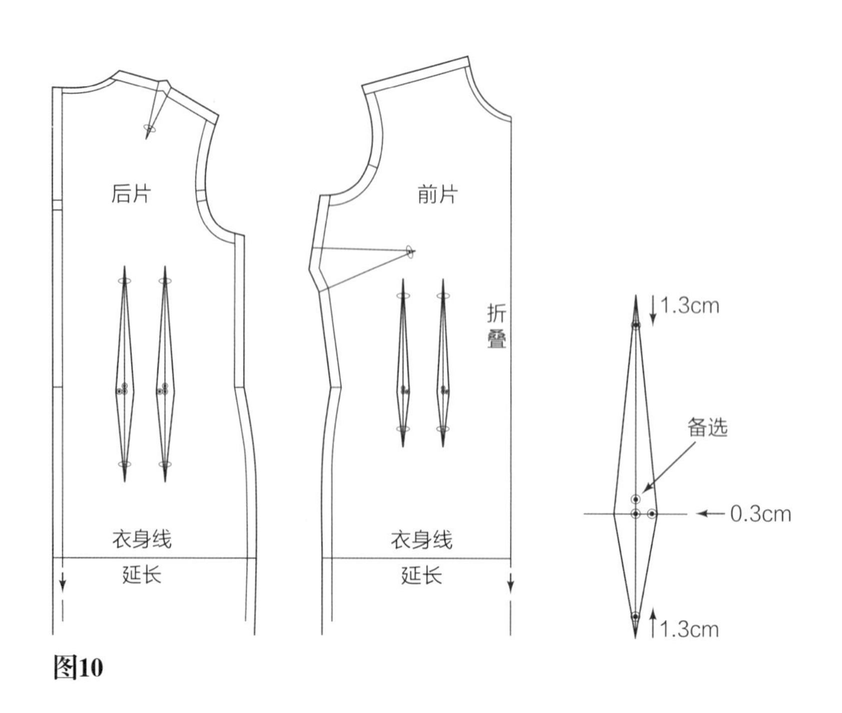

图10

设计2：半合体连衣裙（直身型轮廓）

立体裁剪步骤

图1和图2

- 按照基础合体连衣裙的说明来进行立体裁剪，与之不同的是半合体连衣裙余量的一半是通过在前后片各有一个省道而收掉的。

  图2在半合体连衣裙衣身基础上设计的。

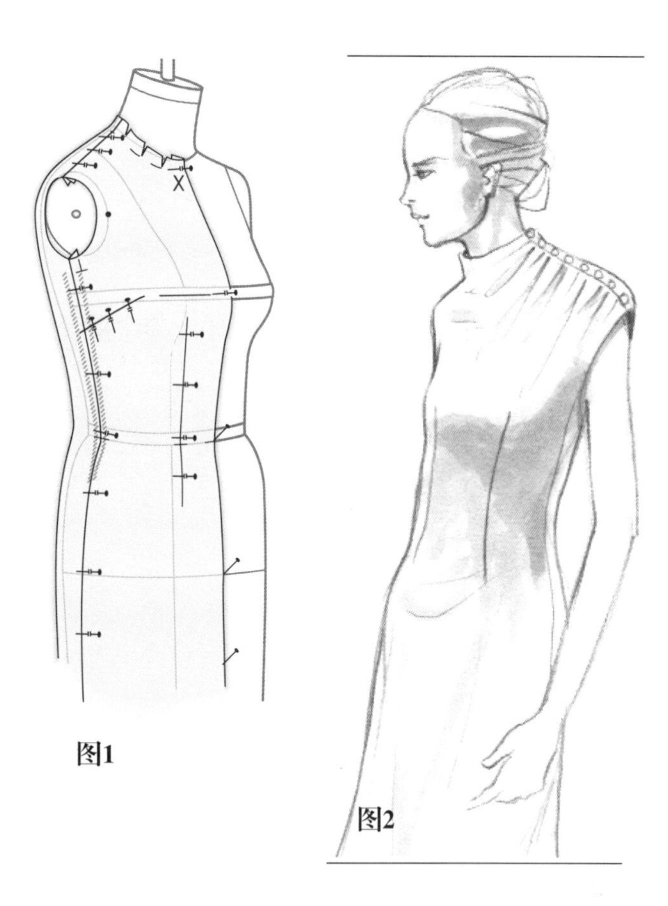

图1

图2

完成纸样

图3

- 如图所示，余量的一半由一个前片省道和一个后片省道收掉了。

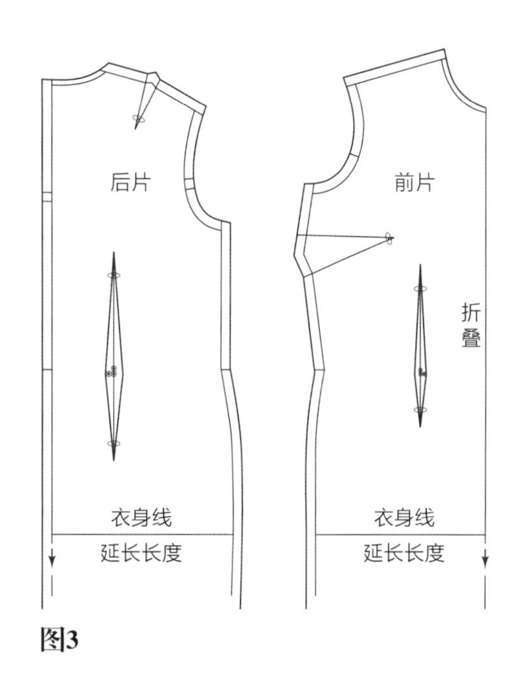

图3

设计3：宽松连衣裙（箱型轮廓）

立体裁剪步骤

图1和图2

- 除服装宽松度保留以外，其余按照基础合体连衣裙的说明进行。
- 对于成一条直线或者稍微弯曲的轮廓形状，在侧缝部位可以允许有额外的松量。

图2所示的设计是在松身连衣裙衣身基础上设计的。

图1　图2

完成纸样

图3

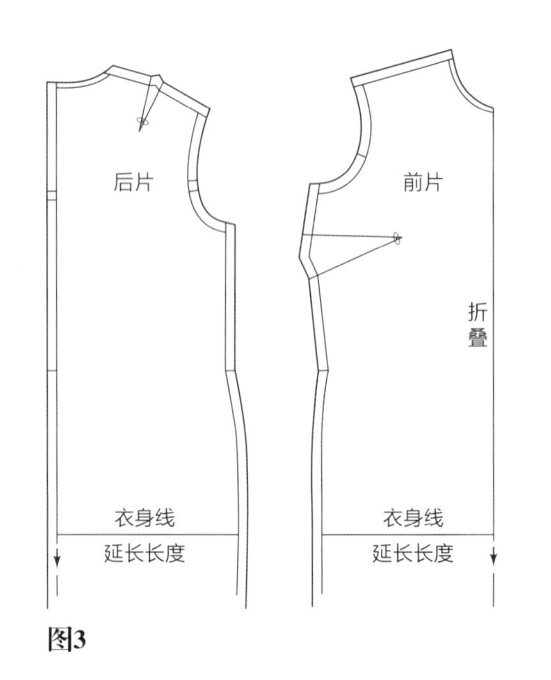

图3

设计4：大下摆公主线连衣裙

公主线连衣裙的上半部分的立裁与公主线衣身部分类似。立裁设计是基于袖窿公主线的，详情可见第7章。设计4在图1中阐述。

设计分析

图1

保证两侧片的中心线为直丝缕方向，并且在腰部固定住垂直于横丝缕的方向，中心片是在直丝缕上。在每片的腰线处打剪口，沿着臂部曲线抚平坯布。避免臂侧处的横丝缕标记线上翘，并且为消除腰线处的应力，允许在腰线处固定针时留有一定松量。

裙片可以做成喇叭型，从腰线处直接展开下摆，或腰部合体，在腰部以下任何位置展开下摆。裙片可立裁成褶裥式或加入三角形布料形成大下摆，再或者可以设计成直线裙装（见图1）。设计者可以自由设计裙装的长度和下摆宽。如果设计的裙子无袖，不需在袖窿中部留松量或在后背增加0.6cm。后背缝侧为1.3cm。

图1

需要尺寸

图2

尺寸应用于前后片中：

- 长度：从侧颈点至所需长度，加7.6cm_______。
- 宽度：肩宽=_______。（裁下两块前部的布料，分别作为前片和后片。）
- 胸高点：至侧缝的距离，加上7.6cm=_______。（裁下两块侧片布料，分别作为前侧片和后侧片。）

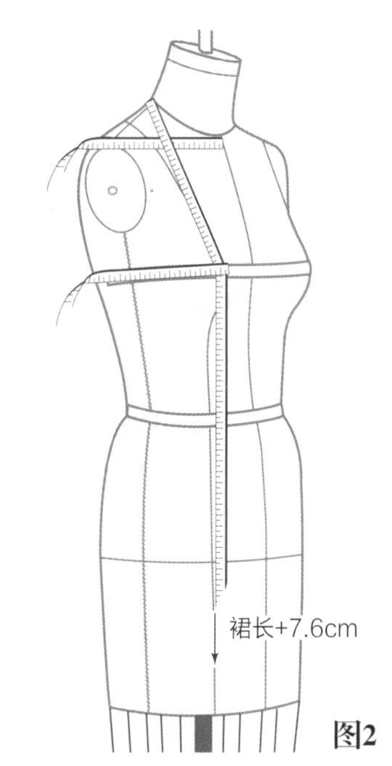

图2

准备坯布

图3

- 使用图示作为参考准备领线。
- 画一条线穿过侧片中心，标明直丝缕线。

立体裁剪步骤

图4

- 沿直丝缕方向折叠中线。在领部、胸部、腰部、臀部用针固定，并向下固定中线。立裁前片至腰部，打剪口，用针固定住修剪余量，并标记松量控制剪口。
- 沿着公主线将布料抚平，在腰部以下大约12.7cm的地方做标记。从公主线向外标出0.3cm松量，并且打剪口。
- 在人台上标记公主线，并在底摆上标记相同的宽度（作为裙摆参考）。
- 裙摆：测量从底摆公主线标记点至裙摆所需宽度处的距离。折叠从底摆至转折点间的布料。修剪折叠部分至2.5cm以内。

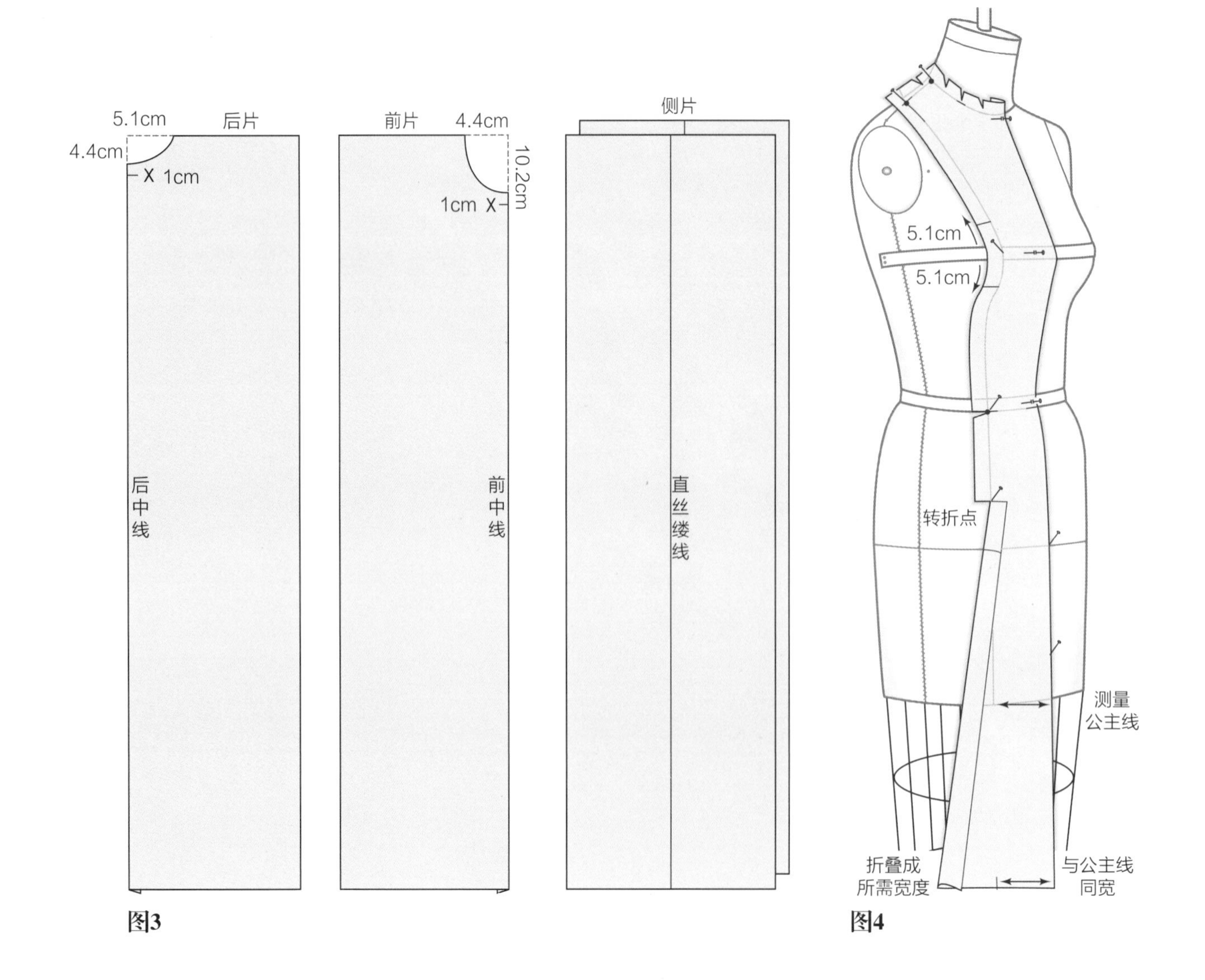

图3

图4

侧片

图5

- 固定公主线侧片，保证中线为直丝缕方向。标记腰部。
- 在腰部用针固定0.3cm的松量（折叠）。
- 立裁公主线衣身部分，在标记的腰围线0.6cm以内打剪口。
- 在人台的侧缝处抚顺公主线并标记。
- 标记出与前片相同的摆量位置。
- 在腰部往下12.7cm的地方标记转折点，以此来与前片匹配。量出0.3cm的松量，打剪口。
- 在裙下摆，在公主线和侧片上测量出与前部相同尺度的裙摆。对其折叠并修剪，将各个部位的裁片用针固定在一起。

图6

- 依照前片的制作说明作为指导，立裁后片。
- 将后片与侧片用针固定在一起。
- 标记底摆线，与地面平行。

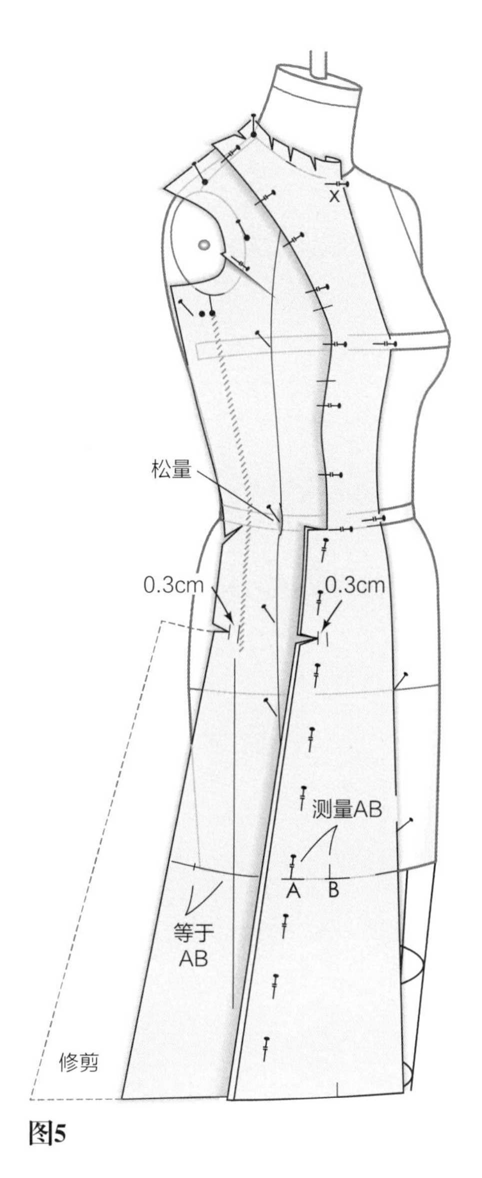

图5

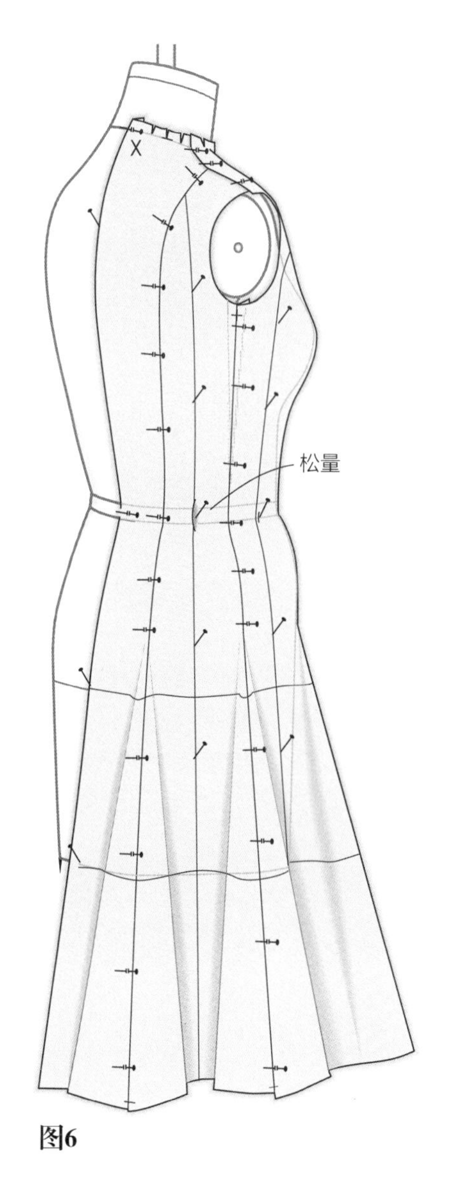

图6

合体性分析

- 检查腰部，如果出现过松或过紧的情况，则对腰部用针重新固定。如果需要的话还可以调节裙摆。
- 将平行于地面的底摆线用针固定。如果面料太软的话，允许在标记下摆线前将面料放置一晚上。
- 立裁完成后，取下裁片，修顺并校准。为了控制其适体性将布料缝合或者先将其转移在纸上。为了完成立体裁剪，可以参照《服装立体裁剪（上）》第91页和92页的说明。

完成纸样

图7

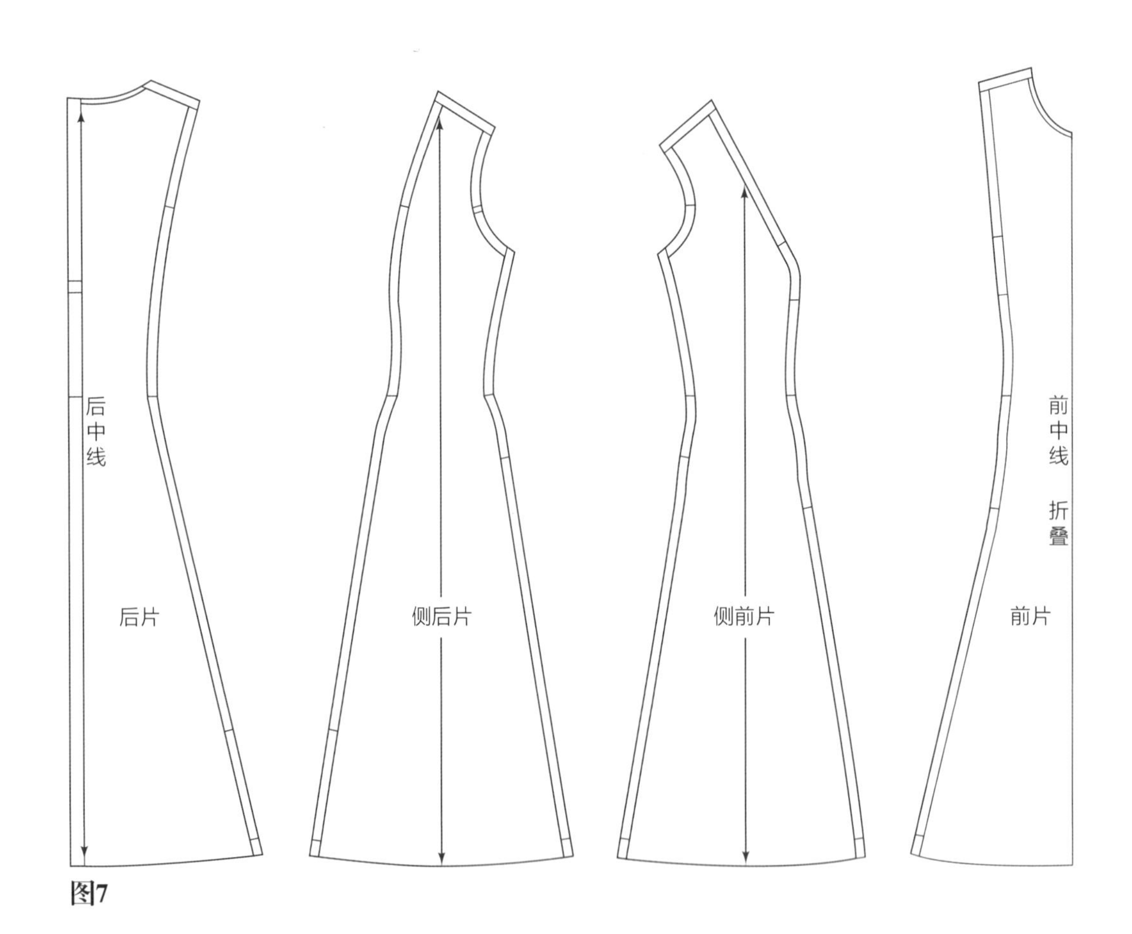

图7

设计5：有分割线连衣裙

基本分割线款裙装是设计有相似特征款的原型。

图1

设计分析

图1

这种连衣裙的分割线设置在胸部的两侧，或者只是稍微低于袖窿中部到下摆，造型线不经过胸高点。余量可以通过法式省或者褶（等同于省）来控制，与前片分割线款式相交。后片分割始于袖窿中部至下摆。这种连衣裙一般是半合体裙装，或者稍微再合体一点。用侧片连接前片与后片，因而没有侧缝线。所有的裁片均在直丝缕上。

设计建议：在任意一点将分割线稍作变化，会为基本款裙装带来改变。

准备人台

图2

- 从人台前后身的袖窿中部开始贴上标记带，直到腰线和臂围线及人台的HBL线（水平平衡线）。在人台底座相等宽度的地方插上针进行标记。

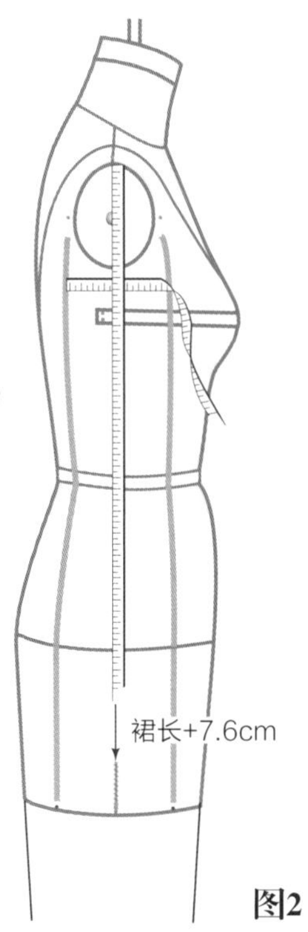

图2

需要尺寸

图3

尺寸应用于前后片中。

- 长度：从前侧颈点是至所需长度加7.6cm=______。
- 宽度：肩宽加7.6cm______，裁剪两块裁片一片前片和一片后片。
- 分割片宽度，加7.6cm，长度同裙长=______，裁剪一片。

图4

- 裁剪所有裁片，根据所给值画出前后片领围线。
- 在直丝缕方向，折叠2.5cm。
- 在侧片的中线画出一条直丝缕线。
- 作垂线为臀围HBL线。

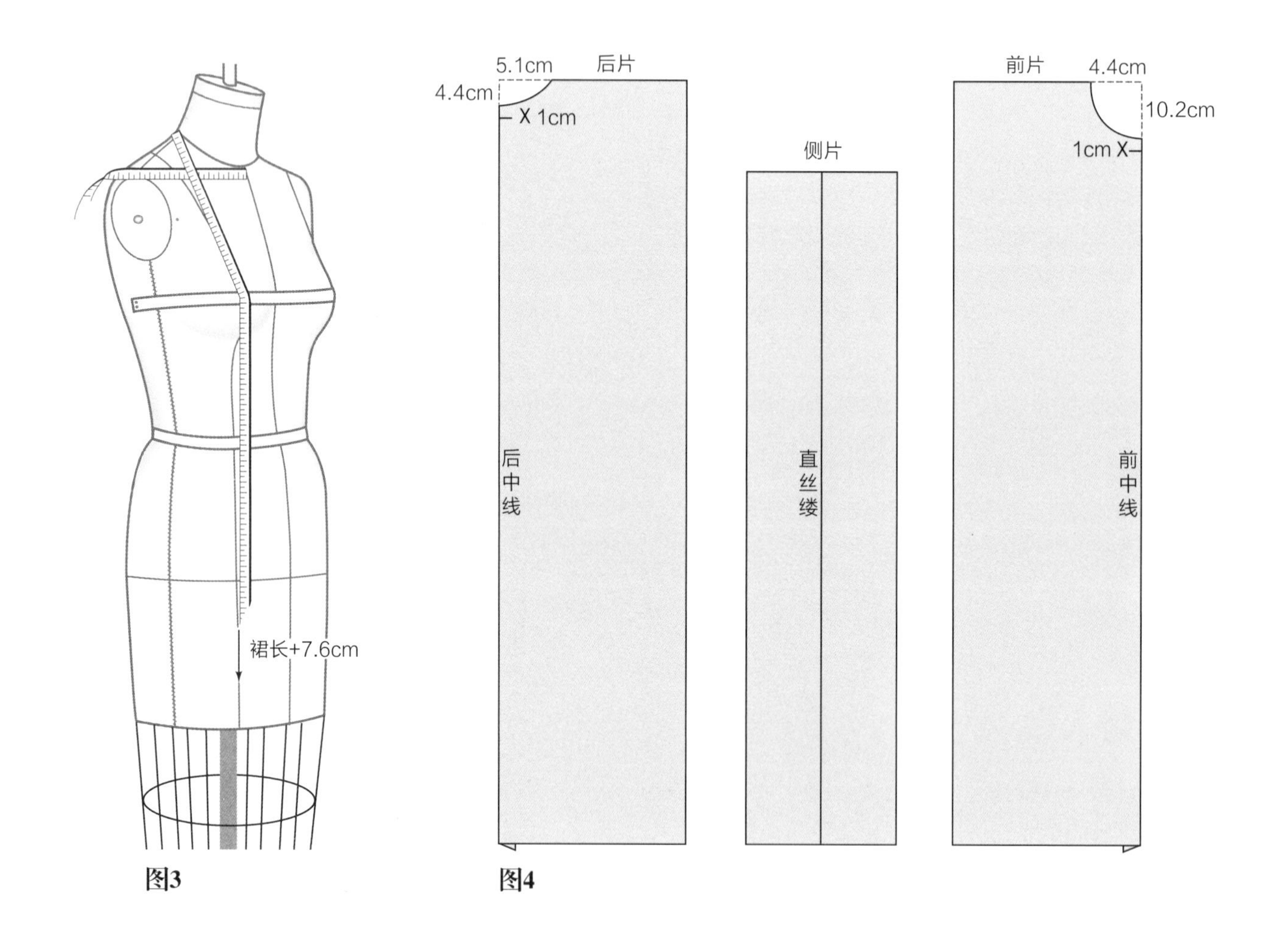

图3　　图4

立体裁剪步骤

前片

图5

- 将直丝缕的折叠线放置在前中线上，用针固定。
- 当坯布从中线到分割造型线做立体裁剪时，抚平坯布，打剪口，作标记，修剪并用针固定。将悬在胸部中间至两边的余量抚平，并将其折叠成法式省，余量倒向腰围线。
- 在腰线打剪口，离公主线0.6cm用针固定。
- 按照臀围尺寸标记下摆线。

后片

图6

- 用针别住肩省，或者将余量分散到颈部、肩部，以及袖窿上（如果有袖子的话，移动袖子并调整到袖山对位点处）。
- 如图所示，继续进行立裁。

侧片

图7

- 袖窿板上方的侧缝保持直丝缕，别住并固定。将臀部两边的横丝缕固定，并且按照造型标记带画出分割线，沿着这条线打针。
- 标记袖窿深。标记侧缝线缝份，后侧缝为1.9cm，前侧缝为1.3cm。
- 将腰部两边的直丝缕线，别出0.3cm的松量（折叠后）。

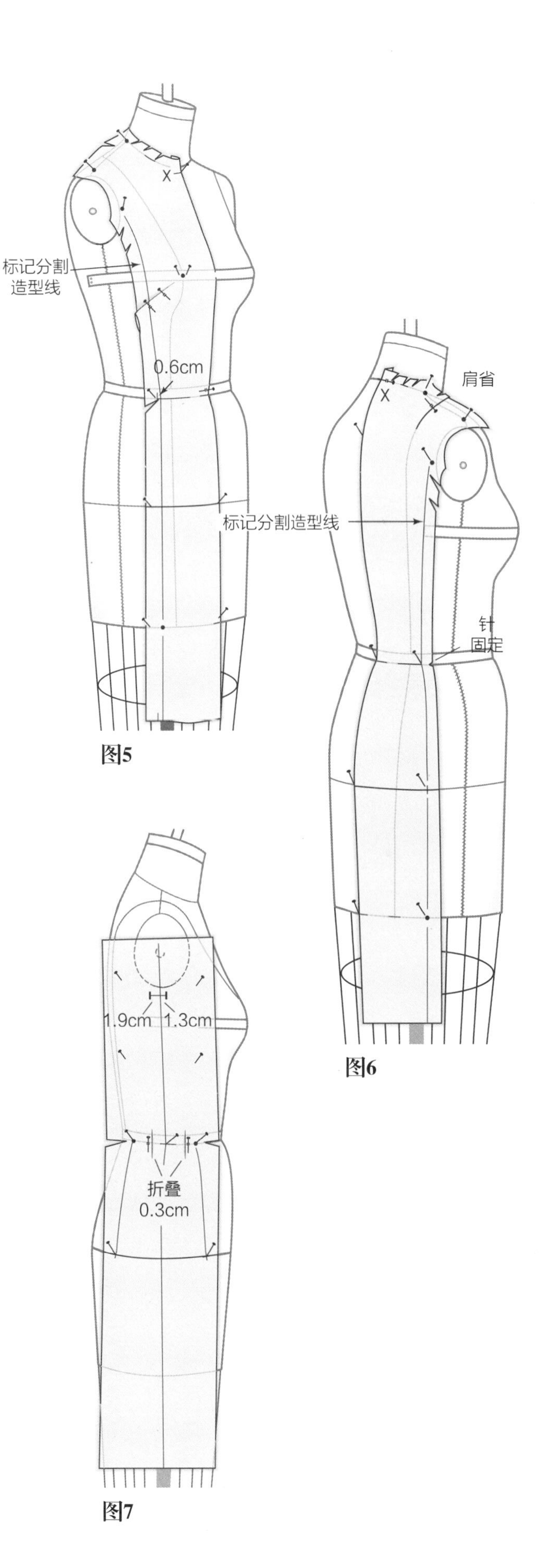

图5

图6

图7

图8

- 在底摆上标记与臀宽相等的距离。
- 拔去分割上部分的针，调整腰部以下部分。
- 在袖窿的侧缝线上用针固定一定的缝份量，到腰线结束。
- 在臀高的两边分别标出1.3cm的松量，一直延至底摆。

图9

- 将前后缝的缝份折叠，并将中间裁片的缝线向袖窿中部折叠，并用针固定，袖窿中部的松量在后面显示。
- 去掉固定侧缝松量的针，并且在画袖窿弧线时先画袖窿板弧线作参考。

袖窿造型

- 可以参照第164页的图10和图11。

- 在完成立裁后，从人台或客户身上取下裁片，修顺并校准，将坯布裁片缝合，修改任何适体性的问题，将坯布移到纸上，裁剪并且缝合面料检查其适体性。

完成纸样

图10

- 参照第91页和92页的说明完成纸样信息。
- 如图10所示，增加袖窿中部松量。

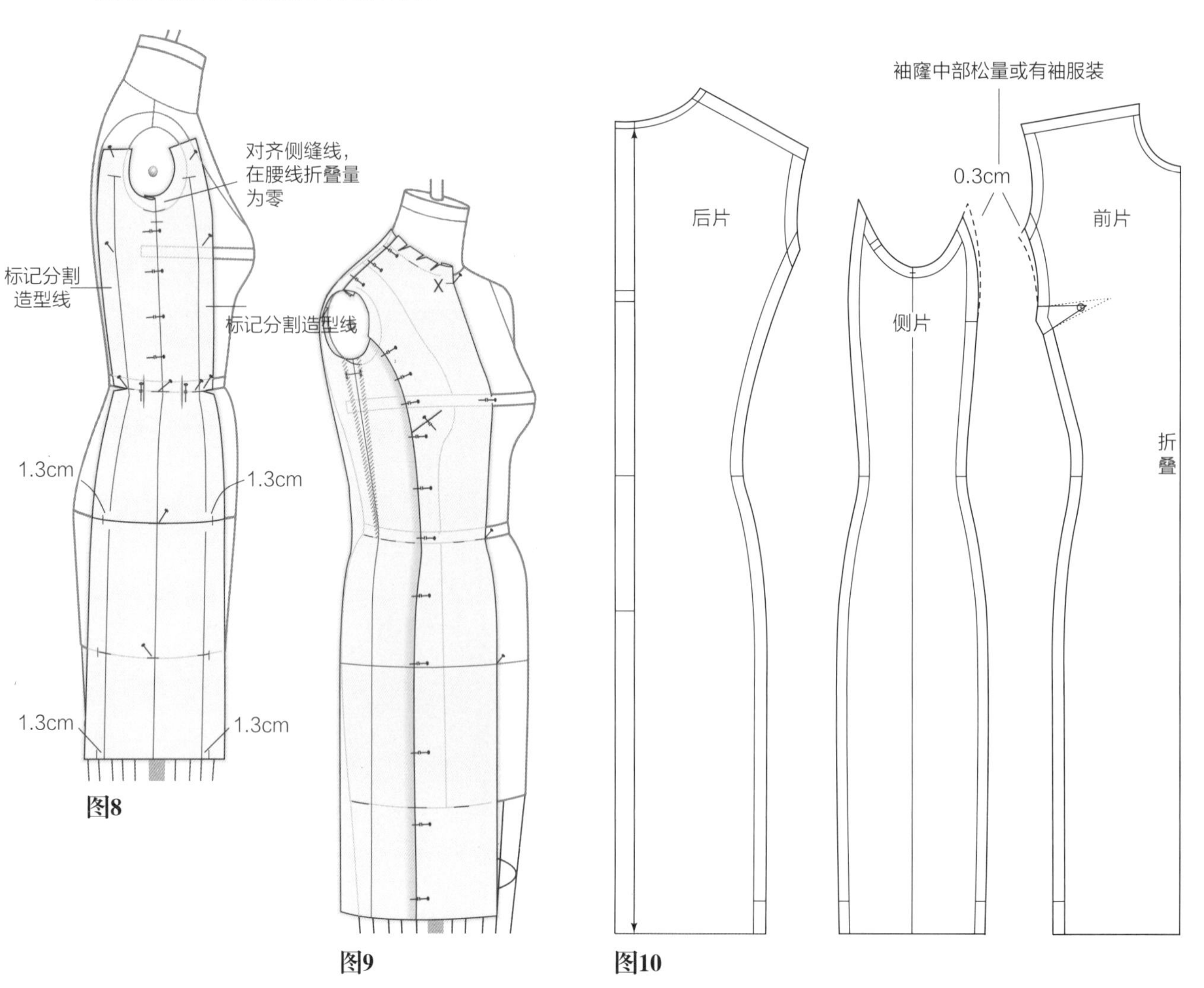

图8

图9

图10

设计6：帝政式连衣裙

经典的帝政式造型线沿着前中心线过胸围线，逐渐倾斜至后中心线。对于设计变化，只要穿过胸围线，以下造型线可以至任何位置。通常帝政式造型线与衣片的轮廓紧密联系。但胸部以下适体性不同可以适应当今的流行趋势。帝政造型线的裙子的下部可以做成合体的、喇叭形的、圆形的或者是分片的。

设计分析

图1和图2

设计中有经典的帝政式造型线。在胸部以下袖褶，宽约3.8cm处（公主线每侧向外1.9cm处）。领口深开至需要的深度，结束于肩部公主线处。裙装的合体度由省控制。

考虑一下图2，看看图1和图2之间的异同点。

图1　　图2

准备人台

图3

- 用针标记出前后领围线。
- 用标记带从前中开始横向穿过胸下部并斜向下经过侧缝，一直到后中线腰部向上大约10.2cm处，贴出帝政造型线。

需要尺寸

- 尺寸应用于前后片：
  - 长度：从侧颈点量至裙长=______。
  - 记录胸高位，加10.2cm=______。
  - 胸围的宽度：测量或使用尺寸表上的#9数据，增加7.6cm。
  - 臀围弧线(#13)=______。
- 裁两块相同长度和宽度的坯布 。

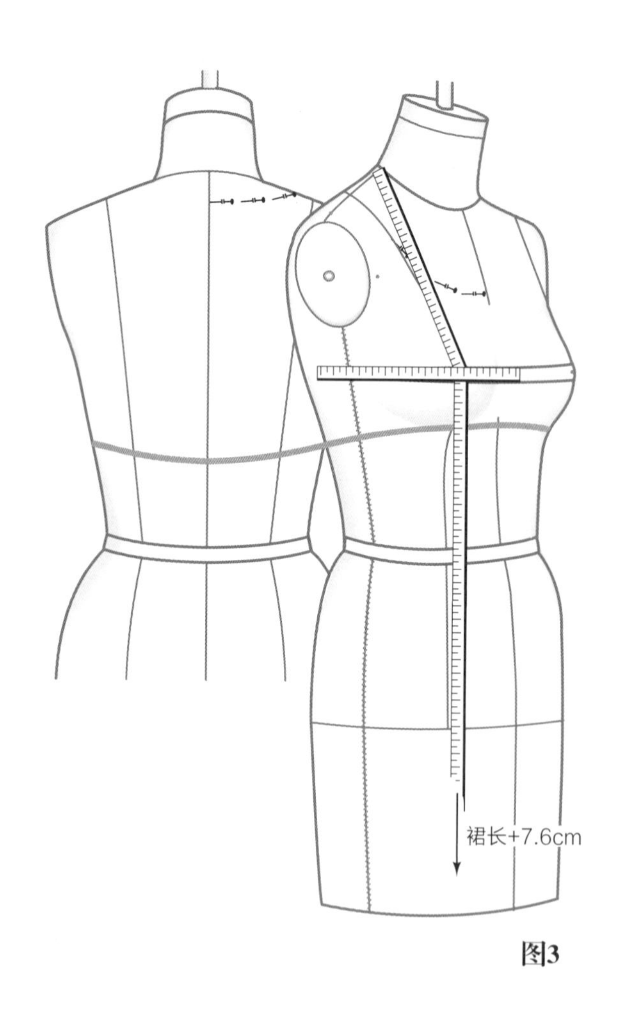

图3

图4和图5

- 沿直丝缕方向，向内折2.5cm。
- 按照给出的尺寸画出并临时剪出。
- 标记胸高位加2.5cm，从x点开始向下在坯布上沿横丝缕方向画线。
- 胸高位以下12.7cm处，在坯布上沿横丝缕方向画线。
- 在后片上重复画出这些线。
- 沿着前后片上的线裁剪。
- 标记臀高用《服装立体裁剪（上）》第32页的尺寸表中的#14数据加12.7cm在坯布上横向画线。
- 根据尺寸表上的数据#13标记臀围线。并增加1.3cm的松量。
- 从每个标记处开始，沿直丝缕方向向上向下画线。

图4

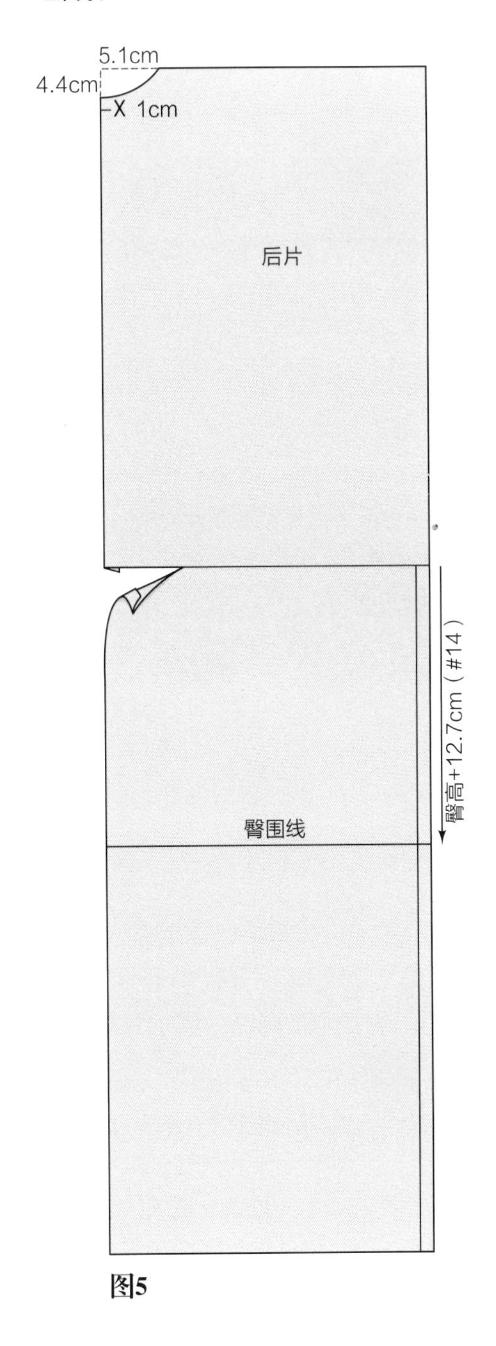

图5

立体裁剪步骤

图6

- 将布的直丝缕的折叠线放置在前中线上，用针固定。
- 沿着前领弧线抚平坯布，标记并打剪口。
- 因为余量在胸下公主线上被收掉，使横丝缕线下落。
- 将多余的量集中别合到公主线上，离省道两边各2.5cm处做标记（袖褶刀眼位置）。

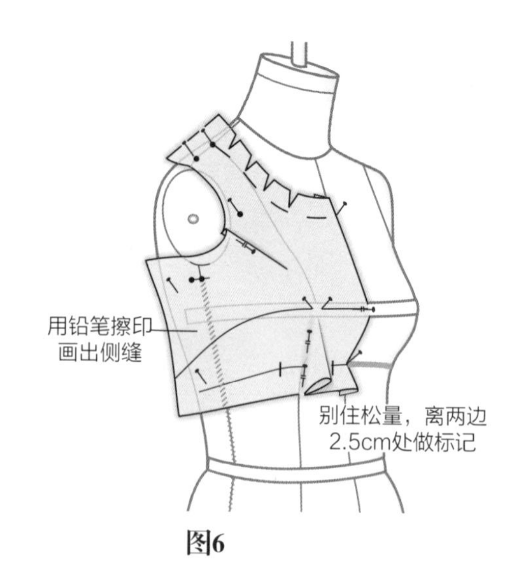

图6

图7

- 从领弧线处修剪余量。
- 在两个标记之间展开省量并用针固定，通过抽褶部位画一条线，当裁片被校准时，标记部位也被修顺，如图所示。
- 向里剥离裁片或从人台上取下。

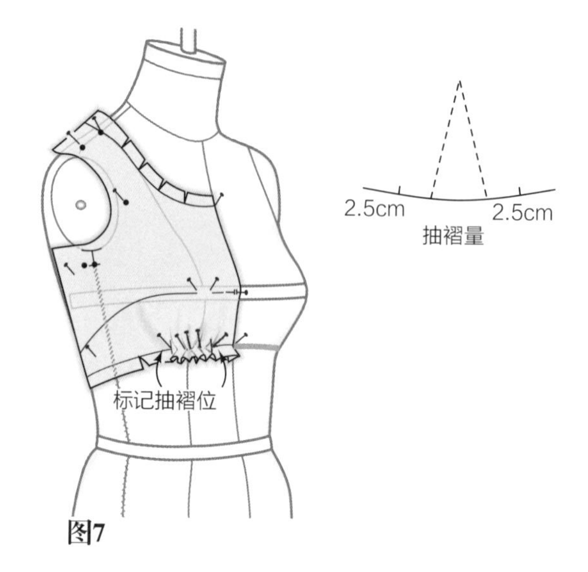

图7

图8

- 将布的直丝缕折叠线放置于后中心线处固定。
- 沿着后领弧线和肩线抚平坯布，作标记并打剪口。
- 在公主线上固定出1.3cm的省。
- 在肩线、袖窿线和侧缝线处抚平坯布。
- 标记帝政式造型线并剪掉多余的布。
- 向里剥离或从人台上取下裁片。

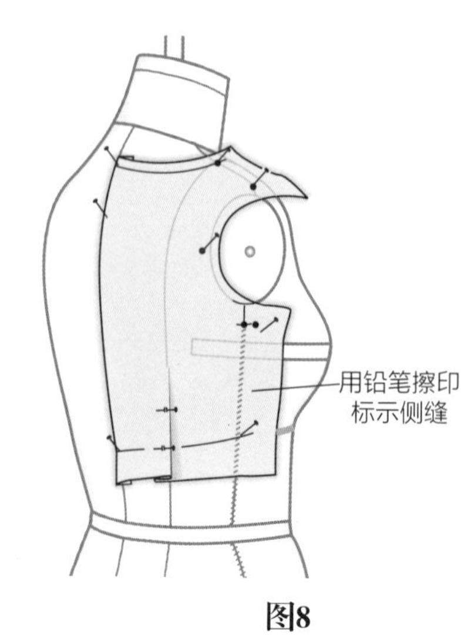

图8

下身服装

前片

图9

- 沿直丝缕方向折叠，固定前中线于人台上，并保证肩部参考线（横丝缕）与人台的HBL线重合。
- 用针固定帝政造型线、腰部、臀部及以下。
- 将侧缝处的臀围参考线与HBL重合，在缝合线上用针固定并且从侧缝平滑地推走缝份，固定住。
- 沿着臀围弧线到腰部平滑地锥布，铅笔擦印标记，并在腰部打0.6cm的剪口作标记。
- 沿着标记贴向上抚平坯布。用针固定并用铅笔擦印画侧缝线。

省道

- 腰部松量通过两个长的省道来收（省量为1.3~1.9cm)。第一个省在公主线处；第二个省在腰部距离第一个省1.9cm处。省长低于腰部约7.6cm，标记省量。
- 向外用针固定余量。在腰围线上打剪口。

后片

图10

- 根据前片立裁制作说明立裁后片。
- 两个省省量在2.5~3.2cm之间。
- 每个省道的终点在腰围线以下约14cm处。
- 在腰围线处打剪口。

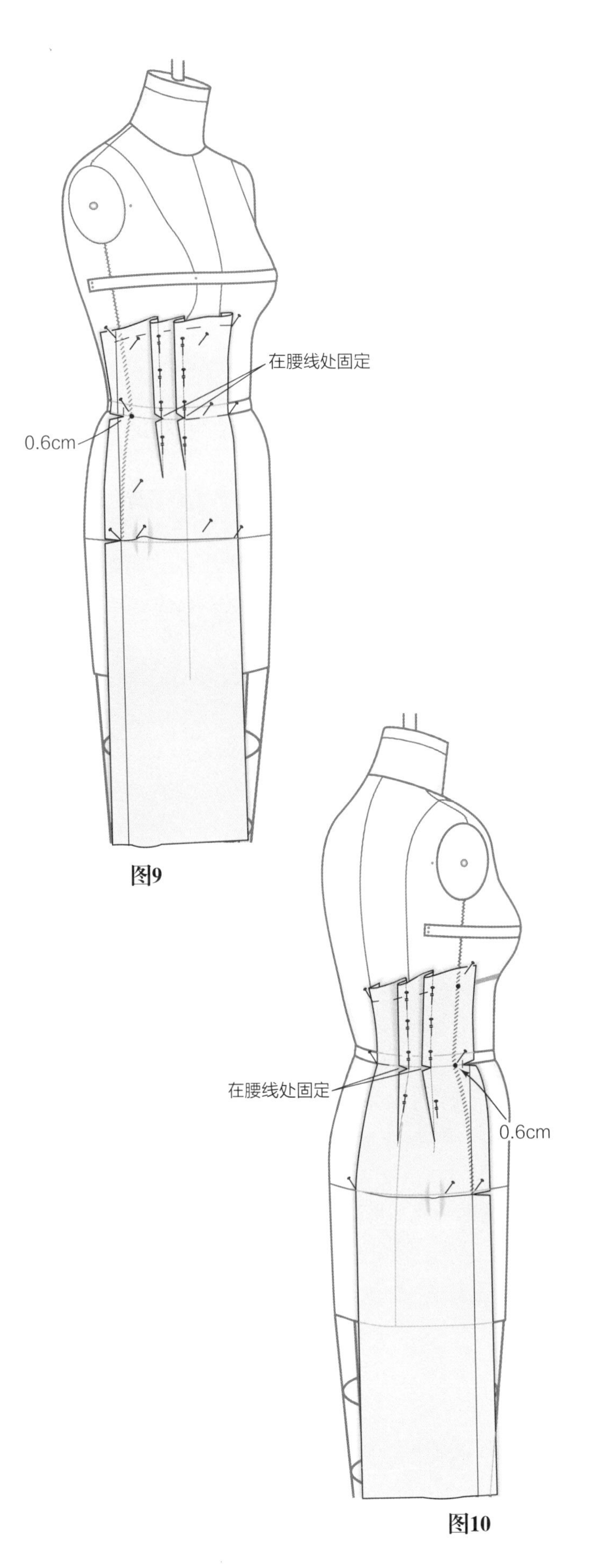

图9

图10

图11

- 拆去固定省道的针，将省量折向里面，并重新用针固定。
- 将侧缝别合在一起，但是不能太紧，否则会导致腰部出现压力线或导致HBL参考线上移，会使底摆的悬垂失去平衡。

图12

- 重新别住侧缝。在下身的立裁中加入前后片上身的立裁片。
- 重新检查应力的状况。如有需要拆除针做调查。
- 立裁完成后，从人台上取下裁片。拆除侧缝处的针。帝政造型线处的针不必拆下。在松量线处重新画侧缝。后片的帝政款式重复以下做法。修顺并校准样板。要保证每个省道的中心与前中线或后中线平行。缝合坯布或轻移至纸上以检验其合体性。

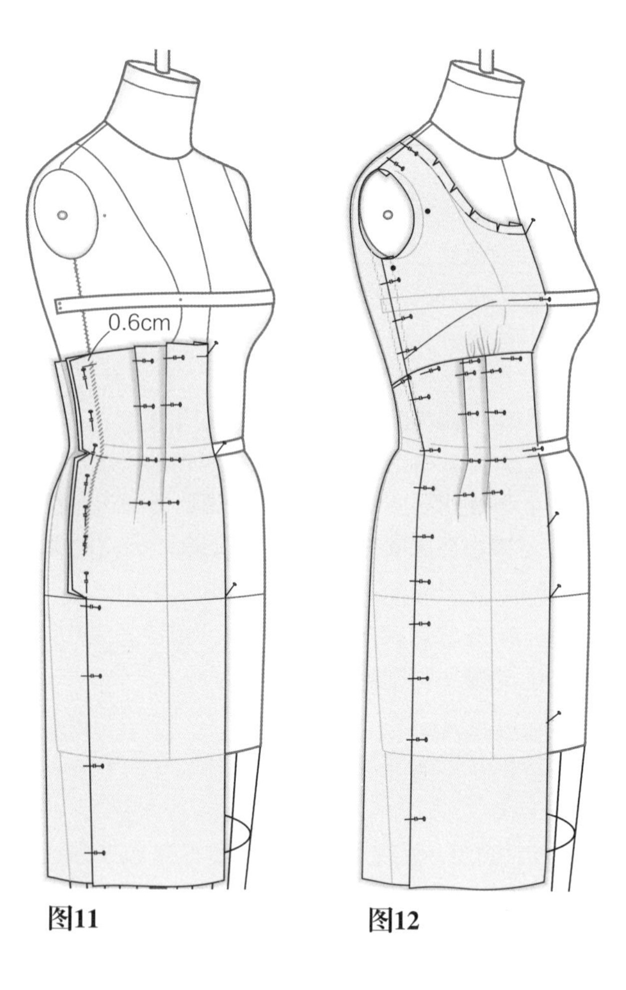

图11　　图12

完成纸样

图13

- 标记长省道，可参考第8页的指导。
- 完成纸样，参考《服装立体裁剪（上）》第91和92页的指导。

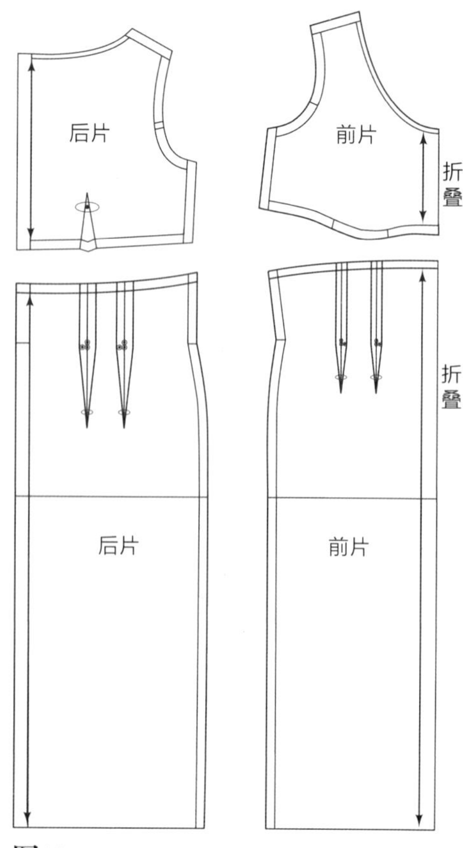

图13

设计7：帐篷式连衣裙基础样板I（基础帐篷式连衣裙）

图1

基础帐篷式连衣裙原型是由一个A形轮廓和拖曳式下摆组成。喇叭形的、从肩胛处和胸部自由悬垂的、并在侧边加入额外的布料创造出帐篷式的轮廓造型。拖曳的下摆线可以通过在侧缝处抬高横丝缕线来增大或减小，从而收掉原始喇叭（余量）到侧缝省中。

下面的插图中展示的就是基础帐篷式连衣裙，中间和右边的两款显示了基础帐篷式连衣裙在下摆增大或减小下摆量的原理。这种裙装可以立裁至任何长度，且可以有多种变化，包括宽松膨腰女衫、女式衬衫、露腹短上衣和沙滩罩衫等。

图1

设计分析

图2

基础款上有一个基础领口线和袖窿。衣服从胸部和肩胛骨自然垂下，形成一个宽松的下摆。肩部余量抚至袖窿周围，垂至后片，在下摆处展开。为了产生A型轮廓，在侧缝中加入前片底摆一半宽度的额外布料。侧缝可能需要调整，以便达到较好的效果。

图2

准备坯布

图3

- 长度：从侧颈点量至裙子所需的长度，然后加7.6cm.
- 宽度：取63.5cm或所需尺寸。

准备坯布

图4

- 沿布的直丝缕方向折2.5cm，再按照图示完成前后片领口线。
- 从X点向下标记胸围线，并画一垂线。
- 标记腰线深。
- 从腰围线向下标记臀高位置，并画一垂线。

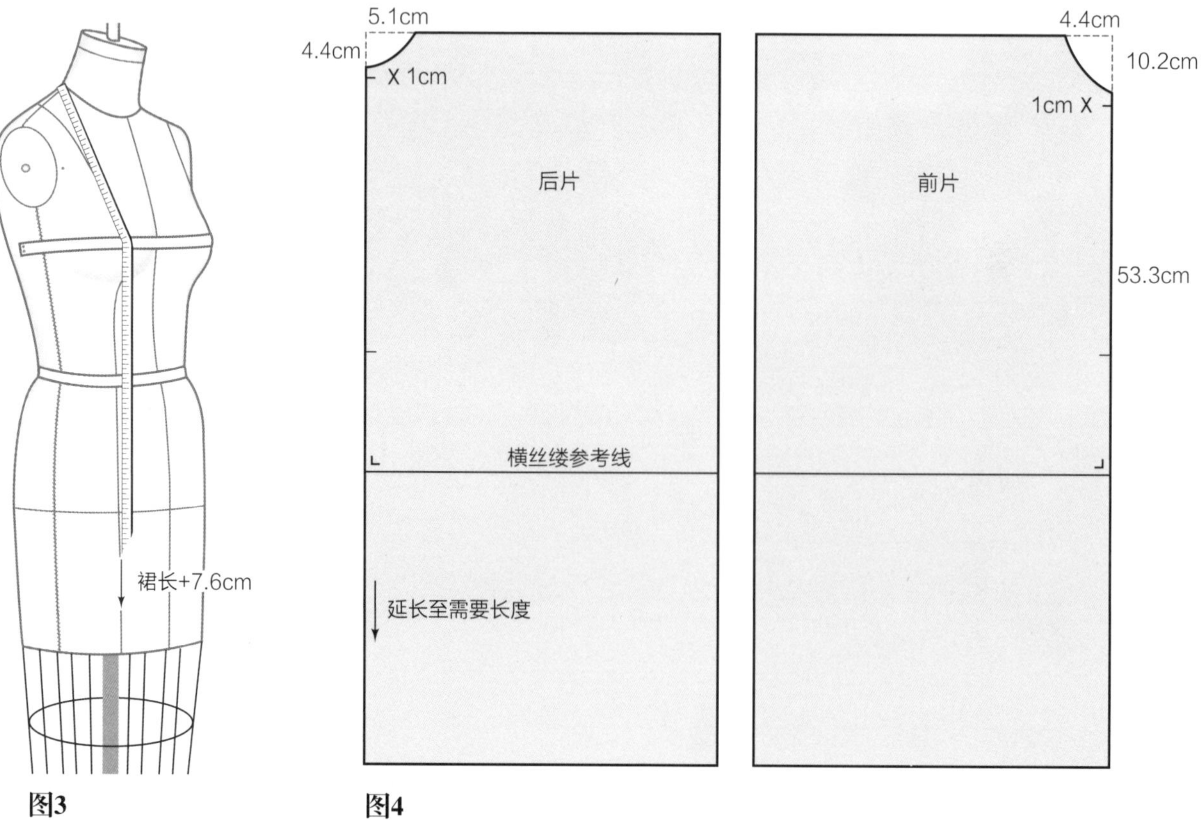

图3　　图4

立体裁剪步骤

图5

- 按直丝缕方向折叠前中线，将其在颈部固定，保证横丝缕参考线与人台的HBL线重合。在颈部、胸部、腰部和前中向下用针固定。
- 在领围、肩部和袖窿处抚平坯布，并打剪口。标出0.3cm的松量（共0.6cm，将其折叠）。标记袖窿深并留1.3cm松量，修剪余量。
- 从胸侧边向下抚平坯布，并固定。因为胸到腿形成喇叭，所以横丝缕线下降。

侧缝线加廓型

- 在公主线处将裙的喇叭形部分别合起来，并在臀部参考线处测量距离（A–B）。
- 标记侧缝，在样片的侧边底摆处用圈点标记距离（A–B）。
- 修剪侧缝余量保持在3.8cm以内，并在参考点上折叠布。
- 翻开裁片用针固定。

图6

- 将按直丝缕折叠的边放在中线上，并用针固定。
- 沿领线、肩线和袖窿抚平坯布并打剪口，用针固定。
- 在等于前喇叭余量的A–B尺寸的臀围参考线的公主线处，将喇叭余量一起用针固定。在侧缝标出相等的量。

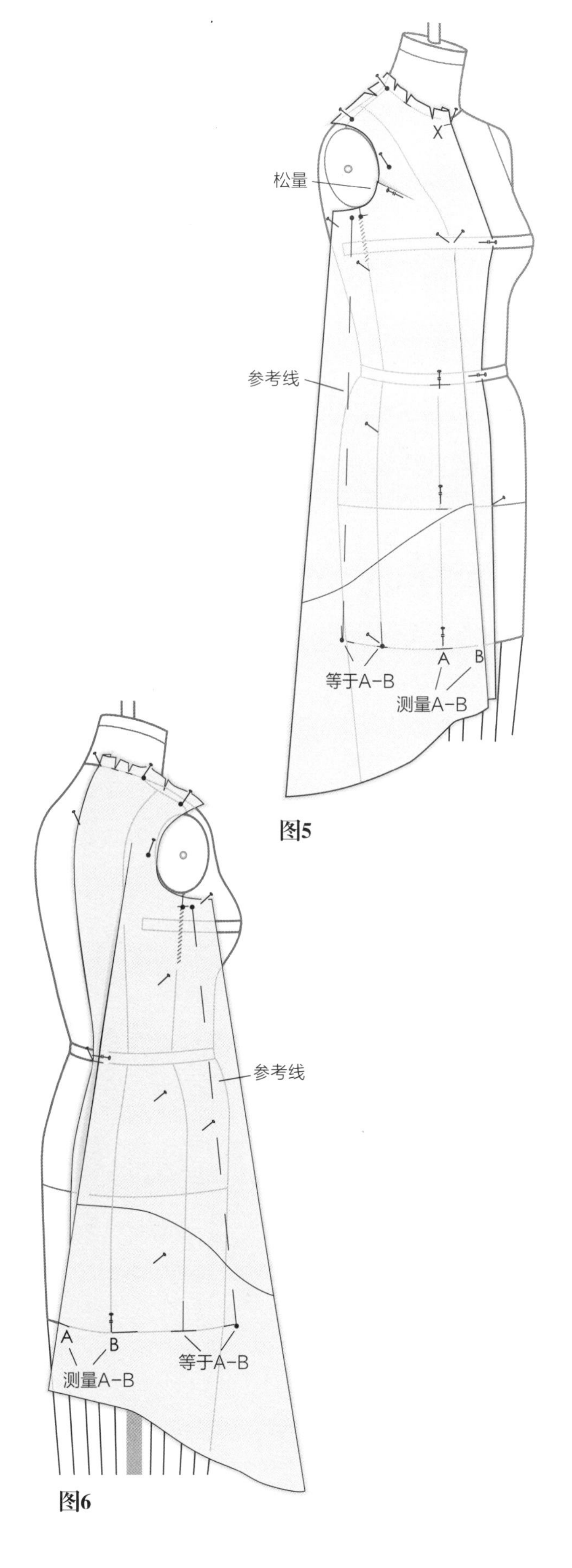

图5

图6

图7

- 前肩搭在后肩上并用针固定在一起，从袖窿到下摆，并接触到喇叭形下摆的缝份标记处，将侧缝线的缝份折叠。如果侧缝线没有对齐人台，重新固定针。用铅笔标记侧缝。
- 放置一夜后，标记平行于地面的下摆线。修剪余量。
- 立体裁剪完成后，从人台上取下裁片，修顺并校准。缝合坯布，或首先转移到纸上进行合体性测试。完成纸样，见《服装立体裁剪（上）》第91页和92页的操作指导。

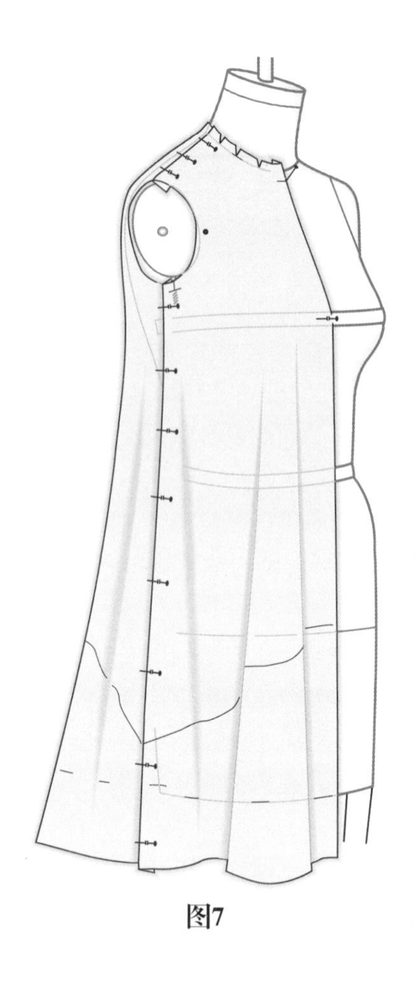

图7

完成纸样

图8

- 贴边的做法参看《服装立体裁剪（上）》第21页的说明。

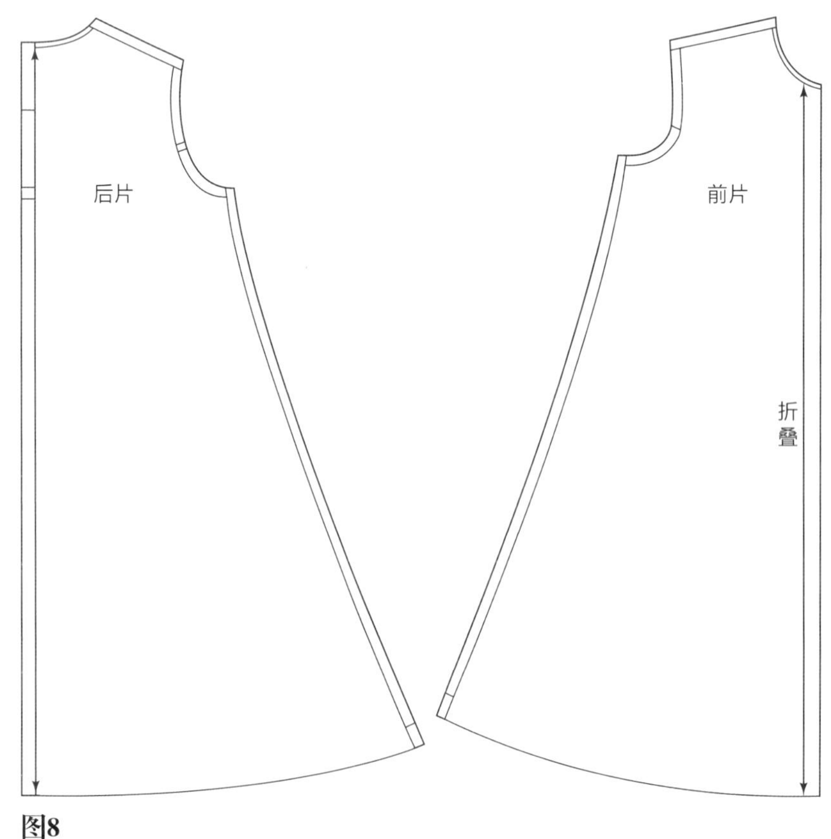

图8

设计8：帐篷式连衣裙基础样板II（大下摆帐篷式连衣裙）

设计分析

图1

为增加帐篷式连衣裙基础样板的裙摆量，可以在袖窿中部以下将坯布剪开，让横丝缕下降，便使下摆增加了额外的摆量。

图1

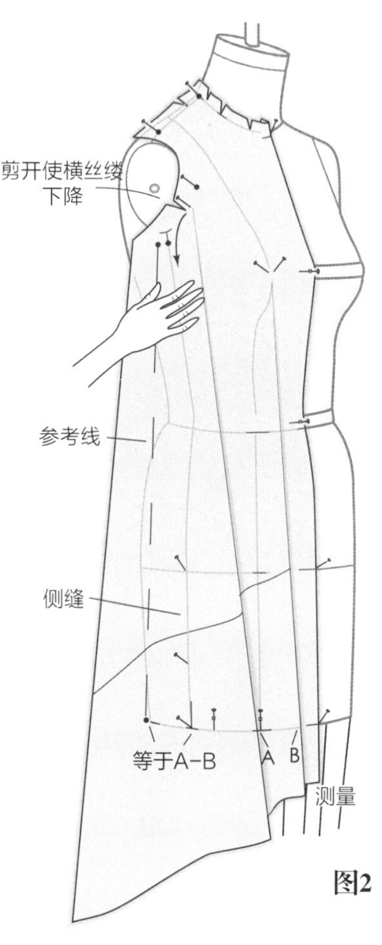

图2

准备坯布

按说明测量尺寸和准备面料，见第26页。

立体裁剪步骤

图2

- 直丝缕折叠布料放在中线上并固定。
- 平滑地推布，打剪口、标记，并在领口、肩部周围和袖窿中部以下用针固定。
- 测量对折后下摆A−B的尺寸。
- 在袖窿中部剪开，并允许横丝缕下降直到产生波浪，当折叠时，不要超过A−B尺寸（但可以少一些）。
- 给侧缝增加同样的量。
- 后片立裁重复前片说明，用A−B尺寸控制下摆起浪的量和侧缝增加的量。

无肩带服装基础样板与设计
（按体型立体裁剪原则）

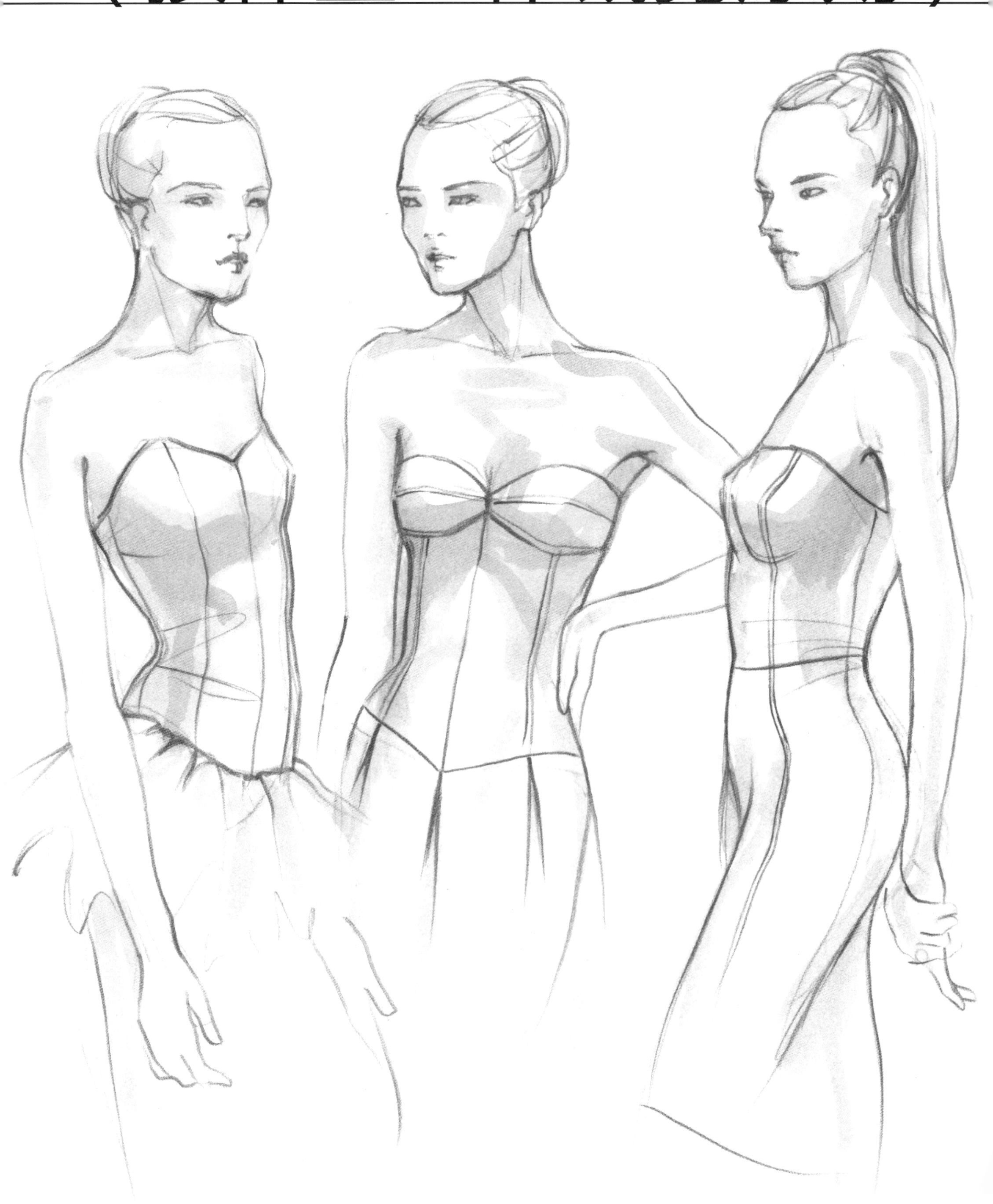

第2章

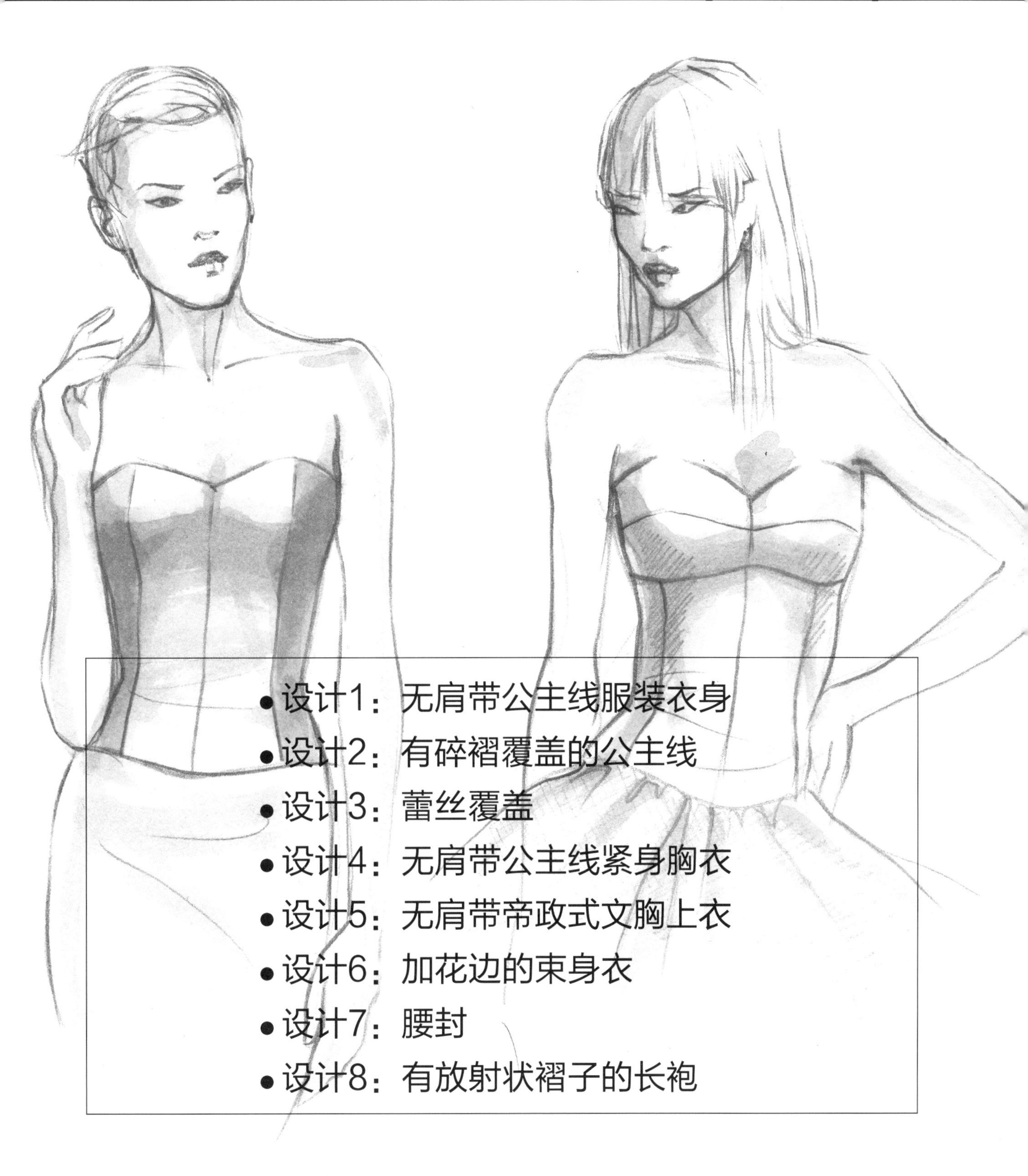

- 设计1：无肩带公主线服装衣身
- 设计2：有碎褶覆盖的公主线
- 设计3：蕾丝覆盖
- 设计4：无肩带公主线紧身胸衣
- 设计5：无肩带帝政式文胸上衣
- 设计6：加花边的束身衣
- 设计7：腰封
- 设计8：有放射状褶子的长袍

按体型塑形是一种立裁方法，它应用于设计那些完全按照胸部曲线造型的款式，而不是像基础女装一样只是连接胸部之间的凹面。本章中的无肩带基础款包括紧身胸衣、束身衣，当然还有“腰封”。之所以选择这些款式，是因为其特征尤其适合作为服装的附加部分使胸部以下更加合体。每种款式设计都有所不同，但是它们共同的特征就是都强调胸部。

无肩带服装基础样板

按体型立体裁剪介绍

图1

它的核心是强调胸部，同时可利用立裁师的双手去灵巧地打造出不同的风格和款式。

立裁师需要依照款式选择能够完美衬托服装的造型轮廓线。胸部中空位置（凹面）如下所示：

- **胸高点以上**
- **胸高点以下**
- **胸部之间**

移除胸部连接是为了设计那些凸显乳沟的款式，以下列出的定义是每个款式的胸部造型区域。

a：无肩带公主线式衣身——按照上部、下部及胸部之间造型。

b：胸罩式帝政式衣身——按照上部、下部及胸部之间造型。

c：无肩带公主式紧胸衣——按照胸部上部、下部造型，**但胸部之间不做造型。**

图1

d 腰封基础样板——胸下极度贴体来强调胸部的凸起量，同时将腰围最小化。

e 紧身胸衣基础样板——按照胸部下方，或者胸点稍微向上（不同程度相对而言）和胸部之间来造型。紧身胸衣的设计同时可以有肩带或袖子。

f 束身衣基础样板——按照胸下部的曲线造型，将胸部向上托起，达到丰满的效果。

更多的关于紧身胸衣、束身衣和腰封的立体裁剪参考第65页。

按体型立体裁剪应用

图2

立裁师/设计师应用“按体型立体剪裁”来设计那些在一定程度上按照胸部或身体曲线来造型的款式。

无肩带公主线前片移除胸部连接就是一个例子。设计师手部的移动位置在每一步塑造坯布中体现出来，如图a从胸部中间区域开始，图b为胸部以上区域，图c是沿着胸下曲线。在突起处使用针固定并打剪口来释放拉力，也是为了取得更贴体的效果。在立裁过程中将公主线造型线下面部分拷贝在坯布上。完整的立裁的步骤见第36~40页。为了求得更贴体的造型最好在外部使用针（详见第51页图10）。

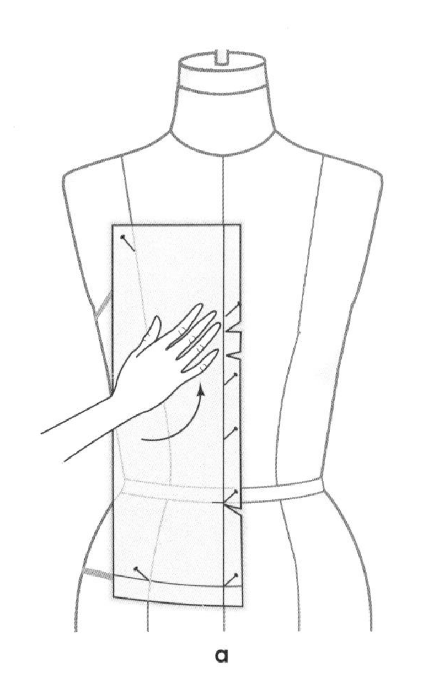
a

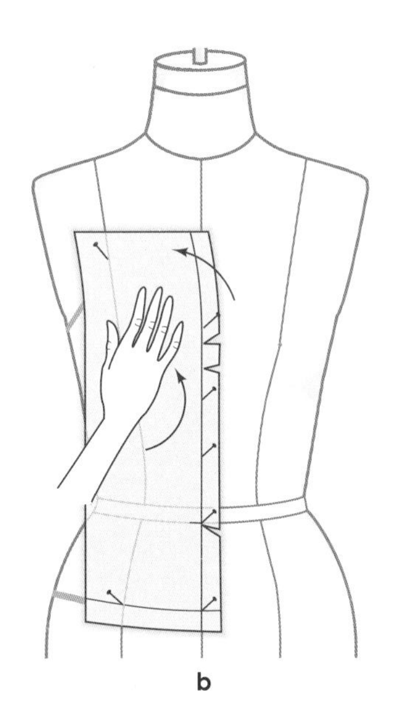
b

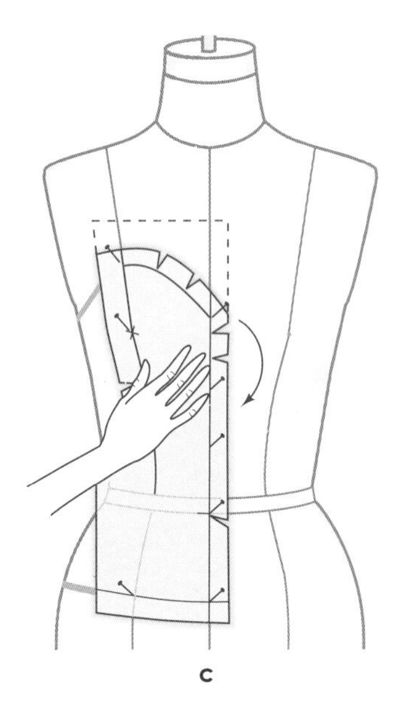
c

图2

计划阶段

预先了解服装的穿着场合是很重要的，因为这可能涉及到其所需辅助织物的种类。休闲外出着装、特殊场合的礼服、婚礼着装、舞蹈服或者舞台装需要不同的支撑物去确保穿着者所扮演的角色。可参看第58页的无带服装的辅助织物。

基础纸样的作用

- 作为设计的原始裁片。
- 为下层辅助织物结构修改拷贝的纸样。
- 为面料的覆盖层修改拷贝的纸样。
- 作为里布修改拷贝的纸样（见第41页图23）。
- 为衬里修改拷贝的纸样以完成设计。

合体性测试

用所记录的数据检验裁片缝份尺寸。最好在企业的模特上或者顾客身上检验合体性；如果条件不允许，就在服装人台上检验合体性。首次的试身可用校准的原始坯布裁片缝合，或者制作裁片的纸样，裁剪并缝合。分析合体性，做调整，并修改样板。在设计面料上裁剪后，进行第二次试衣。进行第三次试衣就需要达到完美的适体。下面辅助织物是基于原始样板复制的，然后再将其按照不同的用途进行修改。参考第58~63页的辅助织物说明。

设计1：无肩带公主线服装衣身

按体型进行立体裁剪的步骤教你如何用布料在胸围线塑造一个有乳沟的造型(移除胸围线)。相关的设计可以遵循相同的程序，公主线衣身原型端点在腰以下的一个固定点，也可以按照设计的需要抬高或降低。

无肩带公主线衣身可设计为一个独立的上装，也可配以裙子或裤子，或向下延伸为连衣裙。下层辅助织物从最少到有很多取决于设计目的不同而不同。

注意：如果款式中的乳沟深在胸围线上或者在胸围线下，标志着中心线会发生偏移，这种情况出现在将胸高处坯布向侧面抚平时。从胸围线向上画一条新的前中线，即产生一条有弧度的线。有弧度的曲线使前片裁片不能按折叠线裁剪。

图1

设计分析

图2

无肩带基型的造型线是按照人台胸部上下与两胸之间的公主线来塑型的。衣身原型结束于腰部以下12.7cm处。当按照人台或模特的轮廓进行立裁时，向外用针固定也许是最好的。

合体性提示：如果当缝线合在一起出现腰部压力，这时合体性就会太紧，在腰部区域拆去针或缝线，来缓解压力，修改后重新缝合缝线。对于更适体的建议参考第42和43页。

图2

人台准备/测量

当按照乳沟来造型时去掉胸围连线标记。

图3

- 按照无肩带设计的造型线，用标记线或针在人台上标记出来。

测量

- 长度：胸围线以上10.2cm至衣身长度：增加10.2cm（直丝缕）=______。
- 宽度：测量臀围，前中线到后中线：增加10.2cm（横丝缕）=______。
- 按长和宽的尺寸裁剪面料。
- 在横丝缕线上2.5cm处画一条线。

按照箭头测量分割线距离

- 前中线到公主线，增加5.1cm=______。
- 公主线到侧缝线，增加5.1cm=______。
- 后中线到侧缝线，增加5.1cm=______。

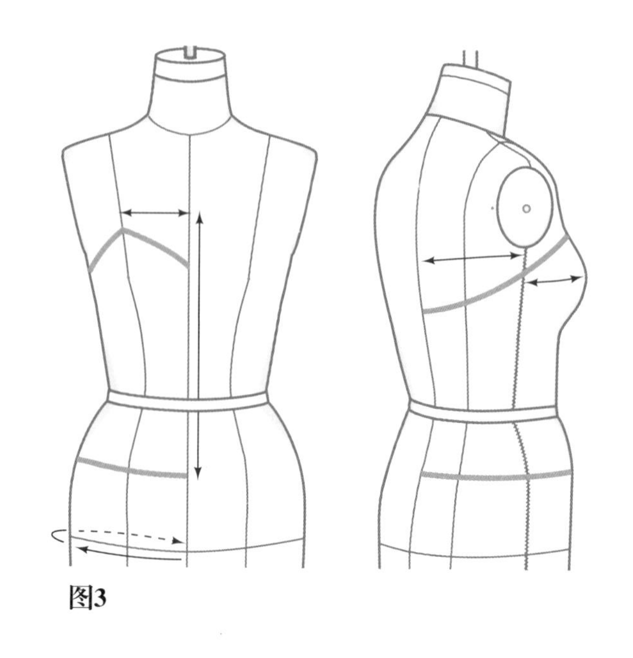

图3

准备坯布

图4和图5

- 在最上边标记出分割片并裁剪，或撕开分割片。
- 将后片分成两片，并裁开。
- 在侧片上标出直丝缕线。

注意： 所有或者部分分割片可以采用斜裁的方式，这些都应该事先准备好（见图中虚线部分）。

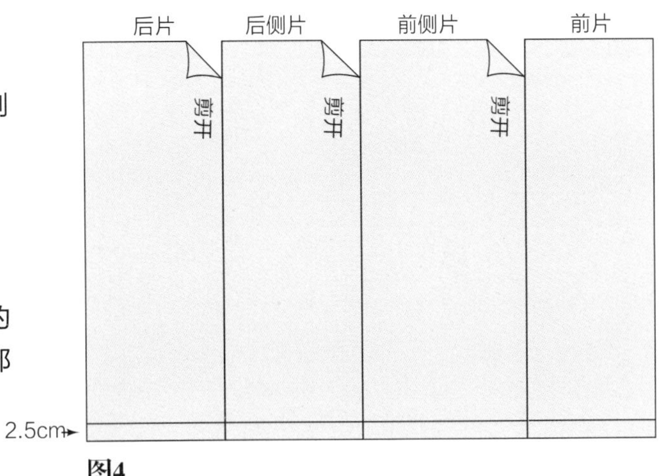

图4

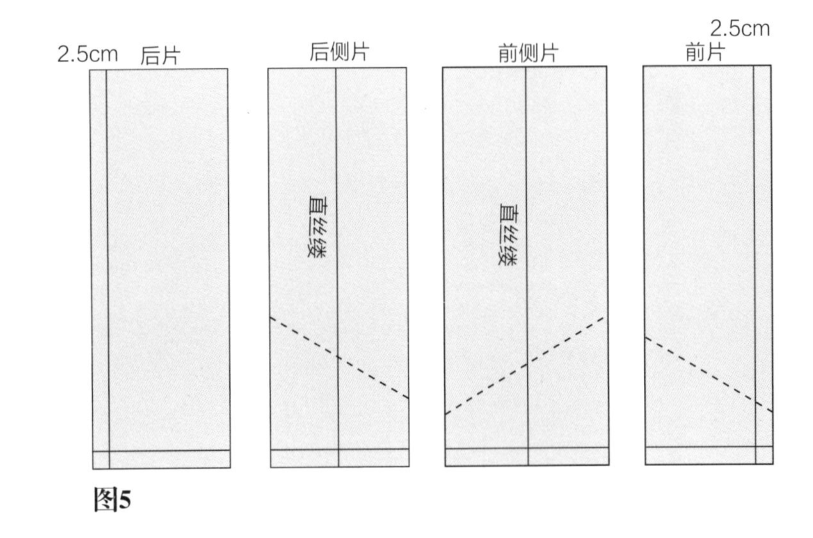

图5

立体裁剪步骤

边作立体裁剪边评价，这样就能立刻进行调整。

前片

图6

- 在前中线和衣身线的横丝缕上用针固定坯布，在胸点处抚平坯布，并用交叉针固定。
- 沿前中线在胸围线上及胸围线下5.1cm处打剪口，并在腰线处打剪口。
- 用针固定，标记并在无肩带造型线处打剪口。

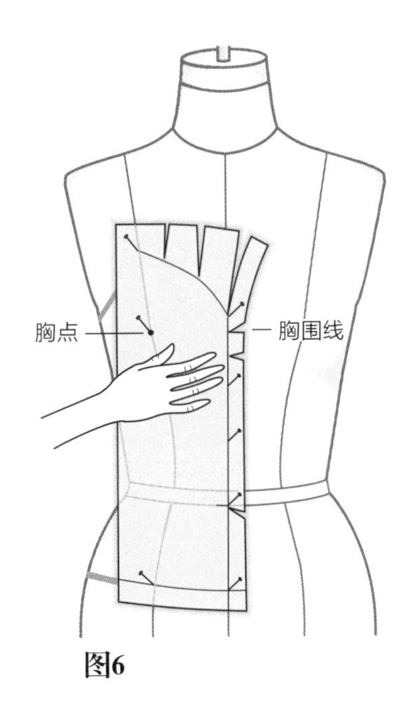

图6

图7

- 将无肩带造型线缝份修剪至0.6cm。
- 在胸围线处用于掇拢胸部坯布，从前中至公主线的方向，向上抚平胸凸侧面的坯布，用针固定。
- 在胸部下方抚平坯布，在公主线处打剪口并用针固定，标记出公主线。

图8

- 修剪公主线缝份至1.3cm，从公主线上胸点上下各5.1cm处打剪口。
- 向里折叠裁片，或暂时取下。

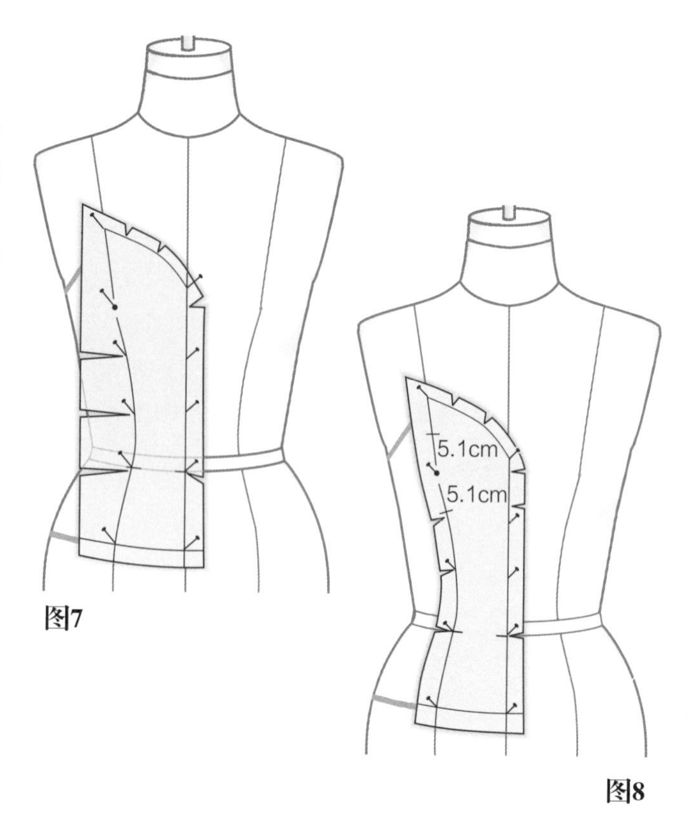

图7

图8

前侧片样

图9

- 将坯布固定于侧部，保证中心位置为直丝缕，衣身线为横丝缕。在胸点处用针固定。
- 在无肩带标记带处将坯布抚平，固定并标记出造型线。

图10

- 将无肩带造型线缝份修剪至0.6cm。
- 将坯布从前中处慢慢抚平到侧缝部位，并打剪口。侧缝线用针标记或者用铅笔擦印画出来。
- 在腰围处用针固定0.3cm的松量（折叠）。
- 沿着公主线从腰围处向胸点处抚平坯布，用针固定这条凹进去的曲线，并打剪口。标记公主线。

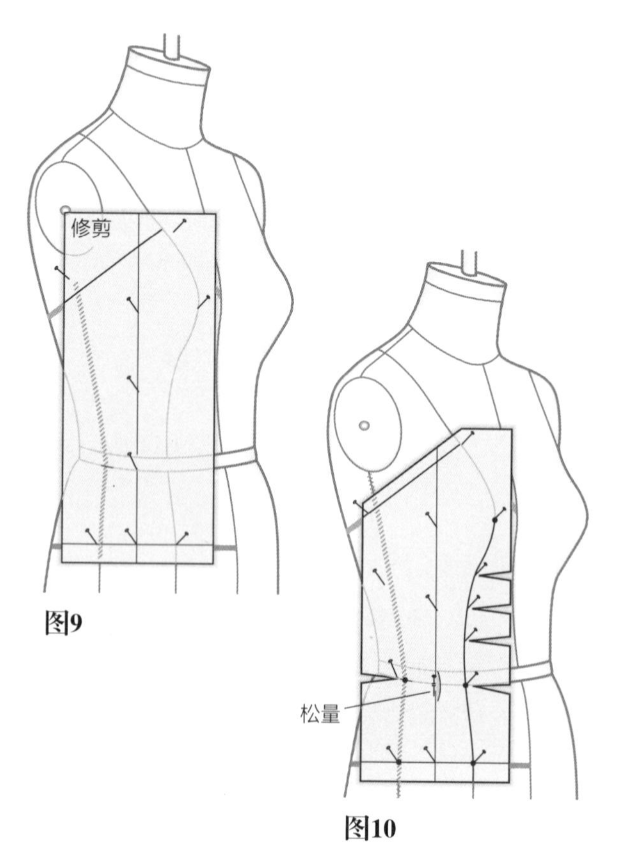

图9

图10

图11

- 从无肩带式设计线的标记带向胸点抚平坯布，多出的浮余量（是由胸部的突起引起的）在胸点处用针固定。在胸点上下各5.1cm处打剪口（松量的区域范围）。
- 标记胸部的曲线。
- 在人台上侧缝线向外放0.6cm，为臀围松量。
- 修剪缝份，侧缝线处留2.5cm缝份，公主线处留1.3cm缝份。
- 剥开向里折或暂时取下。

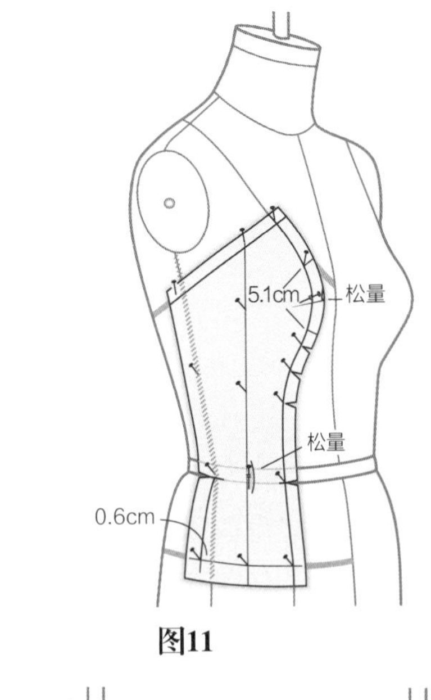

图11

后侧片

图12

- 用针固定侧片中线的直丝缕和衣身线的横丝缕。
- 在腰围处用针固定0.2cm的松量（折叠）。
- 从中心线处向两边抚平坯布，用针固定侧缝线和公主线。腰围线两边分别打剪口。
- 标记出无肩带款式的造型线和公主线。在侧缝处用铅笔擦印标记，在人台衣身侧缝造型线处留0.6cm的松量。

图13

- 修剪缝份，无肩带造型线处留0.6cm缝份，侧缝处留2.5cm缝份，沿着公主线留1.3cm缝份。剥开向里折或暂时取下。

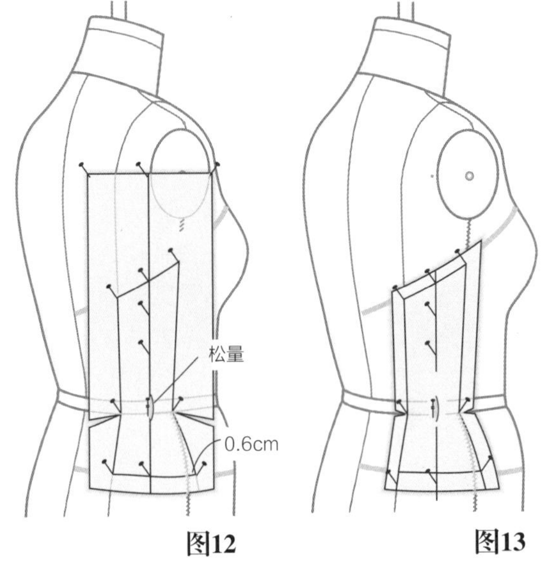

图12　图13

后中片

图14

- 用针固定后中线直丝缕和衣身线的横丝缕，在腰部标记并打剪口。
- 在公主线和无肩带造型线处抚平坯布，并用针固定。
- 标出公主线和无肩带造型标记带线。

图15

- 修剪缝份，公主线处留1.3cm缝份，无肩带造型线处留0.6cm缝份。

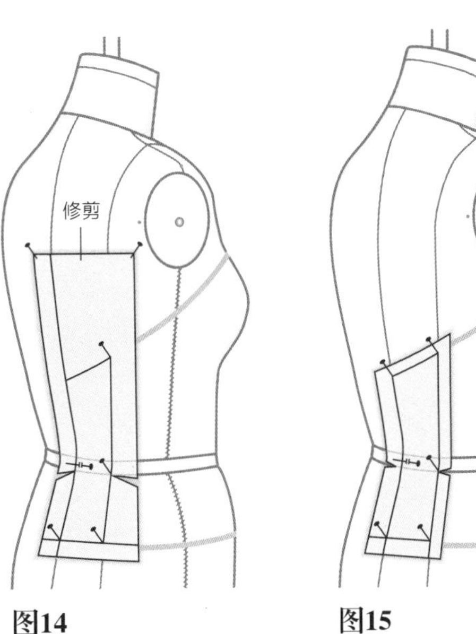

图14　图15

拼接裁片缝线

图示为把缝线别合在一起的两种方法，选择喜欢的方法。第一次试身可以在人台上放半身裁片坯布进行评价。当给具体的客户或不对称体型试身时，需要将已有裁片拼合在一起。

方法一

图16~图18

- 别住粗缝线，检查过合体性之后取下立裁裁片，翻转至反面，用铅笔擦印标记边缝。取下针，修顺缝线修剪缝份至规定量。将人台的右侧坯布缝合，重新检查合体性以及造型线的位置是否正确。

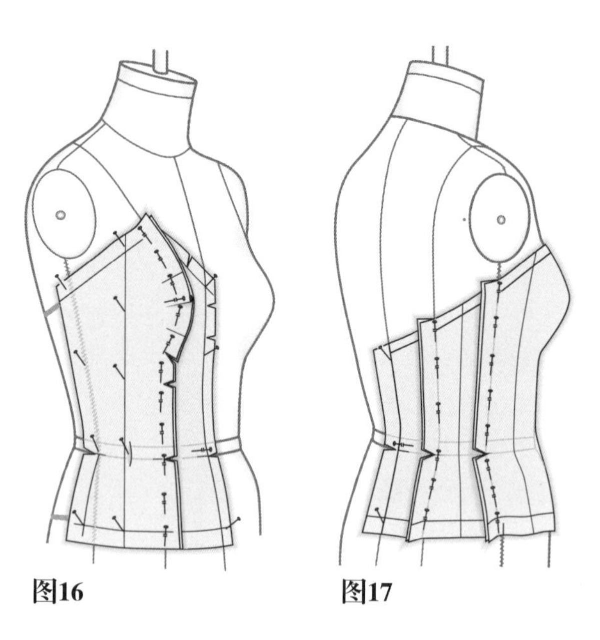

图16　图17

方法二

图19~图21

- 折叠缝线并用针别合。有必要的话，调节合体性和造型线的位置。取下裁片和针，通过在硫酸纸上重新拓版将缝线转移到背面。修顺缝线并缝合坯布，放到人台上或客户身上重新检查适体性和造型线的位置。

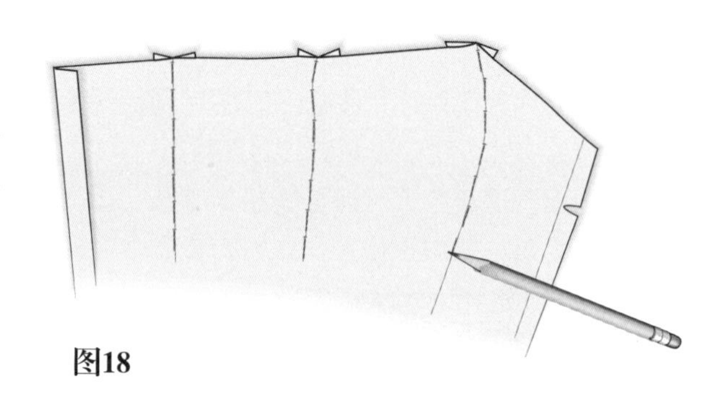

图18

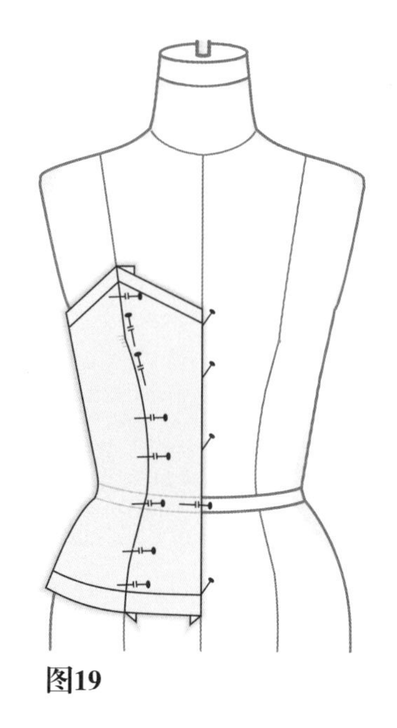

图19

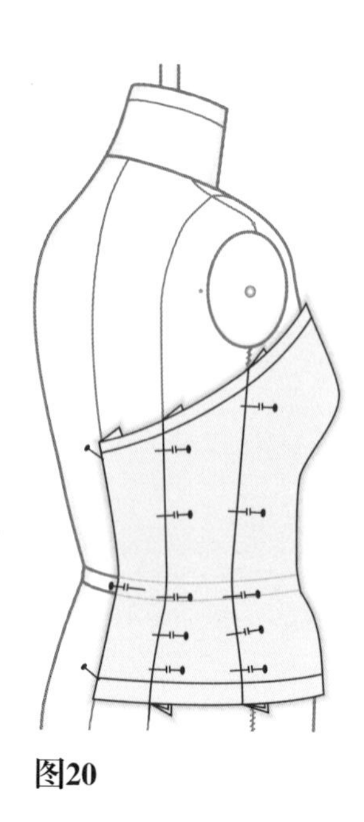

图20

图21

转移公主线裁片到纸样

图22

- 将裁片从人台上取下并缝合缝线，用熨斗（非蒸气）熨烫公主线，再将裁片转化为纸样前先修顺新省的线。
- 如图所示，将裁片放在纸上，并用**图钉或描线钉**将裁片拓到纸张上。在胸部曲线处标记松量控制剪口，然后移走坯布裁片。

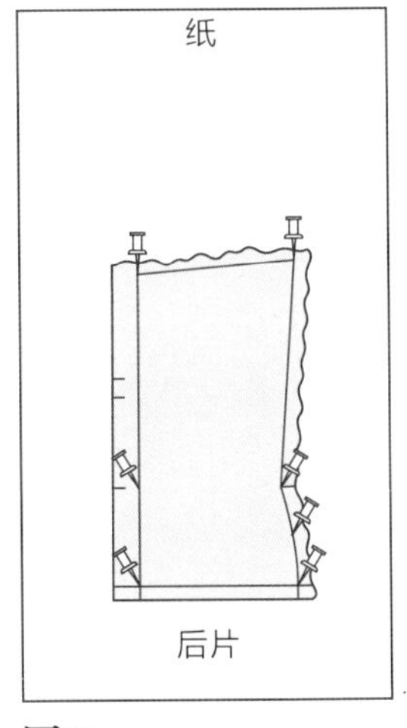

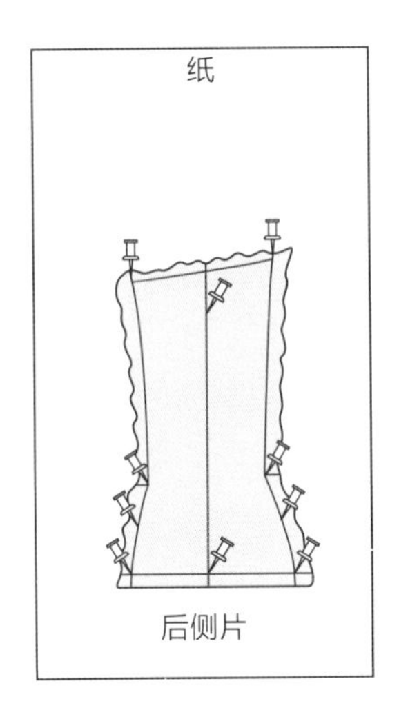

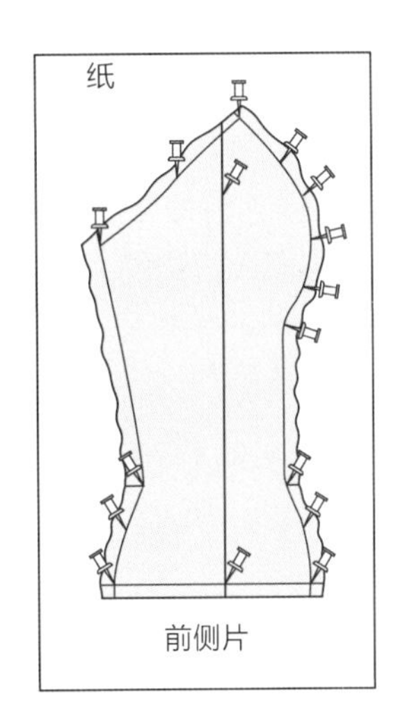

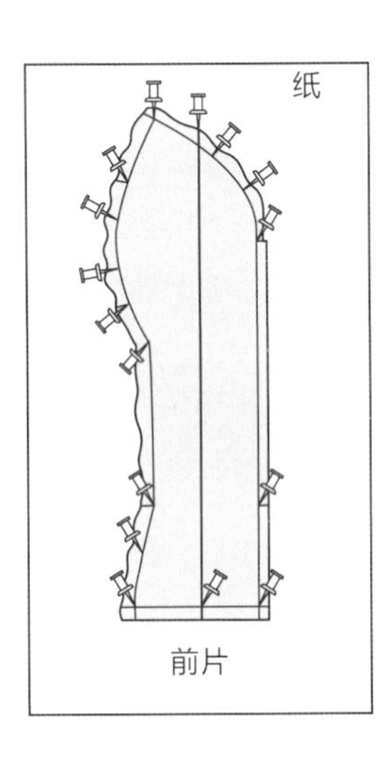

图22

完成无肩带公主线纸样

图23

- 仔细修顺缝合线，在无肩带结构线处增加缝份0.6cm，在后中线增加缝份2.5cm，在其余缝线处均增加1.3cm缝份，标记缝线刀眼位。
- 从纸上剪下纸样并标记新的缝线，通过从无肩带缝线以下和衣身线以上移动缝线使松量控制刀眼对位。
- 标记丝缕方向，在后中线标记出两个刀眼位。参考《服装立体裁剪（上）》第91~92页的纸样说明。
- 用坯布或设计面料裁剪并缝制成完整的服装，作进一步或最后的试身。

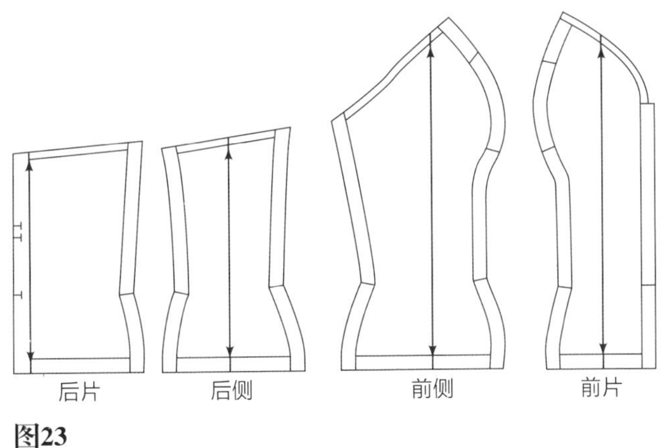

图23

合体性分析和问题解决

服装围绕在胸部区域应该适体性较舒适，不能太松也不能太紧，如果太紧的话，胸部就会感觉到压迫，尤其是当服装纸样没有给胸垫、胸部罩杯和胶骨留有松量时。解决的方法如下：

确定合体性问题所在

合体性问题一般多出现在胸部，那里绝对需要完美地适体，当发现了问题所在，明确了引起合体性问题的原因和解决的方法，纠正之后再验证其合体性。

胸部区域的压力曲线

图24和25

- 问题：在胸高处上面或者下面出现胸部压力线。
- 原因：胸部没有足够的余量。
- 解决方法：顺着公主线放出一些缝份以在胸部取得松量，测量松量并在左右两条公主线处各加入松量的一半，见图25。

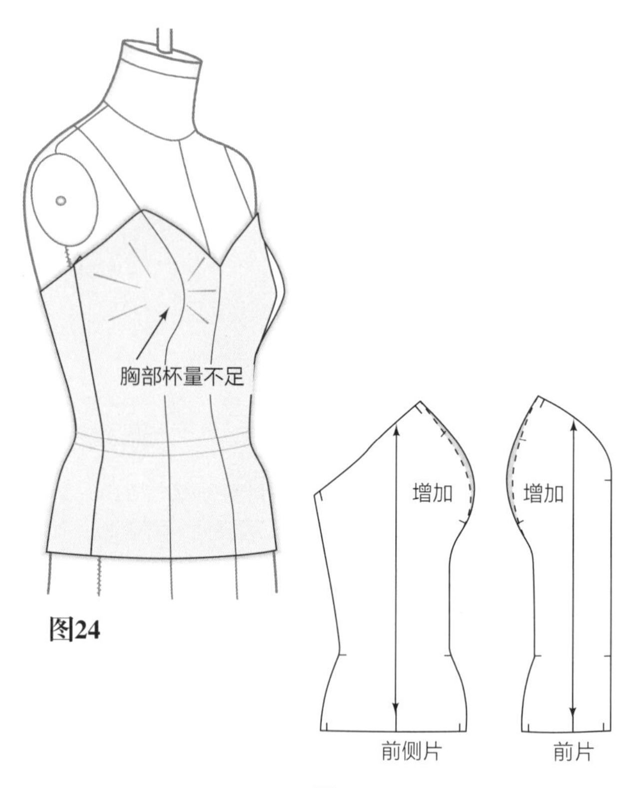

图24

图25

前中的不合体性

图26和图27

- 问题：无肩带造型在胸部不合体。
- 原因：①给模特胸部尺寸没有留足够的余量；②增加胸部支撑物后没有修改纸样。
- 解决方法：如图所示，放缝份并做切展，在前中处熨烫坯布以在胸部取得松量，检查并记录所有的尺寸，并重新改纸样。

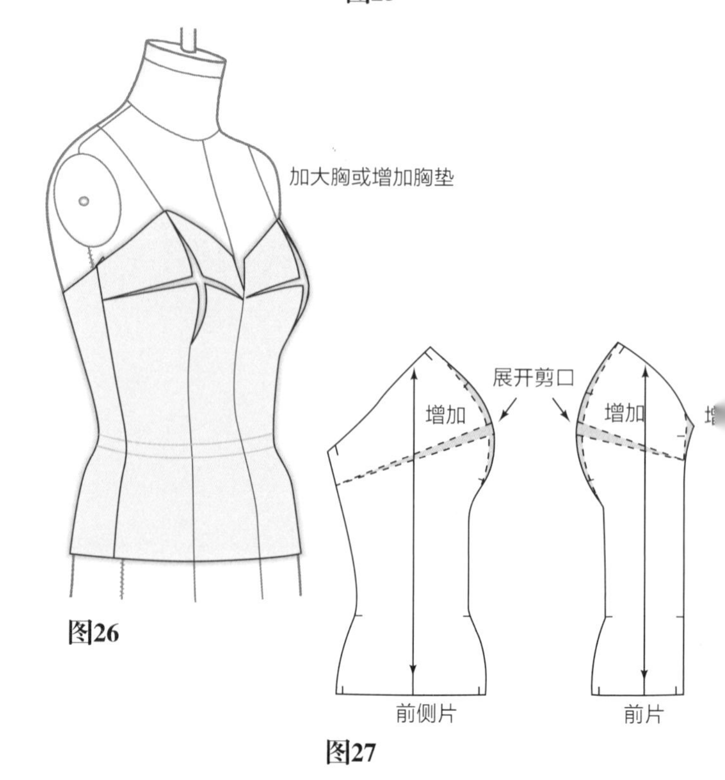

图26

图27

太松

图28和图29

- 问题：在无肩带线处或腰围线处或衣身线处太松不贴身。
- 原因：①胸部的松量不足（参考第42页图26）或②立裁或做标记时粗心，将裁片拓到纸样上有误差。
- 解决方法：别出松量，做标记，测量或剪去多余量。并且将胸部多余的量分散开。矫正纸样后检测新纸样的合体性。

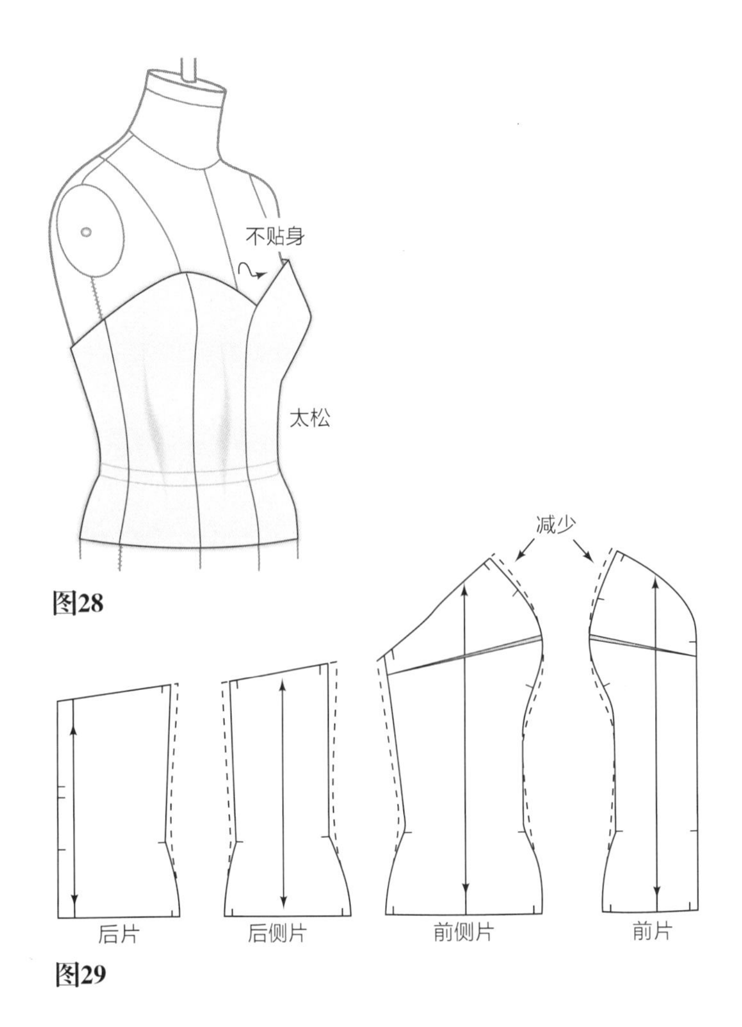

图28

图29

太紧

图30和图31

- 问题：无肩带线、腰围线或衣身线过紧。
- 原因：立裁或做标记时粗心，将样片拓印在纸上时有误差。
- 解决方法：在过于紧绷的地方放出缝份，测量给出的松量，修正纸样后检测新纸样的合体性。

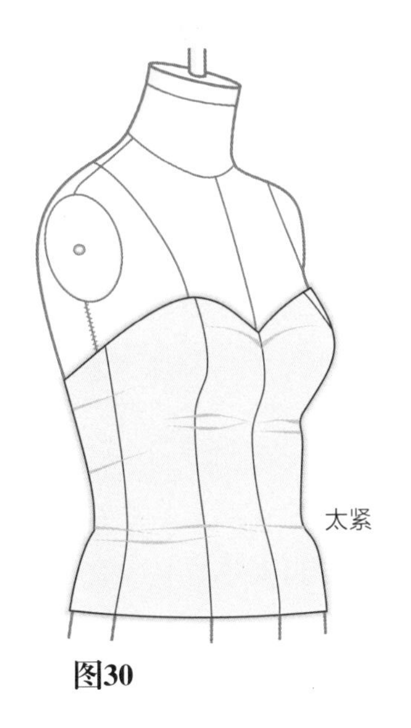

图30

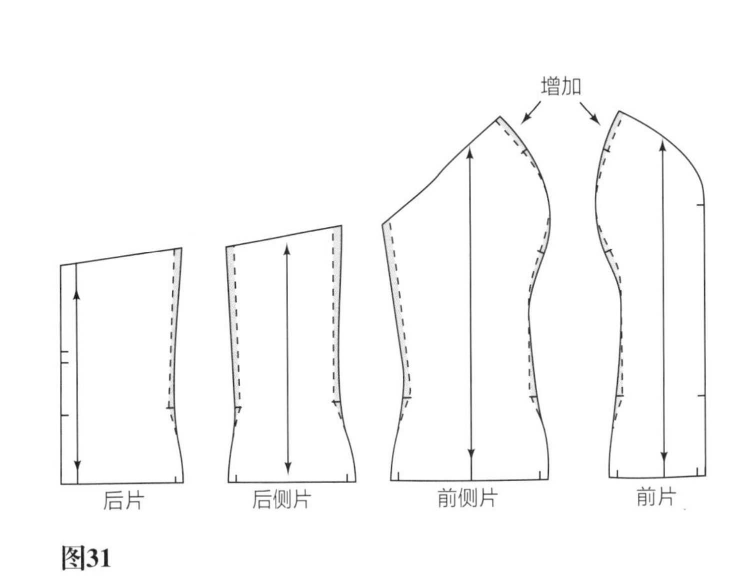

图31

设计2：有碎褶覆盖的公主线衣身

这种设计是基于公主线基本造型可以用于相似服装款式的原型和例子。下层辅助织物的说明请参见第58页。

图1

设计分析

图1

无肩带设计是基于人台的公主线来造型的。公主线款样板是由轻薄的透明面料（雪纺绸）以一定角度缝合而成。

如图所示无肩带公主线衣身款式，需要完善其设计（见下文）。如果需要胶骨，可以在第58页查找相关说明，另外给出了两种形成褶皱的方法，参考第45页，具体方法由你选择。

立体裁剪步骤：准备公主线款样板

图2

- **里子纸样：**拓下公主线款样板，在原始纸样顶端增加1.9cm（随后修剪），在胸点处加0.3cm甚至更多以增加余量，用于做碎褶，参见图2a。
- **碎褶纸样：**拓印里子纸样，修剪0.3cm甚至更多，以抵消斜向的拉伸。在斜裁面料上标出丝缕方向，如图2b所示。
- （将纸样编码，然后裁剪并铺开。）
- **里衬纸样：**拓印里子纸样，所有的缝份均增加0.2cm以避免布料的膨胀，面料膨胀的产生一般是由于所留的缝份不够形成碎褶的厚度。参见图2c。
- 在进行下一步前首先准备好一系列的纸样。

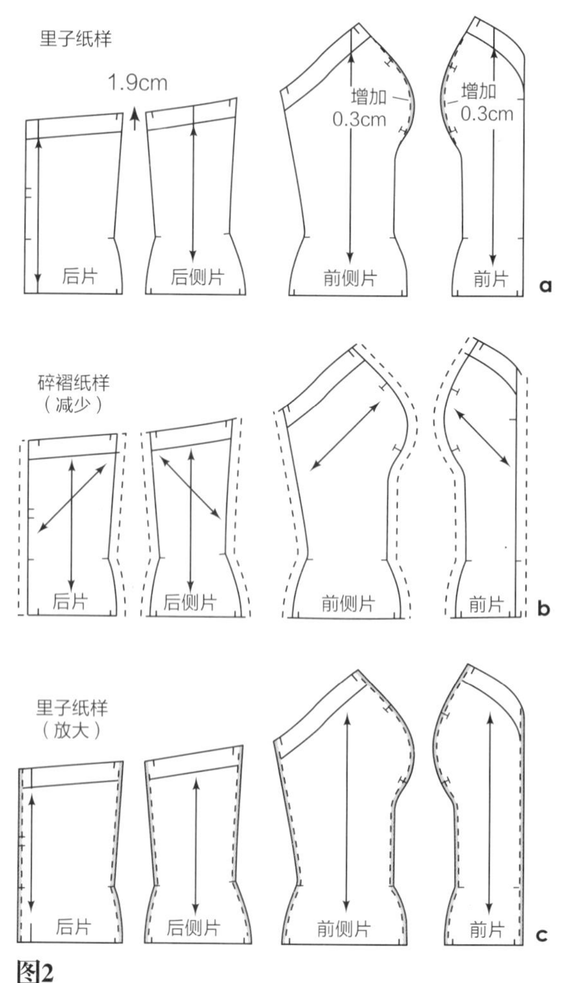

图2

方法1：收碎褶

图3

- 使用带有碎褶的公主线纸样一套，以前片为例进行说明。
- 在每片公主线纸样的中心画一条参考线。
- 将前片进行划分并标以数字。剩下的纸样重复以上步骤（没有展示）。

图4

- 每片纸样在长度方向剪其长度的三倍。在纸样中心画参考线。
- 按照序号将纸样裁剪开来，并展开放到纸上和参考线对齐。放稳当、拷贝、修顺并增加1.3cm缝份，从纸上剪下新的纸样。

图5

- 裁剪面料，并沿着公主造型线收碎褶（a）。对准刀眼并别上里衬见例子（b）。将前片和前侧片突出的部分修剪掉（c）。后片（d）和后侧片（e）水平收碎褶，重复过程完成其它裁片系列。
- 如果在缝合裁片时出现膨胀，放松并重新缝合，修正纸样。
- 里子纸样完成设计（除非还需要紧身胸衣和下层辅助织物见第58页）。
- 再设计一款裙子完成制作。

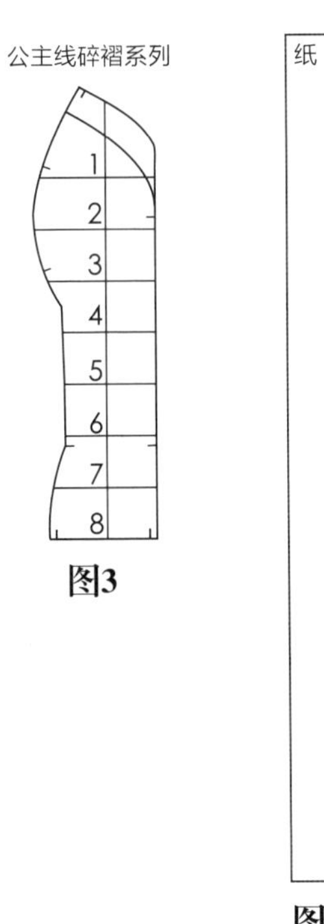

图3

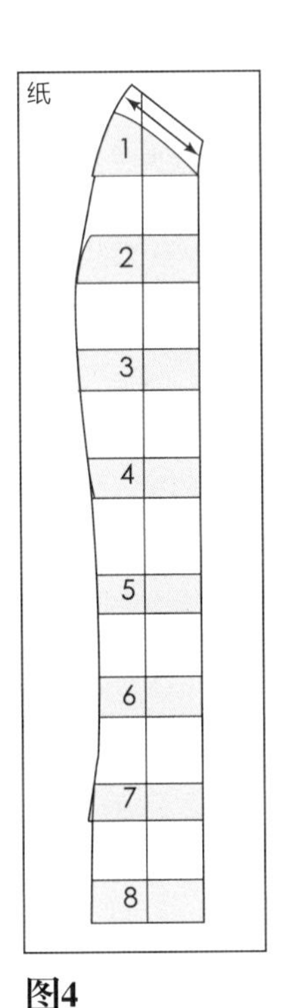

图4

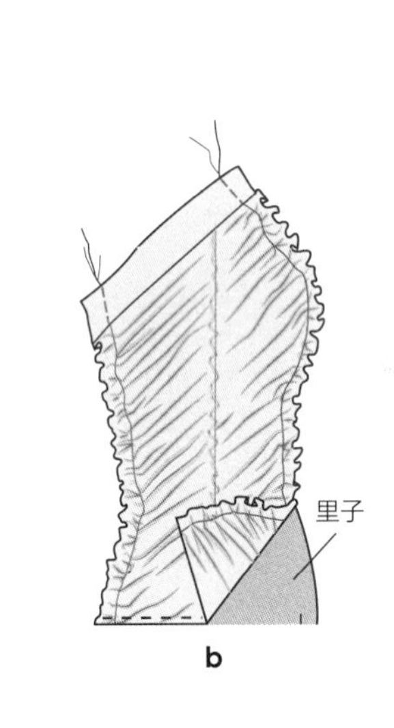

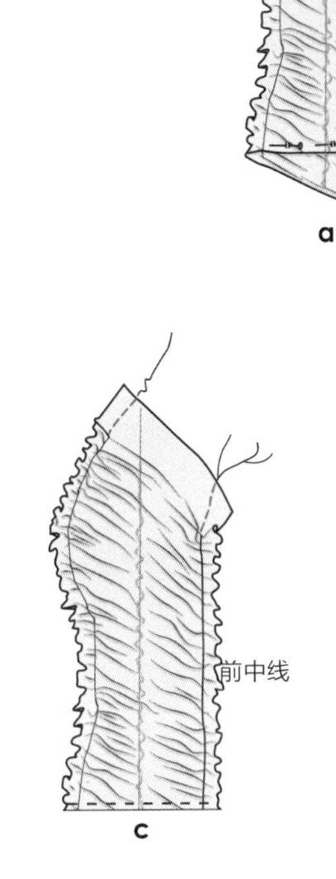

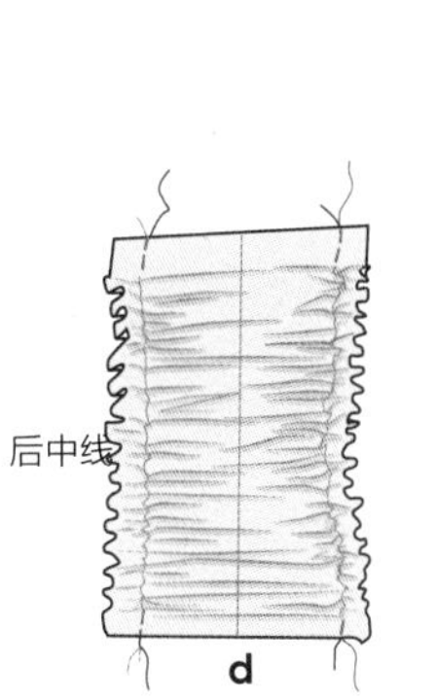

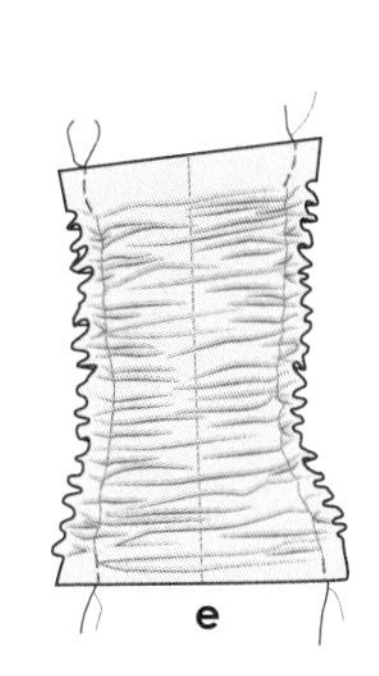

图5

方法2：收碎褶

前侧片的样片已做过图示，剩下的纸样按照之前的方式来做。

准备纸张和面料

图6

- 裁剪纸和面料，每片宽度大于裁片最宽处5.1cm，每片裁片的长度采用2.5:1的比例。
- 在面料和纸的中心处画参考线。

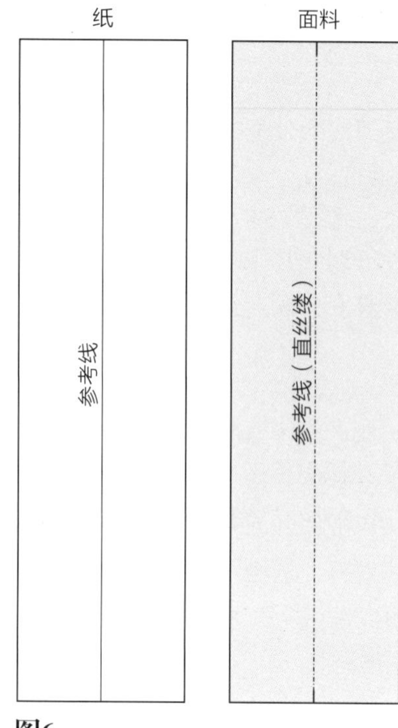

图6

图7

- 在面料中心处抽碎褶，距离中心和布边留出2.5cm。
- 距离面料上边缘2.5cm处开始抽褶线，使裁片比纸样长5.1cm。

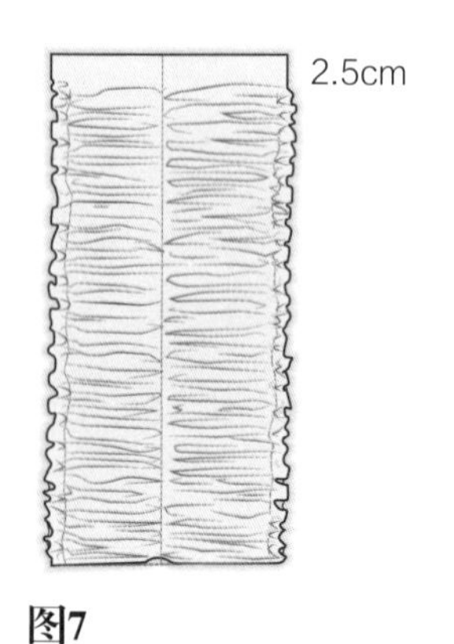

图7

图8

- 在另一张纸上画垂线，将抽褶片的中线放在纸上。
- 用手以45°斜度轻压裁片，同时保持中心线在参考线上，可以用针来固定角度。
- 将纸样放在抽褶片上，并对准参考线，同时为了保证不移动可以用针固定。
- 拓下纸样并裁剪下来。

参考线

图8

图9

- 取下针和纸样，拉线并熨烫（无蒸汽）。
- 放在准备好的纸张上，对准参考线，可以用针加以固定保证不移动，可以用曲线工具修顺并做好造型。可以用描图轮来转换纸样。
- 再裁剪、抽碎褶、缝合衬里，完成衣身制作。

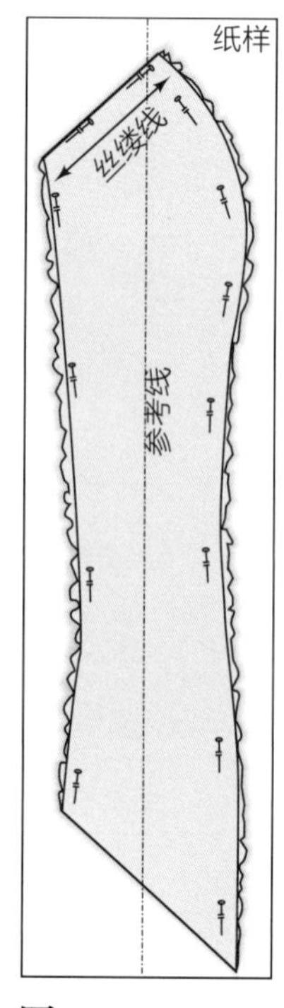

图9

设计3：蕾丝覆盖

改进公主线服装衣身原型的方法见第35~43页。

设计分析

分层法是给公主线造型基本款式增加趣味的一种创意性手法。使用网眼布、蕾丝或其它有镂空的布料，覆盖在有色布上会产生一些特殊的效果。下层辅助织物的说明请参考第58~68页。

准备公主线裁片

图1

里子和里衬纸样：

- 拓下公主线衣身原型。
- 在每片纸样顶端增加1.9cm。
- 为了包含胶骨在胸点处增加0.3cm，修顺线条。

图2

再重新拓下两份纸样：

- 其中一份纸样是用于蕾丝面料的裁剪（将会根据面料的种类裁剪成不同层）。
- 另一份纸样是用于“里衬”纸样，修改并增加0.2cm缝份。

里子和层数

1.9cm

增加 0.3cm

增加 0.3cm

后片 后侧片 前侧片 前片

后片 后侧片 前侧片 前片

图1

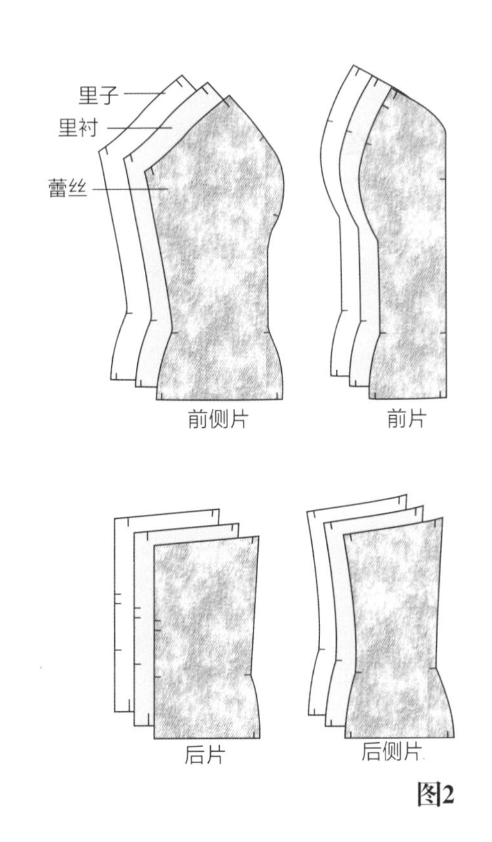

图2

设计4：无肩带公主线紧身胸衣

图1

无肩带公主线紧身胸衣原型

这款基型是用于基于胸部突起量的无肩带款公主线造型的。它同时也是某些覆盖织物、蕾丝、或小珠饰做造型的基础。

设计分析

图1

无肩带款公主线造型的设计是为了在前中连接起胸部造型。造型线是从公主线一直延伸至腰部，胸部的造型曲线是在胸部上方或者下方，而不是在胸围中间。如果想加裙子，请参照第八章或者自行设计。

准备人台

图2

- 使用标记带或者用针标记固定出无肩带造型线。

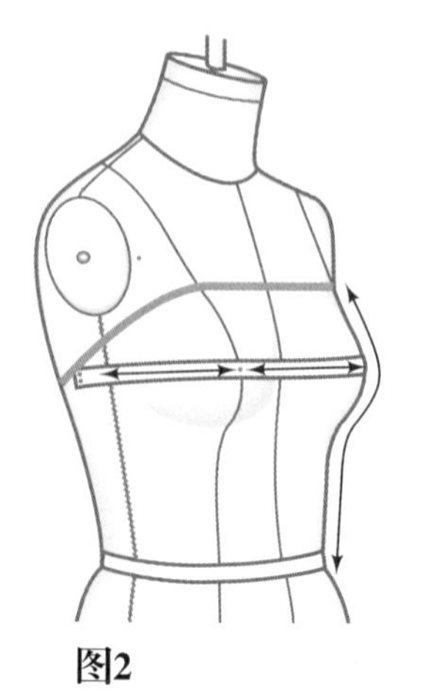
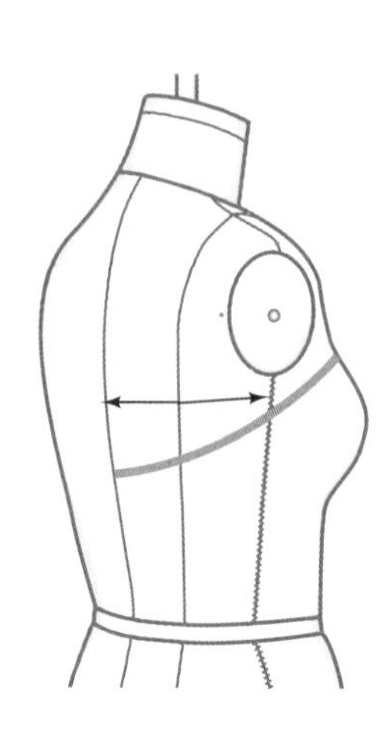
图2

准备坯布

图3

- 宽度：过胸点测量，增加7.6cm=________。测量侧缝和后片，增加7.6cm=________。
- 长度：前片：过胸部，增加7.6cm=________。后片：采用相同的测量方法。
- 用所量取的数据裁剪坯布。
- **注意：** 按布料的直丝缕裁剪坯布，为了更加贴体，裁剪前片和前侧片时采用斜裁的方法。

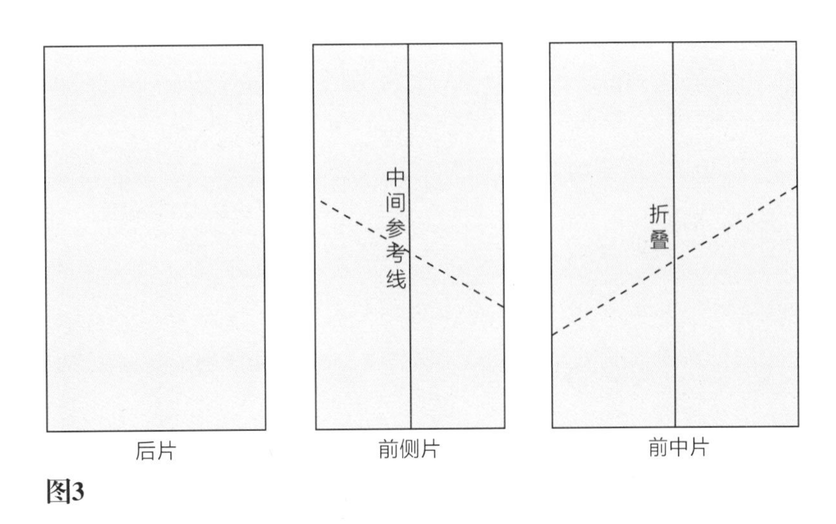

图3

立体裁剪步骤

前片

图4

- 将坯布固定在腰部标记带向下2.5cm处，参考线在前中线上。用针在胸点、胸线和转角处固定。
- 在腰部处抚平坯布，标记、打剪口后用针固定。
- 胸杯处用手掌推平胸围弧线上下的坯布，打剪口并用针固定公主线，并在坯布上标记出公主线。

图5

- 分别在距离胸点上下各5.1cm处做标记，然后修剪余量至1.3cm。
- 向里折叠坯布或暂时取下。

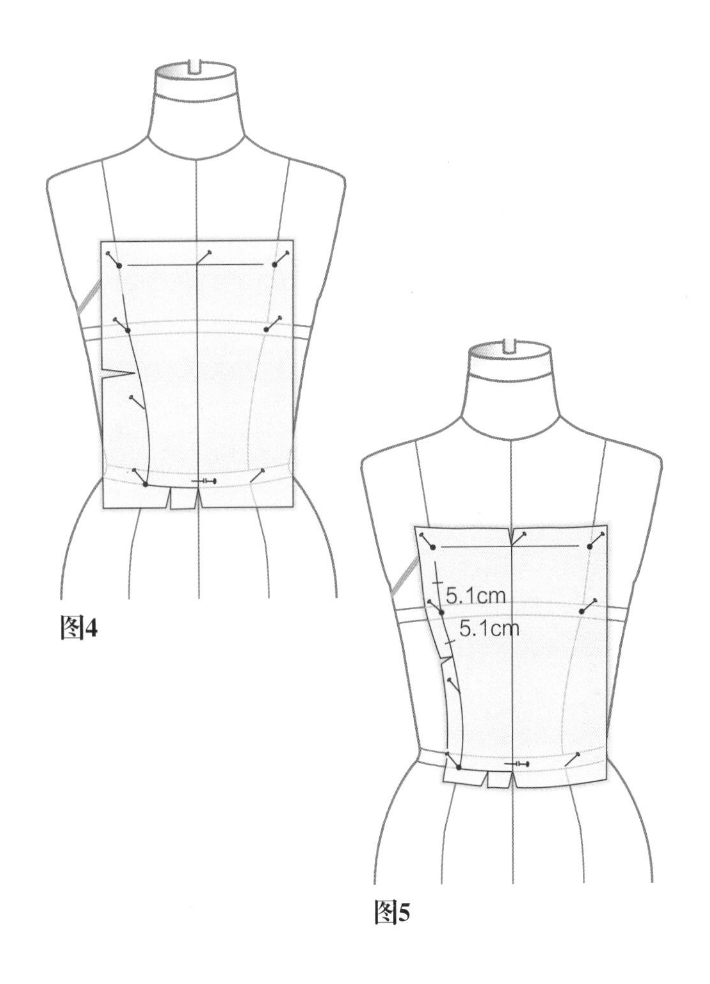

图4

图5

前侧片

图6

- 将坯布放在腰线以下2.5cm处，使侧片中心对准参考线，后用针固定。
- 在腰围线处抚平坯布，做标记并向腰线打剪口，用针固定0.3cm松量（折叠）。
- 将坯布在侧缝处和铅笔擦印处抚平。标记、用针固定、修剪出2.5cm缝份。
- 胸杯处用手掌从腰线到胸部弧线及胸点处抚平坯布。打剪口，用针固定，标记公主线到胸点和无肩带造型线处。

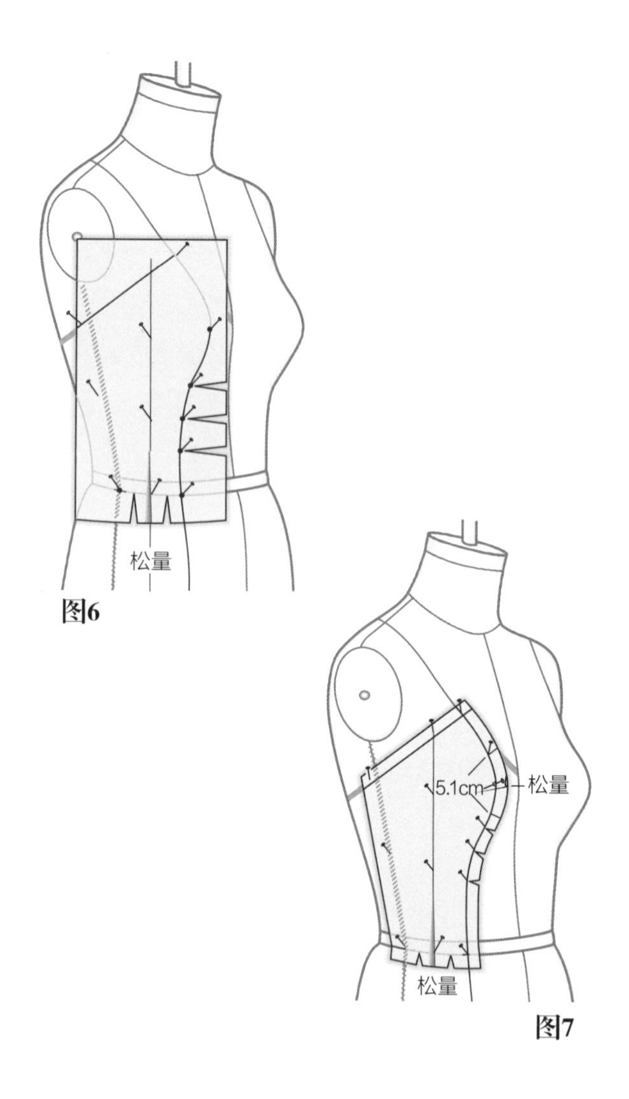

图6

图7

图7

- 将坯布沿公主线向上抚平至胸点处。标记无肩带造型线和公主线到胸点处，然后用针固定左侧余量。
- 在胸点上下各5.1cm处作标记（当和前片缝合时增加松量）。
- 向里折叠裁片或暂时取下。

后片

图8和图9

- 沿直丝缕折叠坯布2.5cm，放在人台后中线上，使腰线以下2.5cm处为横丝缕，用针固定。
- 在腰线处抚平坯布，用针固定0.3cm松量（折叠后），在腰线标记并打剪口。
- 在侧缝及铅笔擦印标记处抚平坯布，用针固定，并在侧缝修剪出2.5cm的缝份。
- 画出无肩带造型标记带，标记并修剪出1.3cm缝份。

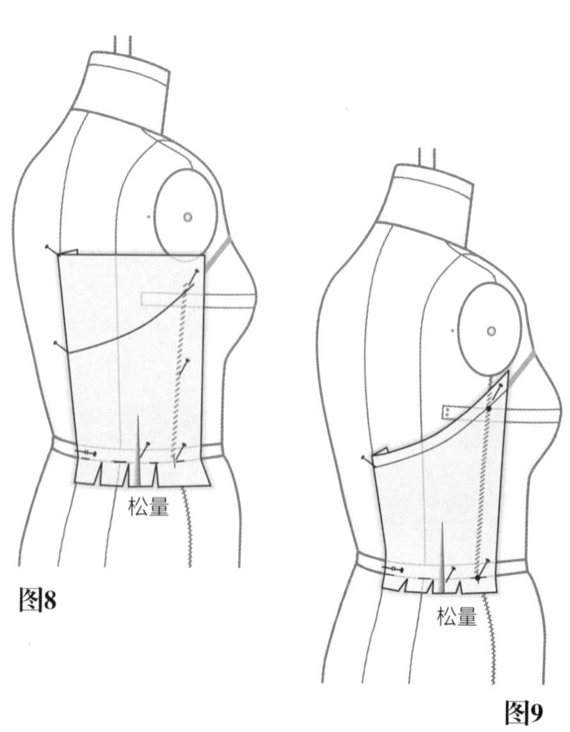

图8

图9

固定裁片

图10和图11

- 用向外打针或重叠缝线的方法将新省裁片拼合在一起并固定，并检查针、标记线和造型线的位置是否正确。

修顺、校准、移动纸样

将裁片从人台上取下，取下针后校准直线和弧线。折叠前中线重复公主线造型。对位并调整松量控制刀眼位置，如有必要，从无肩带线以下及胸线以上移动缝线。

为了检验其合体性，用坯布缝制一个完整的紧身胸衣，或者首先将服装裁片转换为纸样。为帮助解决多合体性问题可以查阅第42和43页。

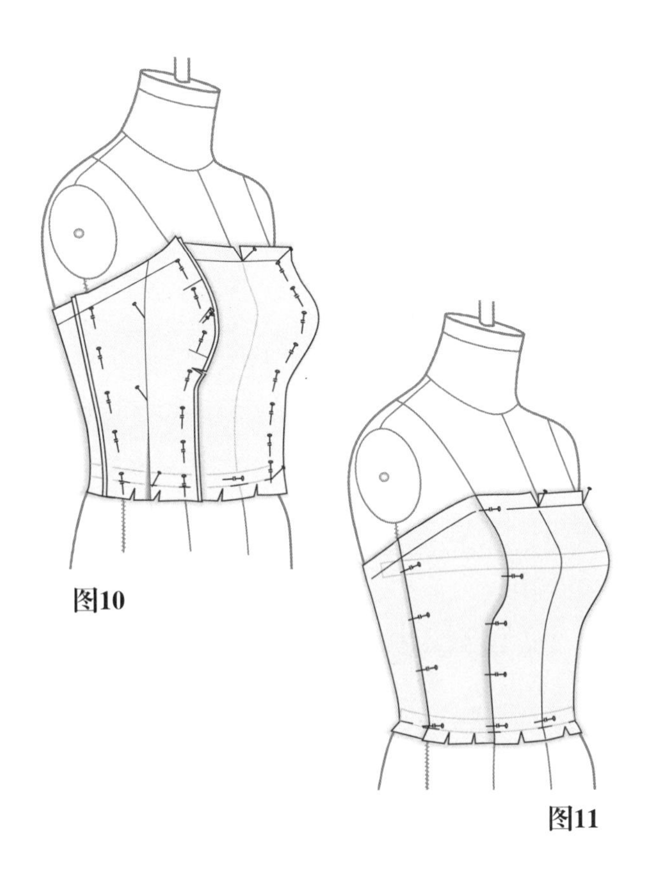

图10

图11

完成纸样

图12

- 剪下两组后片和前侧片及完整的一个前片纸样。一组纸样是面料，一组为里子纸样。对于建议的下层辅助织物，可参考第58~63页及第72~75页。

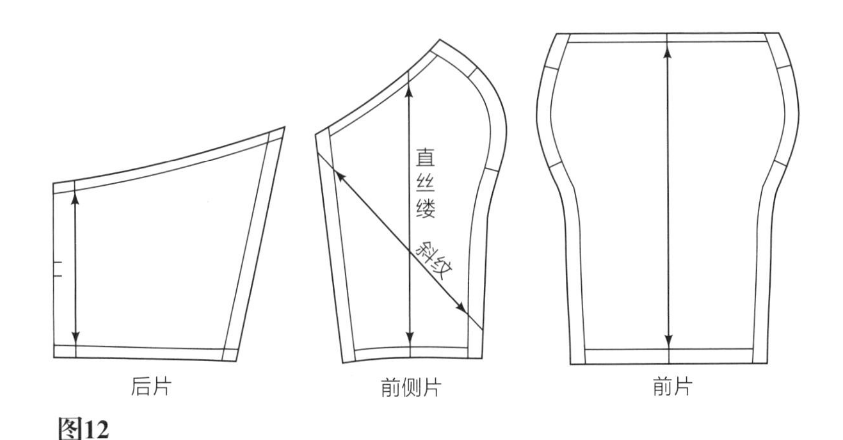

图12

设计5：无肩带帝政式文胸上衣

帝政式造型线将无肩带文胸上衣款式从衣身基型中分离了出来。文胸上衣可以用于多种方式中，可作为基型的一部分（如图1），或作为一种面料的装饰基础（如图2）。文胸上衣的造型线从前中线经过胸点到侧缝处。为了不同的设计效果其造型线可以顺着侧缝线和前中线被固定于任何一点。帝政式造型线比公主线款式更靠近胸部以下。下身裙子的造型可以由设计者自行选择；可以参照第八章提取灵感。若要构建服装内部辅助织物的设计可参见第58~63页。

帝政式文胸上衣基型

图1和图2

如果要强调胸部造型时应该去除胸围连线。文胸上衣的立体裁剪就是为了使胸部上、下方和胸部之间的造型更加合体。每一片文胸上衣裁片在侧缝处和前中线处的宽度应该相等。尺寸建议用10号尺寸，侧缝处大约留3.8cm，前中线处大约留2.5cm。帝政造型线是按照文胸底部线造型的。衣身线如图所示在前中线的腰线下12.7cm处逐渐到侧缝和后片的腰线以下为7.6cm。腰线向下的长度可以根据所喜欢的款式自行确定。

图1　　图2

准备人台

图3

- 拆除胸围连线的标记线。
- 用针和标记带标注无肩带罩杯和衣身线。

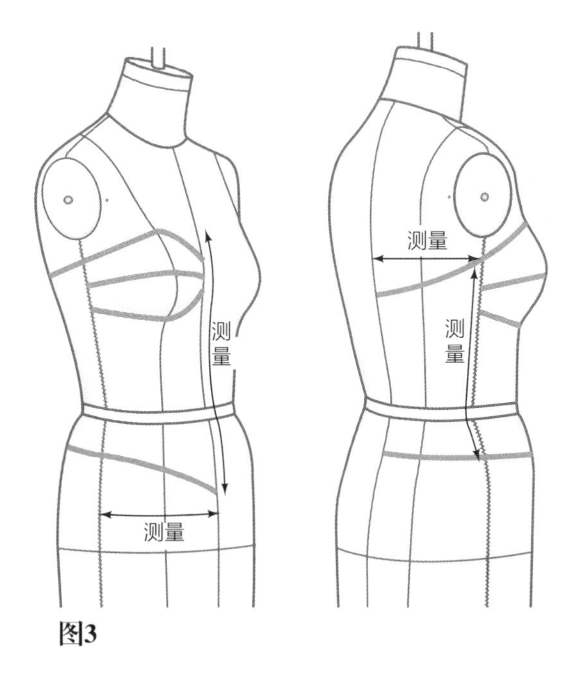

图3

测量坯布

根据箭头方向测量前片和后片：

前片

- 长度：增加15.2cm=________。
- 宽度：增加10.2cm=________。

后片

- 长度：增加10.2cm=________。
- 宽度：增加10.2cm=________。

准备坯布

- 用给定的尺寸在坯布上将前后片裁剪成片。

前片

- 罩杯：穿过坯布画出两条相距12.7cm的直线，标注中线并按坯布长度剪开。
- 主躯干：画一条距离布边2.5cm的平行线，并且画出整个裁片的中线，再画出另一半裁片的中线。
- 从中线裁剪并折压出距离布边2.5cm的折边线。

后片

图4

- 画一条垂直线，将后片分为两等分，再将另外一半等分。
- 画一条距离布边2.5cm的平行线。
- 从中线裁剪，并折压出距离布边2.5cm的折边线。

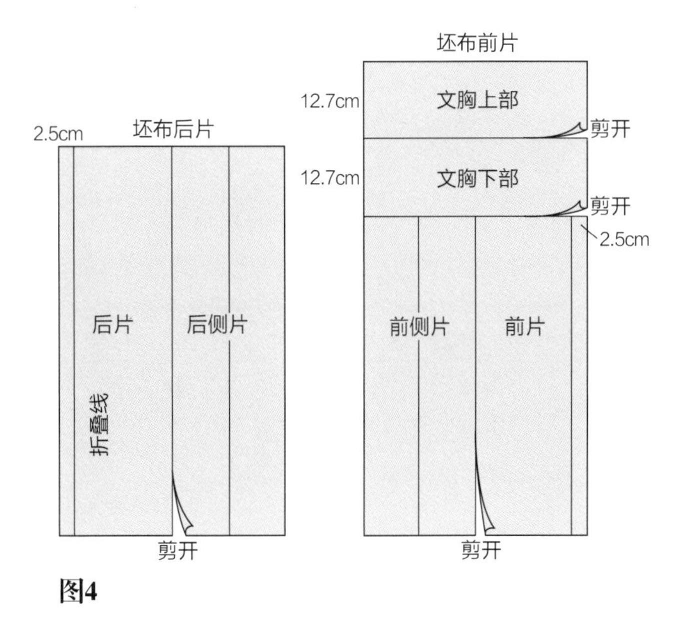

图4

立体裁剪步骤

前衣身

图5

- 在前中线上放置折好的坯布，并放在衣身造型线以下2.5cm处，固定住。
- 将坯布在公主线、帝政线和衣身线处抚平，打剪口，用针固定并标记造型线和公主线。

图5

图6

- 修剪余量为1.3cm，在衣身线上为2.5cm。
- 向里折叠裁片或暂时取下裁片。

图6

前侧片

图7

- 按照前侧片主线的中心直丝缕方向在人台上放置坯布，并低于衣身标记带2.5cm，用针固定。
- 在腰部固定0.2cm松量（折叠后）。
- 将帝政造型线、侧缝线和公主线处的坯布抚平，打剪口，用针固定，并标记造型线和公主线。
- 在臀侧标记0.3cm松量。

图8

- 修剪余量为1.3cm，在衣身线上为2.5cm。
- 向里折叠裁片或暂时取下。

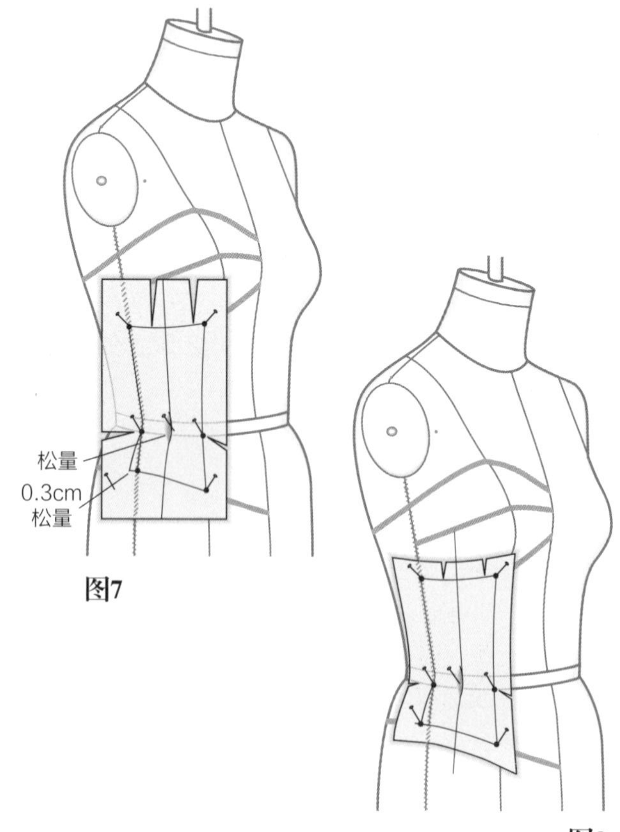

图7

图8

后侧片

图9

- 按照后侧片中线的直丝缕在人台上放置裁片，并低于衣身线2.5cm，用针固定。
- 在腰部用针固定0.2cm的松量（折叠后）。
- 从中线的两边向外抚平坯布，用针固定公主线和侧缝线，在腰线两边打剪口。
- 标出无肩带的造型线和公主线，用铅笔擦印标出侧缝。在衣身侧缝处加0.3cm的松量，并画出腰部的曲线。

图10

- 修剪无肩带造型线约0.6cm，公主线约1.3cm，衣身线处修剪约2.5cm。
- 向里折叠裁片或者暂时取下裁片。

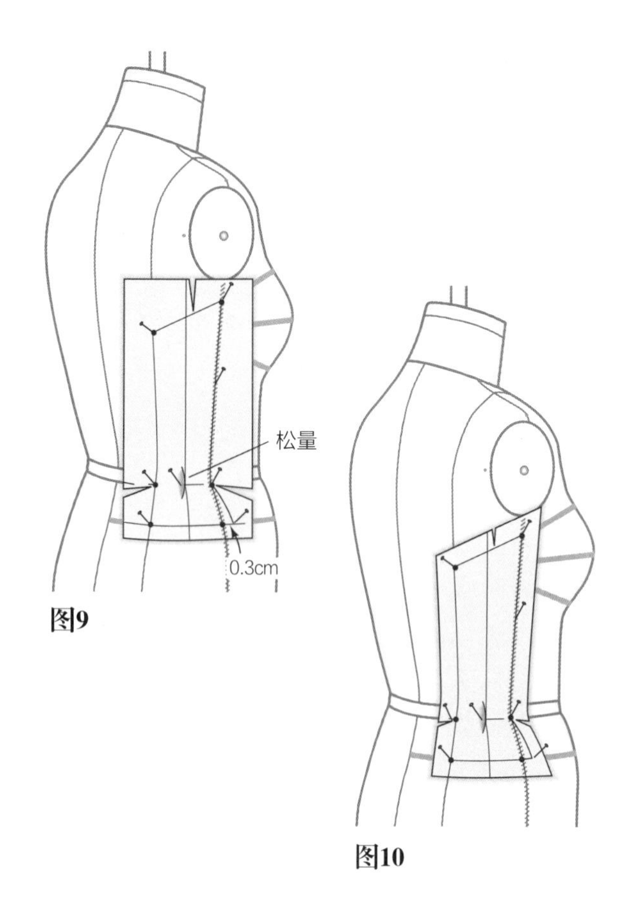

图9

图10

后中片

图11

- 将坯布的折线放在人台后中线上，并低于衣身线2.5cm放置，用针固定。
- 抚平坯布到公主线，并穿过无肩带造型线，标记造型线并用针固定。
- 标记并在腰部打剪口。

图12

- 修剪无肩带造型线约0.6cm,公主线约1.3cm，衣身线处修剪约2.5cm。
- 向里折叠裁片或者暂时取下裁片。

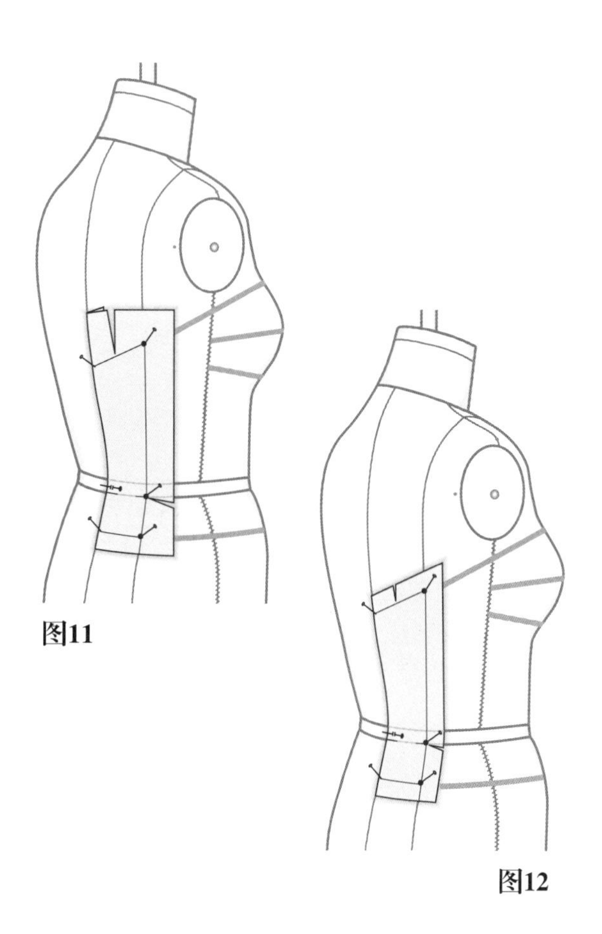

图11

图12

上胸杯

图13

- 在无肩带式公主造型线以上2.5cm处用针固定坯布的中心标记，同时用针固定胸点。
- 从上胸围到前中线和侧缝线抚平坯布，打剪口，用针固定，并标记造型线，取下裁片，修顺作标记的区域，修剪余量至铅笔标记线以内1.3cm（未显示）。

下胸杯

图14

- 用针固定公主线胸口以下2.5cm坯布的中心标记点。
- 从胸下向上到胸部造型并止于前中线和侧缝线抚平坯布，打剪口，用针固定，并标记帝政造型线和胸线取下裁片，修顺作标记的区域，修剪余量为1.3cm铅笔线处（未显示）。

图15

- 使用外部针连接上下胸杯，并在人台上适当做调整。从人台上取下胸杯用铅笔擦印标记用针固定的缝线，去掉针并修顺，重新用针别合或缝合衣身。见第40页的图18所示。

将裁片别合在一起

图16

- 用外部针法将前后衣片与胸杯拼合在一起，或者缝线处可以重叠或用针固定。

修顺、校准、移动裁片

图17

- 检查合体性，看腰线处的裁片是否有压力线，如果出现了压力线，则放松压力，重新用针固定或缝合，取下裁片去除针，并修顺直线和弧线，转移到纸上。

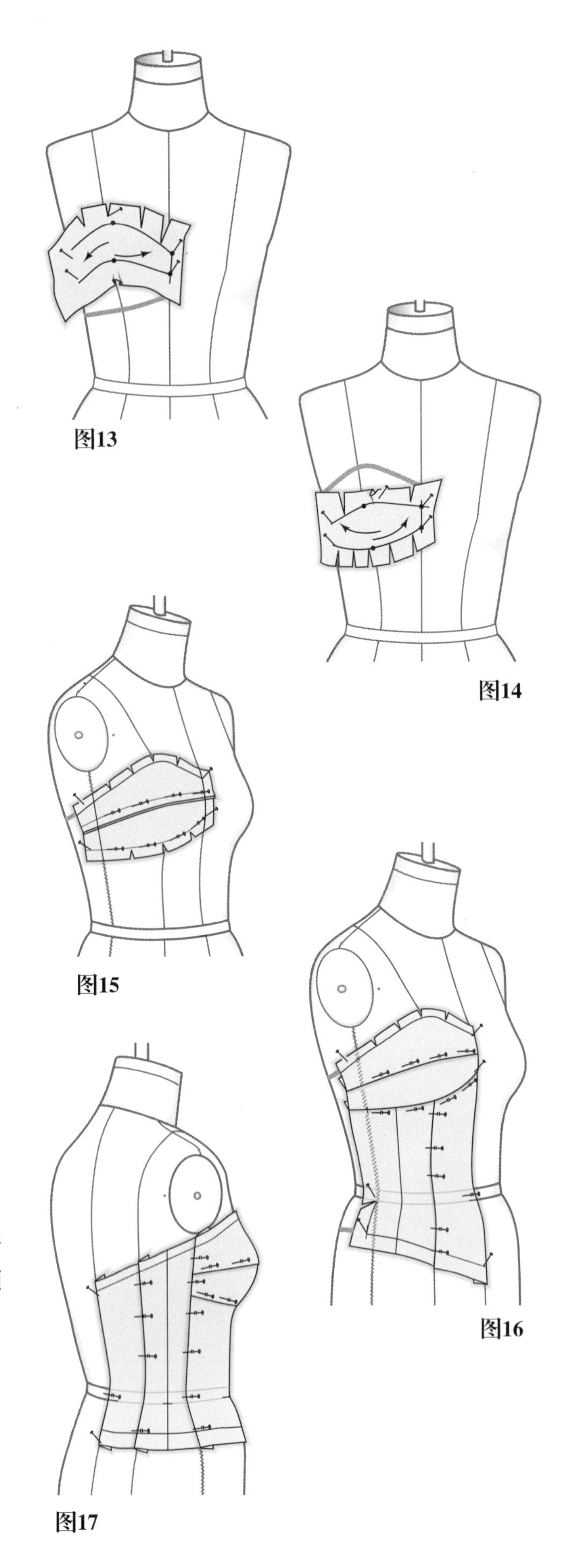

图13

图14

图15

图16

图17

缝合无肩带罩杯衣身

- 对于设计项目需要一个下层辅助织物结构（如礼服或舞蹈服）的说明已经提供，在第58~63页有描述。
- 用坯布或选择的面料裁剪完整的服装，用长针脚粗缝将缝线缝合到一起，这样当修正适体性时更容易拆除。

试身和纸样修正

图18

- （如果可能）请公司的模特或者客户来验证适体性是最好的选择，其次就是用人台来验证。
- 例如图18a，没有压力，显示了非常完美的适体性。
- 图18b中，胸部有一定的压力，释放一些压力区域，并打剪口给胸部下层支撑物提供一些空间。一个文胸修改的例子显示在图18c中。
- 对于解决可能的适体性问题的说明，请参照第42~43页内容。

完成纸样

图19

- 按需要的纸样片数来裁剪并完成设计。对无肩带服装下层支撑物的说明，从第58页开始。

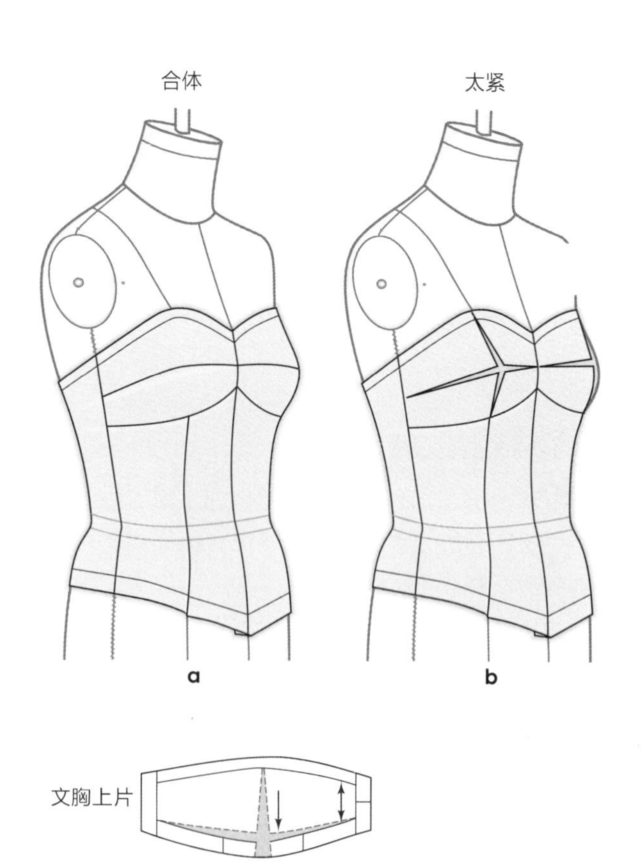

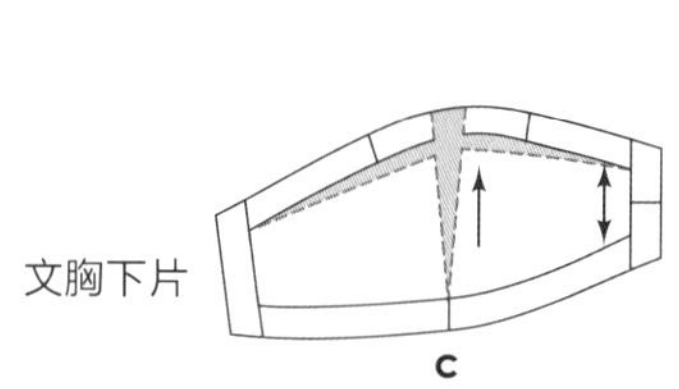

图18

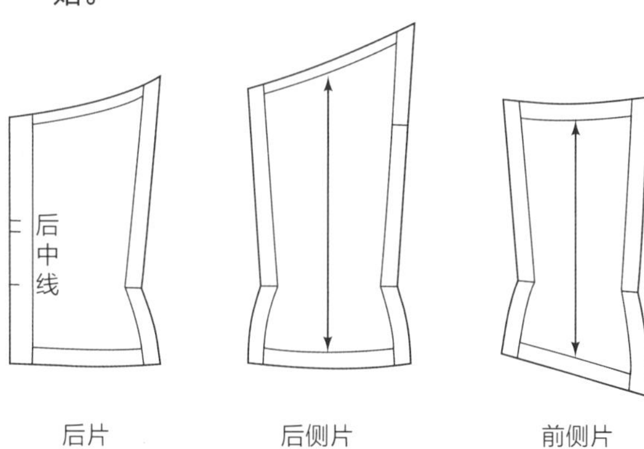

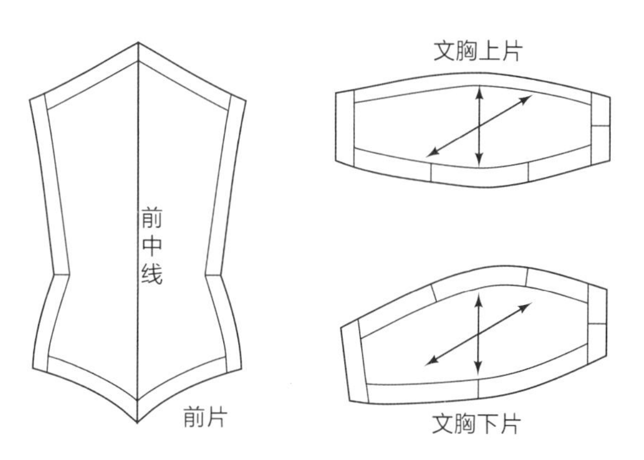

图19

无肩带服装辅料

无肩带基型纸样提供了所有辅助织物纸样裁片发展的基础，辅料的类型和数量是在进行设计分析和规划时决定的，是以设计目的和成本因素为基础的。许多面料和物料被列出来，对于完成服装下层辅料来说应该是足够的。

轻型内部结构

对于那些具有柔和的视觉外观，或者需要考虑经济因素的设计，往往会考虑轻量支撑。用羽毛胶骨和贴边来代替衬里的需要（如果需要使用衬里的话）。也可以选择最少的内部结构（有胶或无胶黏合衬）。

物料

- 面料：棉网、蝉翼纱、轻质棉。
- 胶骨：可任选。
- 里料：黏胶混纺、丝绸。
- 有胶或无胶黏合衬。
- 其它：斜纹织带。

重型内部结构

这种结构建议用于带有较重珠饰，多层面料和有褶子的布料的无肩带设计中。无肩带紧身胸衣、束身衣和腰封的结构材料在390页有讨论。

物料

内部结构的基础面料

- 面料：中等克重的帆布，卡其布/斜纹布，府绸，重色丁，质地坚牢的织物（无弹性），经过预缩处理的亚麻布，重弹力色丁。
- 为避免出现不合体问题，在立裁之前预缩所有面料。
- **衬里——遮盖胶骨梁和下层辅助织物的毛边，使其不显露出来。**
- 物料：羊毛毡或混纺（不低于50 %），棉质法兰绒，或细薄毛织物。
- **里料——盖住毛边和胶骨。**
- 物料：黏胶混纺，丝绸或设计面料。

胸部增强

- 胸部增强包括自身加垫和镶片。
- 需要物料：粗纤维填充的絮片或2至3层硬织物（帆布或比利时亚麻布）。
- 加垫的胸罩给胸部提供了额外的尺寸，并支撑胸部上添加珠饰装饰，多层面料和有褶子的面料。
- 插入罩杯也起到使胸部增强的效果。

其它项目

为了在无肩带服装顶部留有松量，使用0.6cm罗缎饰带或斜纹布。在腰围处使用罗缎饰带或松紧带（宽1.9~2.5cm）以确保适体和舒适。

胶骨

胶骨给衣服提供了一个轻量级的骨骼框架。各种胶骨类型都可以通过采购公司和布料店获得。胶骨的范围从牢固程度，是否有脊线，或者由网状塑料制成的鱼骨，到由末端有圆帽保护的柔韧的金属胶骨的不同而不同。胶骨购买时，可以有或没有胶骨套，当需要时，胶骨套可以制作。胶骨的配置取决于辅助织物需要的类型。例如，胶骨可以沿躯干的长度延伸（戏服和表演服）也可以从顶部开始至腰线的1.3cm处结束。它也可以被放置在接缝处或缝在胸部的衬垫里。胶骨应该结束于所选边缝的1.3cm处。参看390页和391页了解更多信息。

胶骨种类

图1和图2

鱼骨

一种用网状塑料制成的胶骨用针很容易穿透，无论有没有胶骨套它都可以使用，并且末端的剪口可以用斜纹织物包裹。

柔韧的金属胶骨

这种胶骨用一种金属剪切装置剪出一段长度。然后用钳子将圆帽加在上面，金属胶骨需要胶骨套。

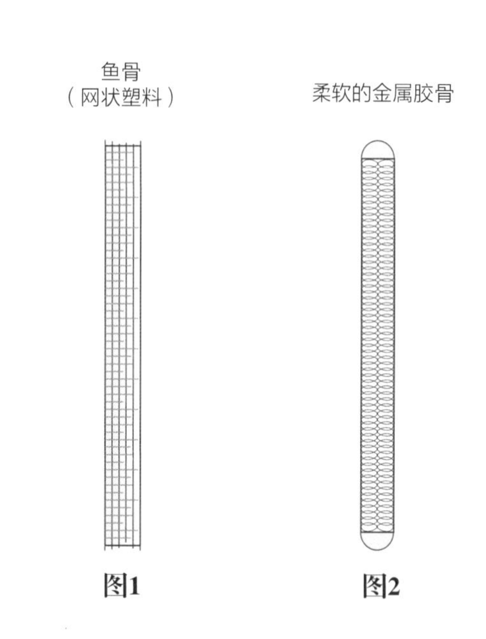

图1　　图2

给胶骨加套

图3

- 将棉布条剪成每个缝线的长度，其宽度是胶骨宽的两倍，并增加1.3cm（a）。
- 折叠并缝合，用0.3cm缝线（b）。
- 翻过来将胶骨滑进去并折叠末端1.3cm（c）。

包住胶骨

图4

- 将胶骨剪成已选好的缝线长度（a）。
- 把胶骨向下推到胶骨套的每个末端，从胶骨的每个端点修剪1.3cm或者取出胶骨修剪1.3cm后再放回胶骨套里（b）。
- 折叠1.3cm并缝合到缝线处（c）。

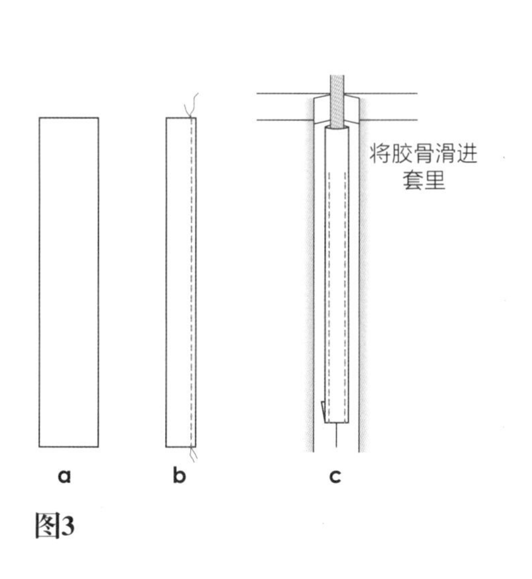

图3

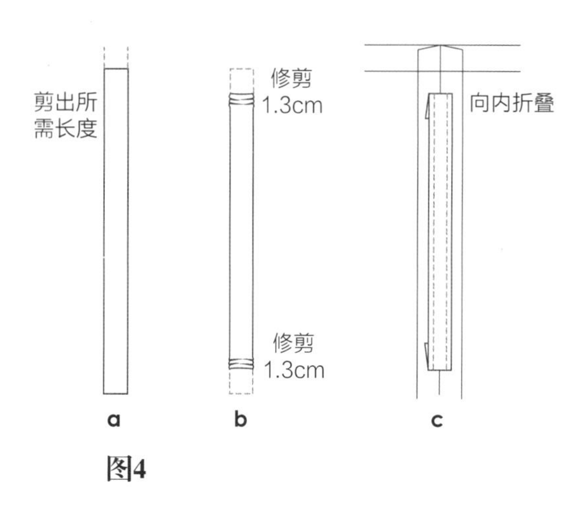

图4

准备内衣纸样

公主线衣身原型是以下说明的基本原型，但是这个说明可以应用到其它原型上。公主线衣身的立裁内容介绍参见353页。

里子和衬的纸样

复制两份公主线衣身的纸样，每片纸样的顶部留出1.9cm的余量以便调整。

第一次复制

图1

如果需要的话，第一次复制是作为里子纸样（没有变化的）。

第二次复制

图2

- 在胸部隆起的每条边线上留0.3cm的松量用于加入胶骨或者衬垫，可以作为所设计服装的衬里，又可作为其它服装设计的依据。
- 按选择的面料裁剪并缝合。
- 熨烫缝份。
- 如果不考虑胸垫，参照第62和63页的说明。
- 如果要给内衣加入胶骨和里子的话，先用样衣作为参考。

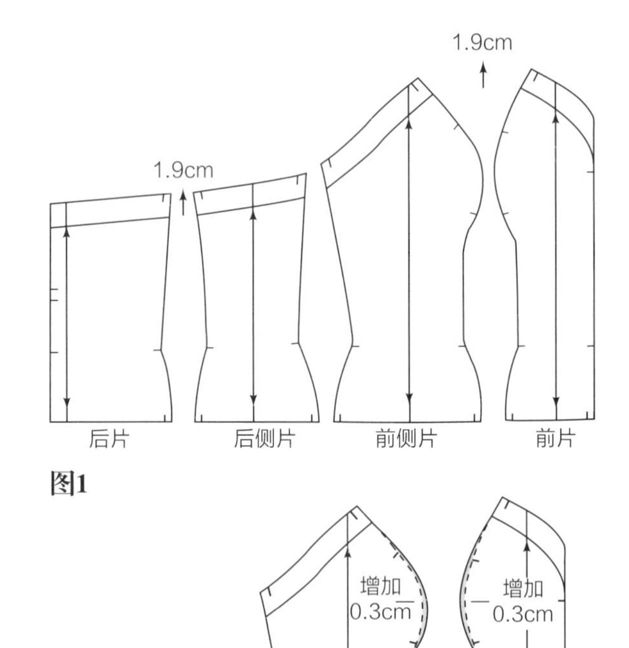

图1

图2

加垫文胸

图3

- 将基础公主线的上部放在纸上。
- 画出胸围区域，前侧片与后侧片纸样之间相隔5.1cm（以阴影部分表示）。

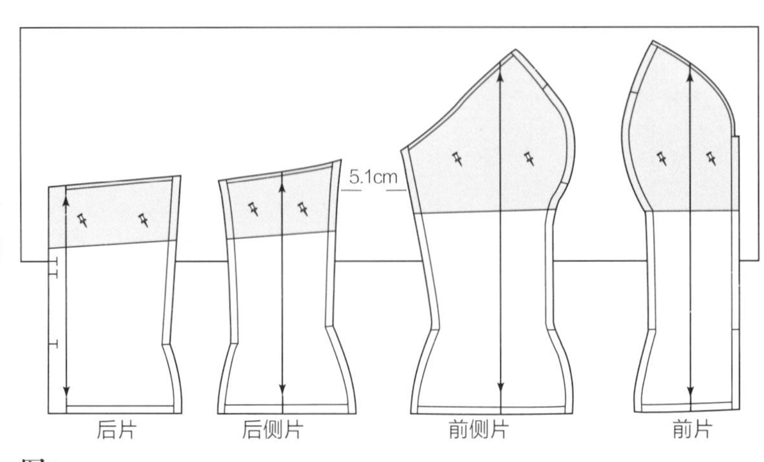

图3

无缝罩杯纸样

图4

- 标记剪口并从纸上剪下，去掉缝份量。

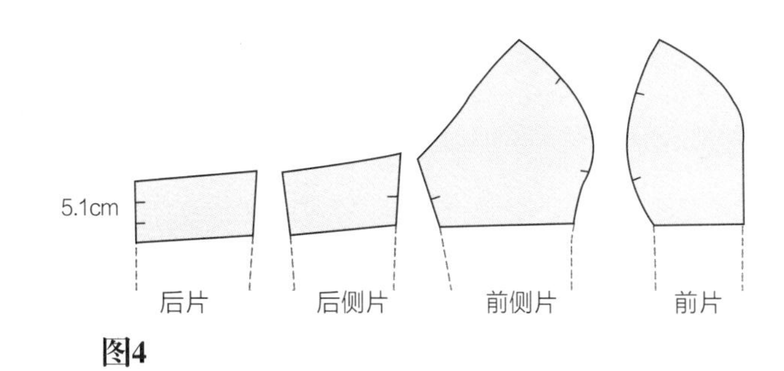

图4

面料准备

图5

- 为胸垫选择合适的面料（见第58页）。
- 裁剪尺寸为22.8cmx50.8cm的面料。
- 穿过面料缝合0.6cm的边。
- 将文胸纸样放于胸垫之上。
- 描绘、裁剪。
- 标记刀眼位，但不要剪开。

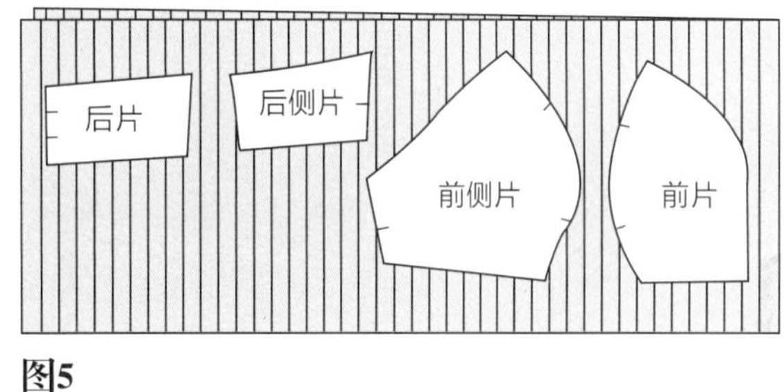

图5

加入胸垫

图6

- 用手缝或用人字车拼合毛边。

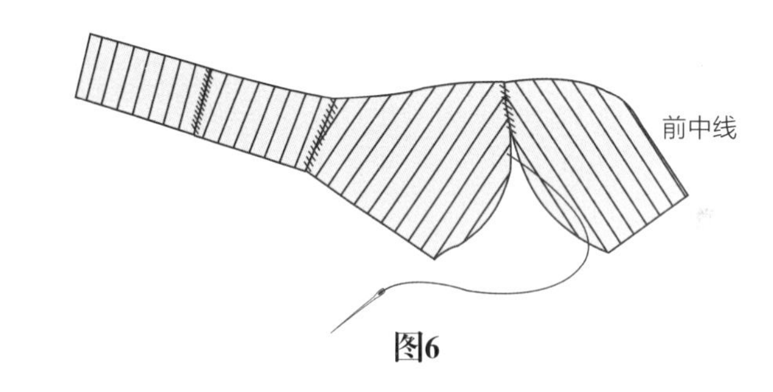

图6

附加文胸

图7

- 将胸垫舒适合体地加到距服装上边缘2.5cm的地方，用针固定住。
- 沿着外缘边进行缝合，使胸垫安全地固定在内衣里面。

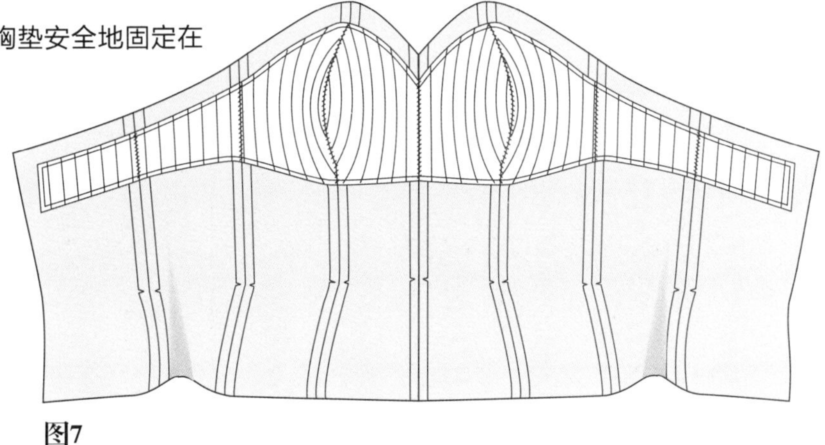

图7

加胶骨

有套胶骨

图8

两种不同的胶骨位置显示在结构样衣背面的左侧和右侧。

- **左侧：**有套胶骨位于缝线中心位置，胶骨套两边被缝合穿过结构样衣的辅助材料层。（在胸上的胶骨可以选择有或没有），胶骨从上到下加进去，距离边线0.6cm。
- **右侧：**胶骨端点低于胸垫，如图所示。

无套胶骨（鱼骨）

鱼骨缝在缝线管里。辅助材料服装的结构面，面向设计服装的里面。这样毛缝都在里面而不需要一个单独的里子。然而，里子也许是需要的。一个可选择的特征是鱼骨缝到缝线中时用曲折形线迹。

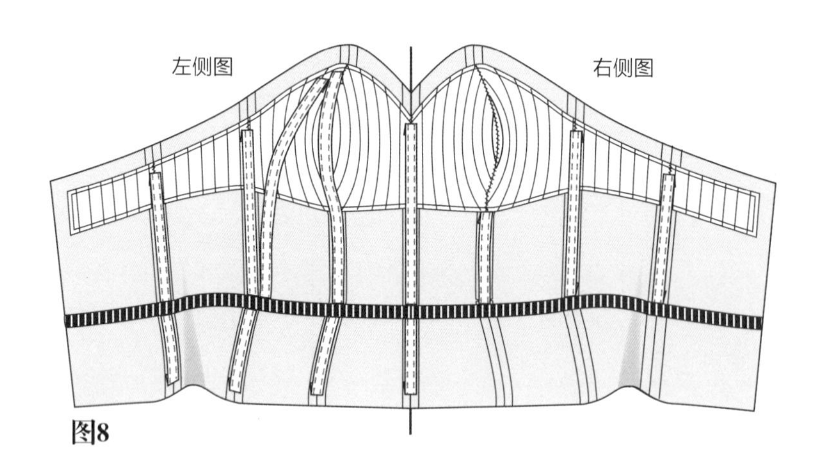

图8

有衬里和无衬里

图9

- 如果设计服装的毛缝位于下层辅助材料的毛缝之上就不需要衬里（a）。
- 如果设计服装的毛缝位于下层辅助材料完成面之上就需要有衬里(b)。
- 作出决定并继续进行。

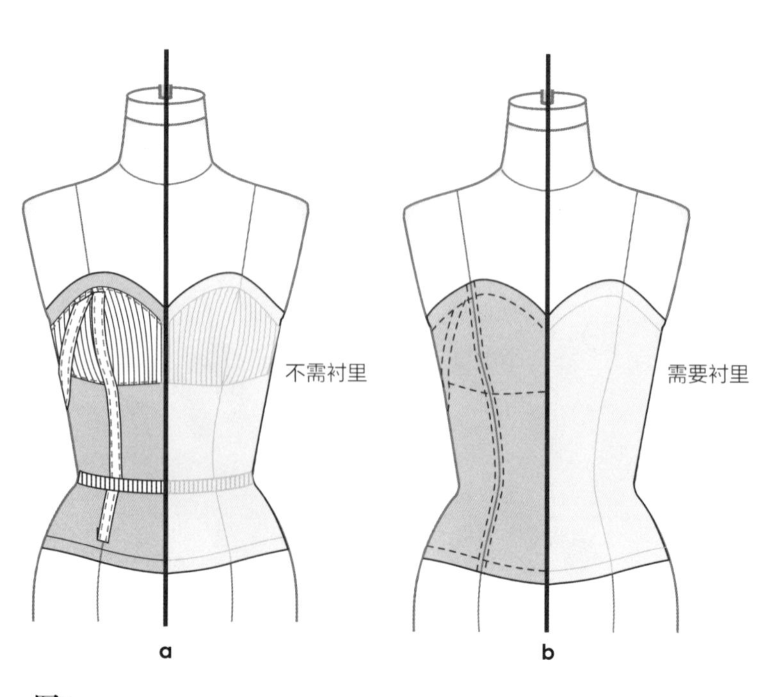

图9

附加内衣

缝纫指导

图1

无肩设计服装被裁剪和缝合，缝线处被烫平。放在内衬服装选定面的上面（图中例子显示内衬的完成面，面向设计服装的毛缝面，这时需要里子）。粗缝或固定，并将上衣缝合在一起（a）。

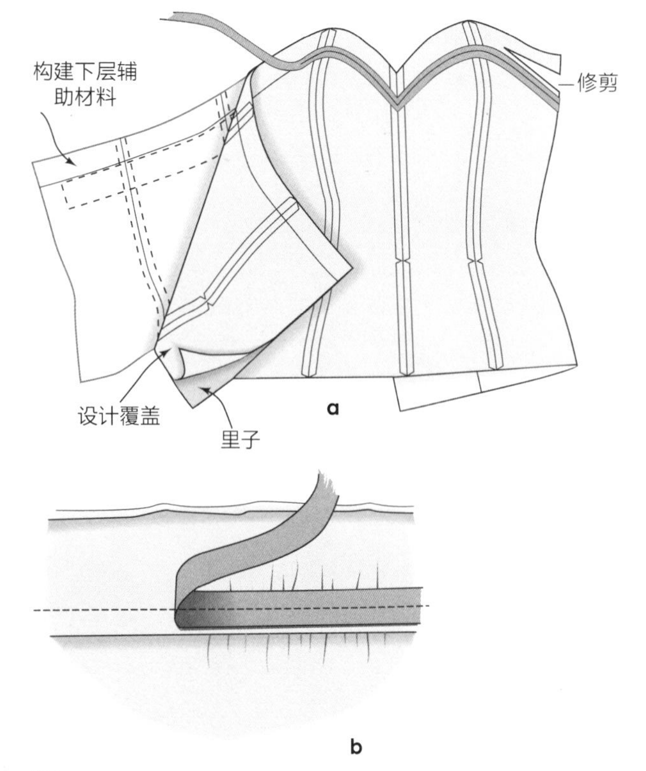

图1

松量控制

- 在无肩带缝合线以上的0.2cm缝合斜纹带或罗纹，从后中线开始到侧缝。
- 从侧缝到公主线，从公主线到前中心均保留0.3cm的松量，在另一边做法与之相同，以确保无肩带上衣适合人体。
- 修剪上面，保持0.6cm的缝份。
- 当服装翻转时用边缘缝（b）。

腰围保证

图2

- 一个1.9~1.3cm宽的罗纹可沿腰围线放置，临时固定在中央和两侧，并缝入后中线里。它可以与拉链缝在一起，或者允许在后中线里子的折叠线上开口2.5cm。拉一下罗纹带以确保钩扣穿过拉链里面。

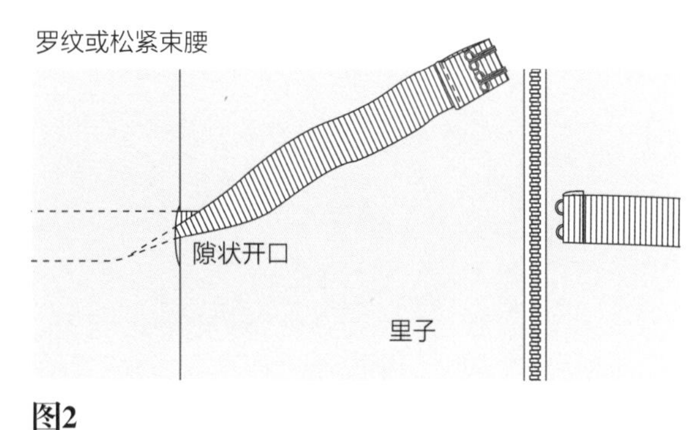

图2

合体性分析

如果罩杯在胸部起翘脱离胸部或在乳沟处不能充分的适体（在两胸之间），则参考第42页和43页。

衬裙

图1

如果裙子是设计的一部分，那么可能会需要一个衬裙，或里子缝合到衣身原型上。它可能是直筒裙、喇叭裙、或抽褶裙。裙箍或衬裙也可以加在裙子里面用来塑造裙形（如下图所示）。

增加了裙摆量的裙　　基本款喇叭裙　　加了裙箍的裙

图1

无肩带紧身胸衣、束身衣、腰封基础样板

19世纪的无肩带紧身胸衣，束身衣和腰封被用来重塑女性身体，以迎合当时的时尚廓形。最初使用鲸骨和木质（现在使用金属和塑料）材料的胶骨、网眼布和蕾丝将衣片连接起来的紧身胸衣和束身衣，使得腰部被人为地挤压以变得更纤细来达到重塑人体的目的。胶骨（撑条）不仅使得人体从躯干到腰部的曲线更流畅，而且将胸上托，使曲线更加优美。通过在胸罩或臀部位置加垫和附着金属材料来重塑人体臀部。尽管紧身胸衣会影响人体的形态及健康，但它的重塑效果仍然是其流行的重要原因。在某个时段，紧身胸衣再次出现，并作为某些重要场合的舞台表演服。那些创造舞台装的设计师们灵感来自紧身胸衣，将其风格运用于整套服装而又不乏诱人的魅力。如图所示的束身衣不仅具有实用性，而且具备时尚性。参考书目已列出，以供参考。互联网也可以帮你找到更多可参考的书籍。

紧身胸衣、束身衣和腰封是通过许多胶骨和紧固件来支撑的。有时候重型面料也对其安全性有帮助。如果当服装上挂有分量的东西或大量挂珠时，在选择下层基本辅助材料和无肩带紧身胸衣，束身衣或腰封时会有交叉。几种常见类型的紧固件包括金属钩扣和代替拉链的黏合扣。按扣、钩扣、环和粘扣带的选择也取决于最终用途的设计。关于其它辅助材料等，将在第58~63页中讲到。

无肩带胸罩立体裁剪

图1

- 立体裁剪参照有公主线的露肩款，仅在领口位置改变领深。
- 胸罩也有一些变化。它可以设计有一个袖窿（用于增加袖子）或做成露背吊带胸衣。
- 坯布和人台准备，请参阅第36页。在胸点以上2.5cm处，后背和衣身长度处用针固定或放款式标记带，如图所示。

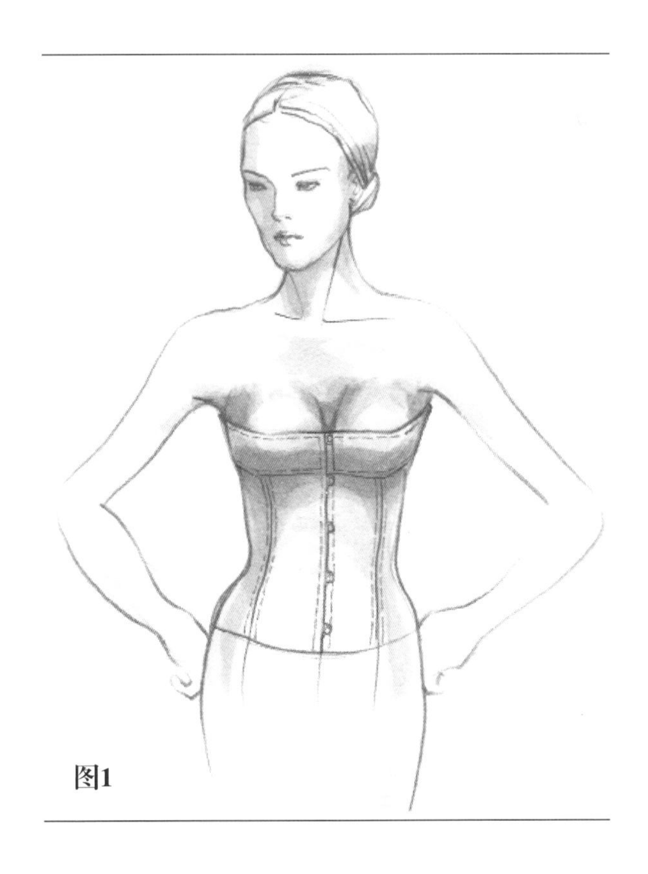

图1

立体裁剪步骤

图2

- 在人台上别住坯布，使之放到造型标记带以上2.5cm处，在胸部上下抚平坯布，在腰部和胸下打剪口，用针固定住标记并修剪余量，留出缝线（a）。
- 在人台上用针固定侧片，保证其中线为直丝缕方向。将下胸围处的坯布抚平，但**胸部以上曲线不一定合体**。抚平侧缝线，在腰部和胸下打剪口，用针固定标记，修剪余量，留出缝份（b ）。

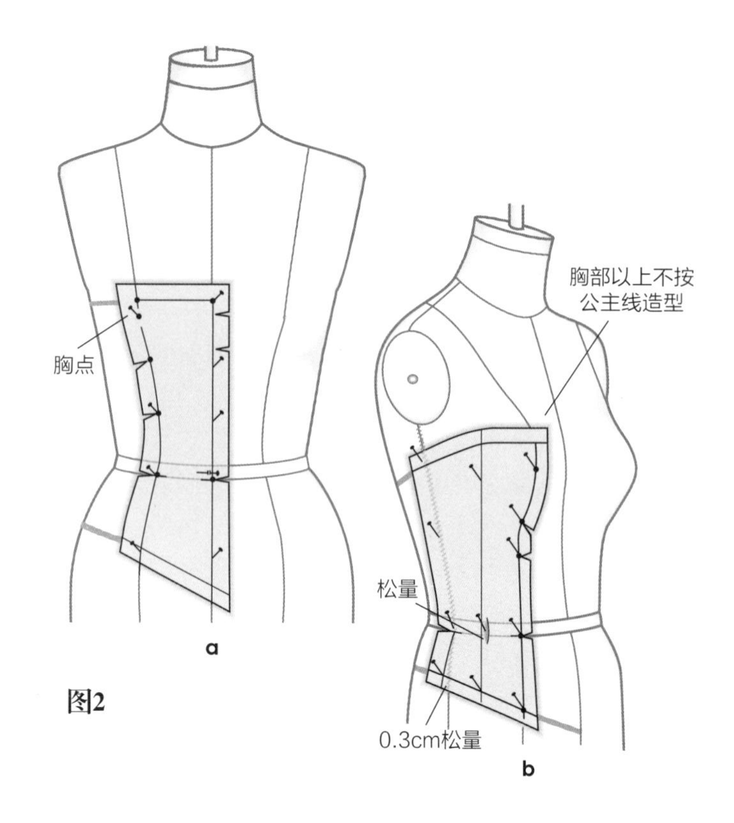

图2

拼合前后片

图3

- 用向外打针法将前片与侧片别合在一起，按需要调整至适体。

图4

- 将图示作为立体裁剪指导。当后片和后侧片立体裁剪到公主线时标记并修剪，腰部打剪口，余量收在侧腰部，后片与前片在侧缝处别合。
- 将裁片从人台上取下来，翻过来，用铅笔标记好针的位置（参照第40页）。去掉针、修顺，将衣片缝合作为第一次试身，或先做一个纸样。在顶部和底部留2.5cm缝份作为设计选择。

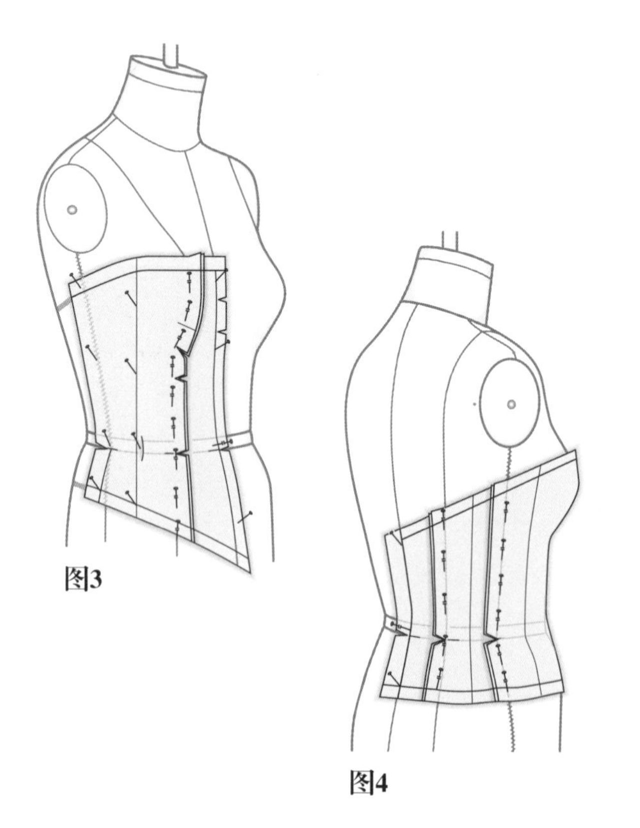
图3

图4

第一次试身

裁剪完整的坯布裁片在模特身上试身，或在人台上作（左或右）半身的试身，描绘里子的纸样，增加0.2cm防止缝线膨起，参照第72页和73页的物料需求说明，完成无肩带胸罩。

无肩带紧身胸衣的其它变化

图5和图6

- 增加布的长度准备立体裁剪露背吊带胸衣（图5）或有肩带紧身胸衣（图6）。立体裁剪后肩带并与前肩带别合，参照第384页上的第一次试身说明。

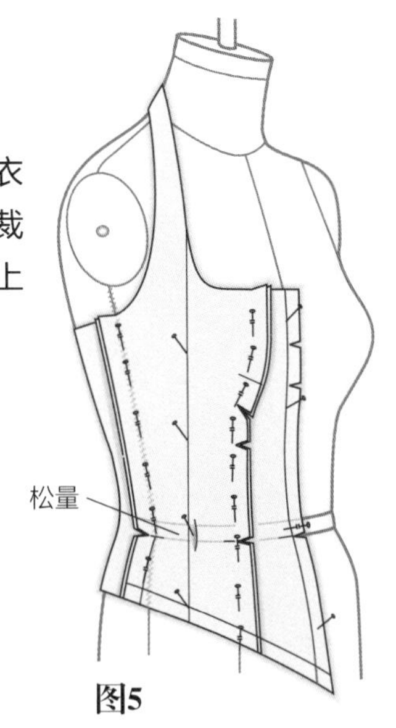

图5

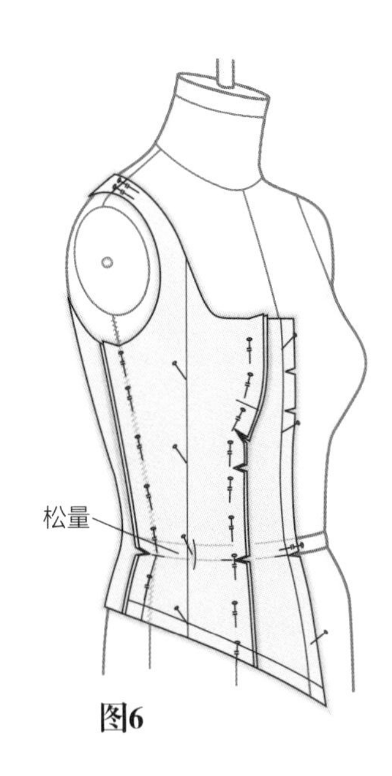

图6

设计6：加花边的束身衣

有花边的（两个或更多）束身衣的表面和内衬在胸下围都没有胶骨。虽然它始于19世纪50年代，但是时至今日，它仍作为我们这个时代的时尚宣言，设计师利用极具魅力的元素创造现代化服装。

对究竟使用束身衣还是无肩带紧身胸衣和基础无肩带原型，哪个真的好看，大家看法不一。

设计分析

图1

加入的花边也可以作为装饰基础：抽褶雪纺装饰，蕾丝或串珠等。花边使胸围线以下平服，而不会使胸围线以上鼓起。腰褶经过修正或完全张开形成臀部的轮廓，而不需要加垫。对于材料、物料和结构指导见第72和73页。对于胸衣窄条和蕾丝的说明，请参阅第75和76页。

图1

立体裁剪说明

图2

前片立体裁剪在第69页。设计师会采用同样的方法完成紧身胸衣的后片。图示展示了纵向胶骨线以及弯曲的缝线。

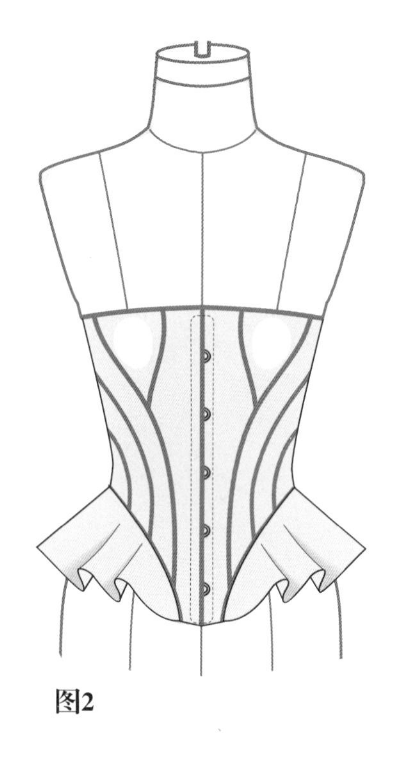

图2

人台和坯布准备

图3和图4

- 在人台上用标记带或针标出款式轮廓，作为参考。根据你个人的人台形状，造型线和图示有可能不同。
- 测量每一片的长度和宽度并加上5.1cm。
- 加入花边——剪一块17.8cmx17.8cm的正方形布，折叠并标上斜向线。将其放在一边，以备立体裁剪加入花边时使用。
- 腰褶——剪一块20.3cmx25.4cm的坯布。

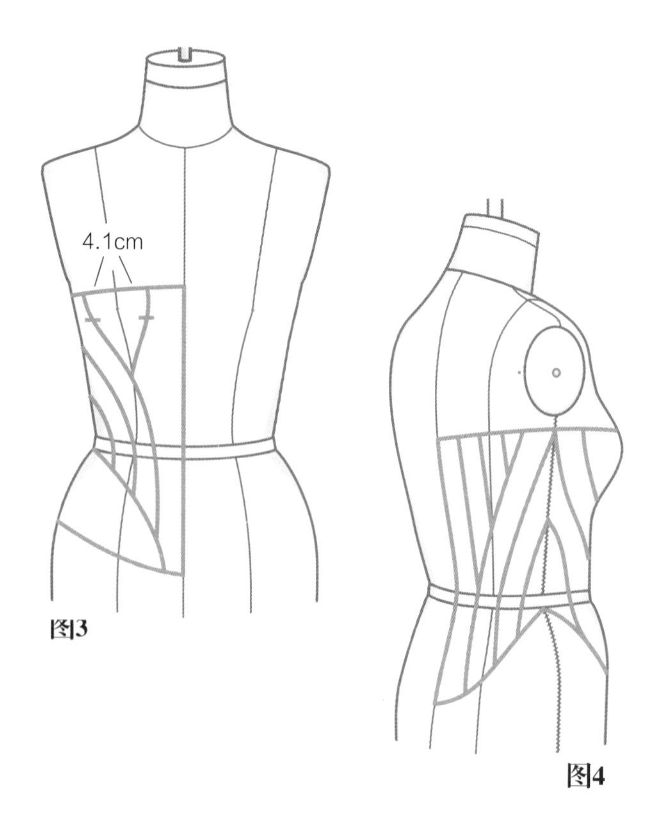

图3

图4

立体裁剪步骤

图5

- 衣片a——用针固定前中线的折叠线，并高于造型标记带2.5cm固定在人台上，抚平、打剪口，将坯布用针固定在标记带，画好衣片轮廓。修剪缝份为1.3cm，并且取下裁片、修顺，标记刀眼位。
- 重复以上步骤完成衣片b、c和d。如下图所示为完成的前片纸样。

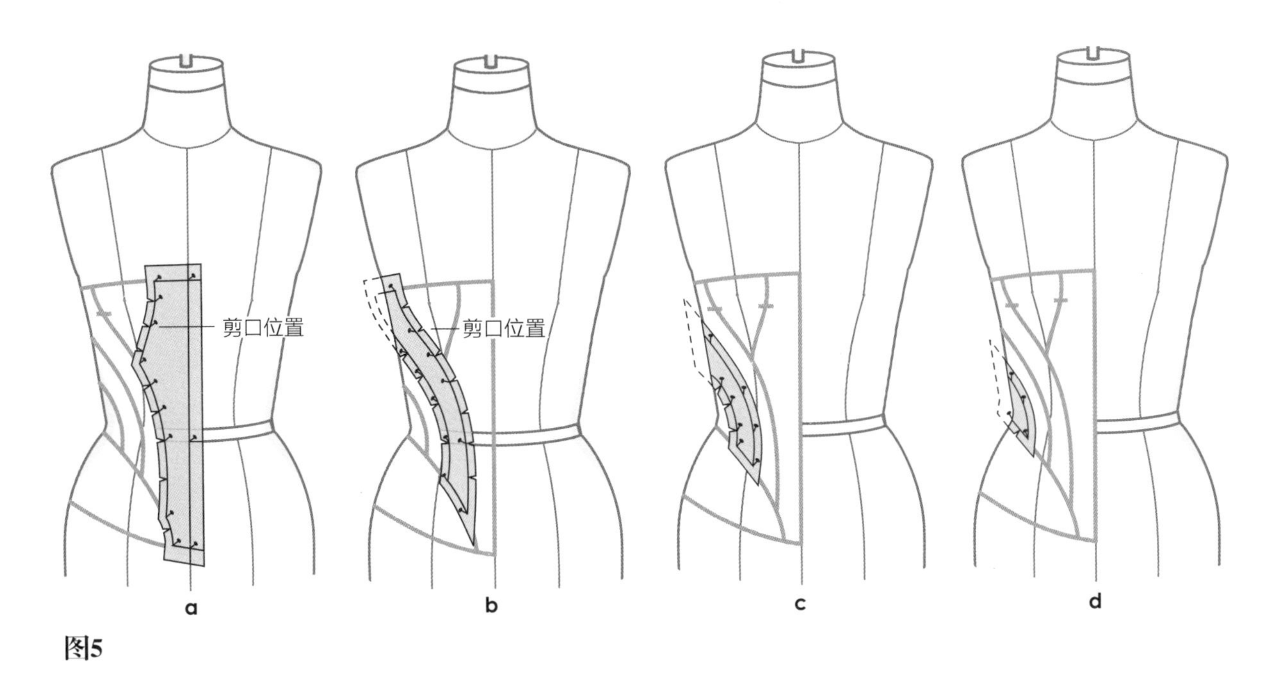

图5

图6

- 插入花边——将公主线以上和胸以下的斜向坯布用针固定住。抚平胸部以上的坯布，并用针均匀地分配余量，画出花边的形状并标记刀眼位，取下裁片修顺。

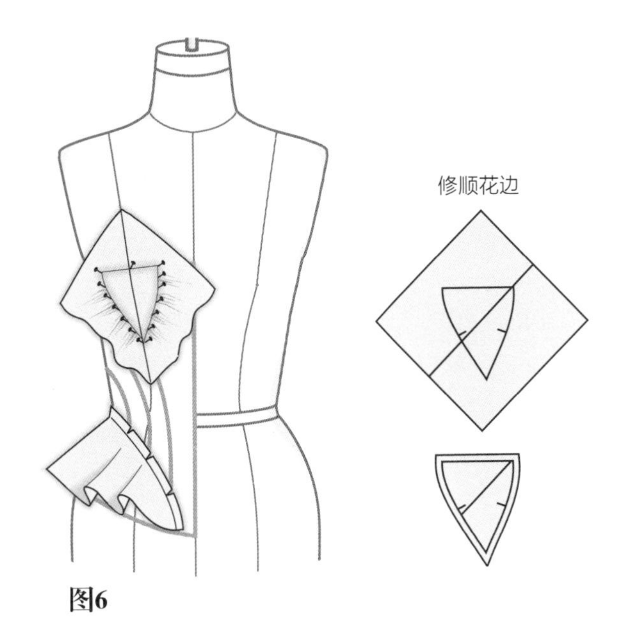

图6

图7和图8

- 腰褶的喇叭形部分——用针把坯布固定在人台前中线，沿着腰部和侧缝把坯布顺平。画出腰褶范围的形状。取下来，修顺，画出剪切线。从坯布剪切出这部分，沿着所画线进行剪开。将裁片放到纸上，放稳，描线，增加缝份并剪下纸样。再在坯布上裁剪，然后放到人台上。

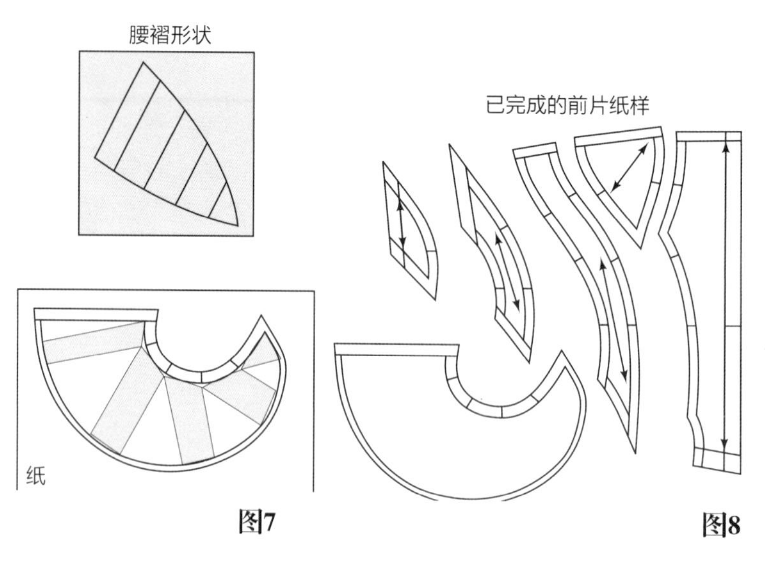

图7　图8

设计7：腰封

图1

这款腰封（紧身胸衣或低腰款）在紧身胸衣和束身衣系列中占有一席之地。腰封的作用是用蕾丝或胶骨缩小腰围。它可以设计成带有可拆卸的带状物，或者和服装连为一体。穿衬衫、连体裤或者连衣裙之前都会穿上它。后中线留5cm来处理花边装饰。胶骨的数量和使用位置是设计师或立裁师决定的。材料、物料和说明在第72和73页列明。

图1

准备人台

图2

- 用标记带或针标示出造型线作为衣身，如图所示，或者如果喜欢，作为紧身胸衣。后中线留出2.5cm（如果蕾丝是闭合的，需要为完成后的服装留出5cm）。

需要材料

- 测量出每片的长和宽，并增加7.6cm。剪出裁片，并在侧片的中间画上一条直丝缕线。

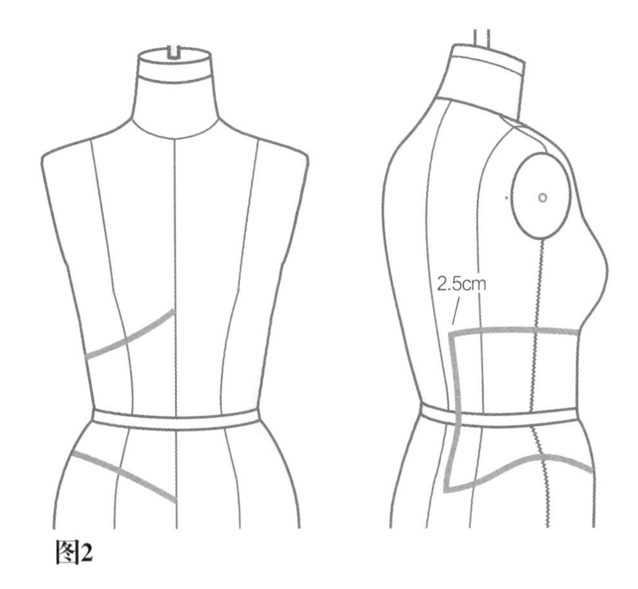

图2

立体裁剪步骤

图3~图6

从这几个图可以看出，每一片衣片都是已经经过立体裁剪、用针固定、剪开和标记处理的了。进行立体裁剪前先看懂这些图。在衣片的顶端或底端留出2.5cm来进行其它设计，例如滚边、嵌线、镶带、编结物、花边或者花状饰物等。

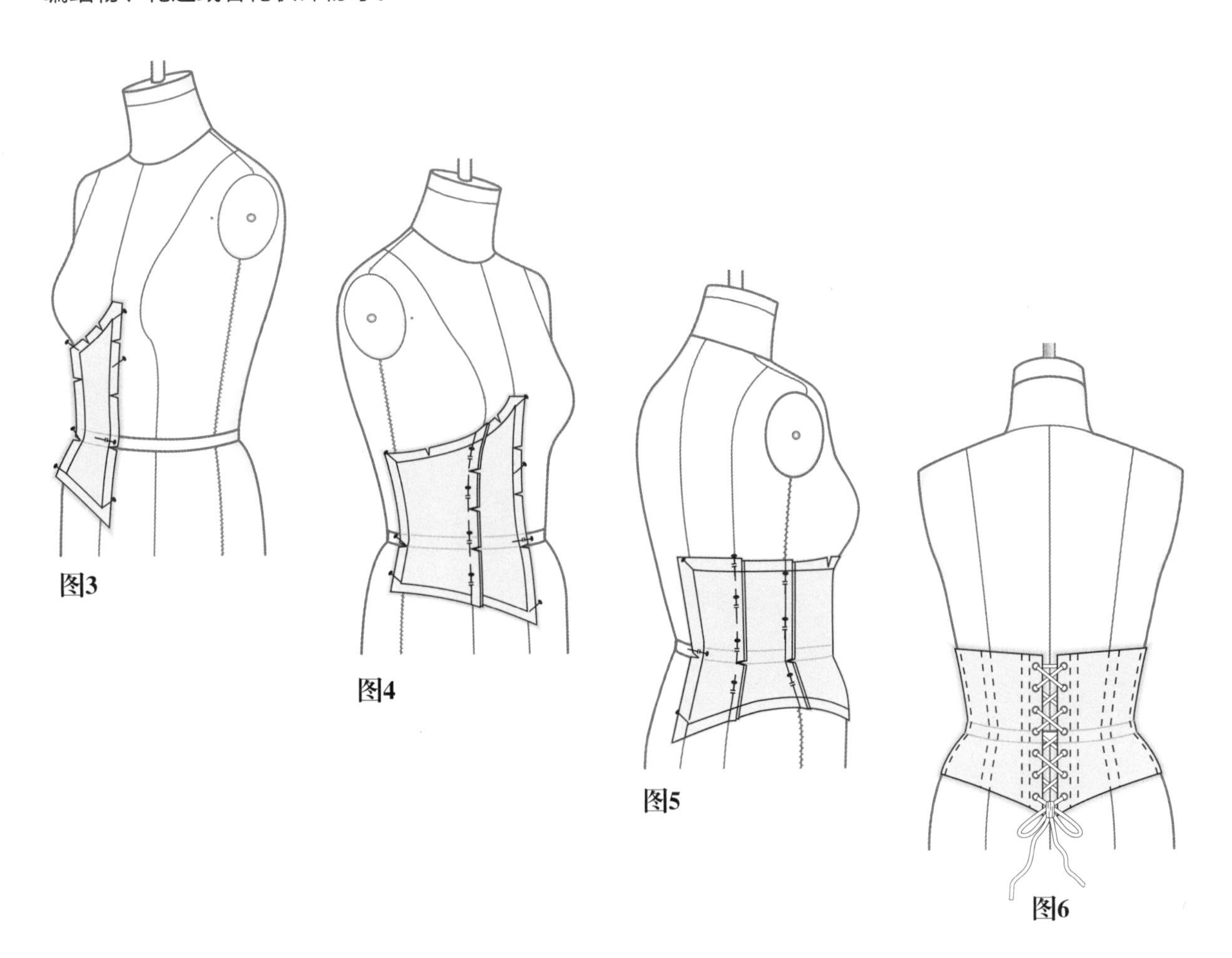

图3 图4 图5 图6

无肩带紧身胸衣、束身衣、腰封的辅料和面料

由基本公主线原型（见第58页和59页）的制作过程知道辅料和面料是可以互相替换的。立裁师或设计师可以从它们中选择出可以满足设计要求的来进行使用。

面料

纺绸、重缎、丝绸、棉锦缎、花缎、粗亚麻、斜纹织物、 细密条纹棉布、皮革、莱卡面料和装饰面料。使用之前需进行预缩处理。

撑条（胶骨）变化

图1~图3

撑条（胶骨）的类型、数量和长度都取决于设计和设计所要求的下层辅助材料。胶骨的类型包括以下几种：

· 白色软钢丝骨（0.6cm或1.3cm宽）（图1）。
· 实心钢骨（加固网眼布或蕾丝）（图2）。
· 弹簧钢骨（根据所需长度或码长进行预裁）（图3）。

斜纹牵条封住胶骨作为胶骨套使用。有关准备胶骨套的内容可见第59页和73页。

闭合种类

图4~图6

胶条——不锈钢金属钮扣的旋钮在一边，金属扣袢在另一边。讨论一下三种类型：

· 直筒形加宽胶条（一对，每个2.5cm宽）适用于丰满体型（图4）。
· 直筒形普通胶条（一对，每个1.3cm宽）适用于普通体型（图5）。
· 匙形胶条用于支撑腹部。主要用于时装上（图6）。

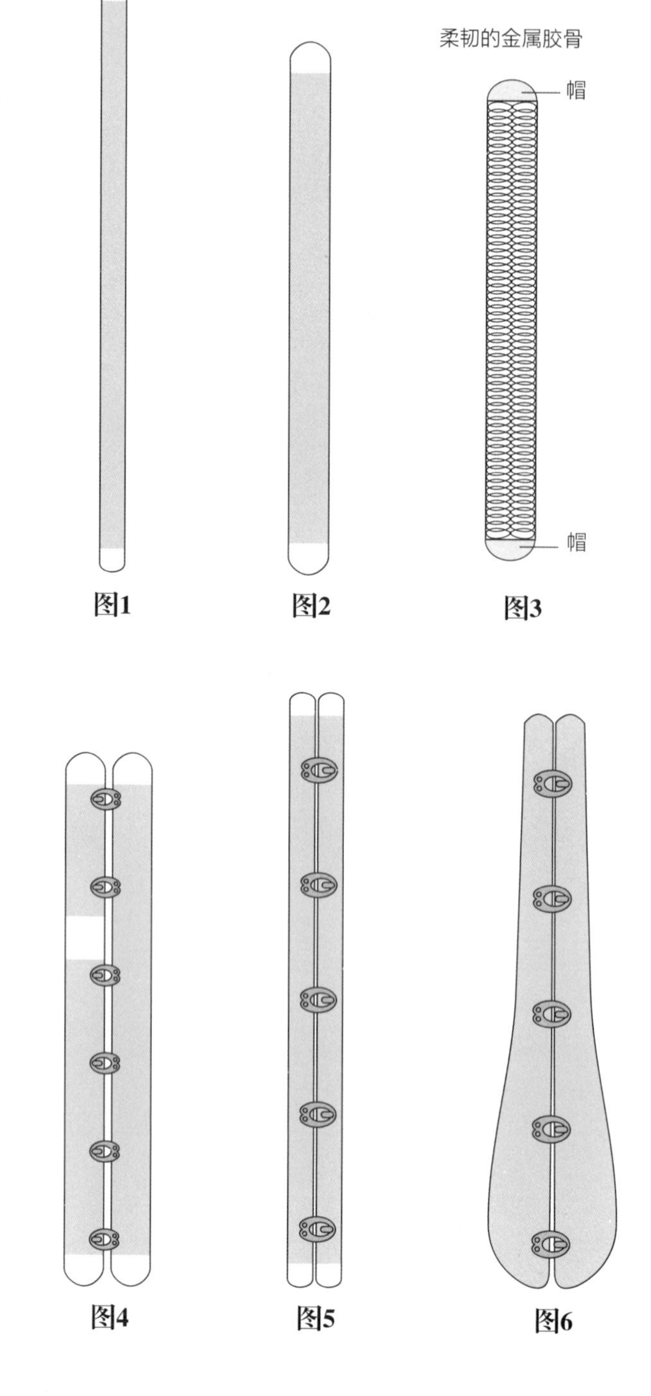

图1 图2 图3 图4 图5 图6

里子、胶骨、闭合体

下面的说明描述了系结物和装饰用的扣眼的缝制步骤，并叙述了加胶骨的各种方法。胶骨的尺寸是从0.6~1.3cm宽。如果胶骨被嵌入一个缝份而不是一个嵌条，则胶骨的尺寸将影响到缝份量。当纸样在开发时做出选择。衬里及其使用方法会被讨论到。

插入胶骨的方法

图1

以下是把胶骨牢固绱在服装上的不同方法。还有其它的方法将在后面进行讨论。

· 对胶骨套的缝份进行缉边线处理（图1a）。

· 鱼骨（没有胶骨套）置于接缝中间，然后从上到下在鱼骨中间缉线固定。为了保护鱼骨的边缘，两端用斜纹包住处理（图1b）。

· 把缝份的一边和面料车缝在一起，形成一个胶骨套。从胶骨套顶端下来0.6cm缉线来封顶。一旦滑入胶骨，就从胶骨套底端向上0.6cm缉线进行封底（图1c）。

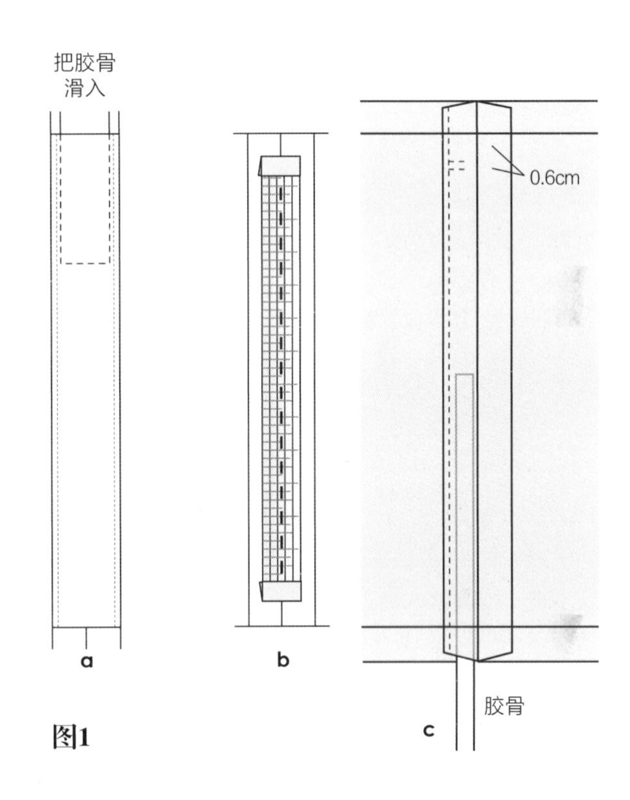

图1

里子（单独的和有胶骨的）

- 为整件服装裁剪设计面料衣片。
- 为整件服装裁剪衬里片，并在接缝增加0.2cm（折叠后）防止弯曲。

图2

- 把衬里片车缝在一起。把接缝压向同一边。
- 把设计面料衣片车缝在一起并把缝份分别压向两边。

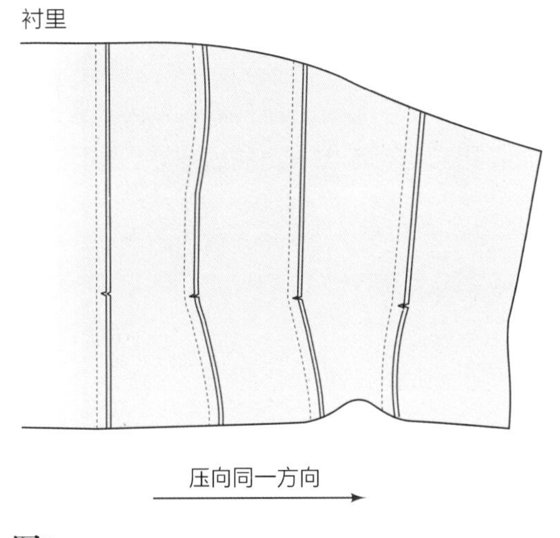

图2

准备胶骨缝份

图3

- 移开缝线的一边，修剪缝线的另一边至0.3cm（a）。
- 把胶骨很贴合地放置于接缝处（b）。
- 把缝份折叠过来，并以拉链压脚封住胶骨的边缘进行缝合（c）。
- 用针把里子衣片和面料衣片的反面与里子有胶骨的一面固定住。然后从上至下缉线。利用滚条或者其它装饰物来处理毛边。再添加一条贴边来容纳扣眼或者一个胶条。

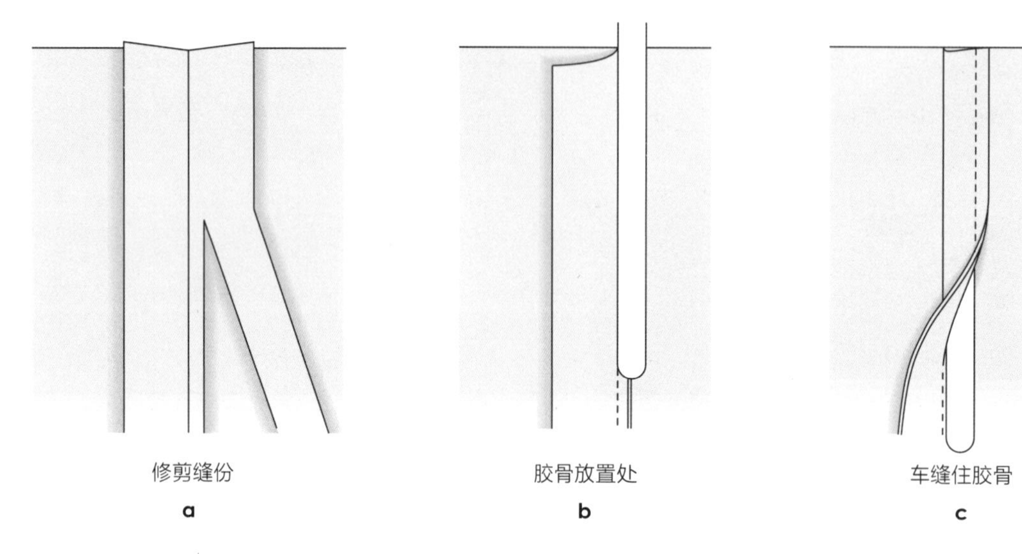

图3

无里胶骨型服装

图4

这些接缝的毛边被车缝在衣服的正面。缝线被压向同一个方向并修剪缝份至0.3cm。缎带用针固定在缝线中间，并被缉边线于衣片上。这些缎带是用来嵌入胶骨的胶骨套。如果需要更多的胶骨，用划粉标志出来，然后在标志的地方缉缎带。

在入口处用一个贴边容纳扣眼或者一个胶条来完成服装。

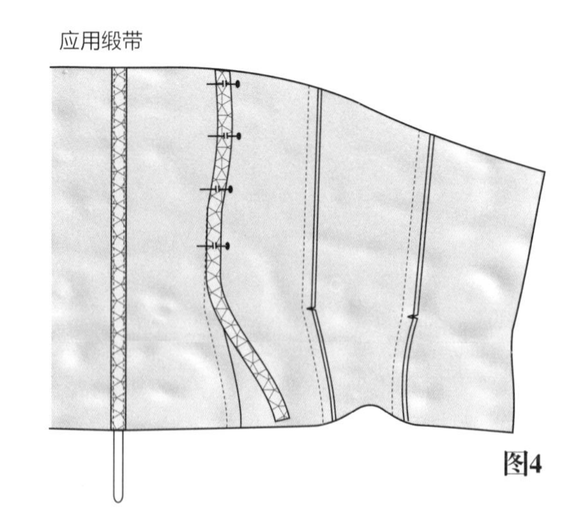

图4

混合里和设计面料作为衬里通道

图5

- 如果喜欢用划粉把其它的通道标记在里子的正面。车缝里子并把缝线折向同一边。同样的步骤在面料上进行一次。把面料和里子的缝线对齐，准确地在原有缝线上缉线，并把缝份修剪至0.3cm（a）。
- 折叠面料让里子和设计面料（阴影）相对，然后以胶骨的宽度在缝线处从上往下缉明线（c）。
- 每个衣片重复这个步骤一次。这个方法可以让两面都没有毛边。

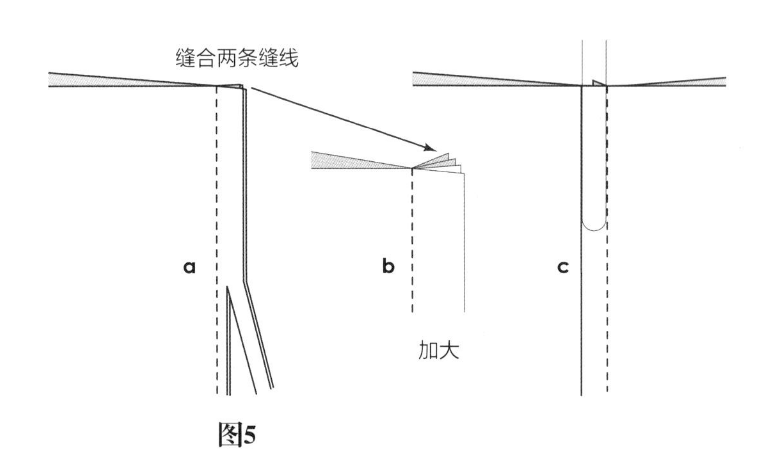

图5

图6

- 例图描述了胶骨的嵌入口。胶骨从底端开始向上，结束于有角度缝合的会合处。按照闭合方法的说明继续。

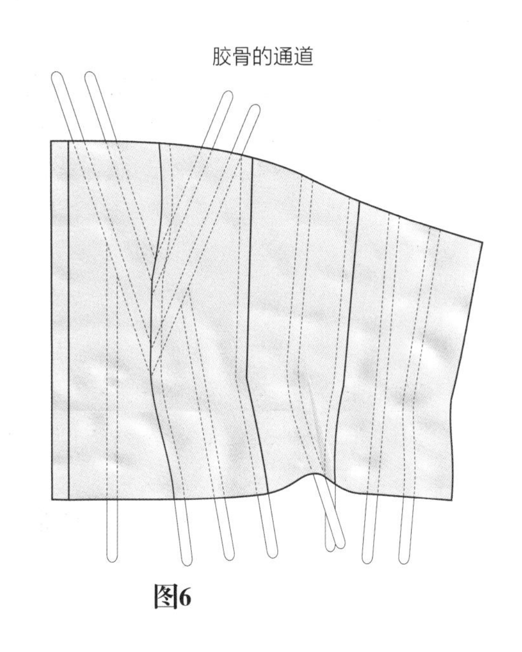

图6

钩扣和蕾丝

所需物料

小锤子，圆孔眼冲头，孔眼钳，帆布胶衬和蕾丝（尼龙或皮革鞋带、缎带或者嵌线）。各种大小扣眼、合适工具和操作说明都可以从布料商店或供应商处购买。

左右贴边

图7

- 把贴边裁剪成5.1~6.4cm宽。
- 把帆布胶衬或类似的黏合衬烫压向反面。如图所示，把整个贴边或者扣眼所需面积覆盖住（a）。
- 把贴边和设计面料正面相对车缝在服装上（b）。
- 车缝一道35.6cm的接缝并把缝份向两边劈开，转过来继续车缝一道1cm的接缝作为胶骨的通道和另一排通道（取决于扣眼的宽度，1.3cm或者更大）。把毛缝翻到下面并缉边线以保护贴边（c）。

标记扣眼位

图8

扣眼之间的距离保持在2.5~5.1cm之间。扣眼洞钻孔穿过面料。安置扣眼可以用以下两种方法的任意一种：

- **方法1：**用一张纸来指导扣眼在纸样上的位置。标记并钻孔。在服装上标记扣眼位置（a）。
- **方法2：**把服装放平标记扣眼。在另一面精确重复步骤（b）。

加扣眼

图9和图10

- 锤子和圆孔眼冲头将穿透面料正面层（a）。
- 穿过小孔后把服装翻过来。将孔眼彻底穿过。将孔眼与面料夹紧以防散边。
- 把胶骨穿进已经车缝好的扣眼旁边的通道里。

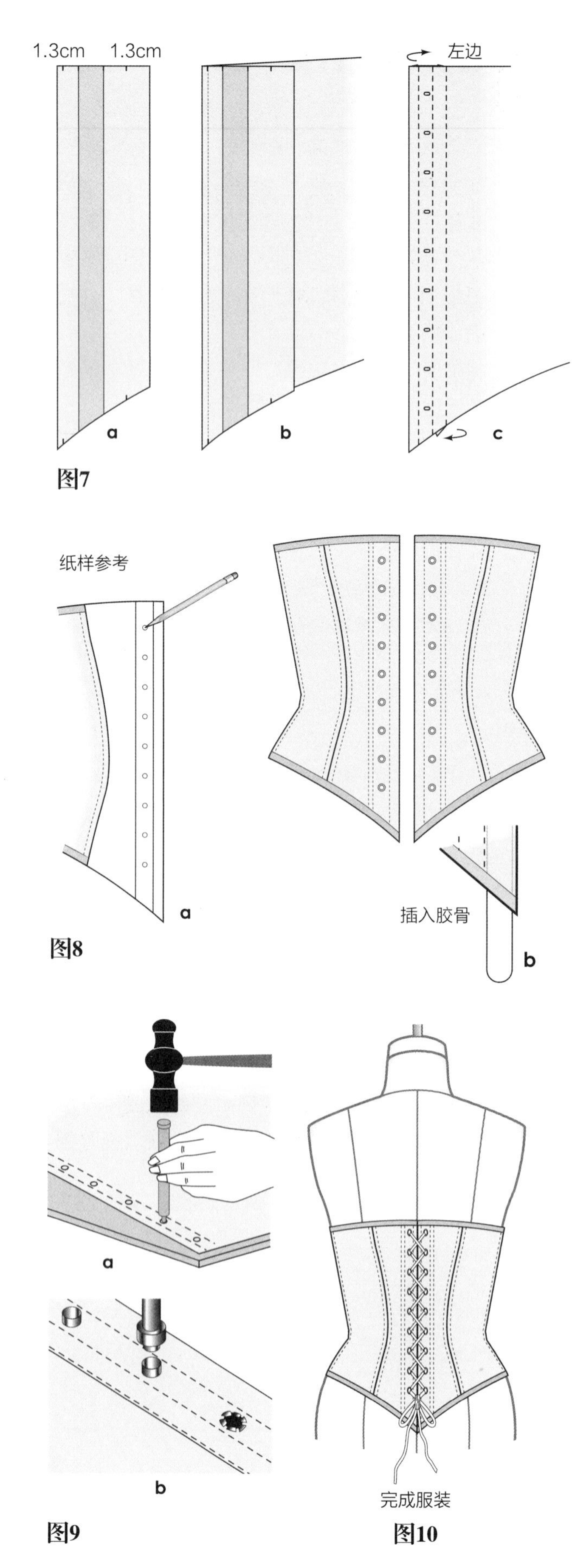

图7

图8

图9

图10

加胶条

在给衣服放胶条之前，将一条5.1cm宽的帆布胶衬固定在面料反面的左侧。

右边闭合

图11

- 剪裁出一条5.1cm宽，长度和服装开口长度一样的连挂面。
- 将扣子放在贴边边缘并对齐贴边边缘，用铅笔标记每一个扣子的位置（a）。
- 将贴边反面对齐设计面料边缘，对每一个开口处缝合0.6cm宽的缝份，再打回针确保已缝住了（b）。
- 劈缝烫并翻转，把每个扣子滑进相对应的开口中。用拉链压脚贴近金属边缘进行车缝。将贴边的毛缝翻过来折叠并缉边线。

左边闭合

图12

- 把5.1cm宽的帆布胶衬放置在设计面料反面的左边。根据扣子位置标记扣眼位置，使用锥子或冰凿穿透面料（a）。
- 将贴边绱在前中线并劈烫缝线。翻折并在前片下面缉0.3cm宽线迹。将扣眼紧贴线迹（b）。
- 翻折面料并将扣子穿过孔眼。用拉链压脚贴近金属边缘进行车缝。把贴边的毛缝翻过来折叠并缉边线。

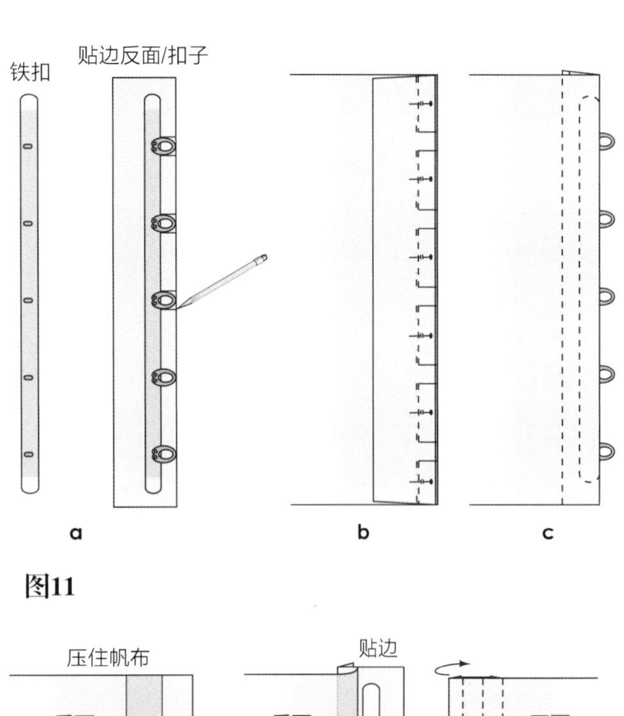

图11

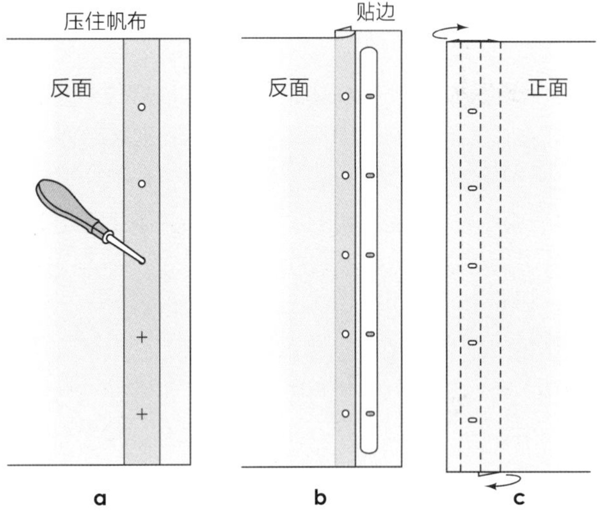

图12

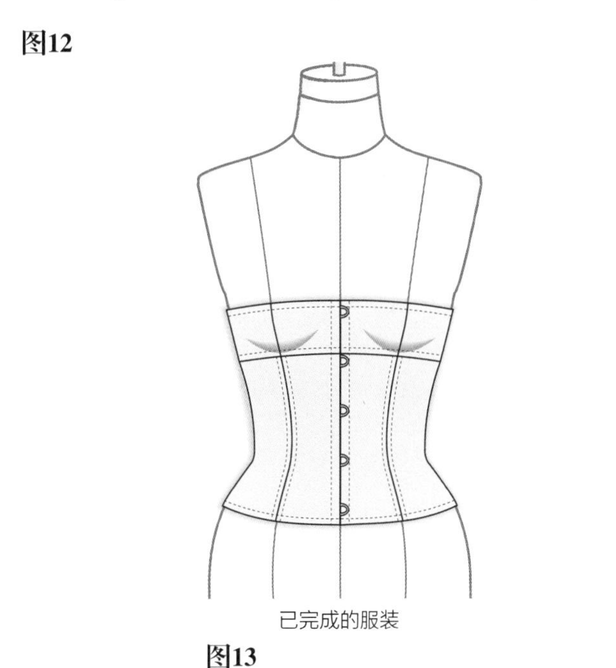

图13

设计8：有放射状褶子的礼服

设计分析

图1

下层衬里结构有一条裁剪开的公主造型线，这样就使礼服平顺地覆盖在基型上，下层衬里是要先设计的。侧缝采用粗缝——立裁完成时打开并包含毛边。裙子部分的设计有一个开衩，并且在主体裁剪形成装饰褶之前，用针固定在下层衬里上。后片衣身按照内衣的形状来做，并且向下延长2.5cm，允许有2.5cm的翻折量。

无肩带礼服的左侧在立体裁剪时穿过胸部直接在前中线上形成碎褶，碎褶用针别住或假缝住，右侧在立体裁剪时经过胸部将面料从一边围绕到另一边。从右侧增加更多的放射状褶子，而左边形成褶裥（如果喜欢做成碎褶），有装饰的尖状的下摆自由地悬垂（除了在侧缝以外），并且盖住裙子的接缝线。

后片下层衬里的纸样形状也可以按照设计面料来裁剪，并且作为设计装饰来缝合。裙子的立裁可以在公主线衣身立裁之前也可以之后来做。对于下层衬里结构的指导可参见第58~62页。

图1

准备人台

- 用针或标记带在人台上标记无肩带造型线（没有图示）。

需要面料

下层衬里结构

- 测量下层衬里及后片裁片见354页的内容。

裙子

- 长度：裁至所需长度增加5.1cm。
- 宽度：查看尺码表中前后臀围的大小（详见《服装立体裁剪（上）》第32页），再将其乘以2并加上7.6cm。

放射状裁片装饰

- 采用斜裁，尺寸为：61cm × 71.1cm。
- 剩下的面料可以用来作文胸的立体裁剪。

立体裁剪步骤

- 下层衬里的结构按照第58~62页的说明进行，后片立裁装饰使用纸样，下摆有5.1cm缝份。

图2

- 立裁时用针在左胸的位置将省量别成褶裥（将下层衬里假缝后再作碎褶）。
- 打剪口、修剪余量。

图3

- 面料斜向覆盖在右胸的位置，并且到人台左边后延长大约2.5cm的余量。
- 从右胸和左胸下到侧缝处，将面料抚平，向里折叠面料2.5cm，并如图所示一直用针固定到左侧缝处。
- 用交叉针法固定胸点。

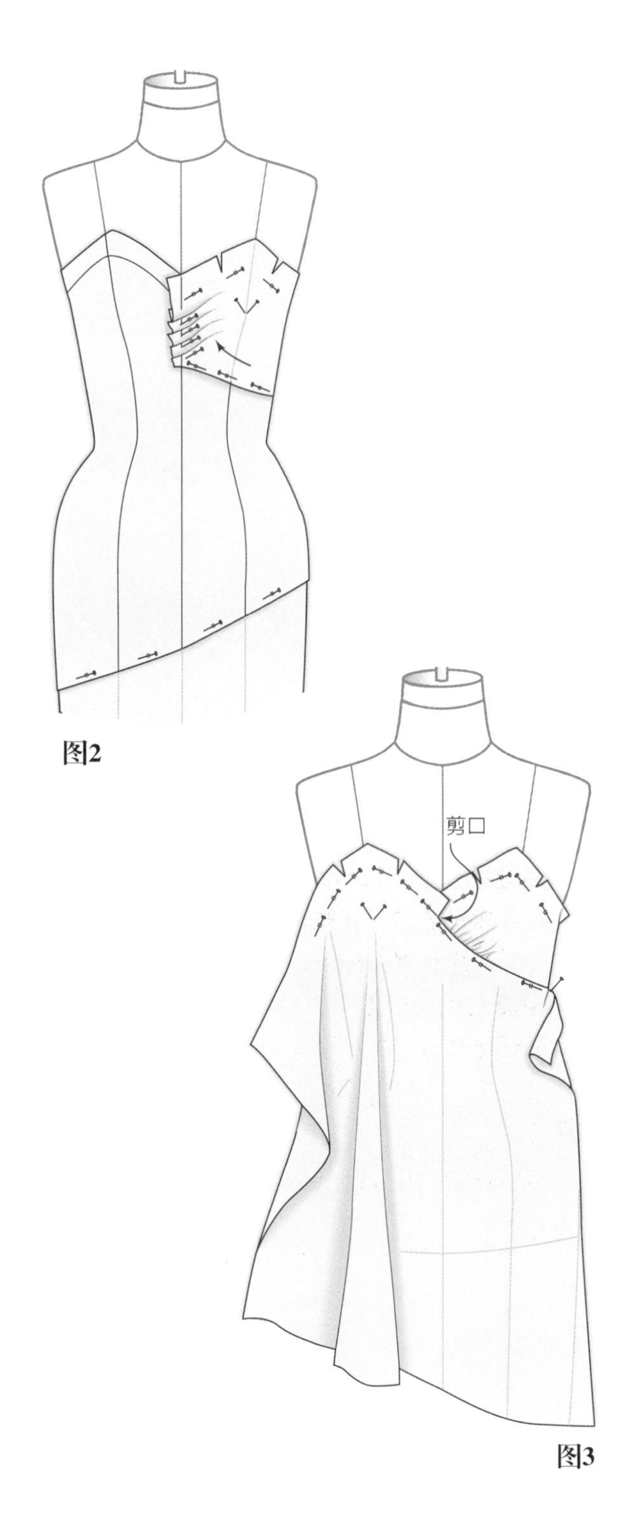

图2

图3

图4和图5

- 将悬垂在胸前的喇叭形部分，在礼服的左边做成褶皱的造型。
- 在侧边标记出大约7.6cm的侧缝边。

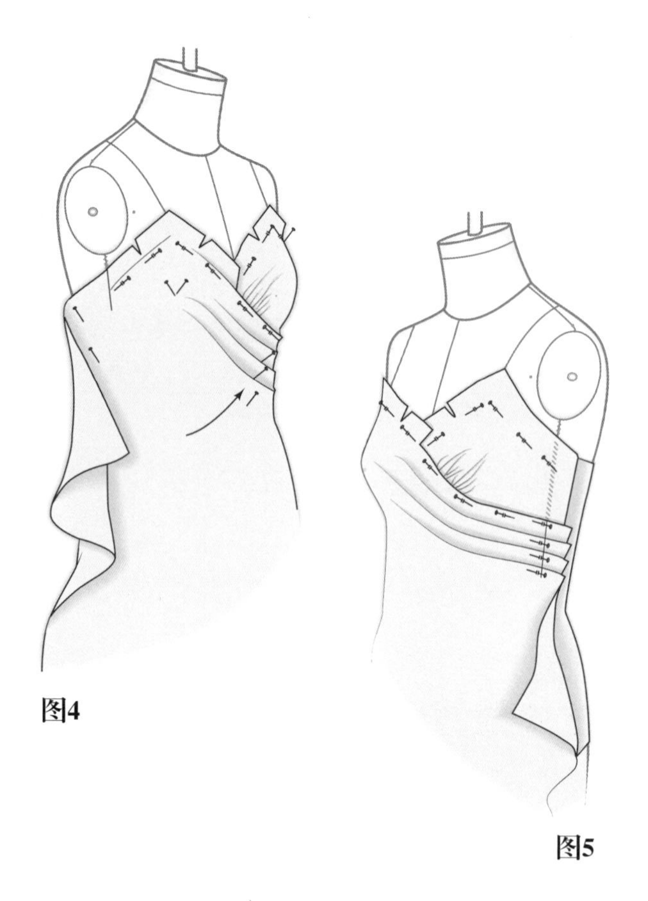

图4

图5

增加丰满度

图6

- 将边缘修剪掉7.6cm。
- 在礼服的右边，在侧边打剪口，然后像左边一样，用针将面料作出褶的造型。
- 重复上面的过程。
- 标记出侧缝，并修剪多余的量。

图7

- 用针作褶，并标记出侧缝。

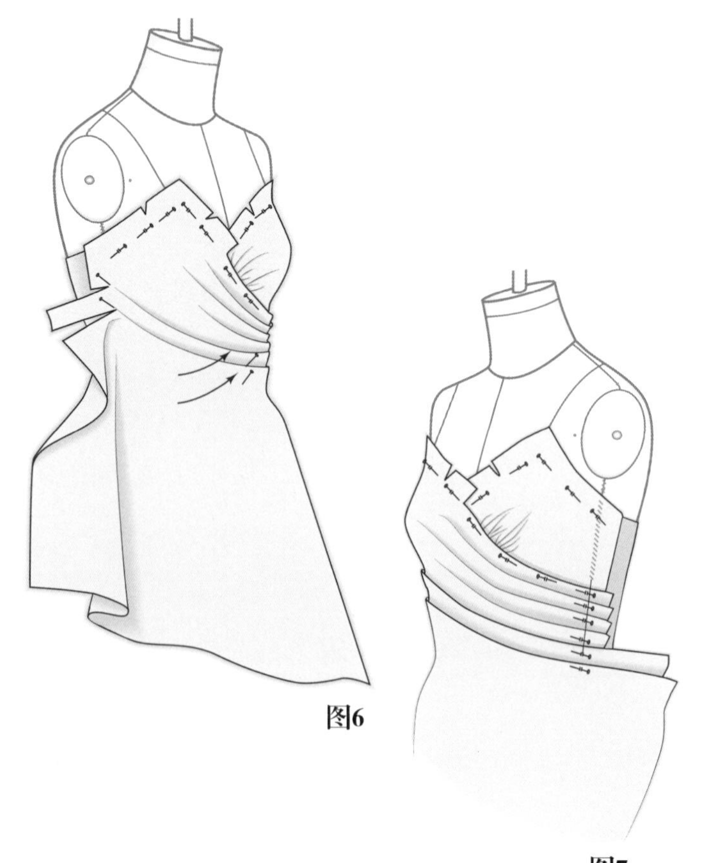

图6

图7

图8和图9

- 继续打剪口，然后将面料用针继续向礼服裙的另一边作褶。
- 折裥在内衬的完成缝线上2.5cm结束。
- 延长面料使其超过衬里的缝线，留出下摆缝份和翻折的余量。
- 标记下摆线到过公主线的点上
- 用针固定完成，并标记侧缝。
- 检查是否合体。
- 在取下并校准服装裁片后做纸样，打褶侧可用褶裥做标记，或非均匀标记被修顺作碎褶用。

图10和图11

- 用设计所需的面料进行裁剪并且缝边，最终使服装更加合体。拷贝所有内部结构和衬里所需要的纸样，详见第58~63页。

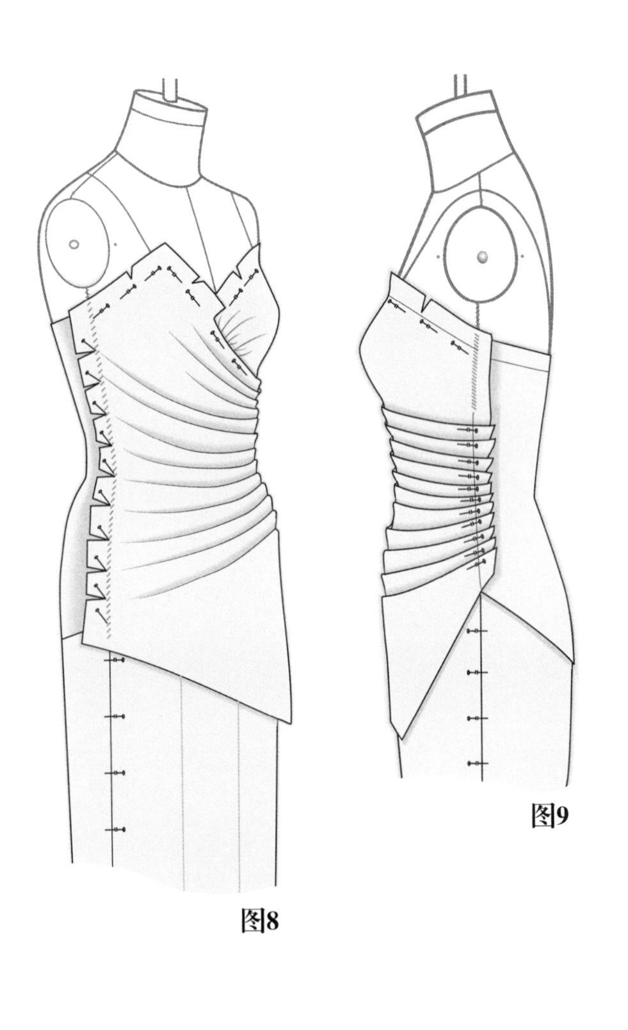

图9

图8

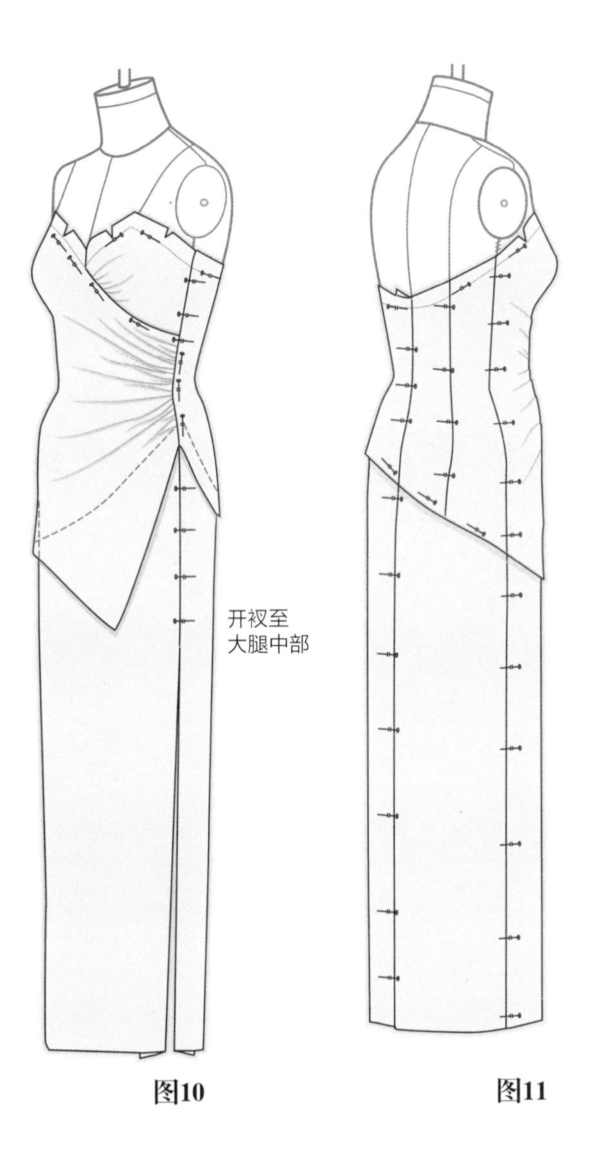

图10

图11

斜裁裙与扭转设计

第3章

- 设计1：吊带裙（帝政式）
- 设计2：吊带裙（变化式）
- 设计3：上衣扭转的斜裁裙
- 设计4：高领扭转
- 设计5：胸围线有放射性褶
- 设计6：有放射性扭转的裙装
- 设计7：育克扭转（分离式）
- 设计8：珠宝装饰扭转
- 设计9：悬挂扭转
- 设计10：悬挂双向扭转
- 设计11：有扭转的裙子
- 设计12：有中缝的斜裁裙
- 设计13：打结斜裁裙
- 设计14：交叉式斜裁裙
- 设计15：维奥内式创意立裁

女性的时尚服装轮廓的变化日新月异，在早期的时候，人们使用类似于束腰带穿在身上，以塑造美好的身型，再将服装穿在外面。束腰带一般是金属材质的或者是胶骨条和蕾丝的，长期穿着它不仅会使女性的体型发生极端的变化，而且还会引发各种健康问题。然而穿着者却会忽视束腰带带来的不舒适感，因为她们真正关心的是如何变得更加时尚！但是随着斜裁裙技术的出现，束腰带的使用历史就戛然而止了。对于女性来说，她们真正期望得到的是在没有任何衬里的情况下，裙子也能够贴合人体，并且生成自然曲线。

马德琳·维奥内

感谢具有革新性和创新思维的被称为“时尚界的欧几里德或斯芬克斯”的设计师马德琳·维奥内（1876-1975）。斜裁的方法颠覆了女性穿着服装的方式。为了时尚的发展，束腰带的方法已经被摒弃了。斜裁产生的效果是戏剧性的并引人注目的，它能够使服装从臀围处开始向外张开，并在底边处形成自然的垂褶造型。当女性穿着斜裁的裙装走动的时候，摇曳的下摆随之摇摆，给人婀娜多姿的美感。维奥内设计的斜裁裙的风格永存，无论是过去还是现在，许多设计师的设计作品都受到了她的影响。

为了使斜裁的服装在不使用拉链或者其它闭合方式的情况下也能够直接从头部套下，维奥内尝试了各种创造性的方法，最终她利用斜裁的方式、在关键的部位插入三角形布料、低背设计、袒肩露背吊带设计、扭曲、扭转以及利用线圈等手段达到了这种效果。利用斜裁方法设计的服装，可以在比较窄的部位进行拉伸，从而使服装能够直接从肩部和臀部套进去，而在服装穿回到身上时，它又能恢复到原样。

另外一个惊喜的特点是斜裁裙的下摆，在悬挂多年后，依然能够与地面保持平行的状态。尽管有人猜想过维奥内采用的斜裁方法，但是她从来没有向任何人讲解过其中的技巧，并且即使大

图1

图2　　图3　　图4

家熟知这种方法，但这种方法也不能适应大批量的服装生产。

虽然维奥内在设计其它类型服装时，包括宽松的合体服装和休闲裤，大都采用斜裁法，但并不是每次都是这样的。维奥内设计和创作服装使用的人台是1:2的木制假人，而且人台的部件是可以移动的。一旦设计出满意的服装，她就会通过她的助手在真实的人体上进行立体裁剪。

维奥内尝试过许多创造性的设计。设计的时候，她只是先将面料铺挂在人台上，然后再从选择的面料上得到灵感。由于没有一个特定的设计想法，所以她会任由面料丝缕自然下垂到任何方向直到出现漂亮的造型。

查看本章最后讲到的第15款设计，设计师正是尝试着按照维奥内的方法来进行设计的，所以，你也同样可以这样进行设计创作。

图5

斜纹面料特性

斜裁并不是说面料的丝缕是歪斜的，而是指裁片的中心线与面料的直丝缕方向呈45° 夹角的裁剪法。

为了在面料上将真正的斜裁线表现出来，需要用穿有红色线的针在斜向缝出一条线，或者用画粉在面料上标记出一段长度。设计师们在做立体裁剪的时候，斜裁线的中心线可以帮助他们控制好面料的方向，并且斜裁适用于所有类型的服装。

纤维和斜纹的关系

- 与直丝缕纤维相比，横丝缕纤维扭转性小这种差别影响服装的悬挂。
- 如果斜裁接缝处采用的是相反方向的纤维，则会导致横丝缕面料比其它的面料拉伸得更严重，而且在拉伸后还会使缝边不均匀。
- 不均匀缝线较长的一边应该修剪与另一边对齐以防止缝边起皱成扭曲。尽管修剪纸样的缝边并没校准，但是在进行缝合的时候可以匹配。
- 斜裁水平拉伸，缩短了服装的长度。
- 面料的织法和重量决定了斜裁时拉伸量大小，因此在采购面料前先检查。
- 雪纺绸、弹性绉布等相似的织物拉伸的长度比其它梭织物长，因此需要特别地说明。

斜裁立体裁剪服装

- 轻质坯布或设计用织物都可用斜裁作立体裁剪。
- 各类服装的斜裁设计都需要纸样。
- 如果只是进行一次设计的话，可以用面料裁片样板，而不需要作纸样设计。

斜裁服装必须要允许在人台或衣架上拉伸，最好是要放一个晚上。

设计面料的立体裁剪

立裁师或者设计师更喜欢用设计面料（正式使用的面料）在女装人台或者模特身上进行立裁设计。

立裁方法类型

适合制作各类服装的纸样。

当进行立体裁剪的时候，**设计面料是将反面朝外作立裁的，**用针别出缝线和造型线，修顺并修剪。然后用粗缝或者长针缝迹将衣片缝制在一起。最后将服装翻转过来，再将其套在女装人台或者模特身上，检查服装的合体性。

当进行立体裁剪的时候，**如果设计面料是正面朝外进行立裁的，**在用针别住后，将悬挂的服装翻转到背面，然后用划粉将针别出的缝线标记出来。具体指导见第40页的图18。移除针，修顺缝线用粗缝或者长针缝迹将衣片缝制在一起，进行合体性检查。

斜裁裙装建议面料

轻质或中等重量的织物：

- 绉纱
- 平绉
- 乔其纱
- 双绉
- 雪纺绸
- 绉缎
- 弹性针织物

设计1：吊带裙（帝政式）

吊带裙（帝政式）曾经为一种内衣，现在成为了一种日常或者晚宴穿着的流行款式。本章将介绍两种不同的吊带裙款式。

设计分析

图1

运用斜裁的方法可以很容易就使吊带裙在腰线和臀部合体紧贴呈现优美的曲线，底摆处以喇叭形展开。裙子还可以在后中心线处呈现喇叭状的垂褶（图中没有画出），裙子的长度可任意设计。

如图所示，裙装上部的胸衣部分运用的是直丝缕面料，胸部下面收一个省道。褶裥在设计中可用于代替省道。但是裙子衬里应该收省，防止在胸下部过厚。细肩带使服装在合适的位置，裙子是否加衬里是可选择的。如果裙子长度比面料幅宽还长，则需要加入插片。

图1

准备人台

图2

- 去掉胸围线。
- 用标记带来确定帝政造型线和文胸上衣设计。
- 测量细肩带的长度。

以上的说明也应用于人体模特上。

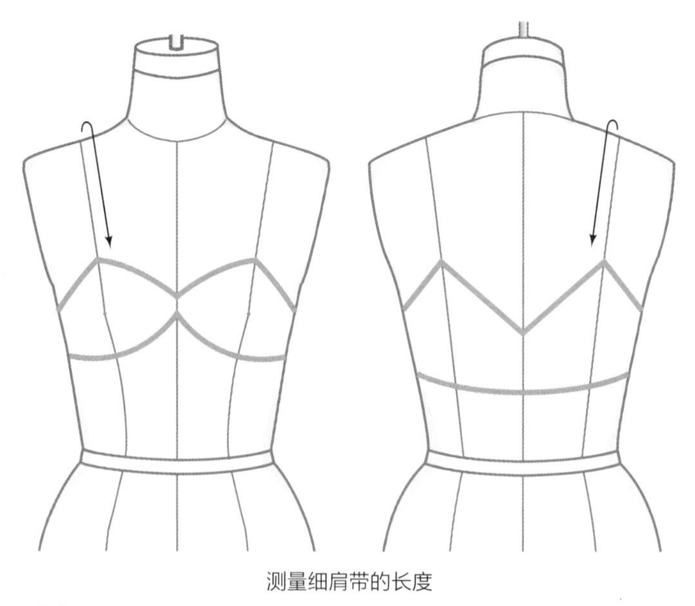

测量细肩带的长度

图2

需要面料、纸张和薄纱

- 裁剪两块114.3cm的轻质正方形坯布、设计面料、薄纱和纸（两倍数量）。

建议：在第二次试身时可以用便宜的面料替代设计面料进行。

准备前片立体裁剪

图3

- 用划粉或者铅笔在坯布上标示布料的直丝缕和横丝缕。而正斜参考线可以画在坯布上或者用红线沿45°方向用手工缝在面料上。

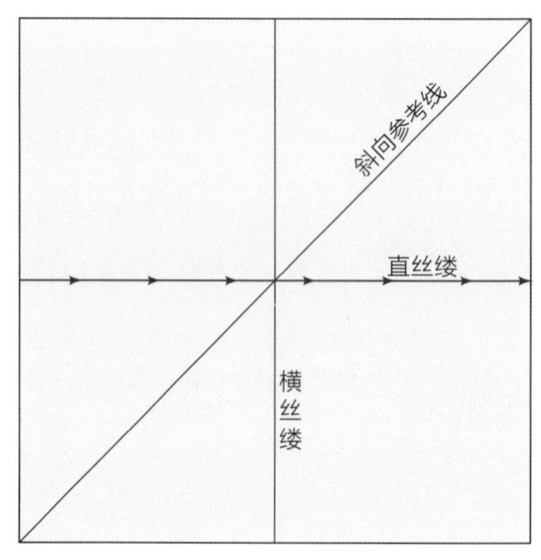

图3

准备后片立体裁剪

图4

- 画一条线过斜向参考线的中心，并在斜线外10.2cm处画出另一条线，并剪开。

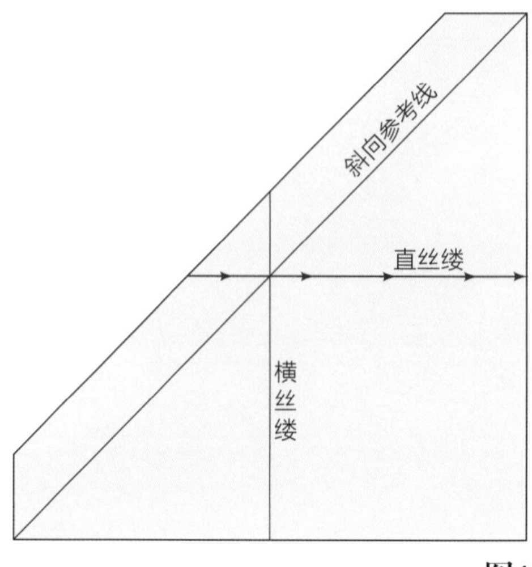

图4

立体裁剪步骤：文胸上衣立体裁剪

图5和图6

文胸上衣前后片：

- 平行于中线用针固定坯布，沿胸上部和下部抚平坯布，固定余量作一个省或作碎褶（没有显示）。
- 立裁出文胸上衣的后片，标记造型线。

以上说明也应用于在人体模特上的立体裁剪。

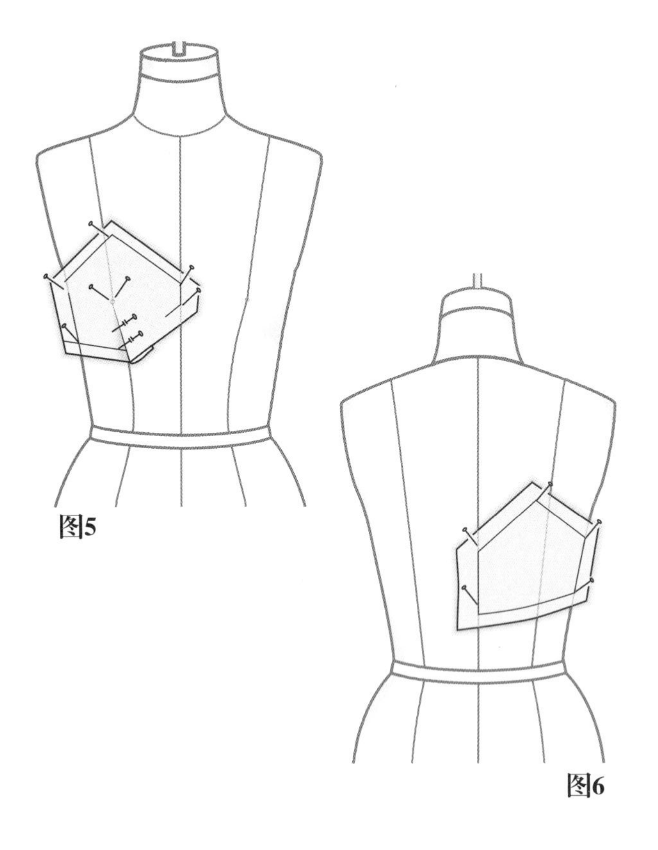

图5

图6

文胸纸样

图7

- 将文胸上衣前片(a)和后片(b)拓印在纸上。
- 缝合前片与后片，并绱肩带。
- 参照第22页图13，获得更多信息。

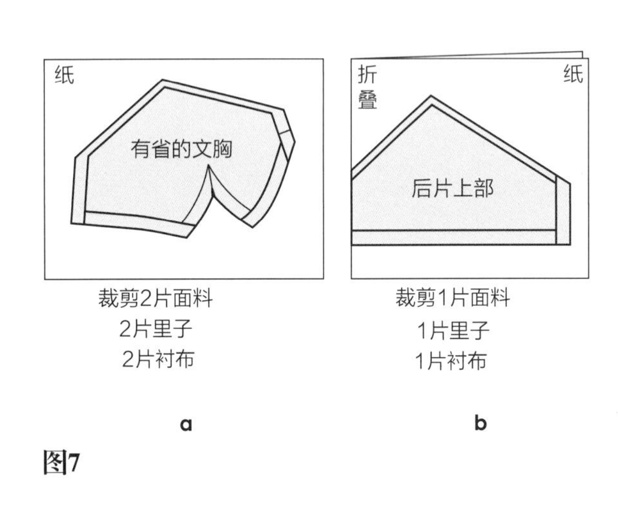

图7

标记

前片

图8

- 在人台或模特身上标出设计的边界线和选型线，这些标记线对服装纸样设计提供指导。
- 抬高人台防止面料拖地，如果有必要的话，模特应该站在一个凳子上。
- 将方形面料的一角放在前中线，帝政式造型线以上2.5cm处，用针固定。
- 针斜插于人台或模特的中线参考线上，抚平前中线胸下到侧缝的坯布，打剪口并用针固定。
- 沿着侧缝至臀围线处抚平坯布，并用针固定（在腰围处保持适当松量）。
- 沿着侧缝向下到人台底部的臀围参考线（模特的裆线）抚平坯布，标记和固定。在臀部之下就出现了漂亮的喇叭形，保持住这些喇叭形，并用针在侧缝两处固定，如图所示。
- 在人台上标记帝政式造型线，并在人台底部向外标记10.2cm，以此来控制暂时形成的侧缝的角度。
- 左边的立裁按照右边给出的的指示来做。

图9

- 将多余的布按照帝政式造型线修剪出2.5cm缝份，将布平滑地推向侧缝到腰，再到臀，剪去多余的布。
- 打剪口，在腰部保持0.3cm，臀部0.3cm，用针固定。
- 继续沿着侧缝到下摆并接触到10.2cm的标记点处抚平坯布。
- 如果面料在地面悬垂太多的话，修剪下摆线。
- 取下裁片，沿中线折叠并修顺侧缝。

图8　　图9

后片

图10

- 图中后片立裁做法和前片相同。请参照第90页图8。

图11

- 后片侧缝立裁做法与前片相同。
- 向里折叠，或从人台或模特身上取下裁片。

图12

- 从帝政式线条到臀部将侧缝线别合在一起，再继续向下摆至10.2cm标记点处用针固定。去除剩下缝线处的针，使斜纹布自由地悬垂，在下摆处加一些小重物增加斜纹的悬垂。

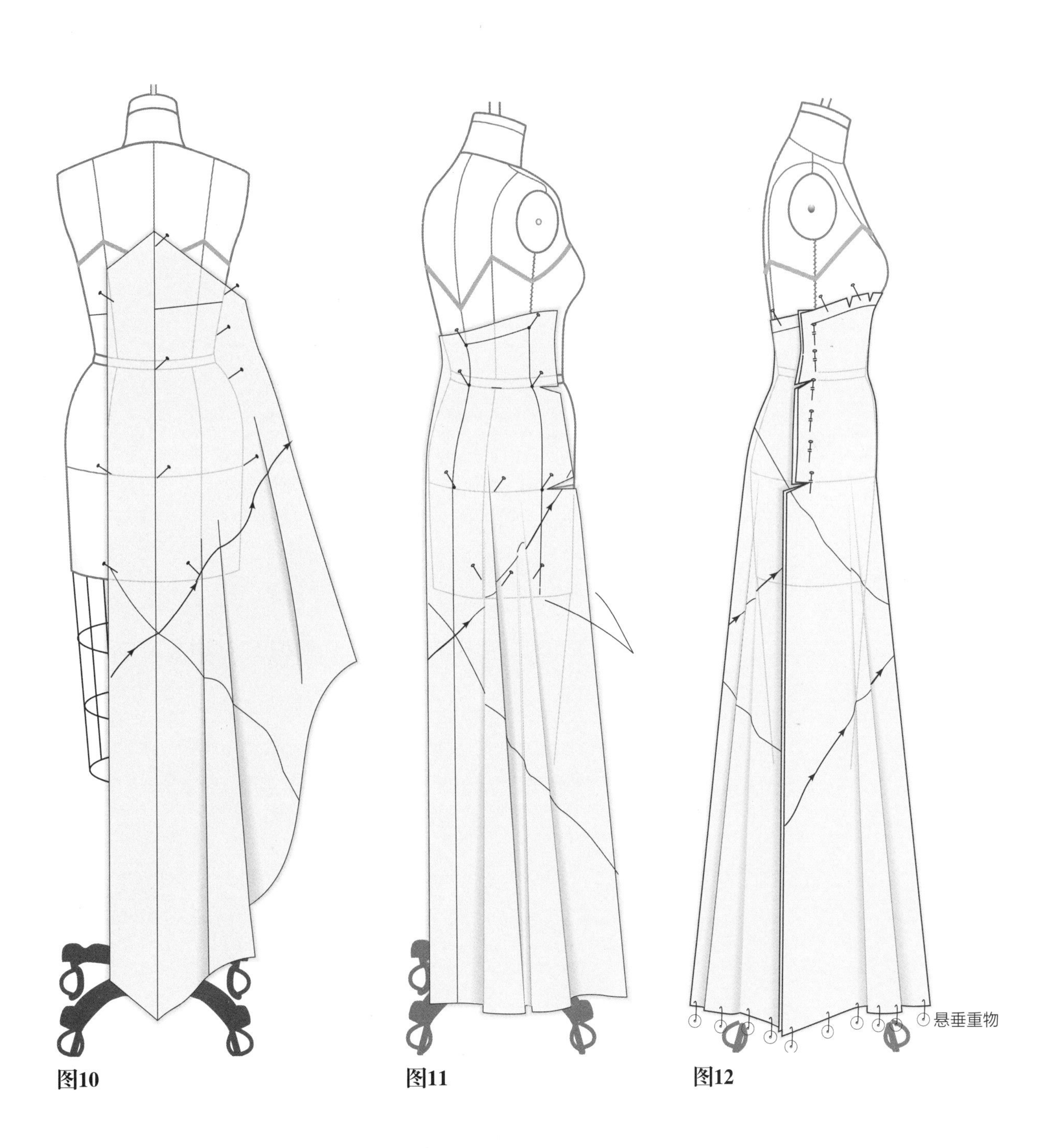

图10　图11　图12

完成文胸上衣

图13

- 当斜纹的侧缝线被拉伸时，将文胸缝合在一起，参见第89页立裁说明，除非你已经完成了文胸。

图14

- 文胸上衣与下裙部分用针别合住，调整侧缝线并用针固定裙装下部的喇叭形褶皱，使得前后片轮廓平衡。调整裙装底摆，使之与地面平行。取下裁片，去除针，或去掉粗缝线，校准、修顺缝线，做纸样请参考第89页。
- 如果不需要做纸样，修剪缝线并增加里布，不需要作进一步说明。

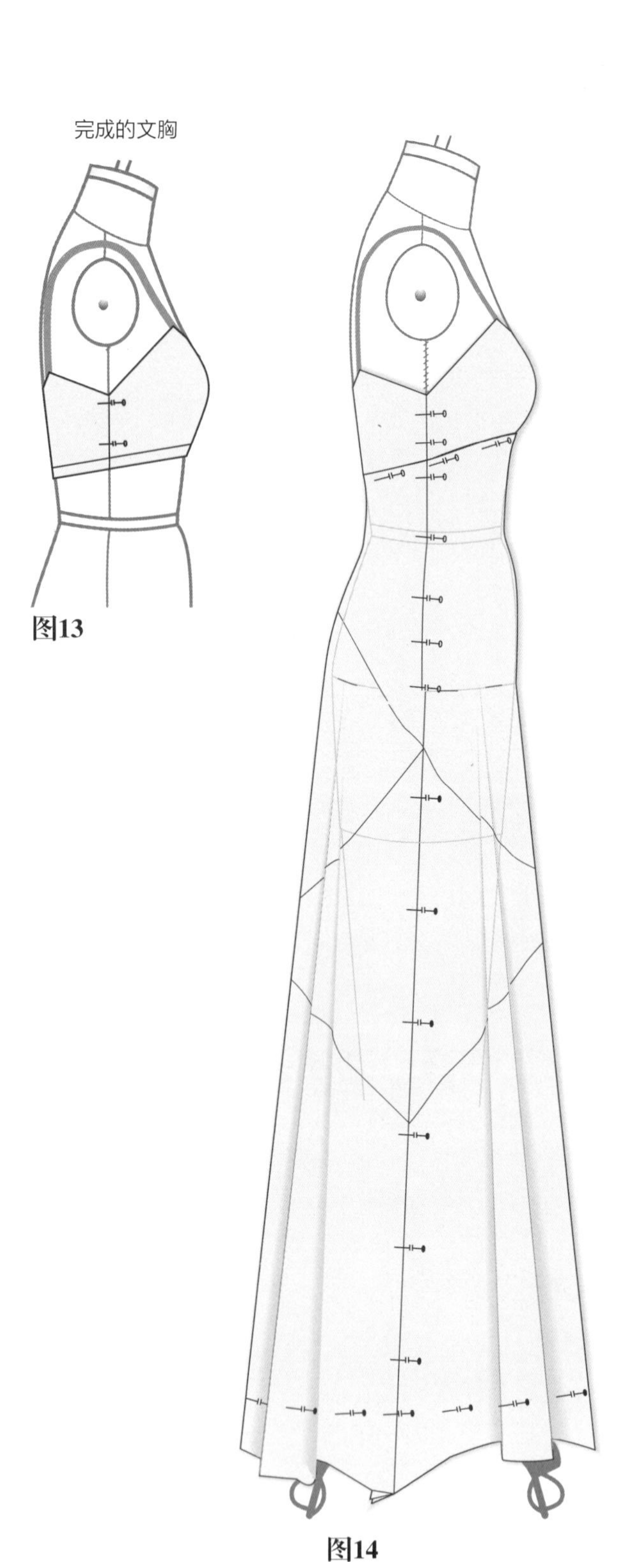

图13

图14

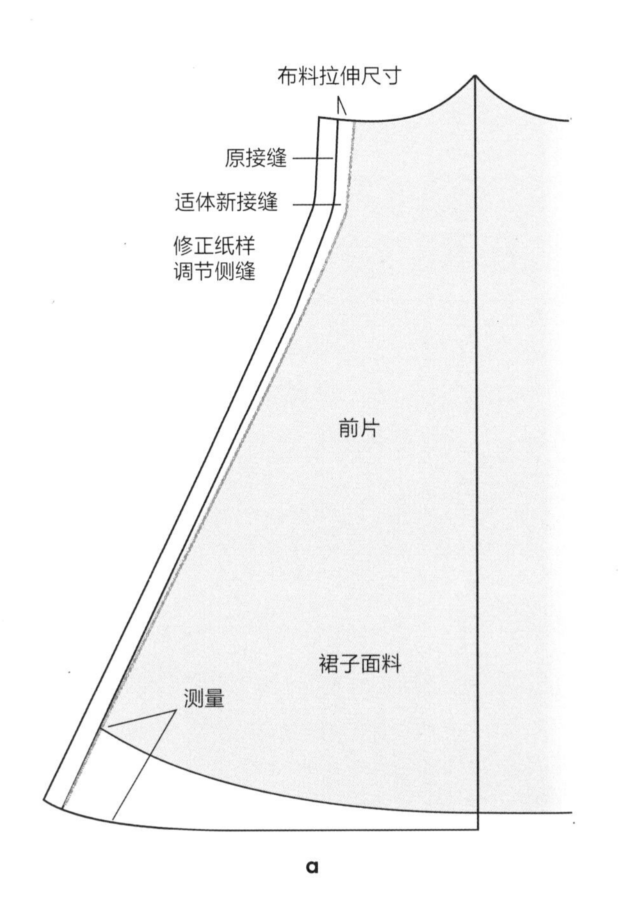

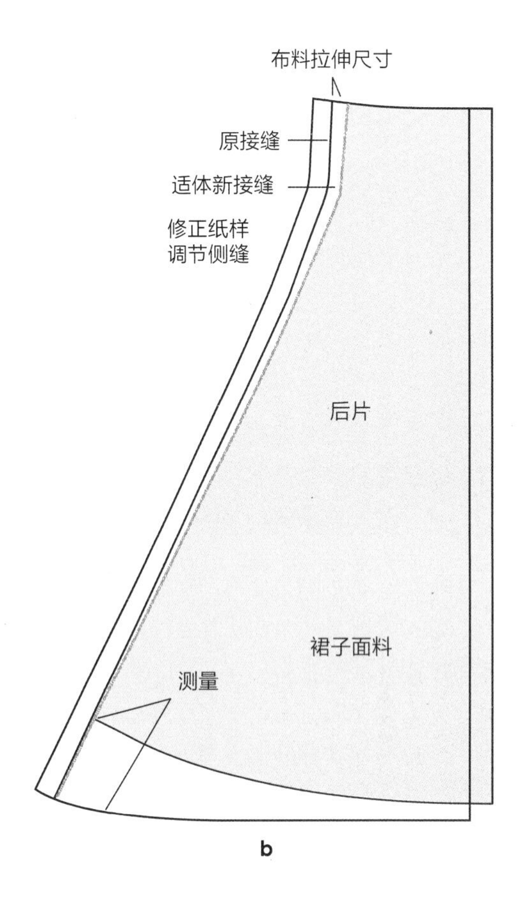

修正纸样以消除斜纹拉力

这种方法可以用于所有斜裁褶裙，修正纸样的参数使之与斜裁相适合，与原来的纸样相比会变得更小，但是更能勾勒出人体的曲线。

在纸上绘制纸样

图15

- 将布样放在纸上。
- 将布样和前中线对齐（a），后片对准后中线（b）后用针固定，将布上修正的标记转移到纸样上。

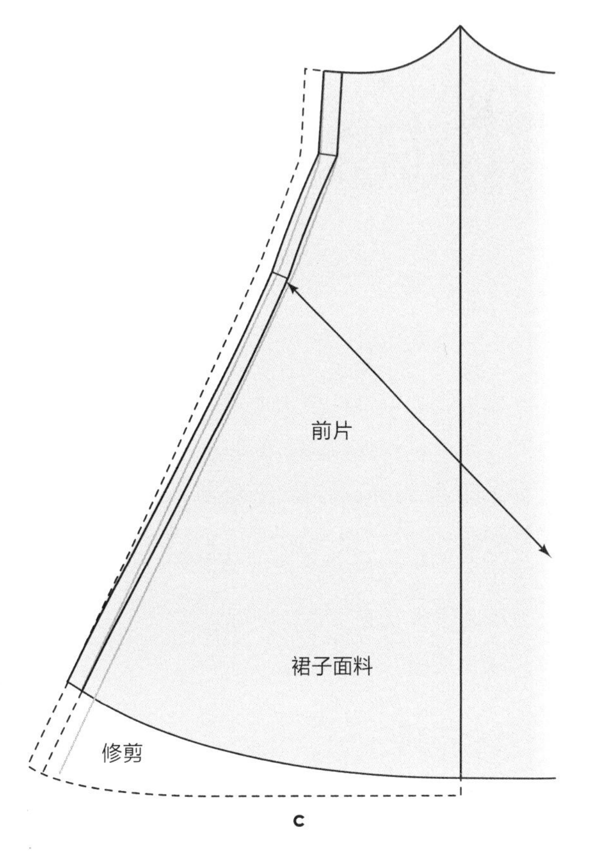

图15

确认修正标记

- 标记偏差，并从纸样缝份上修剪掉，将修正过的纸样从纸上裁下来，再次在布料上进行裁剪，并假缝试穿，如果合体度令人满意，完成纸样并用于生产。

制作纸样指导

在纸上绘制纸样，并标记丝缕方向。

加缝份

图16

- 帝政式前后片：帝政式上边缘缝1.3cm，侧缝放缝1.9cm,如果后中需要放缝，放出1.3cm。
- 文胸上衣上边缘放缝0.6cm，侧缝放缝1.9cm,下边缘放缝1.3cm。
- 从纸上剪下标记好的纸样，并准备纸样排料来裁剪设计面料。

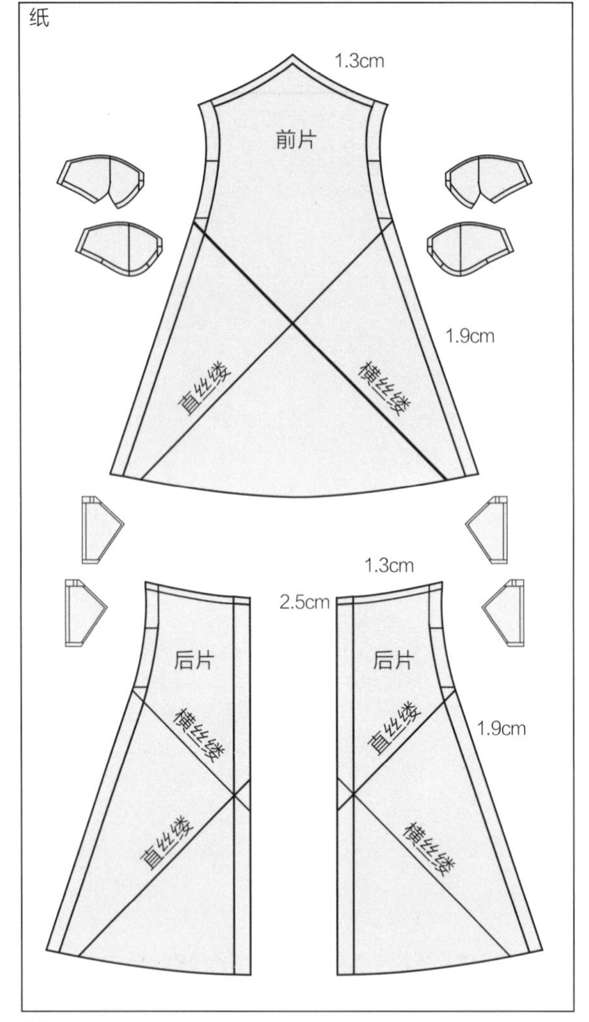

图16

纸样排料

图17

- 在绘制纸样时已经标记出面料丝缕方向，所以面料的丝缕方向与纸样上标记的丝缕方向对应，不能出现角度偏差。
- 放置顺序：
  - 首先放置薄纸（防止织物裁剪时出现滑移）。
  - 然后放置设计面料。
  - 最后纸样排料放置于顶层。
  - 这三层用针固定便于裁剪。

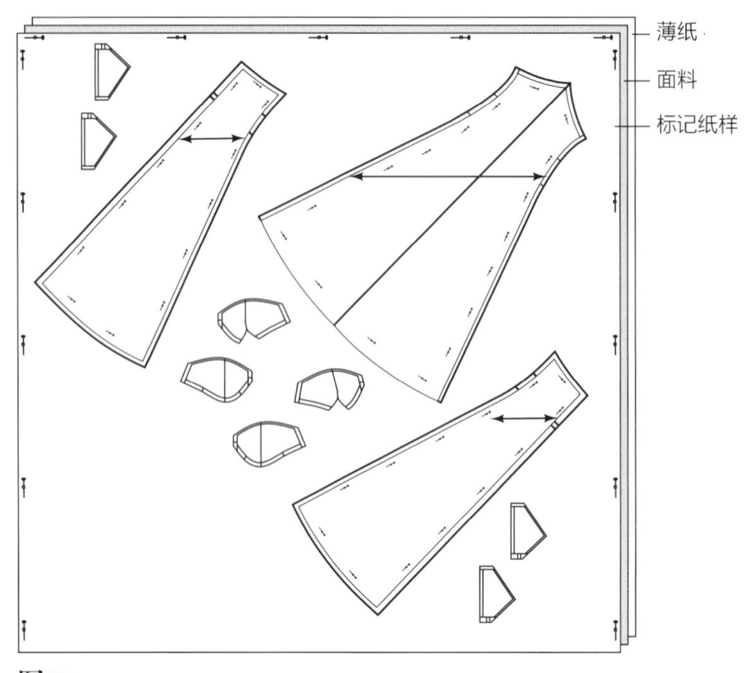

图17

斜裁裙子第一次试衣

这个纸样的目的是为了建立一个**可以多次使用的工业样板，**如果纸样只是为了指导服装的单次制作，就并不需要这一步骤，用原来的立裁指导样板就可以达到目的。

图18

- 将帝政式裙子前片放在人台上，顺着帝政造型线抚平面料，再顺着侧缝由袖窿抚至臀围线（由于拉伸），用针固定，并在面料上重新标记臀围线。

图19

- 将帝政式裙子的后片放在人台上，顺着帝政造型线抚平面料，顺着侧缝由袖窿抚至臀围线（由于拉伸），用针固定，并在面料上重新标记臀围线。

图20

- 在侧缝处用针别合前后片至臀围线处，未固定的斜向侧缝处自由拉伸。
- 为了使设计面料更快地出现优美的垂褶，在底摆悬挂重物以加速这个过程。

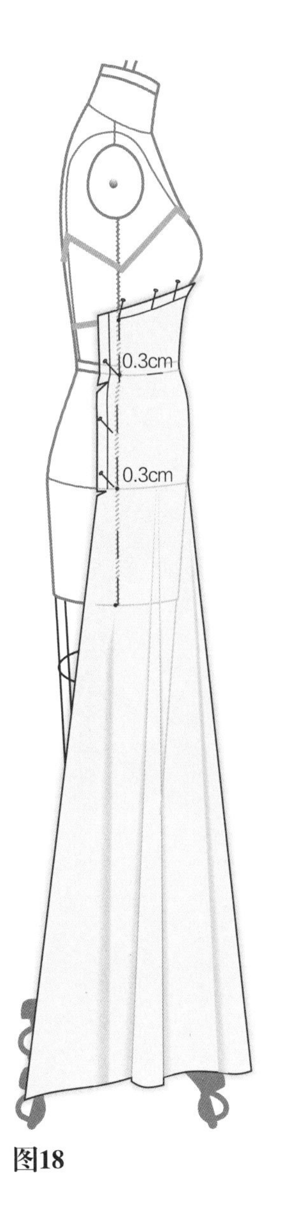

图18

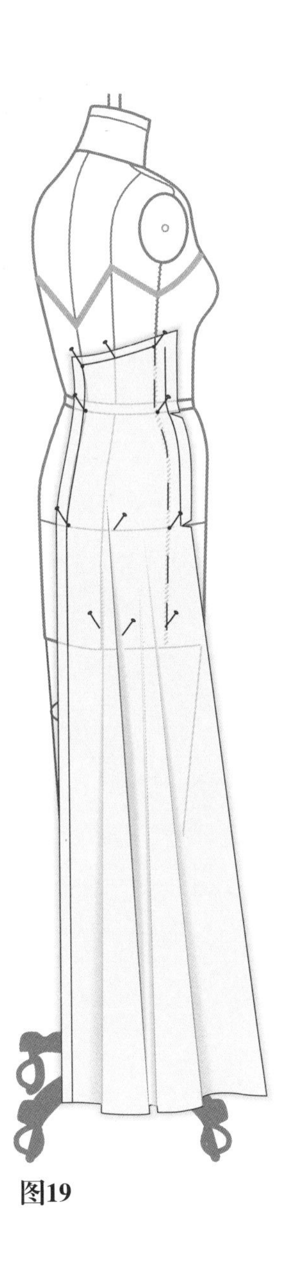

图19

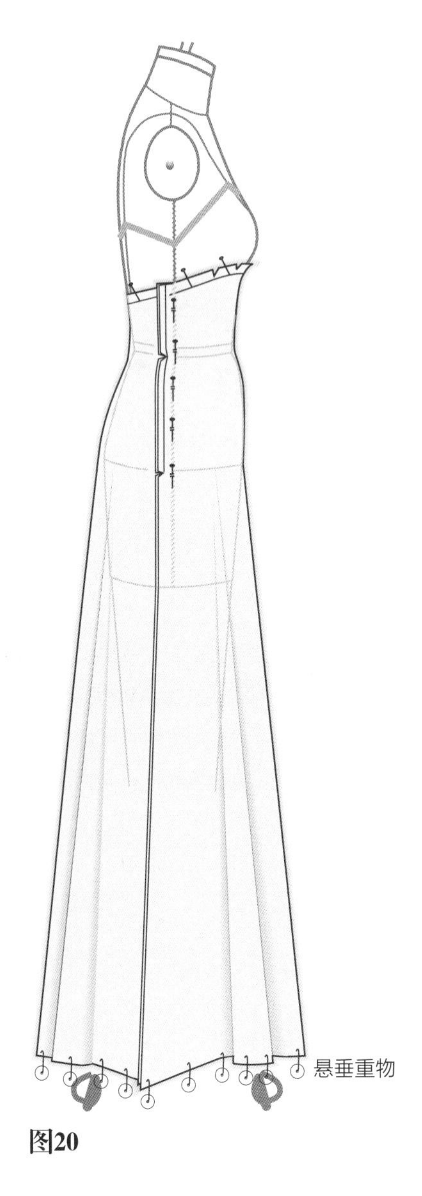

图20

文胸上衣

图21

- 如果文胸纸样和服装还未做好，请参照第89页和第102页。

最后试衣——检查所有新的标记

图22

- 将右侧的缝份搭接在左侧并用针固定侧缝。
- 检查侧缝，看侧缝处垂褶是否合适，它们是否能使得服装造型平衡，如果没有，重新固定直至得到满意的造型。
- 用针固定或假缝文胸上衣至帝政造型线处，检查裁片并检查造型线的位置，确保标记线进行了修正。
- 如果满意，拆除针和假缝线，修顺所有的线。
- 测量原始纸样与调整纸样的差异，减去测量差异量，加上缝份就得到了一个正确的纸样。

最小的调整

如果差异是最小的，调整面料和纸样，准备好纸样和面料即可投入生产。

重大调整

如果差异较大，调整面料和纸样，调整后的纸样会变小(因为斜裁面料在缝合时会有拉伸)，重新裁剪面料，大针脚缝或假缝，并进行第二次试衣，如果满意，纸样就可以投入生产了。

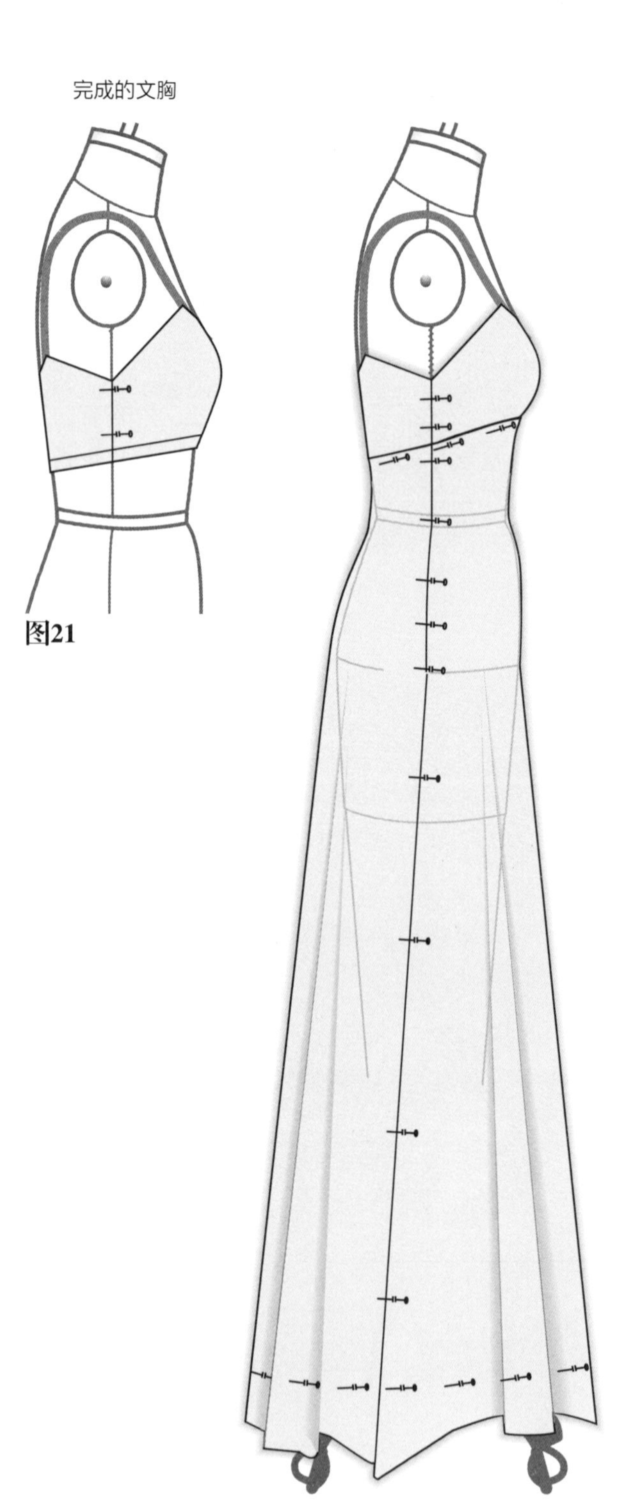

图21

图22

准备裁剪纸样

有两种斜裁裙纸样的排料方法，只有裙装纸样的部分有图示说明，其它设计纸样画在空白处。

图23

每片纸样的上部按照相同方向标记排放，这样在每一条接缝处丝缕按照相同的量向下垂。

后片纸样的上部在放置时应该按照相反的方向排放，其中一片后片应该反转放置于一片式前片的一侧，使之与其有一个相反的丝缕方向。每一个前片和后片缝在服装侧缝线上的悬垂不同。在服装悬挂一夜之后，这种差异会很大，两边侧缝线，在修正之后可能并不是纸样标记的长度，但是在缝合时必须要有相同的长度。两片式前片如果放置在不同的方向，也会出现同样的情况。

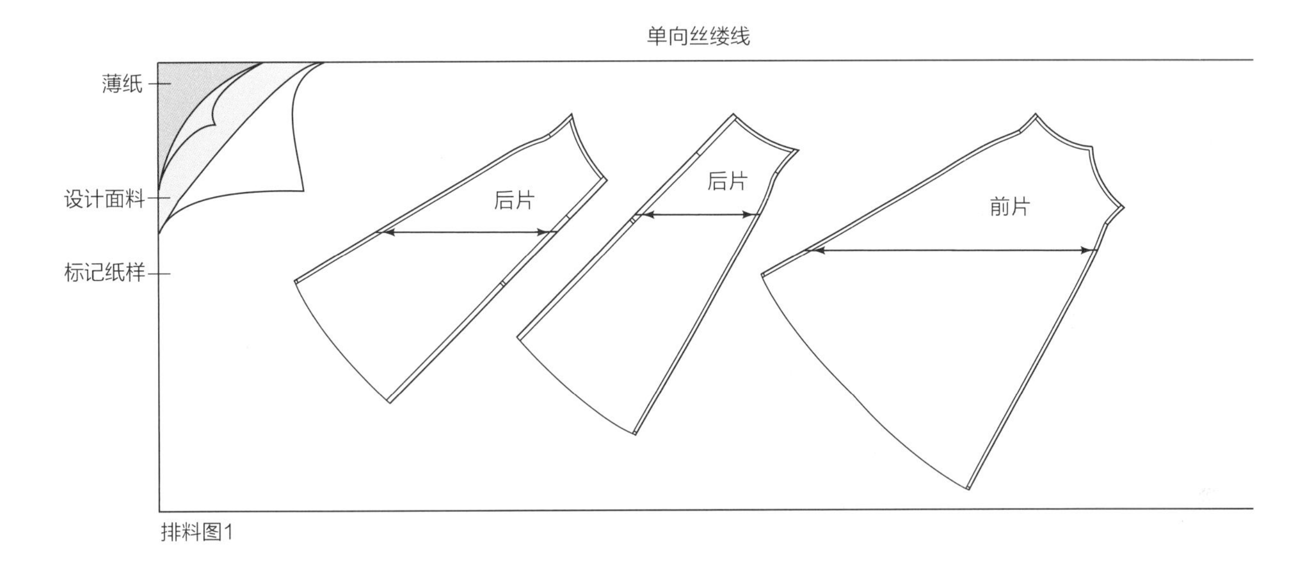

排料图1

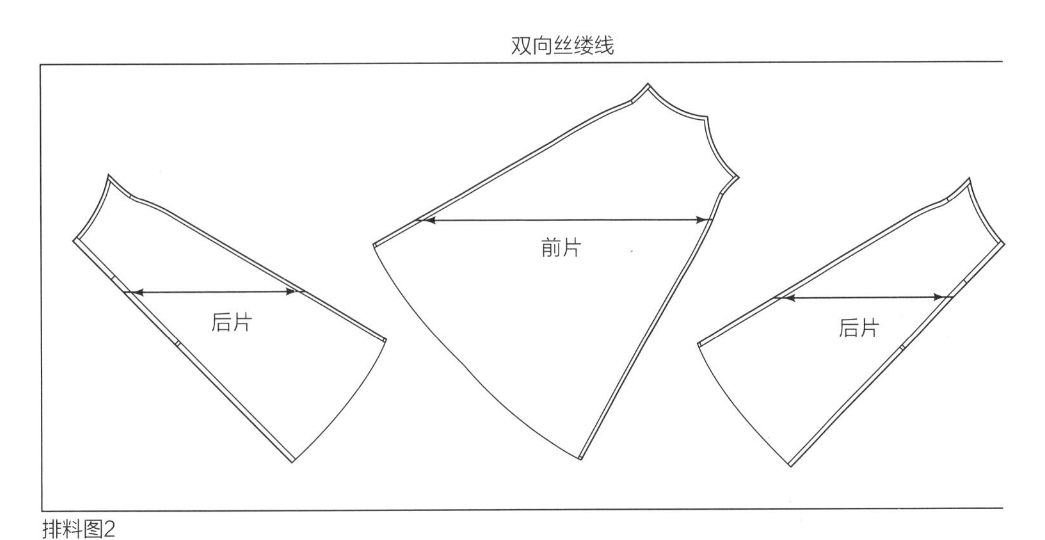

排料图2

图23

设计2：吊带裙（变化式）

这款吊带裙（变化式）与上一款文胸（上衣吊带裙）在款式上是有区别的，这一款裙装造型非常流畅，从胸点向下有流畅的垂褶，轮廓线只出现在胸部以上，在下胸部无款式线，侧缝处稍微有弧线，这是这款服装唯一的造型线。裙子可以设计成任何长度，吊带裙的穿着方式非常灵活——可以穿在外面也可以穿在里面，可以作为晚宴和日穿的服装。它可以搭配紧身衣、紧身裤、裙子、裤子或衬衫，也可以在腰部或臀部系上腰带。

设计分析

图1

这款连衣装可以用柔软的面料采用斜裁的方式得到,面料的选择可以参照第86页，这款连裙装没有罩杯款式的设计，所以下胸围无款式线。后片的款式线是直线，吊带裙的肩带宽0.6cm，可以使用自身面料、织锦布、或者是用任何创造性的面料。

建议吊带裙长度为66cm,增加1.3cm为裙下摆折边。

下摆宽为152.4cm，为了减少下摆宽，请参考418页图7，最好选择100%涤纶面料。

图1

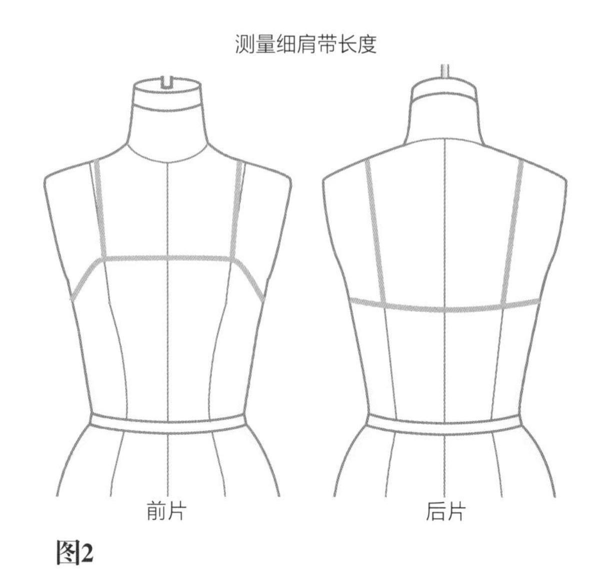

图2

准备人台

图2

- 如图所示标记款式线（人台上或客户身上）。
- 确定肩带长度。
- 记录：________。
- 布料要求：76.2cm的斜向正方形。

立体裁剪步骤

前片

图3

- 将坯布固定于人台或模特上，顺着这胸线抚平坯布将余量抚向侧缝，打剪口，画出文胸线到侧缝，在下摆处出现喇叭形。
- 铅笔标记侧缝线，从臀部向外2.5cm标记X点，折叠面料与底摆线成对角线，与X点相接触。
- 用划粉印标记折叠线，增加2.5cm，修剪余量，别住下摆并标记。
- 取下裁片，并在前中线折叠，将右侧边的线转移到左边。

后片

图4

复制一个前片裁出后片。

- 将裁片放到人台上对齐侧缝线，穿过背部造型线抚平布料，固定并在侧缝打上十字定位标记。
- 标记背部的造型线并留1.3cm缝份，标记并修剪余量（虚线）。

图5

- 在人台或客户身上将前片与后片开始在侧缝线上部固定，逐渐远离侧缝，轻微地弯曲并与X点修顺，沿着划粉线别至低摆。裙摆的宽大约152.4cm，如果太宽，就相应的减少两边的侧缝量。
- 将变化体现在纸样中。

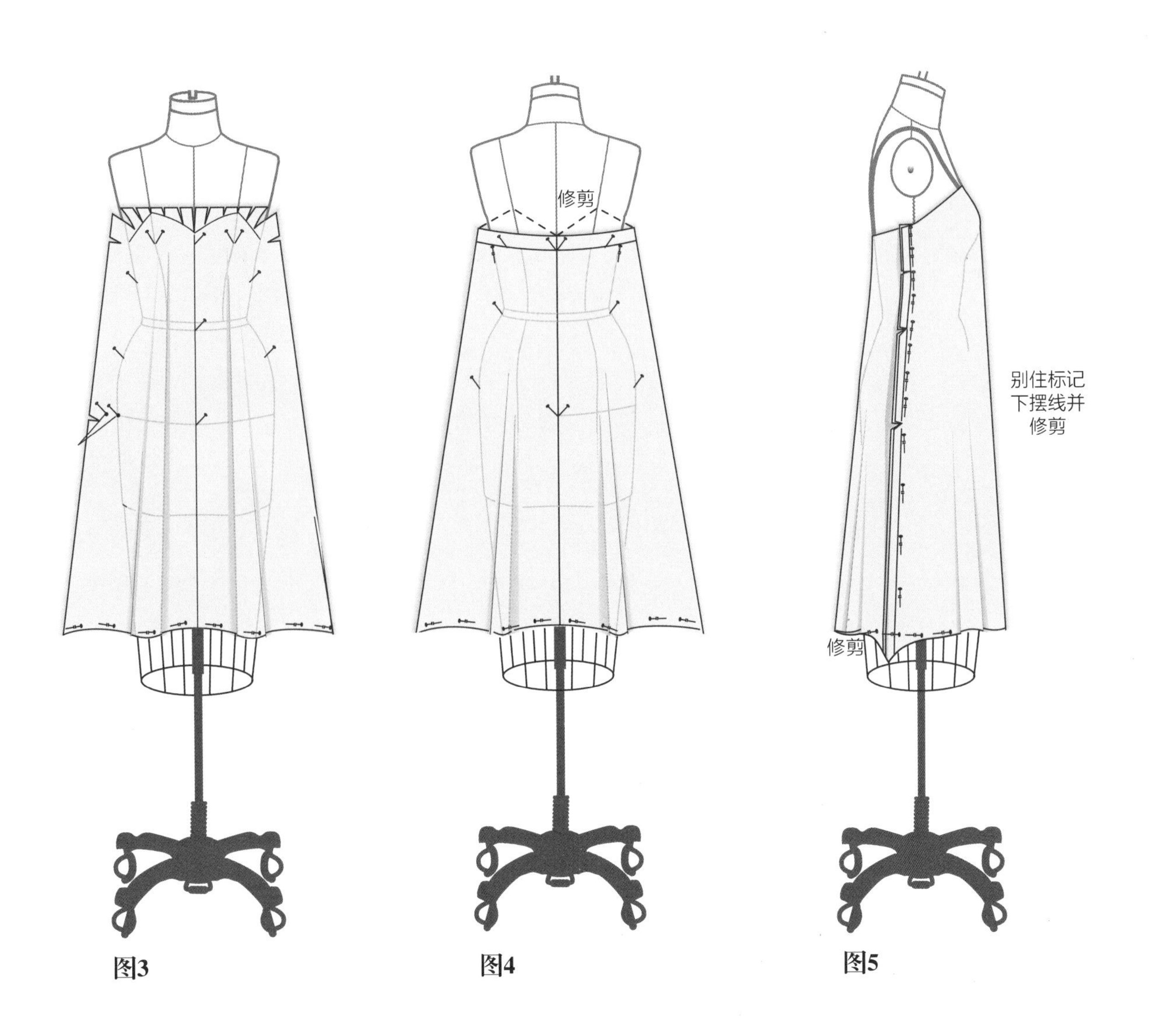

图3　　图4　　图5

完成纸样

图6

- 参照412页图16，作为绘制纸样的指导。

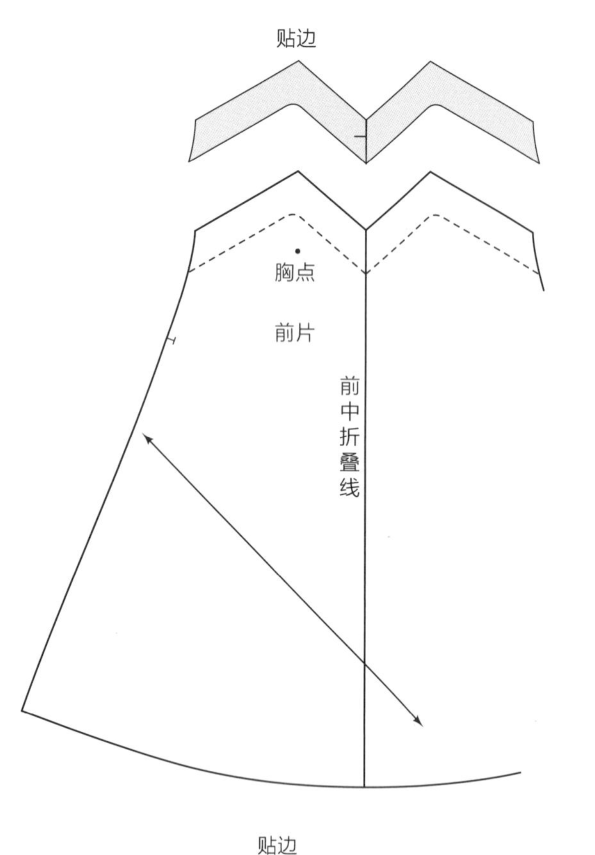

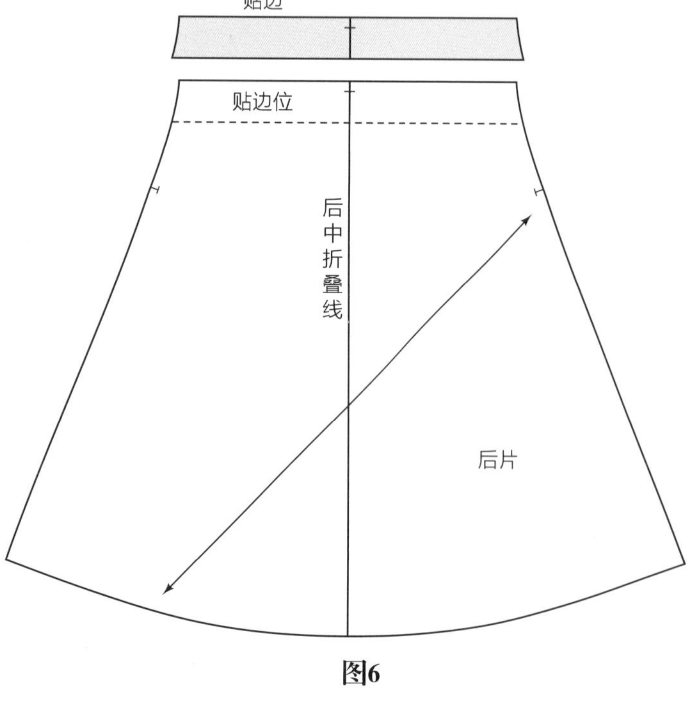

图6

增加缝份

- 上边缘=前片和后片放0.6cm。
- 侧缝=1cm。
- 下摆=取决于完成时的选择。
- 宽下摆线=约为1.3cm翻折。
- 再次折叠并缝合或假缝。

贴边/衬里纸样

描出吊带裙前后片的上部。

- 贴边宽度=3.2cm。
- 衬里=2cm (裙装上很少用)。

设计面料裁剪

- 粗缝或用长针迹机缝，作下一次试身。
- 如果没有其它合体型问题，纸样便可以投入生产。

减少下摆量

图7

- 减小下摆宽度，在侧缝线处收省。
- 修剪后片侧缝保持平衡。

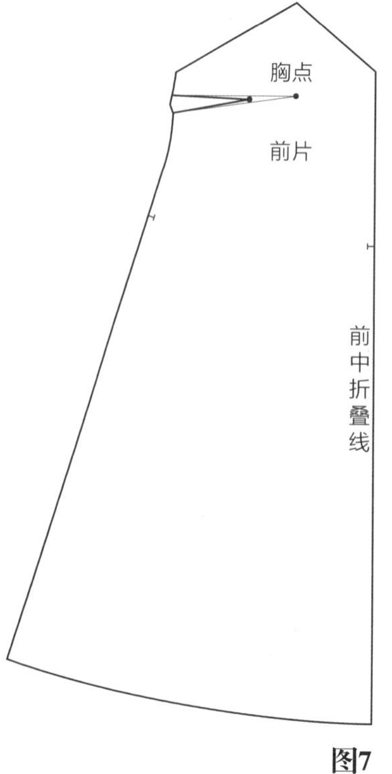

图7

设计3：上衣扭转的斜裁裙

这款拥有胸部扭转造型的斜裁裙运用了“斜裁女皇”玛德琳·维奥内的创意设计手法（图1）。裙子扭转部位运用的面料是雪纺。当然，绉绸或有弹性的针织面料等其它面料都可以选用。垂褶设计是维奥内设计裙装喜欢的另一个设计点。（可以参照《服装立体裁剪（上）》第11章的垂褶领立裁。）

设计分析

图1

这款胸部扭转的上衣创建了一个V字形的领口线和一个帝政风格的款式线。斜裁面料的伸展余量可以在面料的扭转中被吸收。右侧先进行立裁，中心的宽松量被折叠成一系列的褶裥，当面料被扭转时，这些褶裥就被带到了左侧。如果需要，可以假缝这些褶裥以控制其造型。立裁胸部扭转造型的斜裁裙下部，参照第90页和第91页指导。通过从公主线到胸下公主线，再到后中线的V字形领做立裁，前片得到修改，即在帝政式造型线以下露出肌肤。

图1

准备人台

图2

- 用针在人台上标记造型线轮廓。
- 长度：从肩颈点测量至下胸部，增加7.6cm=______。
- 宽度：沿着胸围线从左侧量到右侧，增加5.1cm=______。

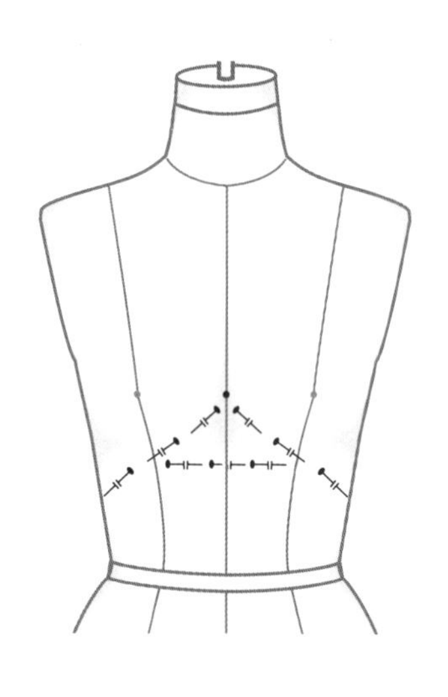

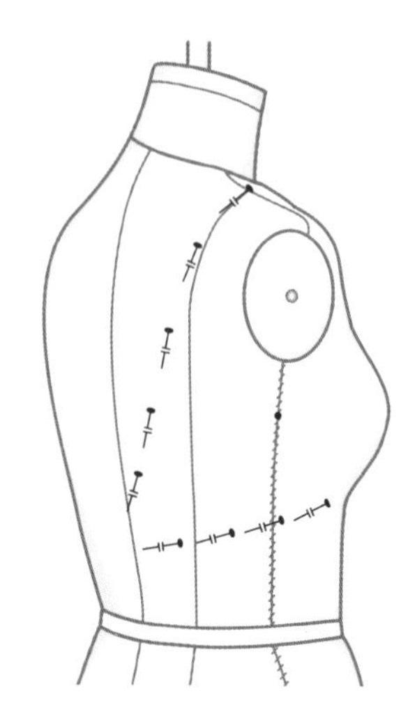

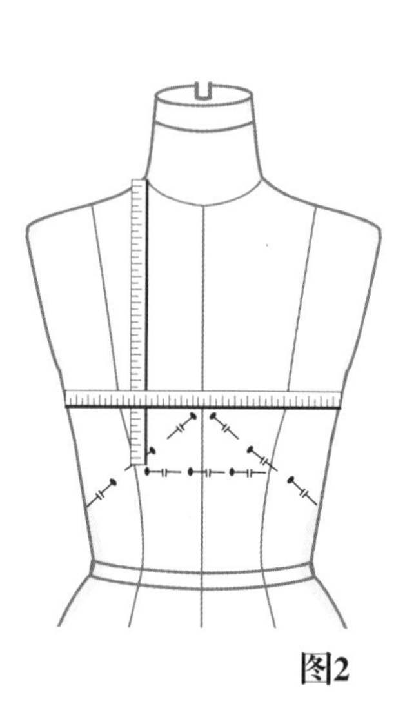

图2

图3

- 裁剪一块斜裁面料作为胸部扭转上衣的前片。
- 为后片的立裁准备一块直裁面料，大小为前片的一半。
- 参照第97页准备面料和纸张，如果要立裁款式的下半部分请参照第90和91页。

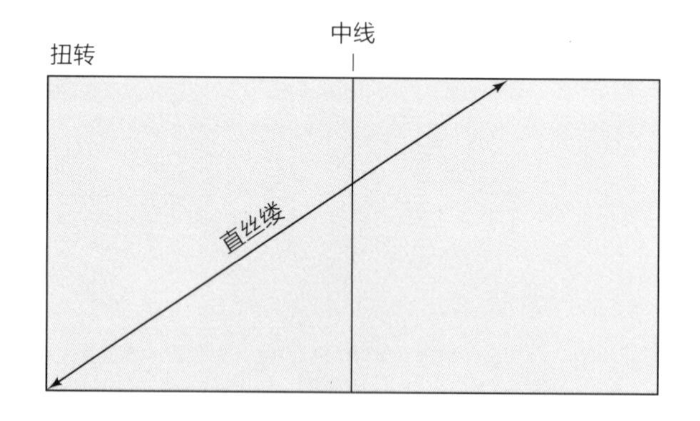

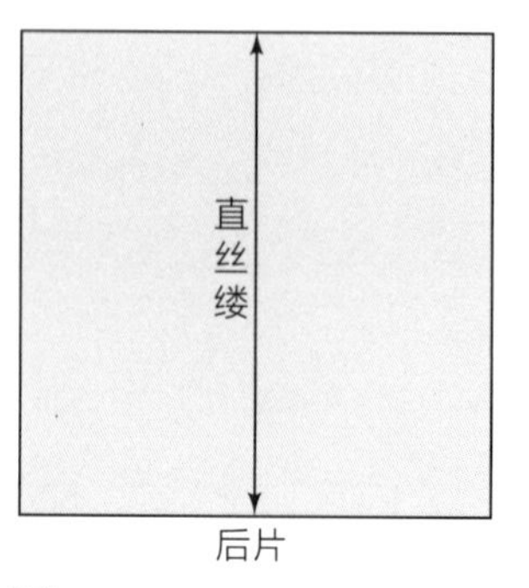

图3

立体裁剪步骤

后片立体裁剪

图4

- 将坯布沿着帝政造型线下2.5cm固定于人台上。
- 将面料直丝缕线沿后片的V形造型，用针固定，立裁并标记肩部、袖窿弧线、袖窿深和侧缝，增加1.3cm的放松量。修剪出1.3cm缝份。
- 取下裁片。

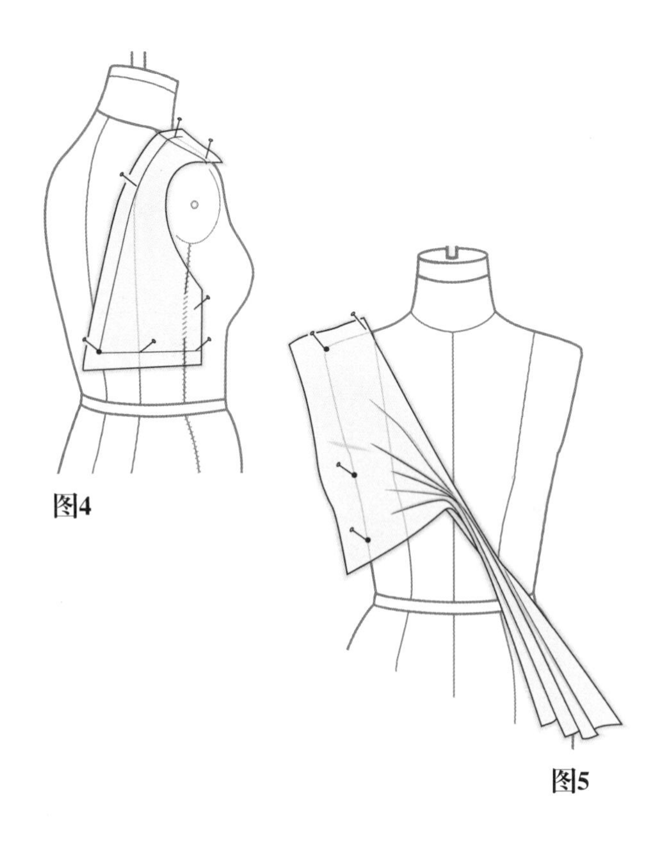

图4

图5

右前侧片

图5

- 将坯布沿着帝政款式线下2.5cm固定于人台。
- 沿肩部、袖窿、侧缝进行立裁，用针固定。
- 将松量都放到前中心处，折叠出窄的褶裥并保持住准备作扭转。

扭转

图6

- 向下扭转并将右侧的布向上至左肩处，并用针固定。

左侧片

图7

- 沿着帝政式造型线将布抚平至侧缝，并标记，然后向上围绕袖窿至肩部，修剪余量。

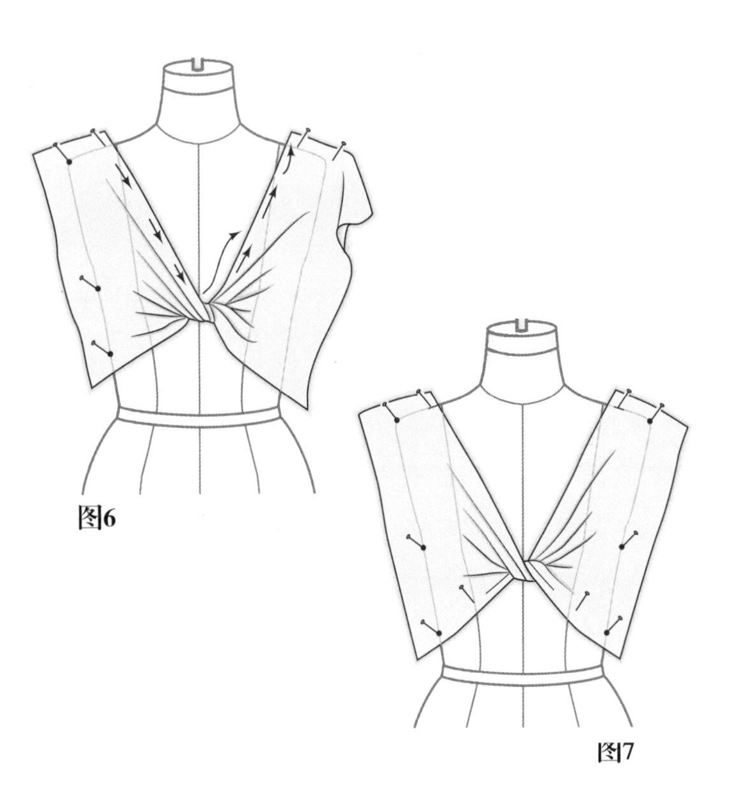

图6

图7

固定裁片

图8

- 前肩和侧缝搭接并固定在后侧缝上。将裁片从人台上取下，作裙子立体裁剪。

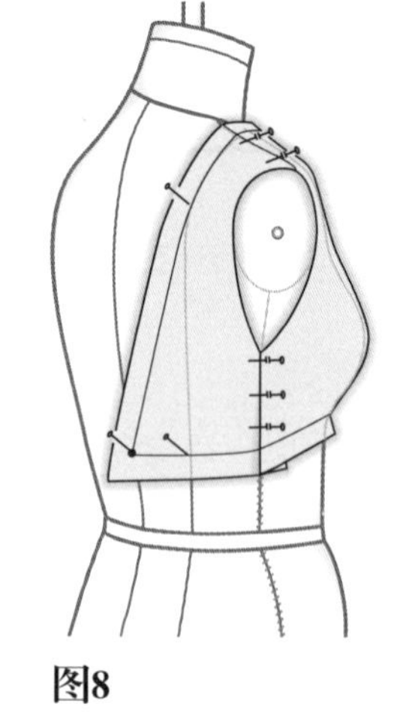

图8

图9

- 作斜裙的立体裁剪，并用针固定在腰部，检查是否合体，取下裁片、校准、缝合裁片或转移到纸上，检测合体度，对毛边的缝合建议：锁边、粗缝线迹，或人字形缝扭转的边缘。

图9

完成纸样

图10和图11

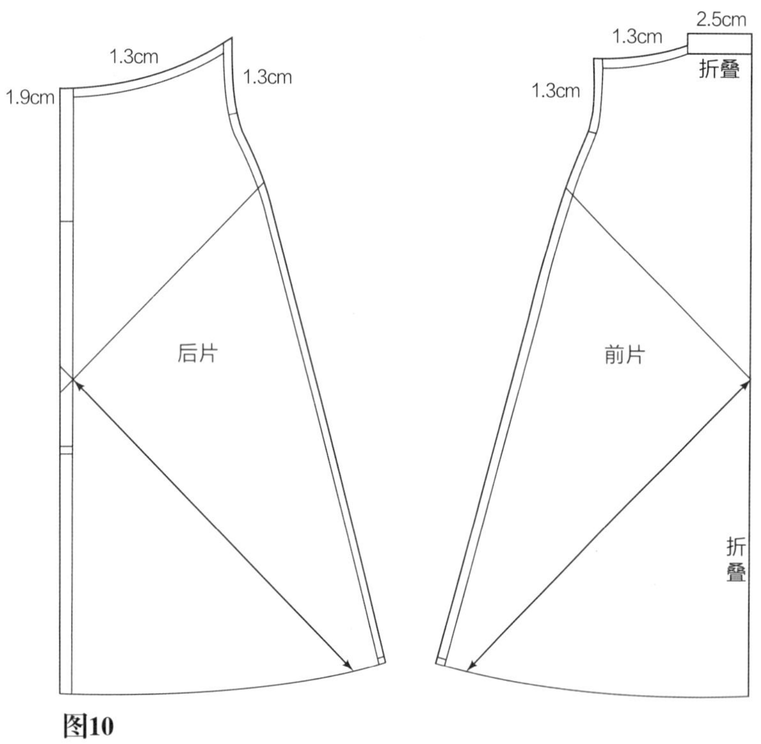

图10

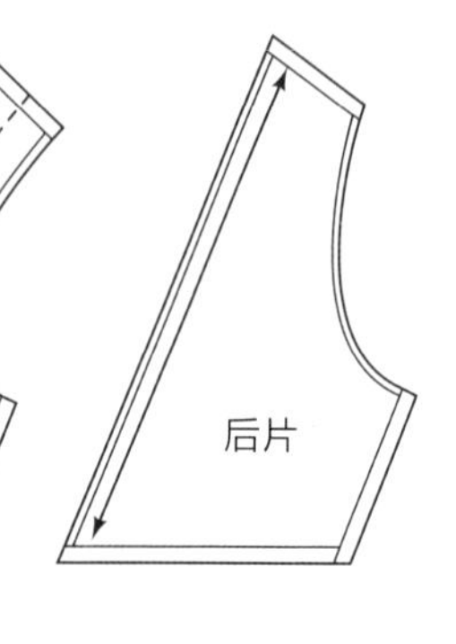

前片扭转

贴边

图11

扭转类型

什么是扭转？

扭转不是一种舞蹈，它是通过用一片连续的布进行自身扭转成环，或者是用两片连续的布互相扭转成环。作为一个服装设计元素，它可以在服装中体现出女性的柔美，触动人心，同时它也是设计的焦点。

柔软的织物更加适合做扭转，包括透明薄织物和轻薄型织物，例如雪纺、雪纺绒、绉纱、软缎子、单面汗布、编织织物、百分百聚酯纤维。当然，较重且透明的织物也是可以的。考虑到大多数织物的背面看上去是不同的，所以当在扭转织物的时候一定要确保织物的正面露在外面。

为了展示优雅丰满的扇形扭转风格，这里选择了七种扭转方式，它们能给设计带来美感。

款式4：高领扭转

图1

作为标记的高领扭转，与育克线相连。图1～图3展示了对不同重量的织物如何控制宽松量，宽松量是从扭转的程度折射出来的。后衣身的领线和前衣身在肩部对齐，立裁或拷贝后片纸样，立裁说明在《服装立体裁剪（上）》第64页，降低后领线并修顺。

适合作扭转设计的面料类型

- 轻薄型织物：立裁中的宽松量对扭转已足够。
- 比轻薄型织物略显厚重的织物：宽松量减少。
- 轻薄透明织物：宽松量增加。

图1

准备人台

图2

- 从前颈点向下X=3.2cm，做标记。
- 从X点向下，测量5.1cm，做标记，同时用标记带从此点向下水平地贴至袖窿作为育克线。
- 在育克线上从前中线移动Y=5.1cm做标记，用标记带从Y点到X点做标记。
- 在肩线上，从侧颈点向外3.8cm，用针做标记。

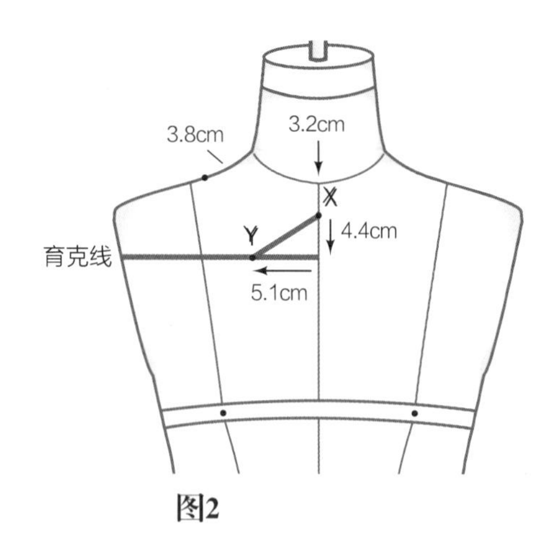

图2

需要坯布

- 裁剪轻薄坯布用于检测适体性。
- 育克44.5cm × 19.1cm。
- 关于上身衣身材料的准备，见《服装立体裁剪（上）》第58页的图8和图9。

育克立裁

图3

- 画一条1.3cm长的线段穿过育克线底部，并在顶部向里折叠做一个2.5cm宽的贴边。
- 在坯布中心画一条线。
- 在坯布中心线上，在适当的位置将坯布压褶。为了确保在立裁和标记肩部及上部袖窿时准确，需在X点用针固定。在人台的Y点上做标记，取下立裁片并修顺。

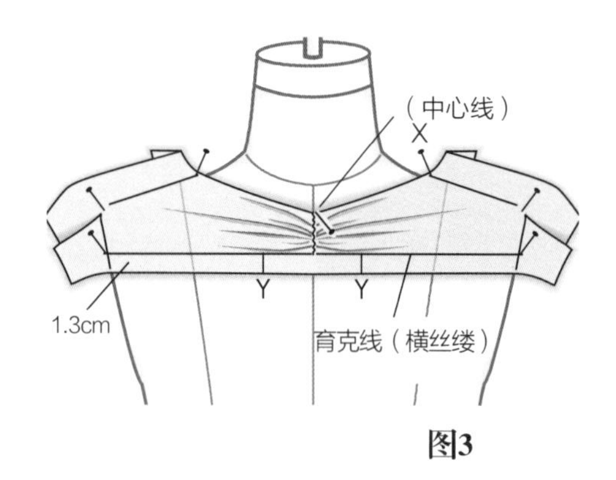

图3

育克纸样

图4

- 折叠纸样2.5cm作为贴边，标记中心点（a）。
- 打开贴边，在纸上标记出育克中心线并用针固定，描线并加缝份，在前中线的每边上 标记环圈距离，如图所示。
- 从纸上剪下（b）。
- 当前片扭转和后片立裁完成后裁剪设计面料。

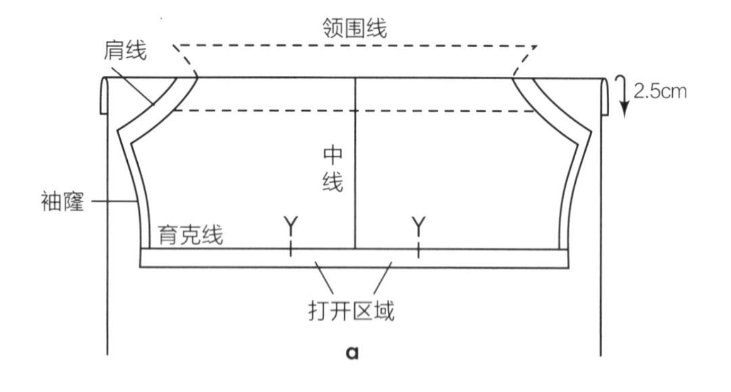

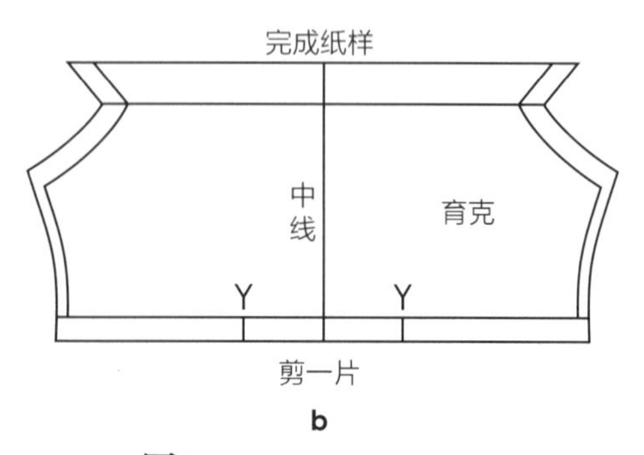

图4

立裁前的信息

- 在裁剪设计面料之前，用轻薄织物在人台上尝试制作扭转的试样，此例子是展示如何控制扭转量。

立体裁剪步骤

图5

- 将坯布披在人台上，在X点、胸围线及中腰处用针固定。
- 在胸点用交叉针法固定，将领口和肩部的坯布抚顺，暂时用针固定。
- 从腰部开始至公主线处打剪口。

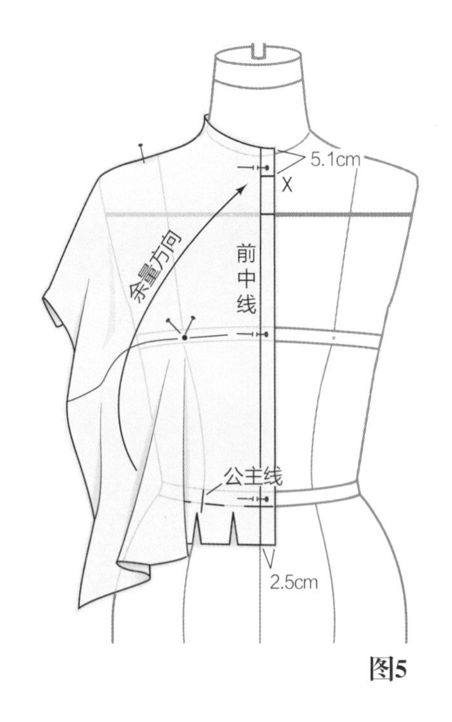

图5

立裁1：将全部省量作为扭转量

图6

- 抚平坯布，做标记，打剪口，从腰部开始修剪，至侧缝，到袖窿深，再围绕袖窿至育克线。抚平育克线直至Y点，打剪口并继续将宽松量向前推至X点。
- 别住省道宽松量到胸部，折叠线为Z。

图7

- 将裁片从人台上取下，去掉针，将坯布打开放平，加缝份并修顺，检查尺寸是否正确。
- 从X点到Z点画一条线。
- 在第109页可以获得更多的说明。

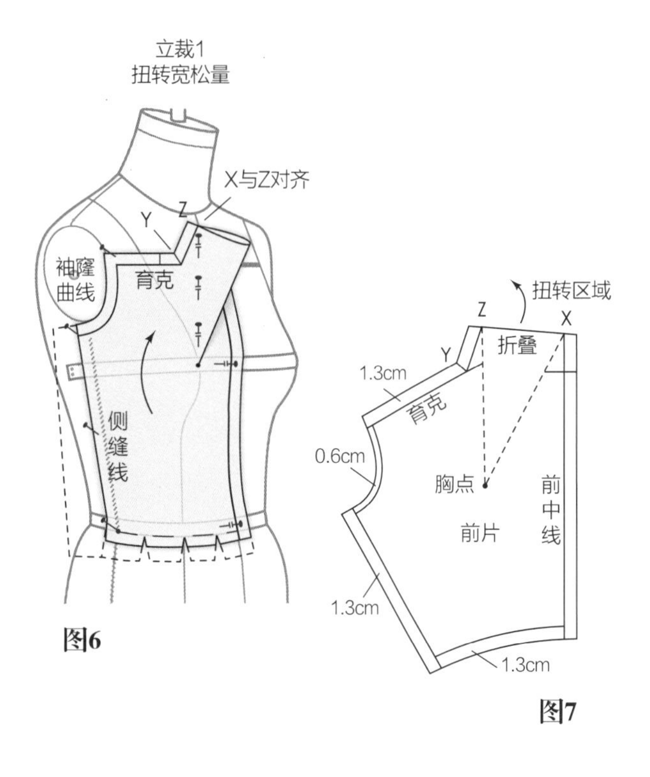

图6

图7

立裁2：增加扭转量

图8

- 按照立裁1中方法进行，除此之外——从侧缝向上3.8cm开始，将坯布抚平至BP点，并在BP点处折叠2.5cm，将折叠量用针固定在一起，继续往上立裁从侧缝至Y点，到X点为止。标记点Z为省道另一边线，修剪余量，增加扭转量。

图9

- 把裁片从人台上取下，去掉针并修顺，放在纸上拷贝，按图所示的方式添加缝份。
- 自X到Z画一条线。
- 参照第109页完成纸样绘制。

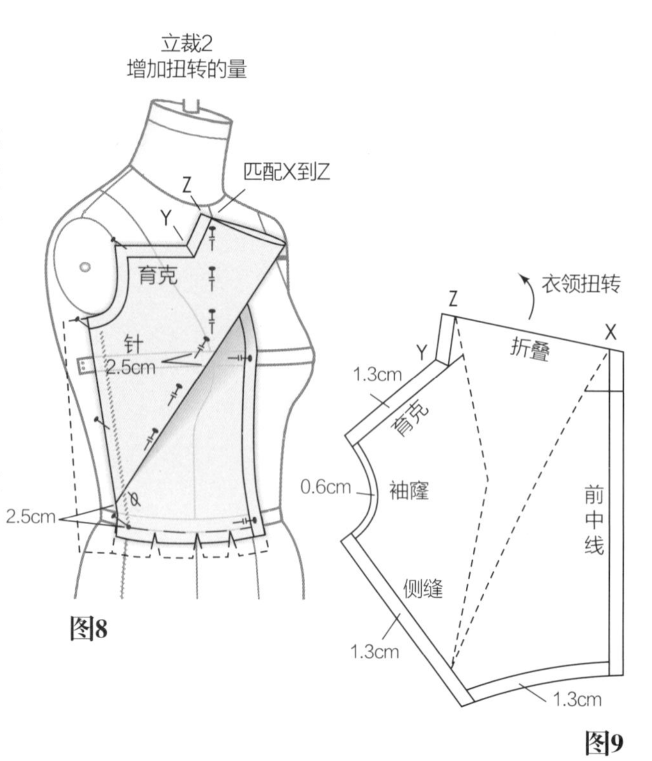

图8

图9

立裁3：减少扭转量

图10

- 按照立裁1中所给的一些指示进行，除此之外——在侧缝上部3.8cm处用针固定出2.5cm法式省。这些省道吸收了一些宽松量，扭转量从而减少。
- 继续立裁至X点。
- 标记Z为省道的另一边线。
- 修剪余量。

图11

- 在人台上取下裁片，去掉针并修顺，将其放在纸上拷贝，增加如图所示的缝份量。
- 从X到Z画一条线。
- 参照第109页完成设计。

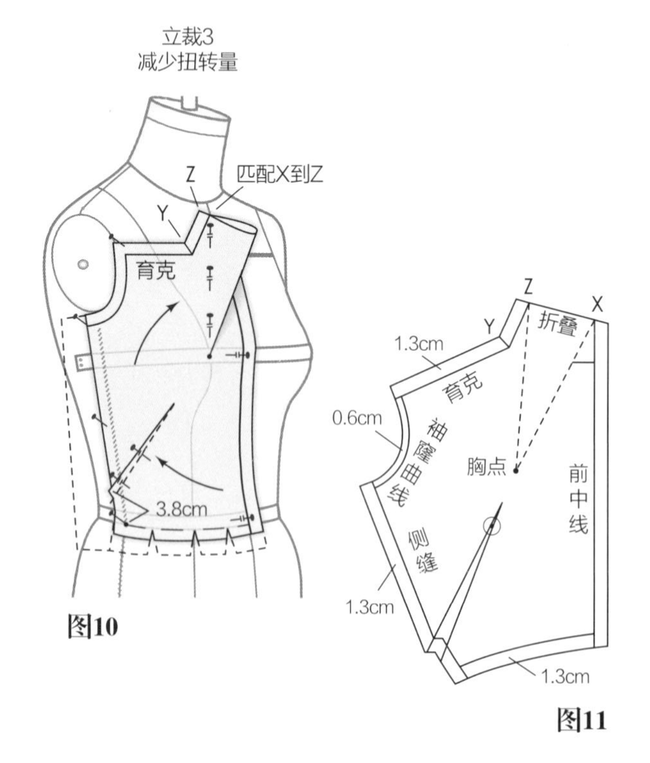

图10

图11

拷贝扭转纸样

图12

以立裁3为例进行完整设计阐述。（立裁1与2按照了同样的说明进行。）

- 取下裁片，修顺线条。
- 折叠纸并将X-Z（横丝缕）放置在折线上，用针将其固定并描线。
- 作折线的垂线，并延长至纸样长。

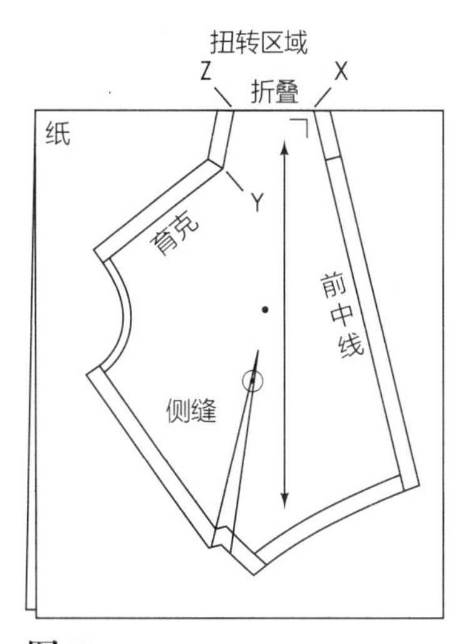

图12

完成的纸样

图13

- 展开纸并将丝缕线延伸至纸样的另一面上。
- 在折线上画一条中心线。
- 在Y点打剪口以帮助缝合扭转时对位。

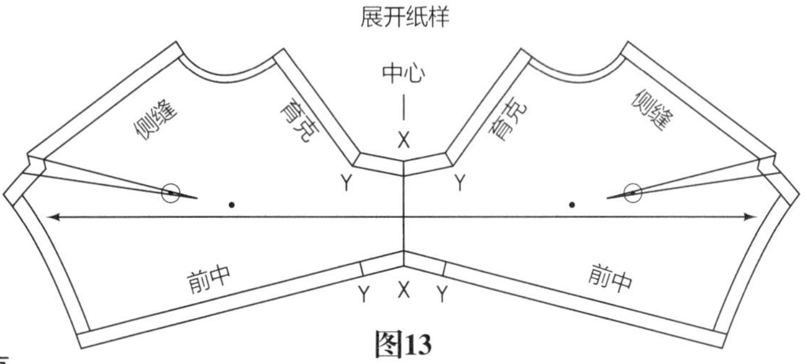

图13

缝制指导

图14

缝合高领扭转的步骤：

- 缝合坯布并试衣。
- 首先将拉出来的育克的育克线和衣身的育克线在同一边缝合到Y点并打回针。
- 穿过前中线的开口环，再从育克到Y点进行缝合，并打回针。
- 缝合后衣身和侧缝后中线有拉链开口。
- 缝合肩线。为了制作贴边，参考《服装立体裁剪（上）》第21页图5。
- 在纸样上进行修正。
- 在设计面料上裁剪并缝合，并再一次试衣。

完成设计

图15

立体裁剪效果和设计外观是否一样?

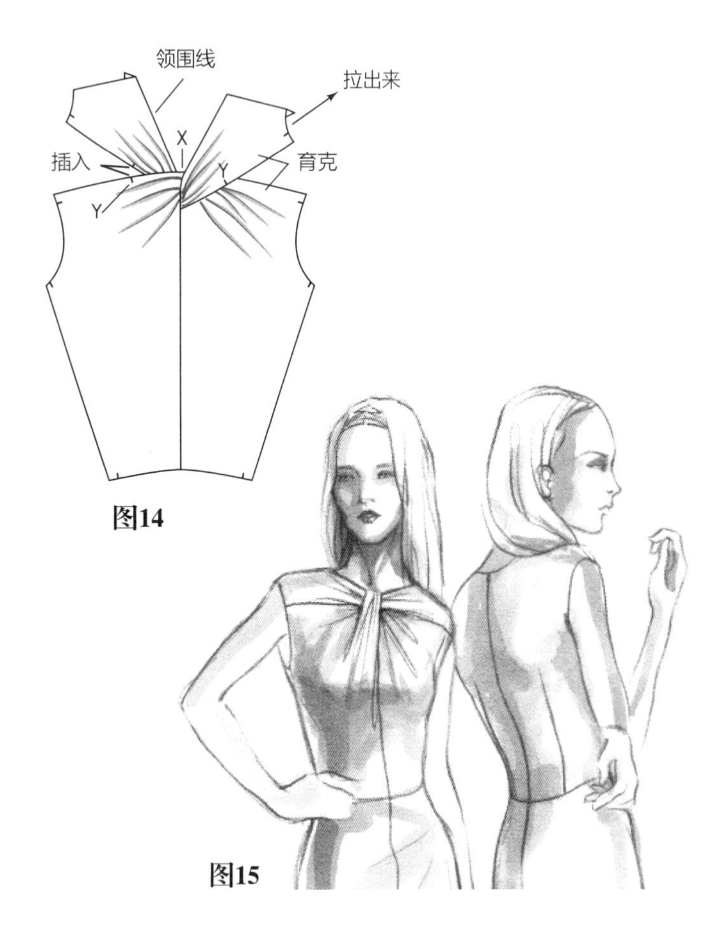

图14

图15

设计5：胸围线有放射性褶

设计分析

图1

左侧与右侧的扭转程度是相同的，一侧提供形状给另一侧，中心领深刚好在胸围线以上，标记为A，领围线的位置可以放在肩部公主线处或者所设计的位置。至于后衣片，可以拓印之前的（修改领围线）也可以立裁完成（见《服装立体裁剪（上）》第64页）。

图1

需要面料

图2

- 用轻薄坯布或设计面料进行立裁。宽度=27.9cm;长度=63.5cm（尺寸适合10号尺寸的模特）。
- 在中心标记横丝缕线（胸围线）。
- 在图中所示的位置标记剪口，在前中心点标记点A，在扭转的开环处标记B点和C点。将它系起来时，中心线将会变扭曲，见图3。

图3

- 在立裁左侧时，需要在A点打一个结以确保扭转效果。

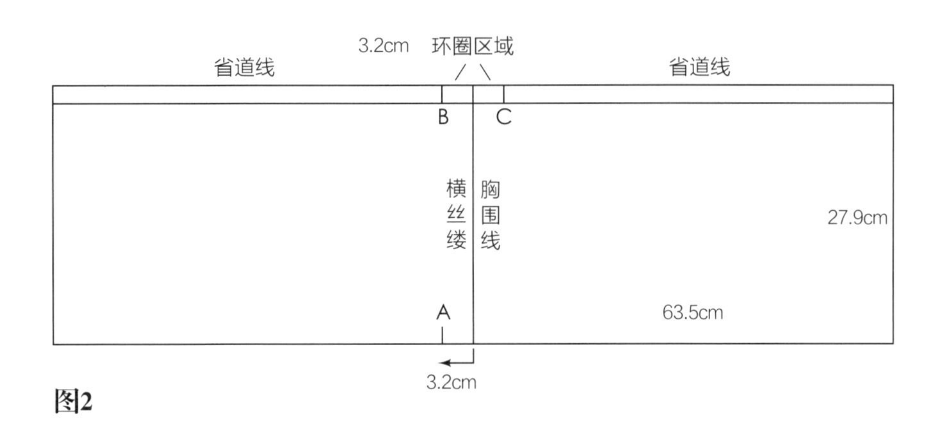

图2

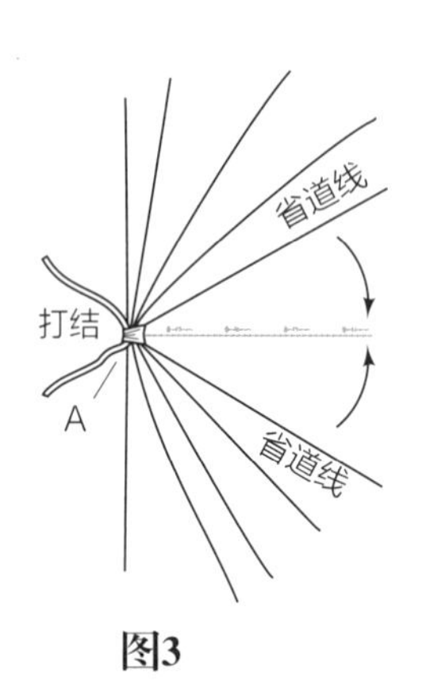

图3

左边立体裁剪

图4

- 在中心线外将扭转结固定于过A点1.9cm处，用两根针固定。
- 在袖窿板下3.8cm处固定省中心线（直丝缕）。
- 一边做一边用针固定。
- 将侧缝的面料向上抚顺，沿袖窿线到肩线中部，打剪口、修剪、轻拉，同时固定每个夹住的地方以产生增加的放射性褶子。
- 从肩线中部（公主线）到点A处标记领口深。之后对此部分进行修剪和修顺。

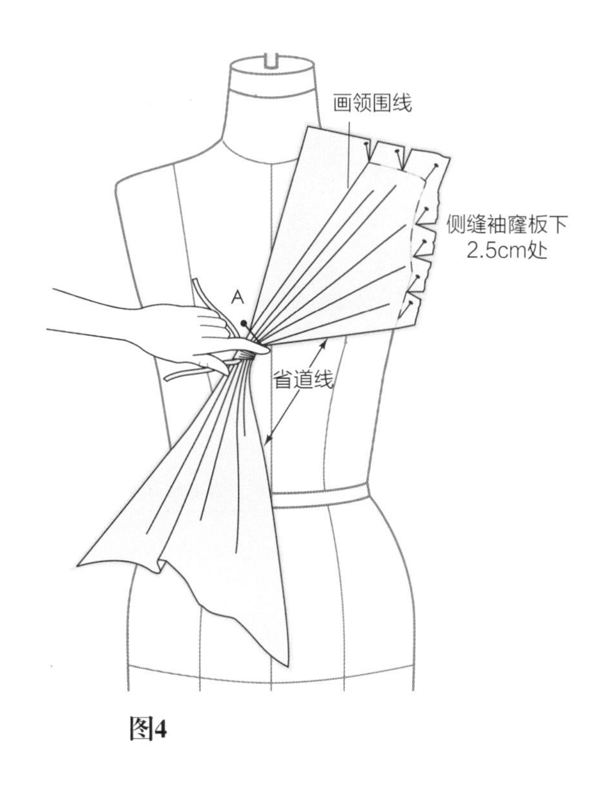

图4

图5和图6

- 将省道别合，并在侧缝用针固定。
- 在侧缝和腰围向下轻抚布料，打剪口、修剪、轻拽，同时固定每个夹住的地方以产生放射性褶子。
- 修剪领线，如果前腰中心处仍有余量，则标记中心线，修剪至留有1.3cm的缝份。

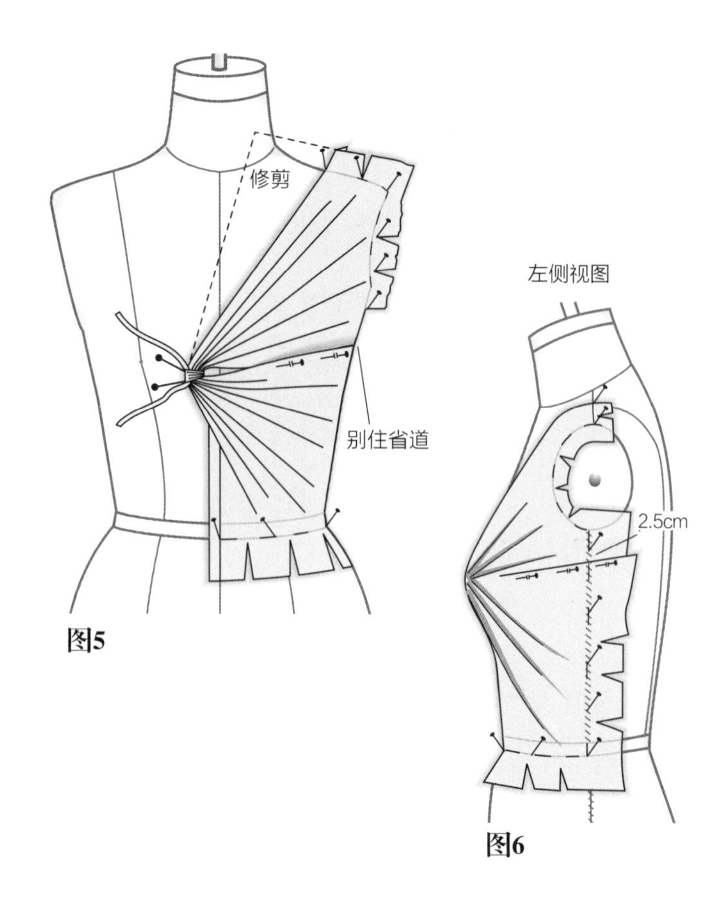

图5

图6

做出纸样

图7

- 取下裁片，修顺线条。
- 放在纸上，用针固定，拓图，在整个纸样的四周增加1.3cm的缝份。
- 将纸样用针固定在两层设计面料上并裁下。

学生负责测量和记录数据。

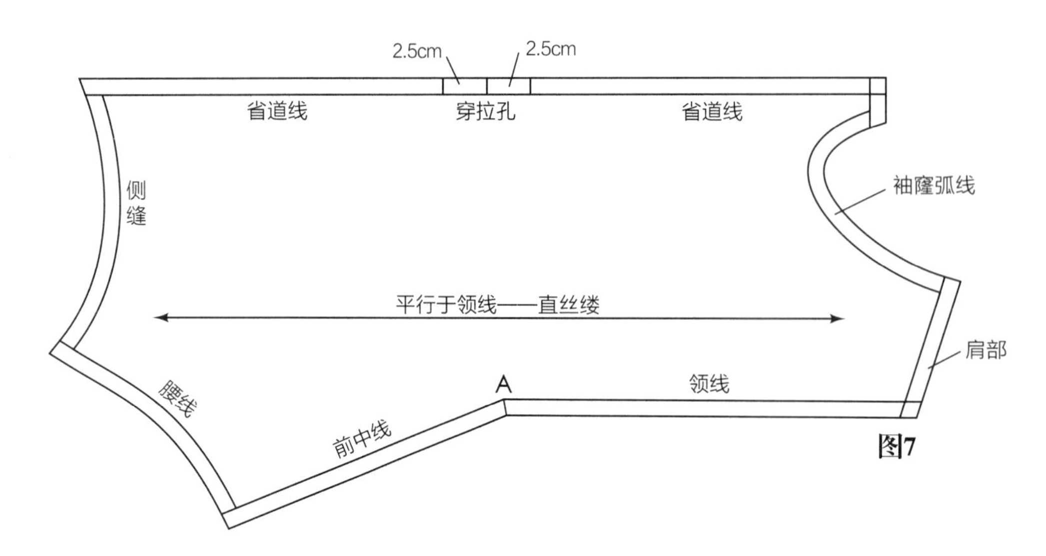

图7

缝合左右两侧

图8和图9

- 缝制左侧省道。
- 右侧——将扭转部分抽褶并从左环拉出，然后缝合省道并将衣片披在人台上。
- 将肩部、侧缝及腰围线部的布料抚平并调整褶位。
- 标记并修剪缝份为1.3cm。
- 把变化之处标记到纸样上。

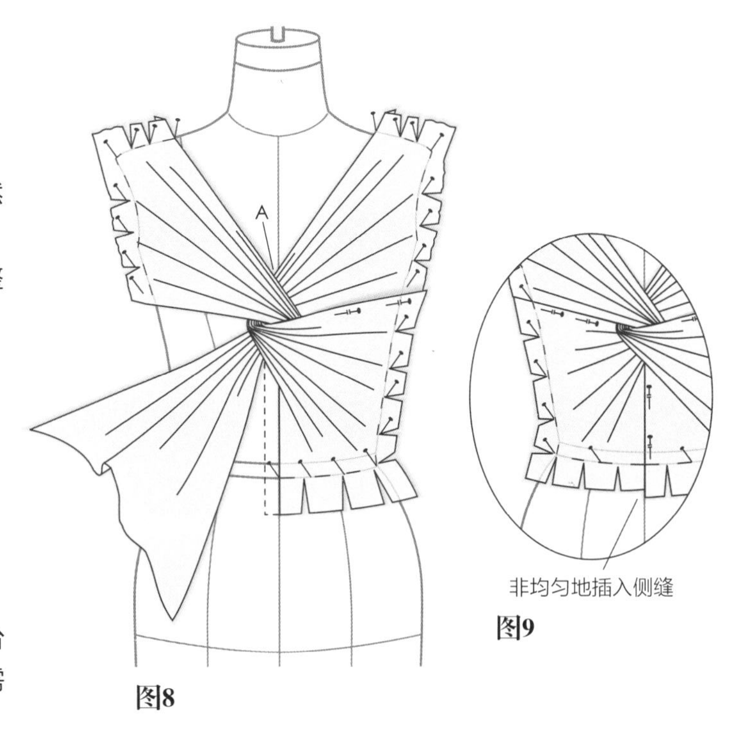

图8

图9

完成立体裁剪

图10、图11

- 在做完服装的所有修改之后，将其从人台上取下并缝合前中线至对位点A处，如果需要，修剪任何多余的布料。
- 缝合到后裁片上，开口在后中线上。

完成的设计

图12

最终做的立裁效果跟设计图效果看上去一样吗?

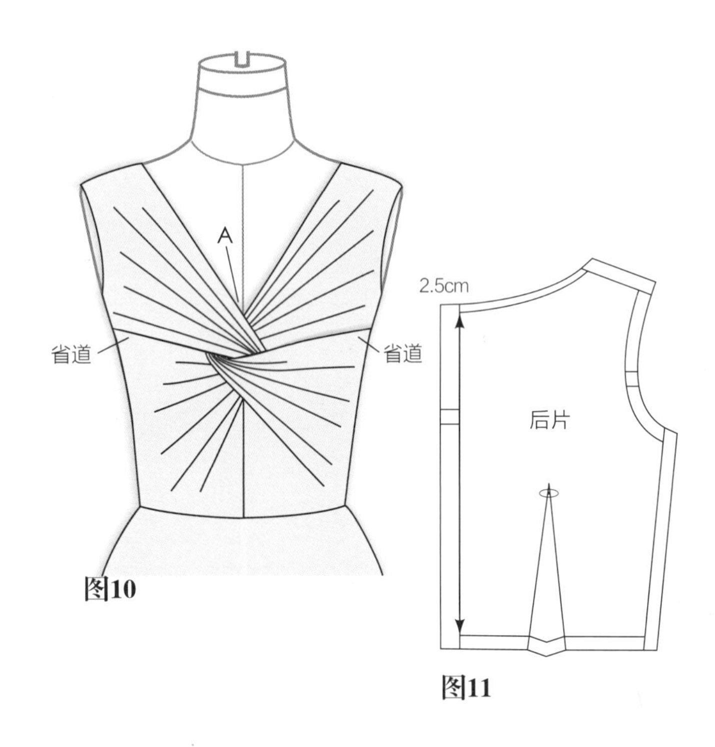

图10

图11

图12

设计6：有放射性扭转的裙装

设计分析

图1

放射状扭转即上文所述的帝政式胸衣（a）。不对称的衣褶在右侧结束，它受到来自帝政款式线以下左侧的控制，并斜穿后片（b）。

前片裙子、扭曲的紧身胸衣、衬里

图2和图3

- 扭转例子（a）遵循了第111页的操作指示，但是悬垂至帝政款式线，衬里的例子见图（d）。

不对称裁片

- 在左侧打剪口并旋转坯布，同时打褶至右侧。以3:1的比例做一个测试。

图1

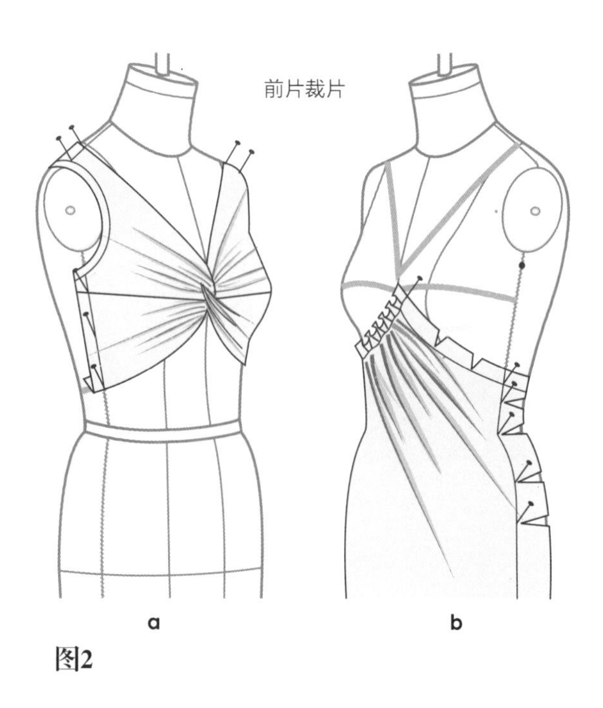

图2

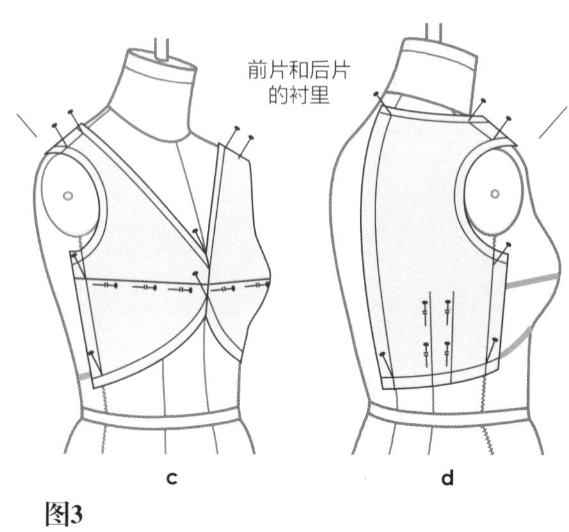

图3

帝政式连衣裙后片

图4

- 后裁片的操作指示见第22页和第23页，衬里纸样见第111页图3d。

将扭转中心假缝固定在衬里和侧面省道接缝的5.1cm处，这样可以防止衣片的滑动。

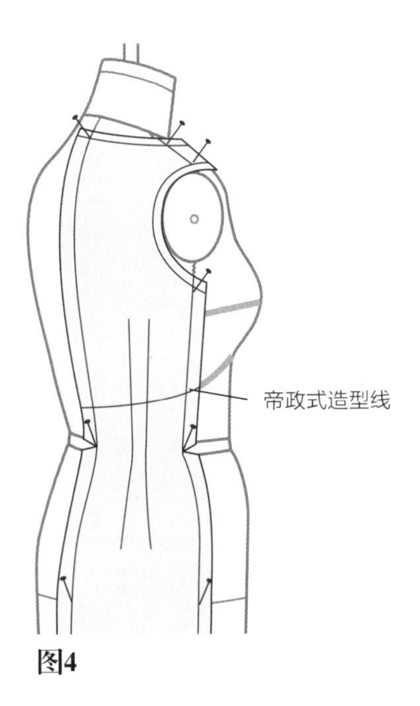

图4

缝制指导

- 胸衣前后片衬里在肩部和侧缝处缝合在一起（后部因为拉链的原因所以不用缝合）。
- 劈缝烫压，在制作扭转胸衣和后片时重复此过程。
- 将衬里用针固定在扭转胸衣上，后片与反面固定在一起。围绕颈围线和袖窿处缝合；将织物反过来并暗缝。
- 完成裙子和胸衣夹层的缝制。

设计7：育克扭转（分离式）

设计分析

图1

无袖紧身胸衣没有前中心开缝。在前中心褶线上开条长缝以供育克从此处穿过来。后背带呈直线型，将其缝至前肩管，再与后胸衣相连接。

图1

准备人台

图2

- 用针标记如下几点：前颈点向下5.1cm标记X点；X点向下3.2cm处；肩颈点向外3.2cm处。
- 在前后片上贴标记带，如图所示。

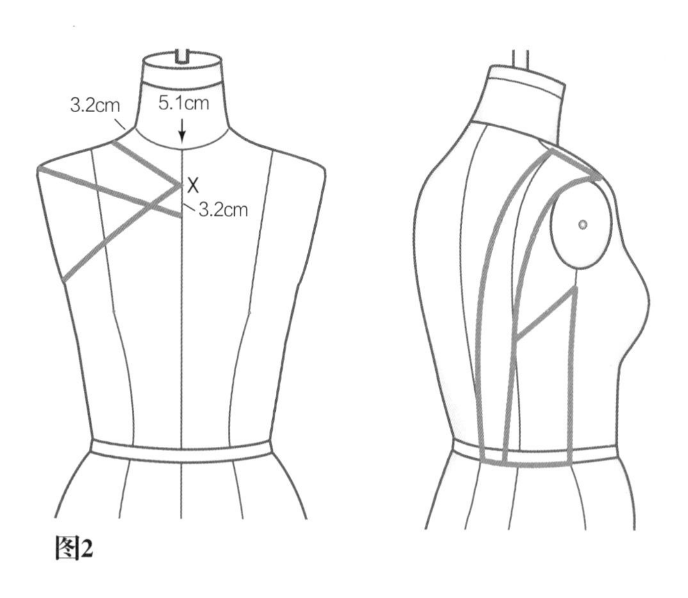

图2

需要坯布

图3

- 育克管扭转需48.3cm×20.3cm面料，斜裁。
- 前胸衣坯布的准备，见58页。

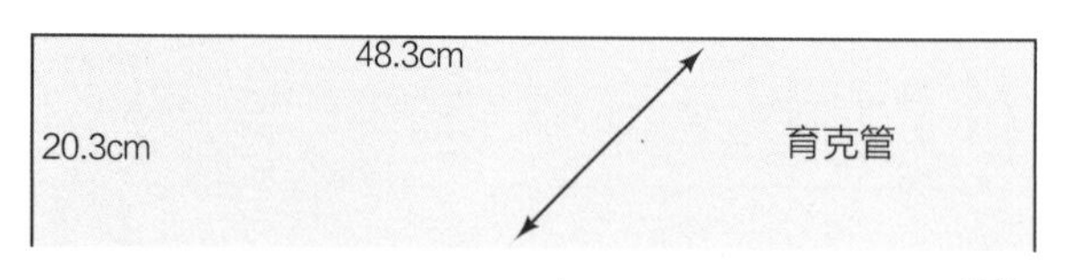

图3

紧身胸衣立裁试验

图4

- 用轻薄坯布制作扭转试样，然后用设计面料完成。
- 在斜纹或者直丝缕上剪下38.1cm×61cm的面料，选择时需要考虑面料的重量及设计。悬垂性大的面料应该足够做后片立裁。

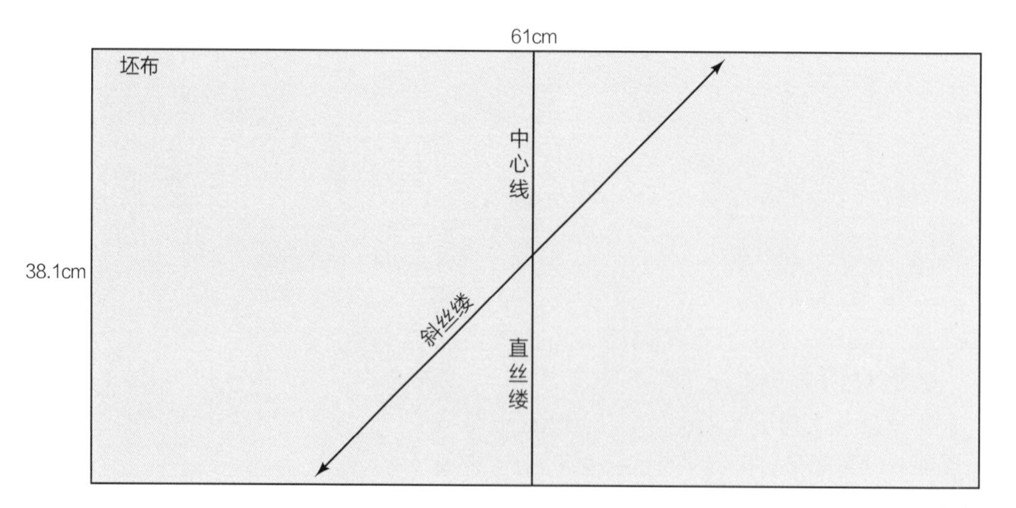

图4

立体裁剪步骤

图5

- 用针将坯布固定在人台的X点处，同时把针固定在前中线与胸围线交点，以及与腰围线交点处，并在胸点处用十字针法固定。
- 从腰部开始，在腰围线底部至公主线处打剪口。

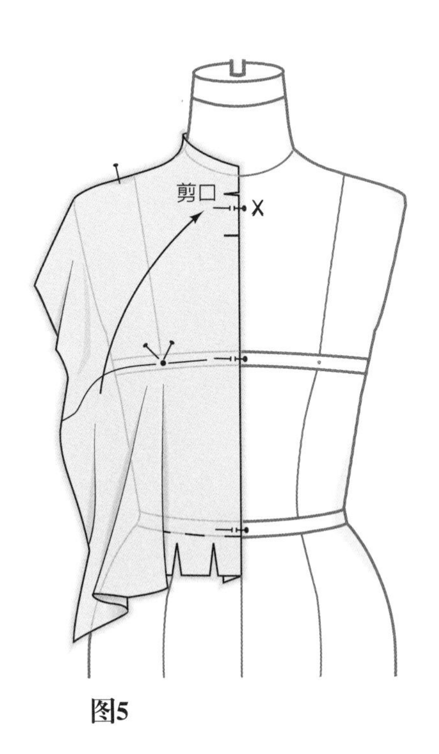

图5

图6

- 继续立裁，围绕胸部和胸衣移动宽松量，修剪、打剪口，并标记宽松部分的轮廓线至X点，标记Y点。
- 用针将宽松度固定（作为一个省道）直至胸点。
- 检查腰部、侧缝及胸部到X、Y点以上的造型线的标记是否正确。
- 将裁布从人台上取下，去除固定省道的针。

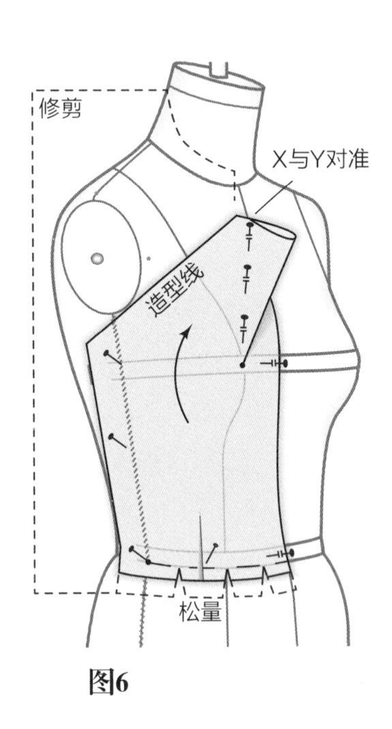

图6

图7

- 修顺并校准新省的标记线。
- 画一条从X点到Y点的线，用线迹描下样片。移去样片，所有边缝均增加1.3cm的缝份，除了款式线处增加1.6cm作为贴边。
- 将纸折叠并在折叠线上的坯布裁片的中心位置用针固定。
- 剪下纸样并打开。

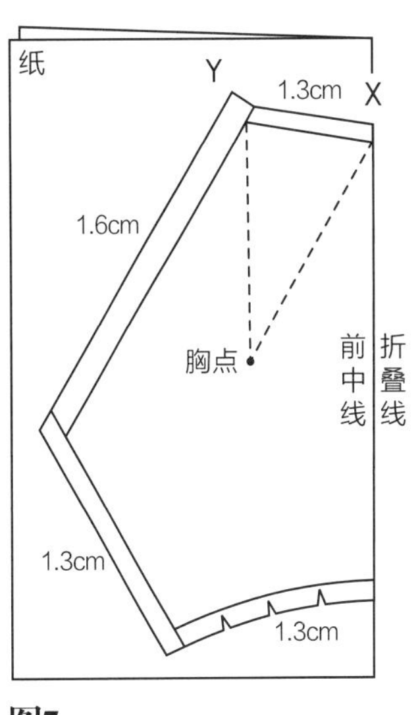

图7

图8

扭转育克穿拉的开缝：

- 在纸样上开缝所在的点X处作出标记。从X点向下2.9cm处做十字针固定，此处标记为Z（a）。
- 裁剪面料，不过在作剪切口之前，放一块1.3cm×0.6cm的黏合衬，中心放置在面料反面的切口处。将黏合衬加热封住，这样可以使切缝更结实（b）。选择做一个扣眼儿将其缝合并从X到Z剪开。
- 在面料上剪下3.8cm×4.4cm的长条。
- 标记中心点并与右侧相对，同时从X到Z并回到X缝合0.3cm或多于0.3cm。
- 折叠并暗缝，如果需要的话可以用假缝将其固定。

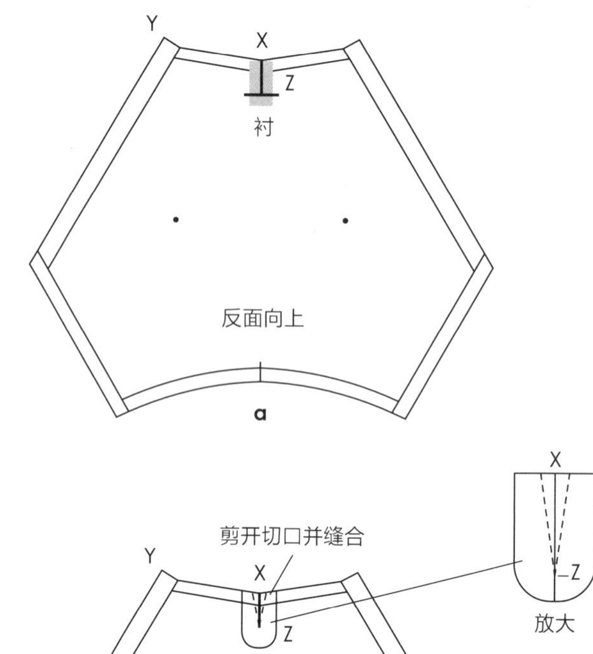

图8

育克管扭转

图9

- 将面料折叠，反面朝外，距边缘1.3cm缝合。
- 劈烫缝份。
- 沿管的接缝处将管翻转为正面朝外。

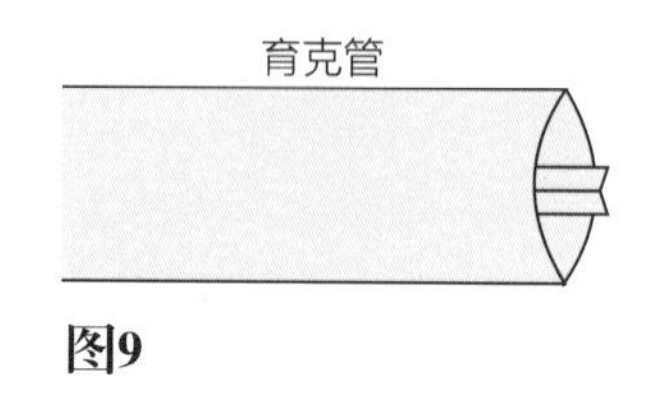

图9

准备育克扭转

图10

- 在育克扭转的中心线上做出褶皱，用针在X点、顶部、底部和中部固定，这样可以确保在立裁与尝试性地标记肩点时具有稳固性。当肩点从切口穿过来之后，需要重新标记。

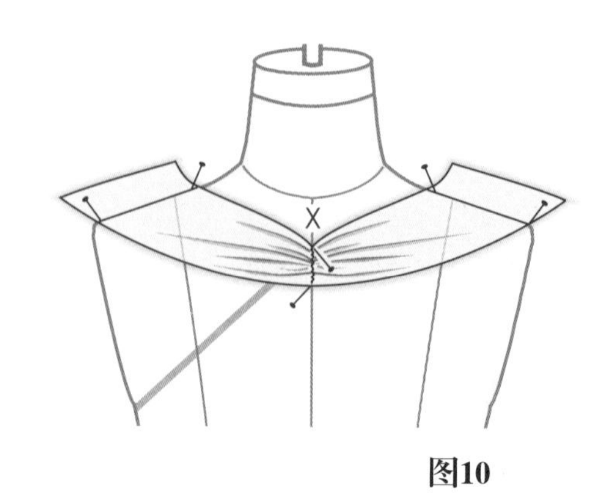

图10

扭转育克纸样

图11

最后一次在肩部试身后，把缝线拆下来，轻柔按压并将其拓在纸上。

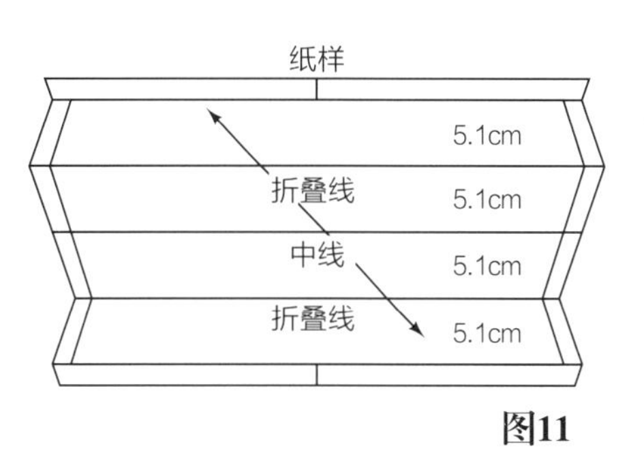

图11

打开切口

图12

要完成切口的制作，需要将中心线对折并将X到Y处缝合（在每个褶点打回针）。当扭转从切口中穿拉过来后，切口将会被褶皱遮挡。

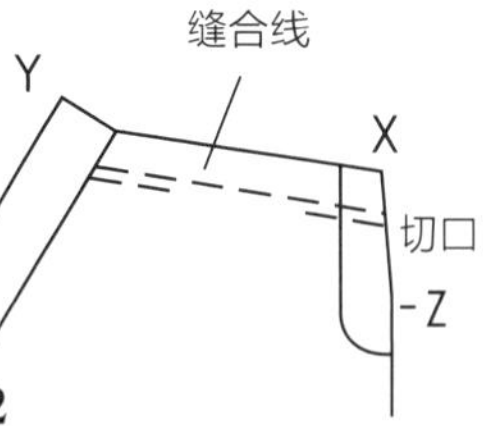

图12

剪裁与缝制指导

图13

- 例子中展示的是扭转育克穿过切口后的前衣片，肩部和侧缝已经缝在后肩和侧缝上。造型线按贴边向里折叠，边缘包边（建议）。

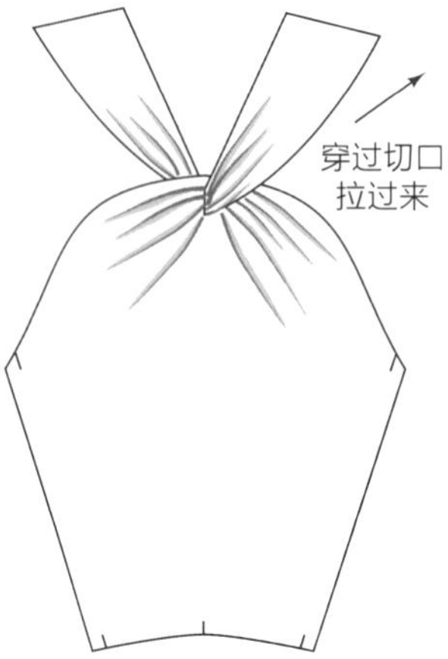

图13

后片立裁和纸样

图14

- 后片立裁的面料可以从前片垂下的部分获得。如果不够，可以重新裁一块面料。
- 后片立裁：前肩线和后肩带相连。侧片立裁（a），纸样部分展示（b）。
- 裁下两条肩带和两块侧片，再加两组衬里。

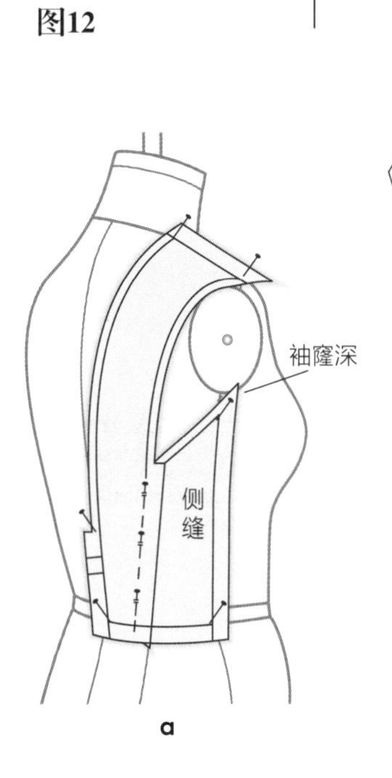

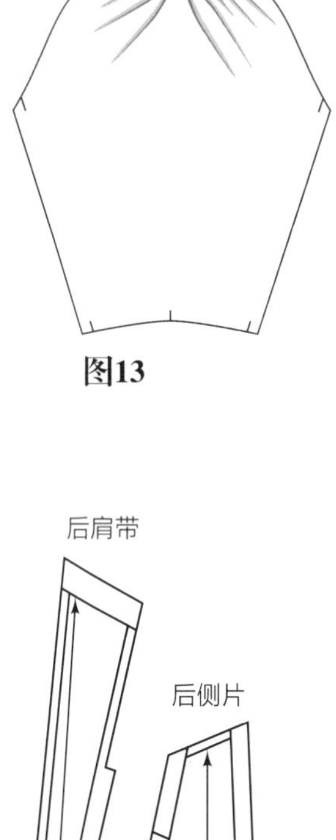

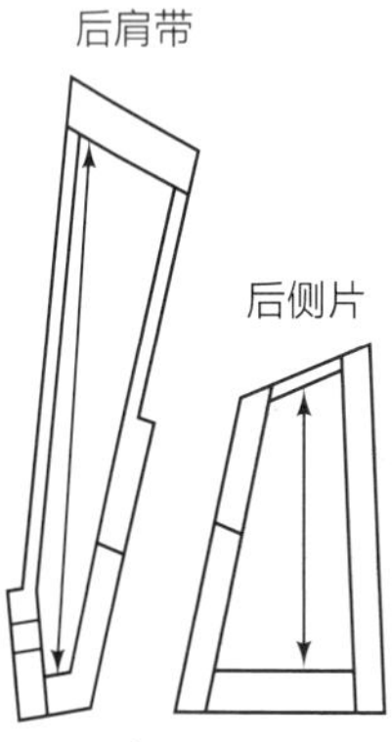

图14

完成纸样

图15

通过立裁做的成衣跟设计的看上去一样吗?

图15

设计8：珠宝装饰扭转

设计分析

图1

关于立裁的说明，见第118页图5～图7（有或没有前中心缝线）。

一条珍珠或宝石项链穿过一个配有特殊扣子的圆环，这个圆环在后背中心位置，它起到支撑项链并保持其在合适的位置的作用，同时，它也为扭转设计增添了不少魅力。

思考项链能够承受的力量。项链能够承受住面料的重量吗？这就需要背扣承受重力的重量，衣服背部需要有一个拉链作为穿衣入口，所以背部的钩环不用打开。

图1

设计9：悬挂扭曲

设计分析

图1

扭转合理地悬挂在一个肩带上，并且覆盖在无肩带公主片的顶端（同样面料或无论你选择什么面料）。扭转覆盖在右片之上，并在左侧缝以上5.1cm处结束。将扭转上的褶皱进行整理。

褶皱的方向和结束是由腰部和侧缝的缝线上增加的拖拽力控制着。背部裁剪比较低，一个肩带穿过前部圆环并返回至背部以确保扭转在人体上的稳固性。

图1

准备人台

图2

- 将标记带贴于人台的前面和后面，如图所示。

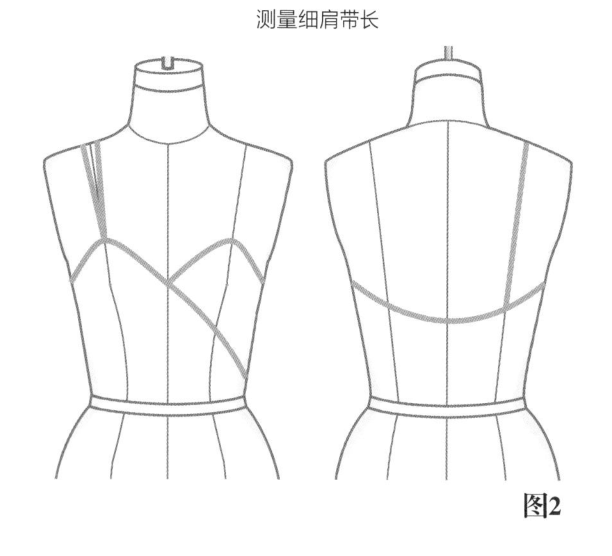

图2

公主线无肩带上衣立体裁剪

图3

- **无肩带上衣：**参阅第36~40页对面料的选择和标记公主线的指导说明。立裁一个肩带到腰围处，而不是到衣身处。完成的无肩带纸样如图所示。测量前侧片纸样的长度和宽度。
- 直到扭转服装的侧缝加进来之后，再缝合侧缝。
- 裁剪四套无肩带纸样，裁剪一套作衬里，如果需要增加胶骨见第58页和第59页。

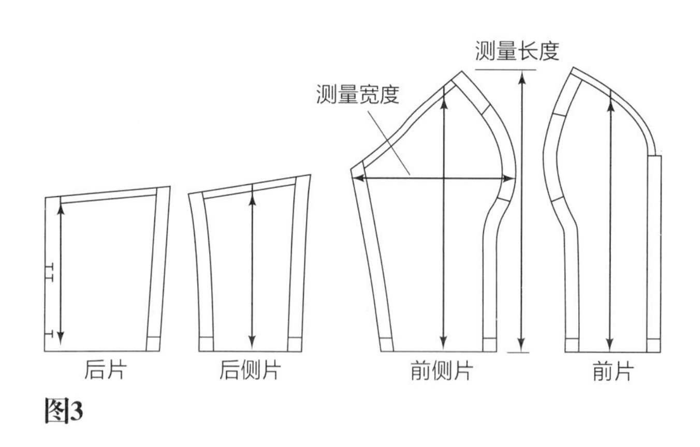

图3

扭曲面料准备

- 估计长度：测量前部的侧面，从公主线的腰部到胸部上方的距离，双倍其尺寸，再加15.2cm。
- 估计宽度：测量从侧缝再通过公主线上的胸部，再加5.1cm。将坯布斜裁。
- 肩带穿拉处：由你来选择类型。

立体裁剪步骤

图4

缝制指导：

- 过坯布边缘5.1cm做标记。
- 此标记定腰围。
- 在环部区域X的顶端标记位置。
- 折叠，并从环部区域向下2.5cm做标记。从缝（公主线）线继续立裁，缝合至环部标记处，并打回针。

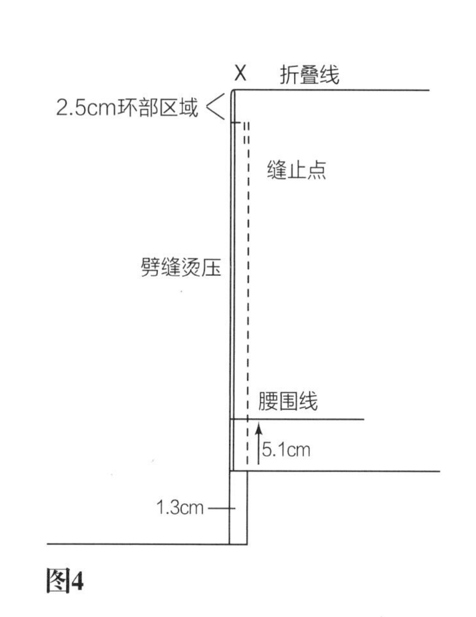

图4

图5和图6

- 从X处开始打褶至折叠线边缘，并用绳子系住。立裁面料时，在人台（公主线处）用针标记出X点，在适当的位置固定面料（临时别出款式线）。向里折进1.9cm作为贴边。沿着造型线立裁。从右侧腰部立裁至侧缝处再至造型线处。以同样的方式完成左侧腰部分，在侧缝以上5.1cm的位置结束。
- 标记出侧缝和腰围线（a）。
- 检查左侧视图(b)。
- 在立裁左右侧缝时，与造型线相遇的位置可能会出现剩余的量，如果是这样的话，将多余的量归到侧缝中去。标记侧缝之后，将它转移到无肩带侧缝中。然后与后片缝合，这时肩带已穿入扭转处。
- 检查试样的合体度。

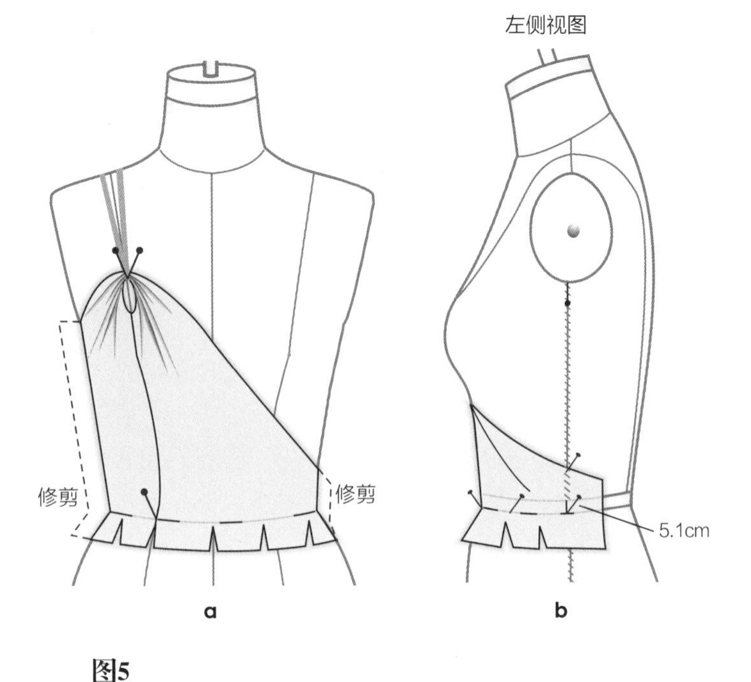

图5

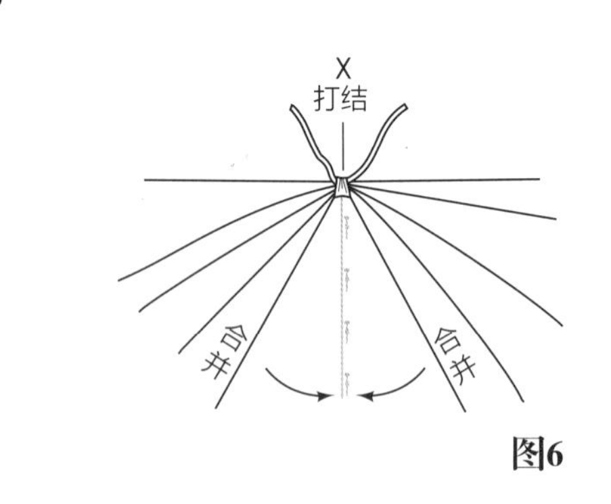

图6

完成纸样

图7

将裁片拓印在纸上，打1.9cm的刀眼向里折贴边，其它边缘均加1.3cm的缝份。裁剪设计面料，并检验其合体度。

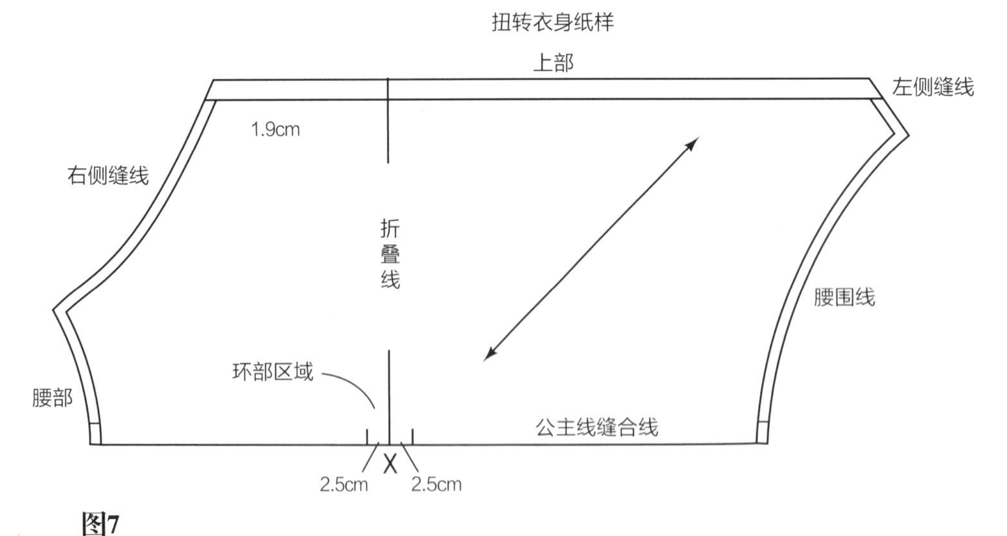

图7

完成设计

图8

立裁后的效果是否和设计的效果一致？

图8

设计10：悬挂双向扭转

设计分析

图1

两边都有扭转是这种设计的一种。质感较轻的面料比较适合做扭转，这样就很容易从扭转移入环处堆褶辐射开来。

右边是重复之前左边的步骤去完成。做好的肩带穿过扭转处，肩带一端和背部缝合，另外一端与一个可调节的扣子连接，或者肩带可以根据合适的长度系起来。

如果选用的是透明面料，那么就要选择没有肩带的内衣了（第121页图3）。

图1

准备人台

图2

- 将前面、后面的造型标记带标记在人台的右半边，如图所示。直到左边也完成同样的工作，就可以结束了。

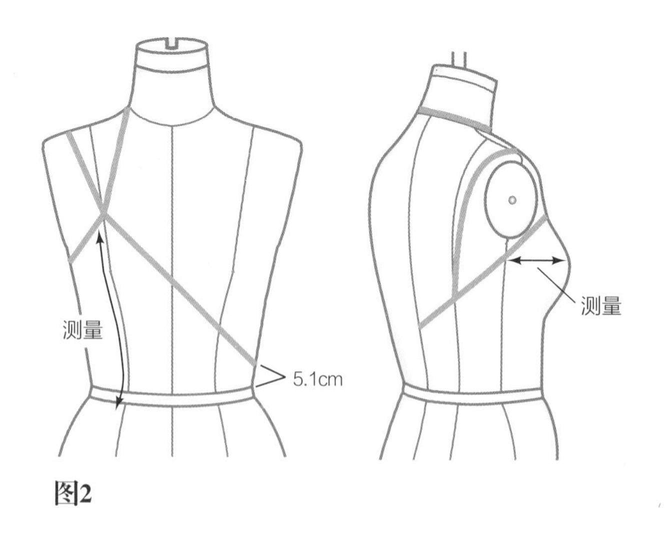

图2

准备面料

首先测量人台：

- 估计长度：在公主线首次测试裁片的腰部到胸部上方（环圈位置）的距离测量长度，双倍这个尺寸。然后再加15.2cm。
- 估计宽度：测量胸部侧缝到公主线上胸点的宽度，增加5.1cm的放松量。将坯布斜裁。
- 肩带穿拉处：由你来选择类型。
- 后片裁片：将坯布按照直丝缕方向裁剪。

立体裁剪步骤

图3

缝制指导：

- 在坯布边缘向上5.1cm处标记腰围线。
- 将环部顶点标记为X。
- 从环部区域向下1.9cm处做标记，并折叠。线缝沿着公主线缝，一直缝至环部标记处止，注意要打回针。按照说明继续进行。

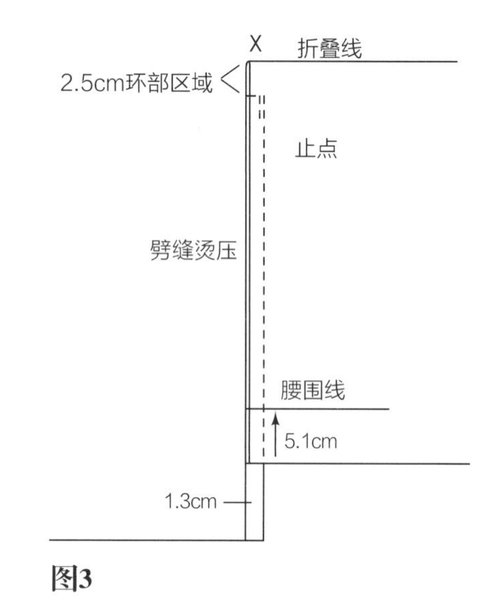

图3

图4

- 从X处开始打褶至折叠线边缘，并用绳子系住。

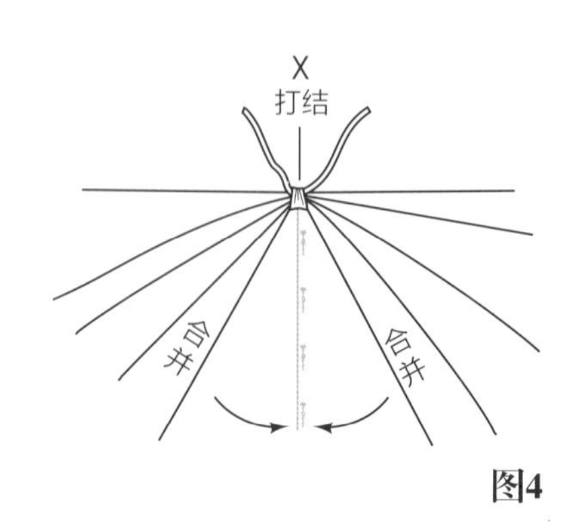

图4

图5

- 在人台（公主线）右侧上固定扭转后的X点，在进行立裁面料的时候一定要将这个位置固定不动。用针沿着造型线固定，从右侧的腰围线立裁到侧缝，再到胸部上方的造型线再到X处，最后到左侧腰围线处沿侧缝向外放5.1cm处结束。
- 标出侧缝和腰围线。
- 见立裁的左侧视图（b）。

在立裁过程中标记的造型线，也许会在右侧袖窿处和左侧侧缝处剩有余量。如果是这样的话，聚集所有的余量到侧缝的上部，将它缝进后侧缝中。肩带也同样被缝进后背。

- 在试身时检查肩带长度。
- 在试身结束后进行修正，将裁片从人台上拿下来去除针，并且向里折出1.9cm作为贴边。

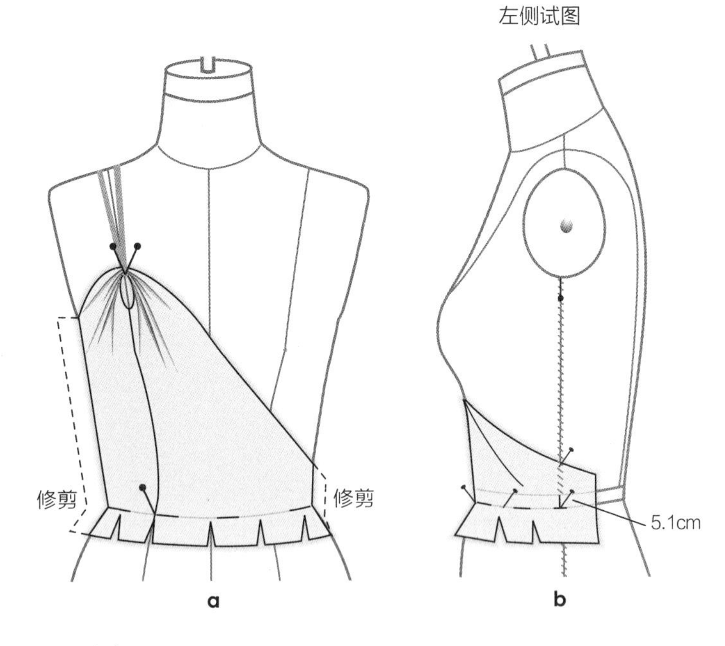

图5

后片立体裁剪

图6

- 立裁后片，标记造型线（c）。
- 然后将裁片取下来，复制四套，两套做为衬里。增加1.3cm的缝份（d）。

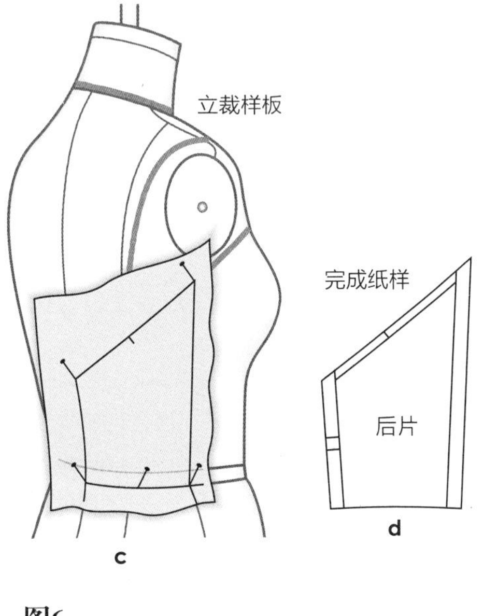

图6

纸样

图7

- 拷贝扭转裁片的纸样。
- 环圈位置打2.5cm刀眼。
- 用设计面料裁两片做最后的合体性测试。

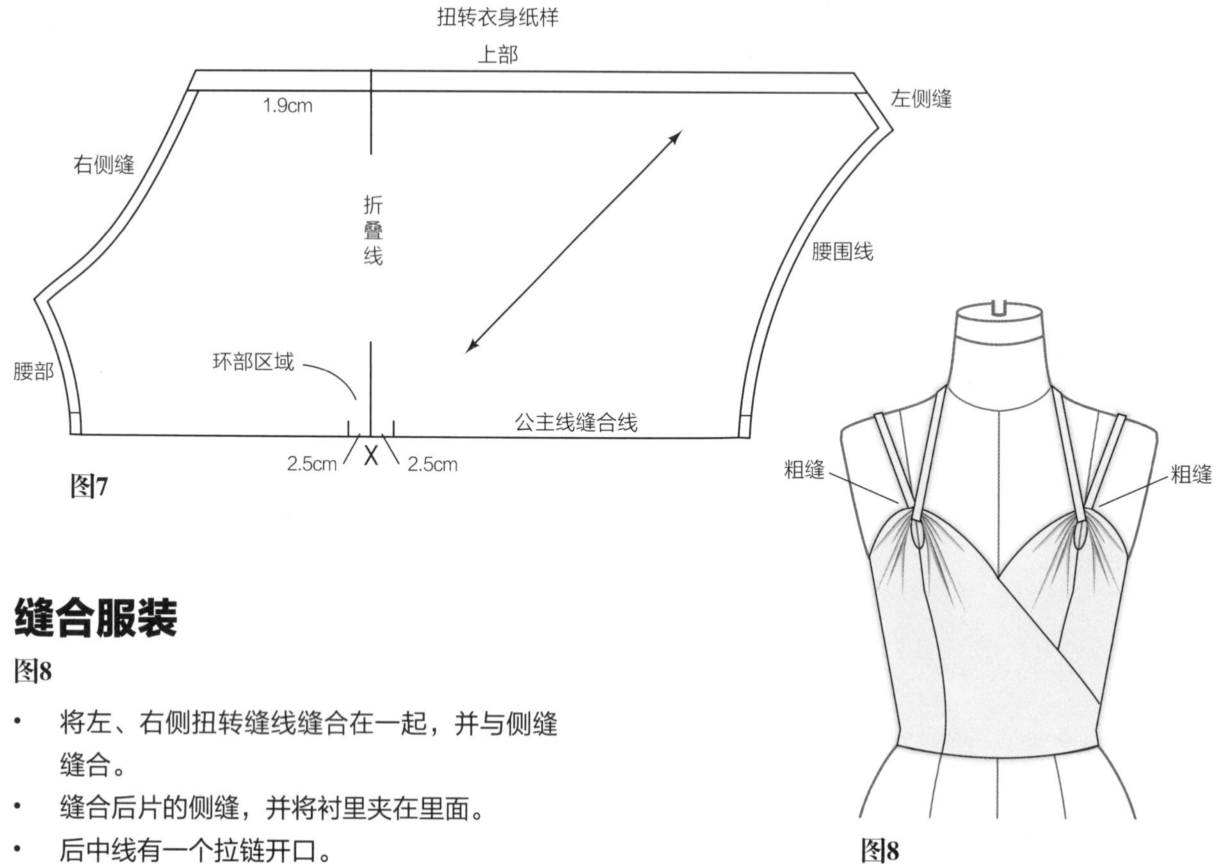

图7

缝合服装

图8

- 将左、右侧扭转缝线缝合在一起，并与侧缝缝合。
- 缝合后片的侧缝，并将衬里夹在里面。
- 后中线有一个拉链开口。
- 在后片面料和里料之间缝合肩带，当衣服穿在人台或模特身上时，拉肩带穿过环圈，使之沿着颈部及打结处适体。如果愿意，也可以用一个夹子夹住。
- 检查适体性，然后在纸样上进行修正。

图8

完成设计

图9

立裁和设计的效果一样吗?

图9

思考问题：帝政式扭转

图1~图3

在进行纸样设计前，设计师或者打板师会先进行以下过程。

首先，如图1所示进行设计分析裁出其显著的特点。

提出并且回答以下问题：

- 服装胸部是否合体？如果是，那么依据是什么？
- 哪一种扭转的方法更接近参考图中所给的设计？
- 如果腹部的立裁需要指导说明，哪里可以找到？如果找到了，它们之间有什么区别？
- 你认为腹部需要衬里吗?如果需要，它的目的是什么？请考虑回答这个问题。
- 肩带是否放置在合适的位置，以保证上衣的安全？你会将它们放置在哪里？
- 选择什么样质感的面料（轻薄的、厚重的、透明薄纱）才会有最好的结果？
- 如果所选的面料是透明是否需要在服装里面加上衬里？
- 利用帝政式扭转设计能够制作出什么样的裙子？

图1

讨论、评论：

设计起点

创作你自己的变化

图2

图3

从帝政式扭转扩大思维

帝政式扭转设计已经包含在了许多其它的设计在里面。有一种做法就可以说明，这种做法就是只需要将腹部的部分去掉，然后用一条带子代替它，使上衣成为一个比基尼，或者连接一条长的直裙到帝政线处。这样你就拥有了一件连衣裙。这样扭转的面料可以像一个松垂的礼服一直延长到地面。那么现在就轮到你通过帝政式上衣的扭转来创造其它设计了。把设计的想法都写在下面。在立裁设计进行前画出你的想法，并写下你的计划。

草图	计划表

设计11：有扭转的裙子

这里举一个例子来说明，如何在立体裁剪和平面纸样的制作过程中共同解决一种问题。这个问题就是，在立裁的手法上如何能够平衡所需褶量的同时，保证面料不会持续垂落。在这时用针固定只能起到很小的作用。裙子的前片扭转只是设计的一部分，设计需要采用与平面相结合的方式进行。

设计分析

图1

这款扭转造型的裙子长度可以任意确定。育克线可以高于或者低于图上所显示的高度。前中心线处的张开量是随意的。

图1

人台上的厚纸板

图2

- 打褶的部分在臀围线（HBL）以下，可能在人台上裙子区域需要有支撑。使用马尼拉重量级标记纸厚纸板，标记中心线和侧缝线，用标记带贴出臀围参考线。

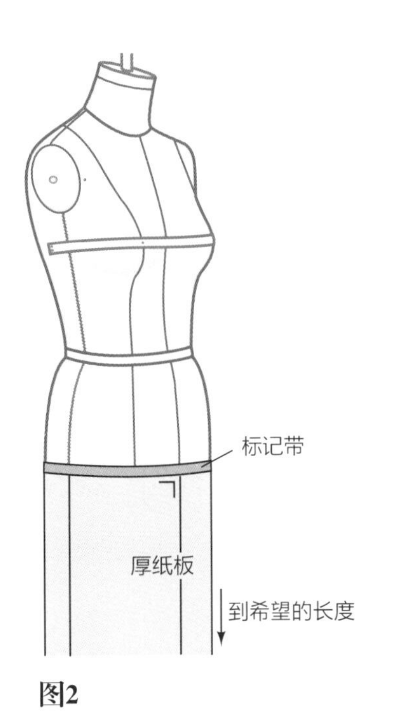

图2

育克的面料准备

图3

- 育克的框架：55.9cm × 15.2cm，再剪掉2.5cm（a）。
- 育克抽褶：30.5cm × 15.2cm，再剪去5.1cm（b）。育克的立裁可以参看第133页。

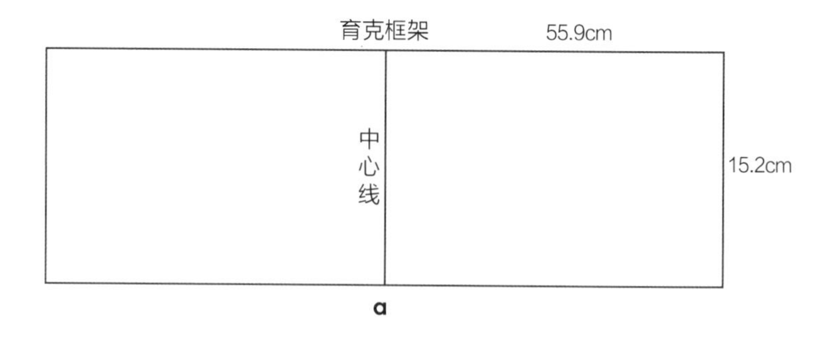

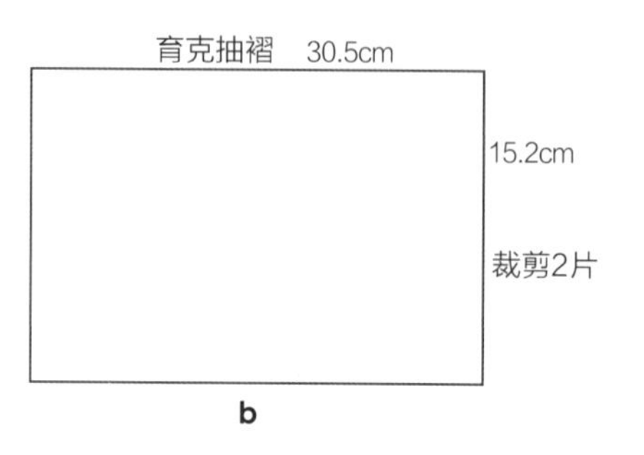

图3

基础裙子：立体裁剪或拷贝

- 如果需要的话，可以立裁或者打板制作一个裙子的基本款。一条比较合体的裙子需要设计合适的省道。
- 一条裙子可以按照你所希望的长度来设计，可以适当增加10.2cm。如果前中心处的宽下摆造型是正好想要的设计效果，在下摆处可以增加10.2～17.8cm到标记环处。

图4

将立裁的裙子被拓印在纸上。在侧缝处增加2.5cm的缝份，然后继续做人台的准备工作。

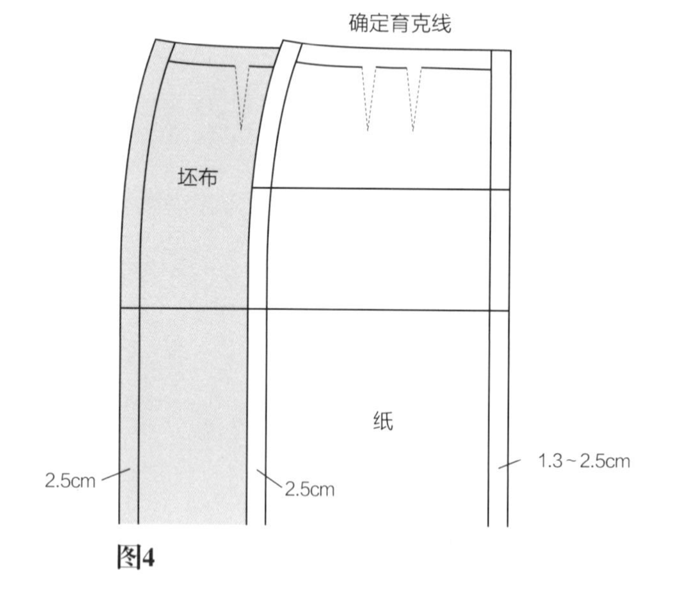

图4

连衣裙人台和裙子的准备

图5和图6

- 从前中线向下3.8cm为X点。
- 育克线从腰侧下移11.4cm，做出标记。
- 垂直前中线贴造型的标记带，直到腰围线下11.4cm的标记处。在育克线上，从前中线向侧缝的方向5.1cm标记Y。再从侧缝线向前中线方向5.1cm标记对位刀眼（图5）。
- 在裙子纸样上重复标记（图6）。

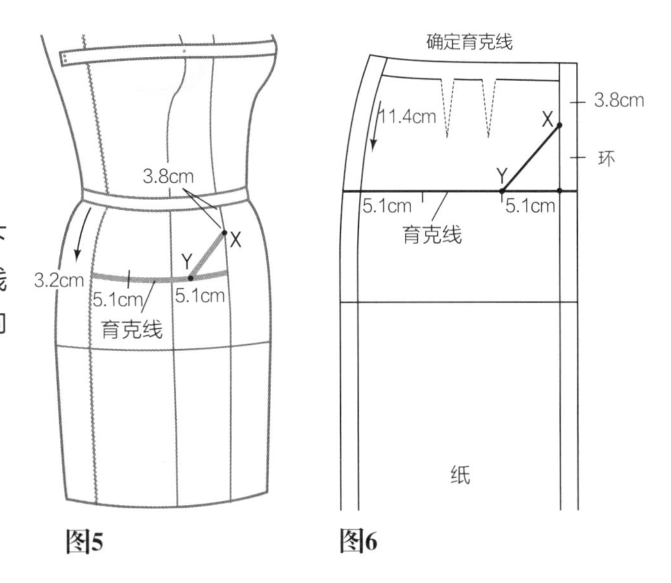

图5 **图6**

褶裥参考点标记

图7

- 人台：如图所示，用针在侧缝固定每一个褶裥的位置，或者在想要的位置上标记。标记带是可以随意设定的（图7）。

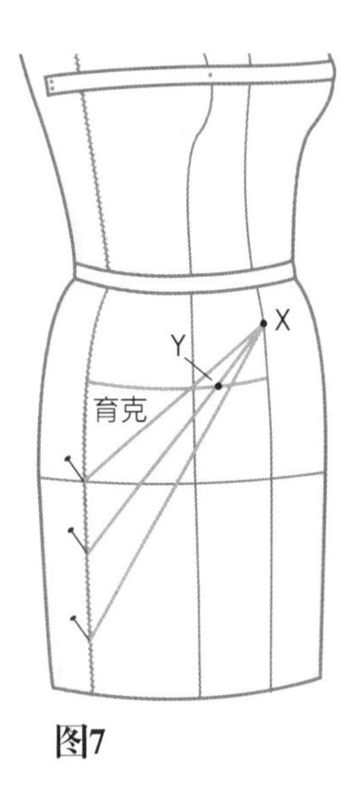

图7

裙子的纸样

图8

- 用彩色标记笔将褶裥的位置在纸样上标记出1、2、3位置（如图a所示）。
- 在育克线上增加1.3cm到X点上方1.3cm处（b）。
- 在另外一张纸上画出垂直的参考线。

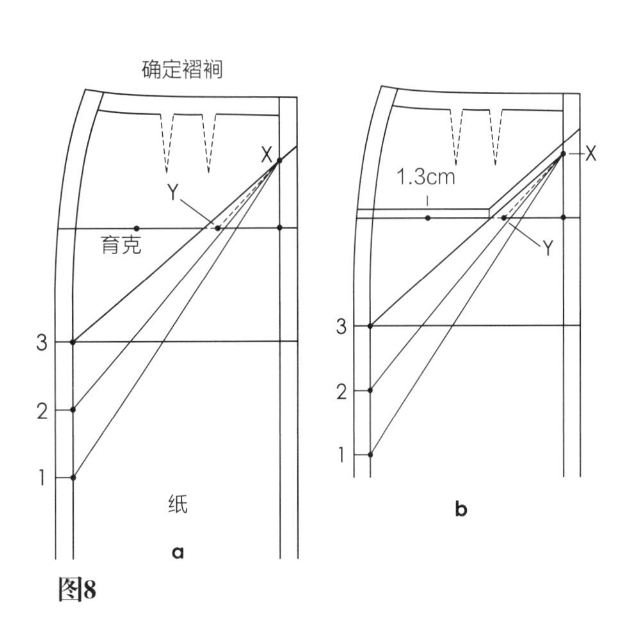

图8

剪开并拉展褶裥

图9

- 小心地将裙子纸样摆放好，用针固定第一个褶子的下摆到水平线处，剪开X并展开5.1cm，用胶带固定。
- 继续将剩余两个褶裥用同样的方法切展。Z是最后的一个褶裥。褶裥均固定以后，用胶带将育克固定在合适的位置。
- 从X到Y画一条线，并且增加1.3cm，这就是前中线。将纸样的周边都拓下来，然后从纸上裁剪下来，虚线部分就可以消除了。

裁剪面料

图10

- 在裁剪设计面料之前，先要进行合体性测试。描绘纸样，在侧缝标出收褶裥的刀眼位，然后剪下来，先用坯布进行立裁。

折叠第一个褶裥

图11

- 将裙子放在人台上比对，在如图所示的位置处用针固定。
- 折叠第一个褶裥，并且将褶裥的尾部弄平整，在侧缝褶裥处或者在靠近它的位置打一个剪口。

褶裥二和褶裥三

图12

- 折叠第二、第三个褶裥的尾部至侧缝或者靠近侧缝处。打剪口（虚线表示侧缝在那里移动了）。所有的省都会在X点处交汇。将X处固定，清晰地标出Z点。
- 如果对做出的褶裥满意的话，那么就可以将裙子从人台上取下来了。

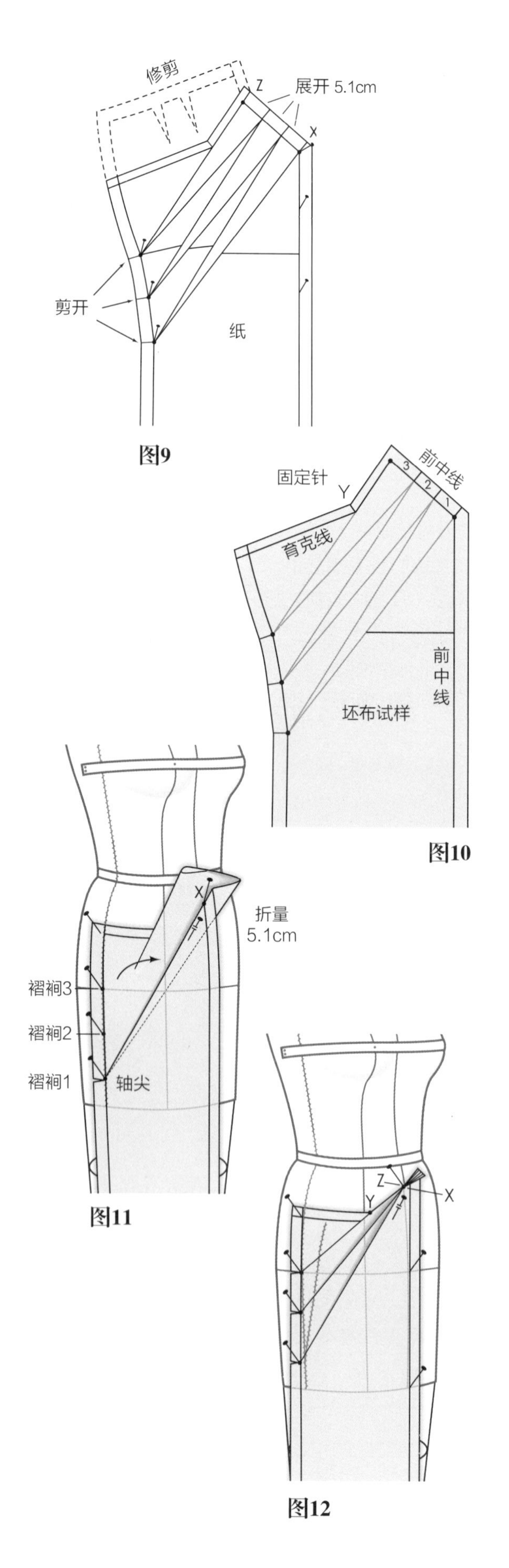

基础后裙片立体裁剪

图13

这条裙子也有一个后中心缝，用来装拉链的。如果需要的话，可以有一个开叉。拉链的长度由设计师来确定。和前裙片缝合起来测试合体性。如果你已经有一个裙子的后片纸样图，使用它并增加长度与前扭转裙片的长度对齐。坯布的准备说明在《服装立体裁剪（上）》第72页。如果喜欢，后裙片也可以加里衬。

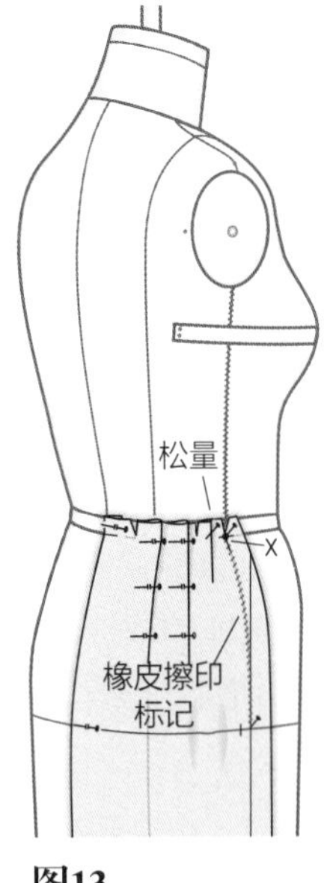

图13

育克片

图14

- 在坯布的中心画一条线。
- 将坯布固定在人台上，同时将坯布沿着腰围线、臀围线到育克标记线处抚平（a）。
- 然后将它取下来，修顺、折叠、裁剪，同时增加1.3cm的缝头。
- 在将要抽褶的育克上的位置打刀眼位（b）。

抽褶育克

图15

- 在中心线上抽褶并用针固定，在侧腰抚平侧面育克，打剪口、轻拽坯布产生碎褶，标记侧缝（a）。
- 将裁片取下来，修顺线条。在纸上拓下来。增加1.3cm的缝份，然后将剪口标记在育克片上（b）。

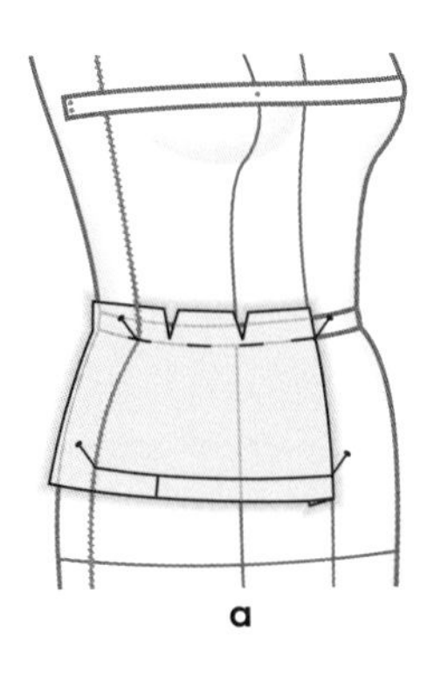

a

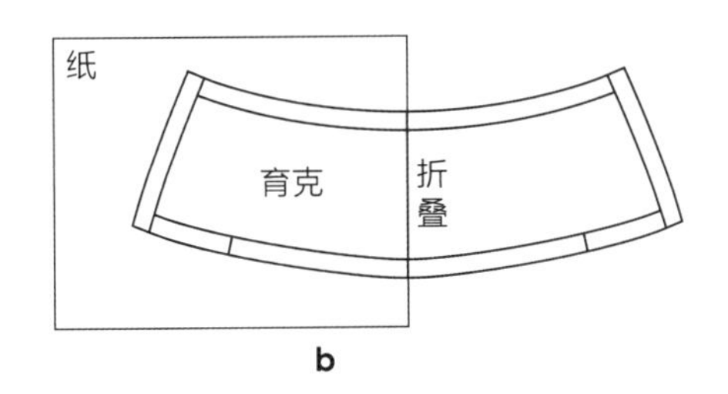

b

图14

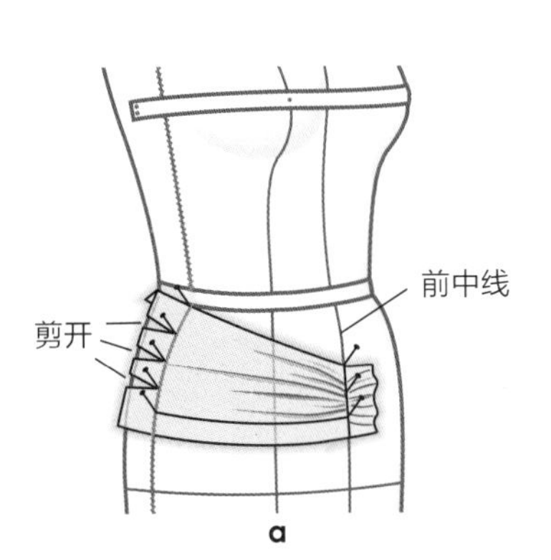

a

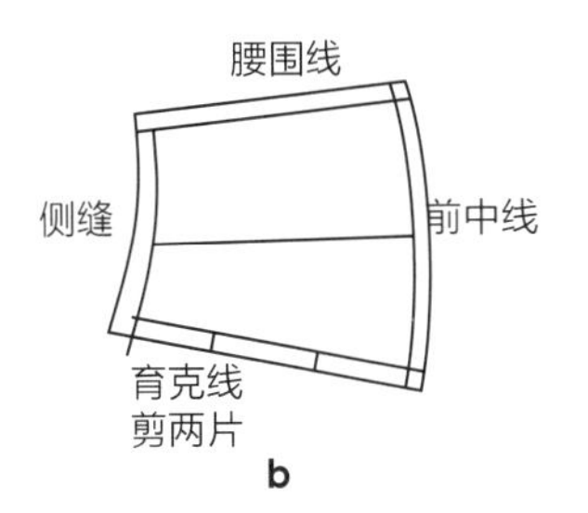

b

图15

完成裙片

- 将立裁的坯布裁片抚平，然后从X点到Z点画一条线。举个例子来说明，见例子中的选项1。

选项1：一件式

图16

- 将X到Z放置在纸的折叠线上进行拓版（忽略扭转部位的缝份线）。从折叠线垂直标记丝缕线。如果事先没有标记的话，就在纸样上增加1.3cm的缝份。
- 如果需要的话，也可以加大前中喇叭形展开量。

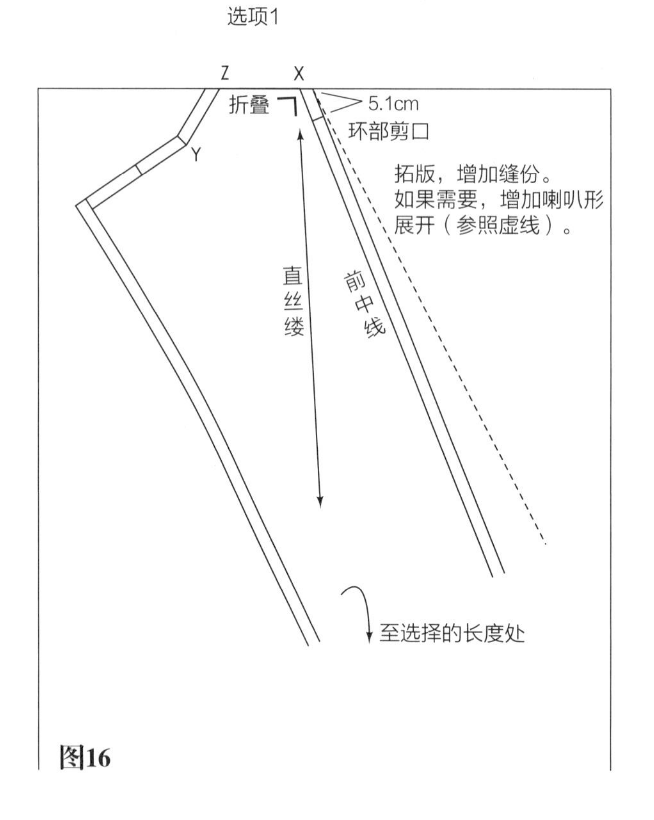

图16

选项2：移动扭转中线作折角条纹布

图17

- 拓出两套（左和右）裙子扭转纸样。在一个右裙片的X-Z线上增加1.3cm的缝份，在左边裙片上X-Z处又剪掉1.3cm。同时，在纸样上都增加1.3cm缝份。
- 使用条纹布斜裁产生一个人字斜纹外观，并且面料也会被拉伸。
- 下摆的缝份由设计者选择。

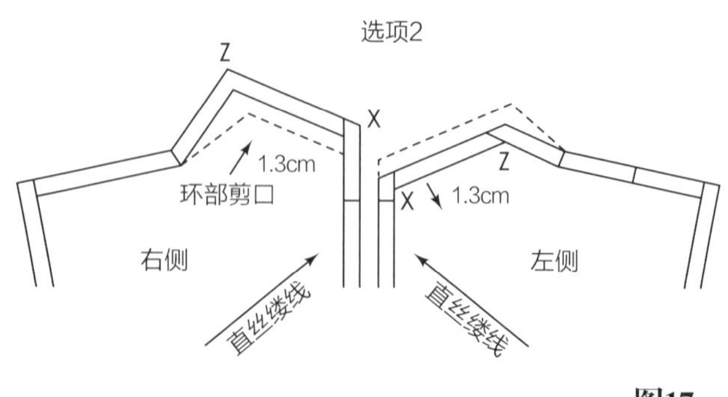

图17

缝制说明

图18

- 缝合前中线到环圈的刀眼位置，并打回针。
- 将抽褶聚拢的育克穿过前部扭转造型的环，然后按照剪口的对位标记进行缝合，一直缝合到Y点处，并打回针。
- 将聚拢的育克侧缝线和育克片缝合在一起并穿过育克线。
- 缝合整个裙子前片与后片的侧缝。育克片可以连有挂面。然后再对褶裥部分进行调整，如果需要的话，对部分活动的部位进行假线固定。
- 腰带的造型是可以灵活选择的，或者作腰线贴边，或者直接与上衣身相连。

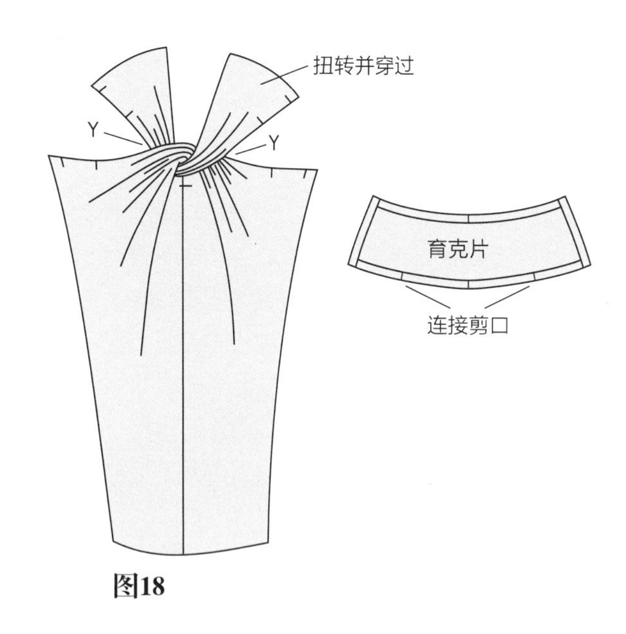

图18

完成的设计

图19

立裁与设计效果是否一样呢?

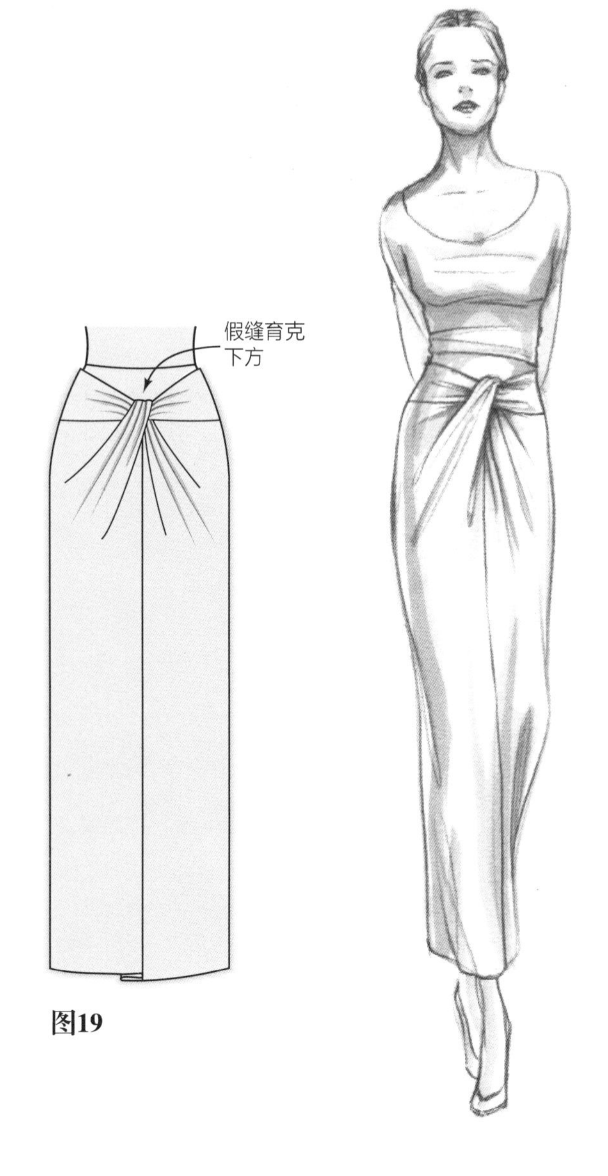

图19

设计12：有中缝的斜裁裙

除了胸部以上的造型，斜裁裙可以制作为任意长度而不被造型线打断。前片和后片在中心的线允许设计的裙子部位增加更多的下摆量，胸围线以上的余量可以采用大量创新的设计方法。参见第140页和141页。在制作省道时，设计师和打板师们会探寻其它可以利用余量的创造性方法。如果面料没有足够的宽度去满足整个裙子的长度，那么就需要增加面料用来补足完成的长度。参见第139页图7。记得考虑斜裙的延伸。

图1

设计分析

图1

斜裁裙顺着人体，穿过臀围线，在臀围线处喇叭形开始展开，至下摆处结束。增加摆量就在立裁时增加在前后中心线里。立裁的面料不应该太接近人体轮廓线的尺寸设计，但是要稍微在胸围线下部和腰部留有余地。除了胸部以上变化了的造型以外，立裁步骤和第89~91页的设计步骤是一样的。裙子可以用质地较轻的坯布或者如绉纱等重量相近的面料来进行立裁，然后将立裁片拓在纸上，参见第94页。图示为一个羊腿袖的纸样，这样就完成了设计。

准备面料

- 裁剪一块114.3～152.4cm大小的正方形面料（根据面料的宽度来定）。将纸和布裁成一样的长度和宽度。
- 在面料和纸上都画上丝缕方向（参见第88页）。
- 折叠横丝缕线平行于布边。
- 用划粉或者有颜色的手缝线在折叠处做出标记线。从中心折线向两侧各重复标记10.2cm。穿过斜向中心折叠线进行裁剪。一边作前片的立裁，另一边作后片的立裁。

立体裁剪步骤

图2

- 将人台升高，让下摆量有足够的空间自由下垂。
- 将面料上斜向的中心线对准人台上的中心线，将面料提高至超过肩点至少5.1cm。然后固定，胸部也要十字针固定。
- 将坯布沿臀围线（HBL）抚平，然后沿着侧缝继续向上，将袖窿处的多余量抚平至肩部用针固定。将多余的量移动到超过中心线处，然后暂时固定。
- 用铅笔擦印标记侧缝到人台底部，并从底部基点向外10.2cm标记。
- 将腰部的中心线稍微向人台的左侧移动（大约0.3cm)，同时固定。标记出新的中心线。

图3

- 修剪袖窿和侧缝多余的量至臀围线处(HBL)。
- 在腰围、臀部和中心线处打剪口，大小要在0.3cm内。
- 修剪臀围线下部的余量逐渐到裙子的底摆处。从肩/颈向外修剪余量至2.5cm，并从胸围线上中线处向外修剪至2.5cm。
- 调整颈部的丝缕方向，同时将余量归至肩部。
- 将多余的量暂时折叠成一个省道，然后从肩部开始剪去多余的部分。
- 然后取下前部的裁片，准备后部的立裁。

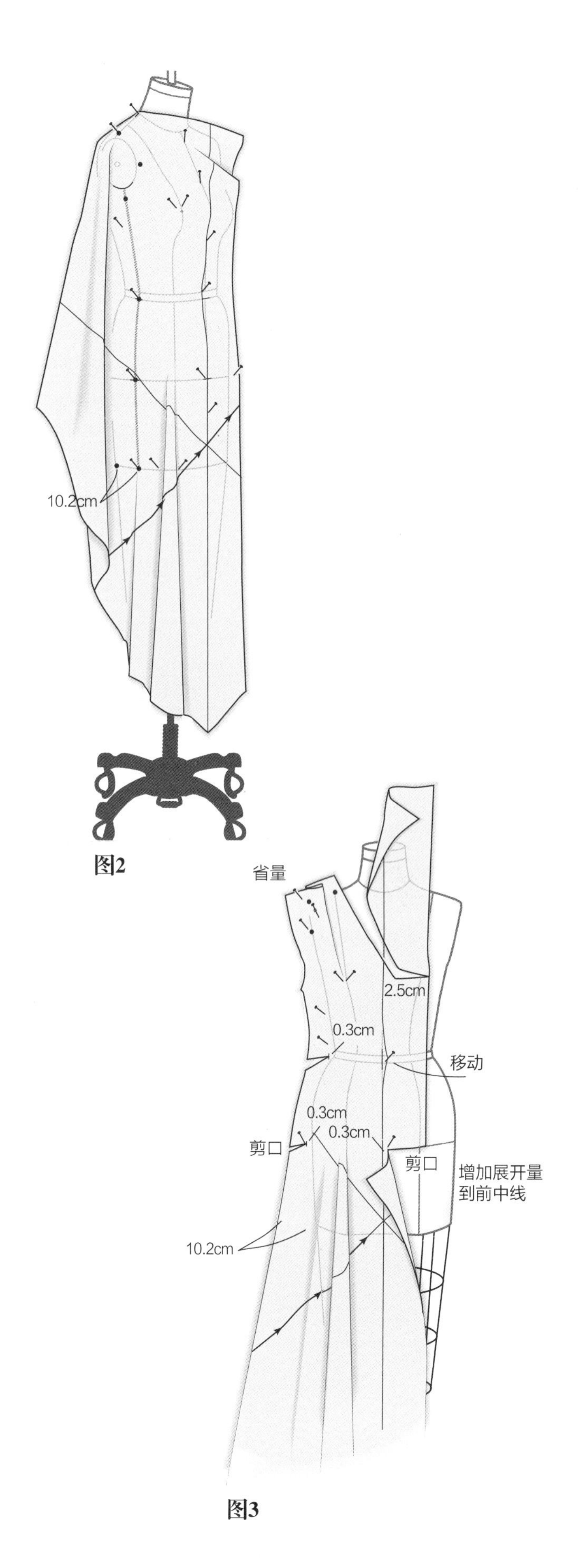

图3

后片立裁

图4

- 除了肩线无褶外，其余部分按照前片立裁的说明进行后片立裁。
- 用铅笔画出后领弧线。
- 标记肩线、袖窿弧线、侧缝线和人台的底线，并在人台底线向外10.2cm处标记。

图5

- 从臀围修剪2.5cm余量，继续向下修剪至人台底部侧缝线上10.2cm标记处，并逐渐过渡到下摆。
- 在后中线臀围线(HBL)及腰线上打0.3cm剪口。
- 在腰线稍微（大约0.3cm）向人台左侧移动中线的直丝缕，并用针固定。标记新的中线、领线、肩线、袖窿弧线和侧缝线。
- 从人台上取下裁片，缝合，粗缝或用针将前后片固定在一起，再放到人台上，检查合体性，或转移到纸上测试合体性。

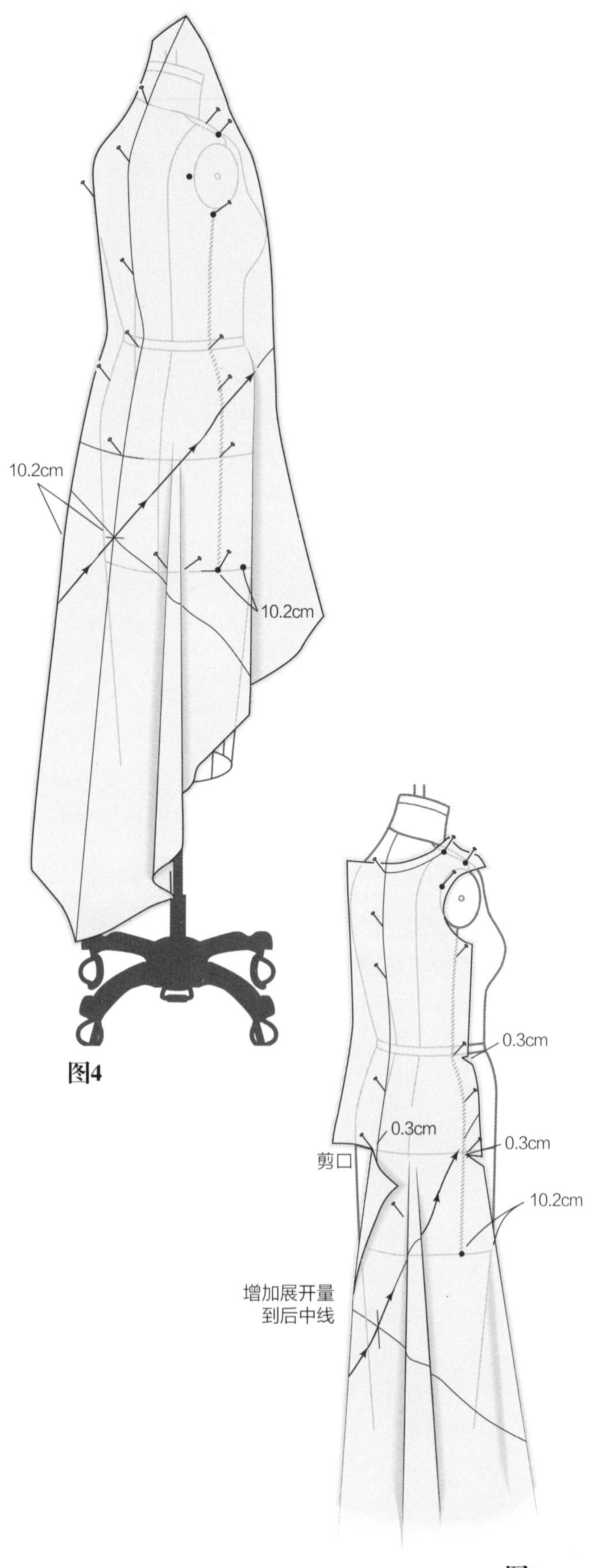

图4

图5

完成纸样

图6～图8

- 允许斜裁裙放置一晚上或几个小时。
- 重新标记下摆线和侧缝线。
- 修正纸样并在设计面料上裁剪。
- 纸样显示的是有增加部分完成裙子宽度的长裙。

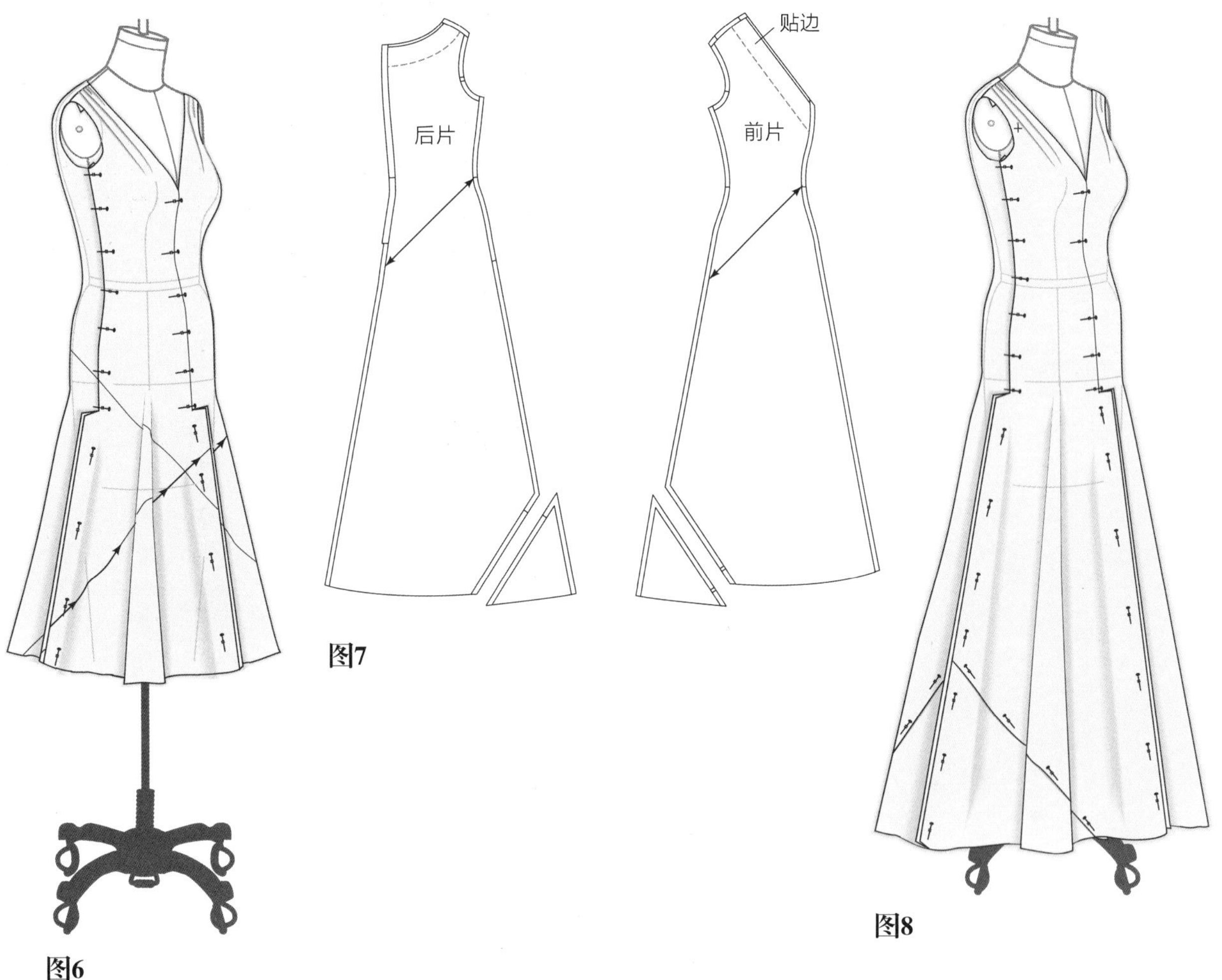

图6

图7

图8

图9

- 画出羊腿袖纸样（a），描出袖子原型，画出剪开线（a）和切割线，然后展开，如图（b）。重新拓印，加缝份并缝合衣服。

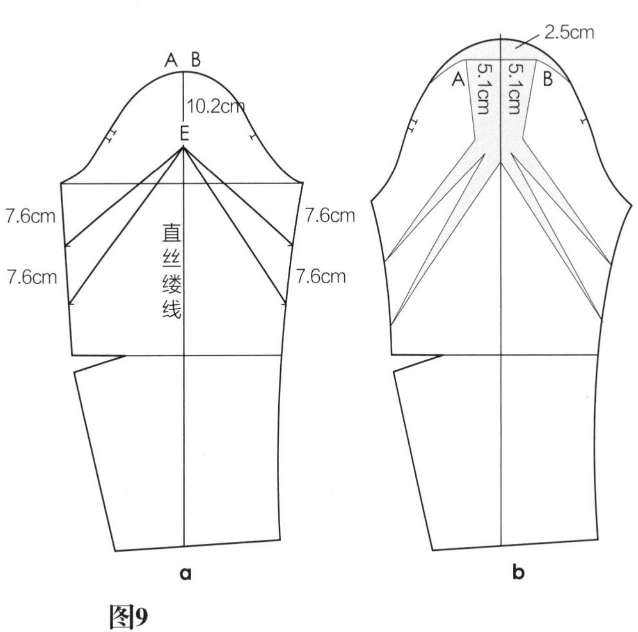

图9

设计13：打结斜裁裙

设计分析

图1～图3

胸围以上的省量用来收碎褶并打结来控制。打结可以直接定在肩/颈处，也可以在后颈处打结，或直接穿过肩部在后片继续向下至低开背的中线处打结，按照第137和138页斜裁裙的说明进行。

图1

图2

图3

设计14：交叉式斜裁裙

设计分析

图1～图3

胸围线以上的省量用来收碎褶并经过中线到另一边服装的后中线处，在闭合处增加环围或钮扣，按照第137和138页上斜裁裙的说明进行。

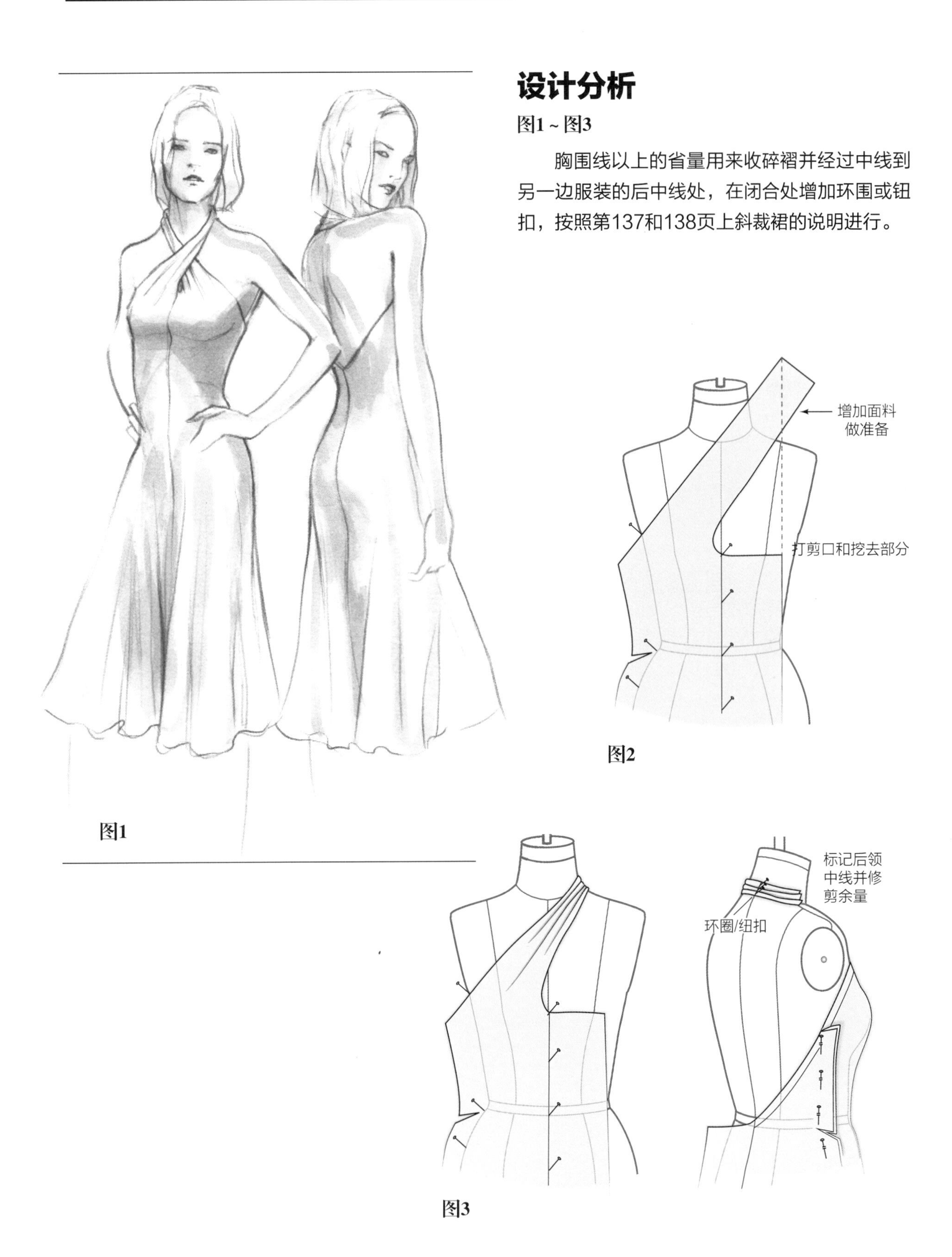

图1

图2

图3

设计15：维奥内式创意立裁

图1

玛德琳·维奥内常常在不知道将创作什么，没有任何想象时就开始进行立体裁剪。维奥内在她的微型女装人台上用布做立体裁剪，直到一个裙子、波浪或丝缕的放置启发了她，这时一个新的设计就诞生了。维奥内的方法是能激发人的兴趣的，并且挑战一直在继续。即在开始立体裁剪时对于接下来会产生什么设计并不知道，但最终结果是令人满意的。

设计中需要多少面料？

立裁一款未知款式，作者建议最好的设计作品是在长为228.6cm，宽为114.3cm的轻薄坯布上进行。这样立裁服装不需要额外的面料了。

图1

在哪里固定坯布？

图2和图3

用针沿着直丝缕方向将坯布固定在前人台斜对角线处（图2），终止于后人台的左侧缝线处（图3）。女裙腹部处呈喇叭形展开，对于设计来说是非常有用的。

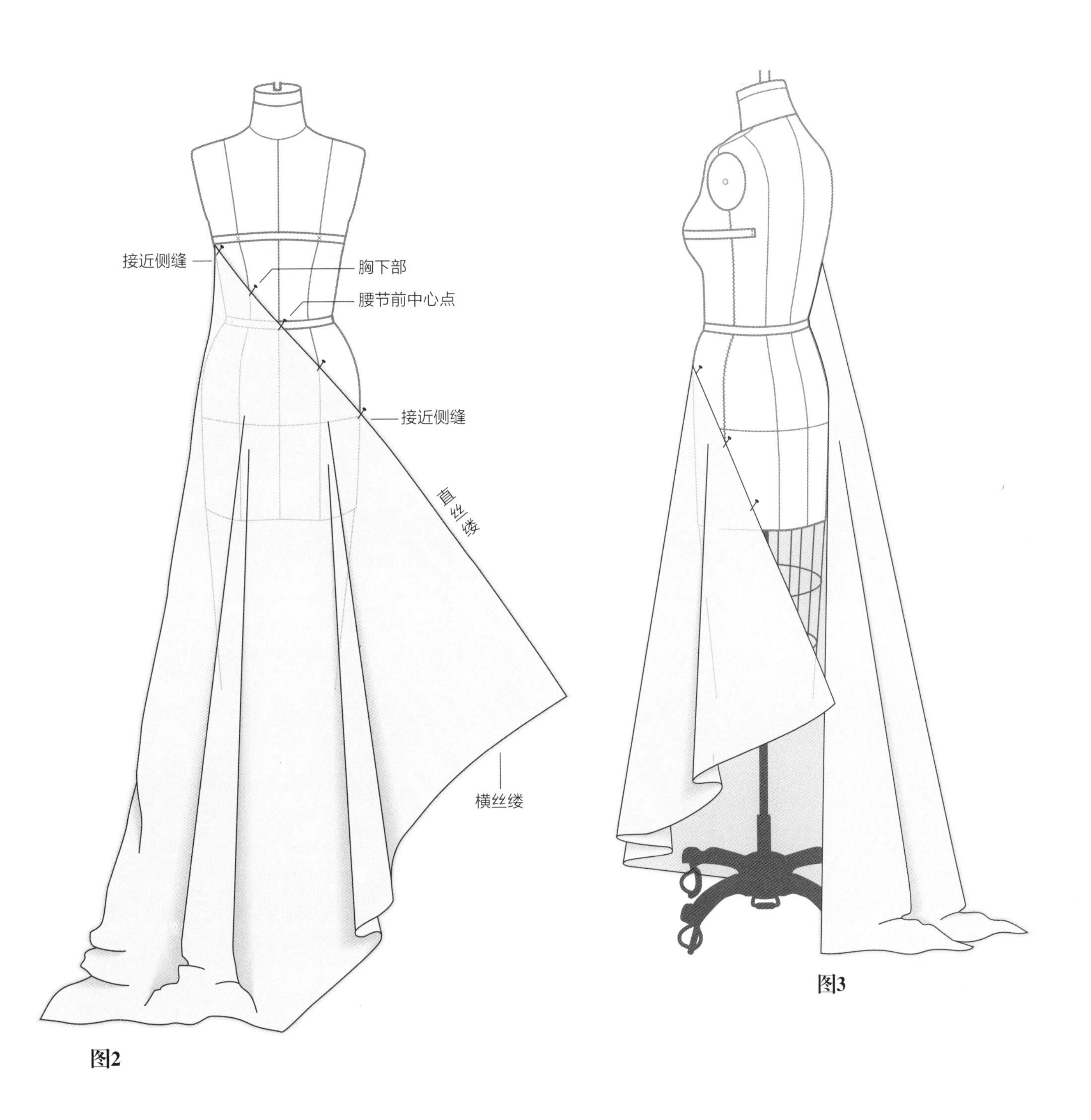

图2

图3

展开后中心线

图4和图5

- 当直丝缕悬垂到后片时，斜裁喇叭裙就产生了，用针在后颈中以下7.6cm处固定坯布，展开量也可以用于进一步的设计（图4）。
- 为了提高适体性，用针向外别出省道，然后夹到侧缝的腰围水平线处。

半紧身式的侧缝省

- 省道被再次折叠到服装里面并固定（图5）下垂到地面的坯布被修剪，将剪下的布料保存下来便于以后可能使用。

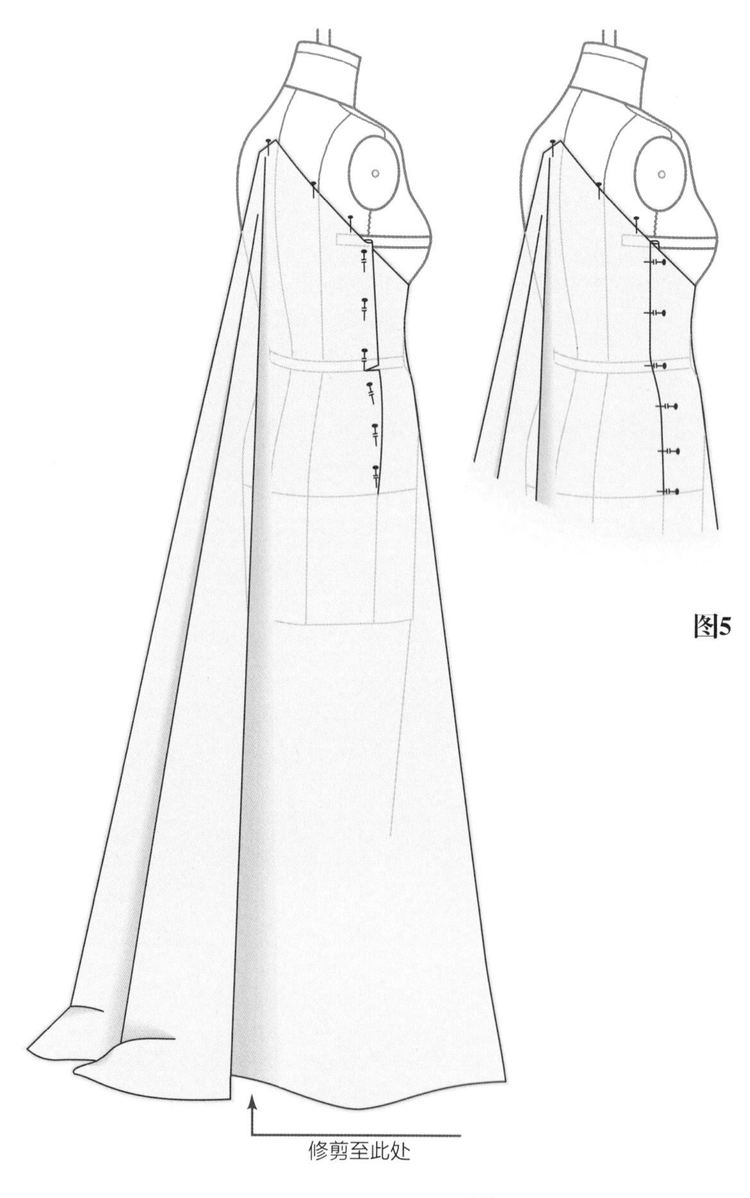

图5

图4

进行创作的一步

图6

- 将后片（a）的布角打褶然后交叉到前中心线（b）的对角线处。继续将针固定于后片处。侧缝线长度未测量，这将会限制腰部造型（如第147页图10）。
- 坯布的边角从后背（a）开始立裁，并且在前中线上对角线的交叉点（b）上用针固定。继续向后背打针固定，缝线的长度没有对齐，那么当做下摆造型时会限制其选择（详见第147页的图10）。

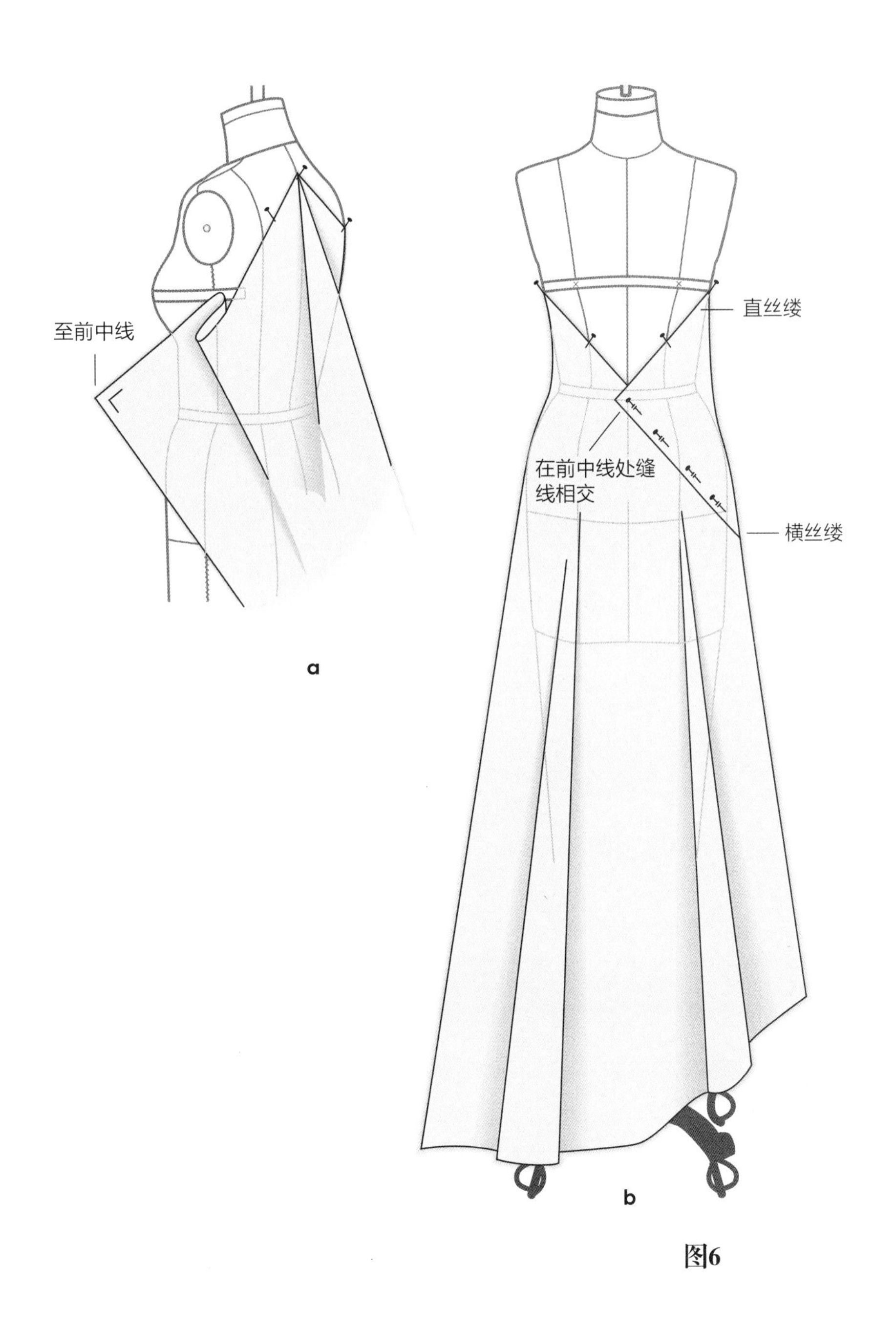

图6

平衡左右边

图7和图8

- 坯布从左前侧到后片进行立裁，并在右侧同样的袖窿深处用针固定，半合体省道也以相同的长度和省量用针固定。
- 剩余的省量在后中线处收掉，增加后片下摆量（图7）。

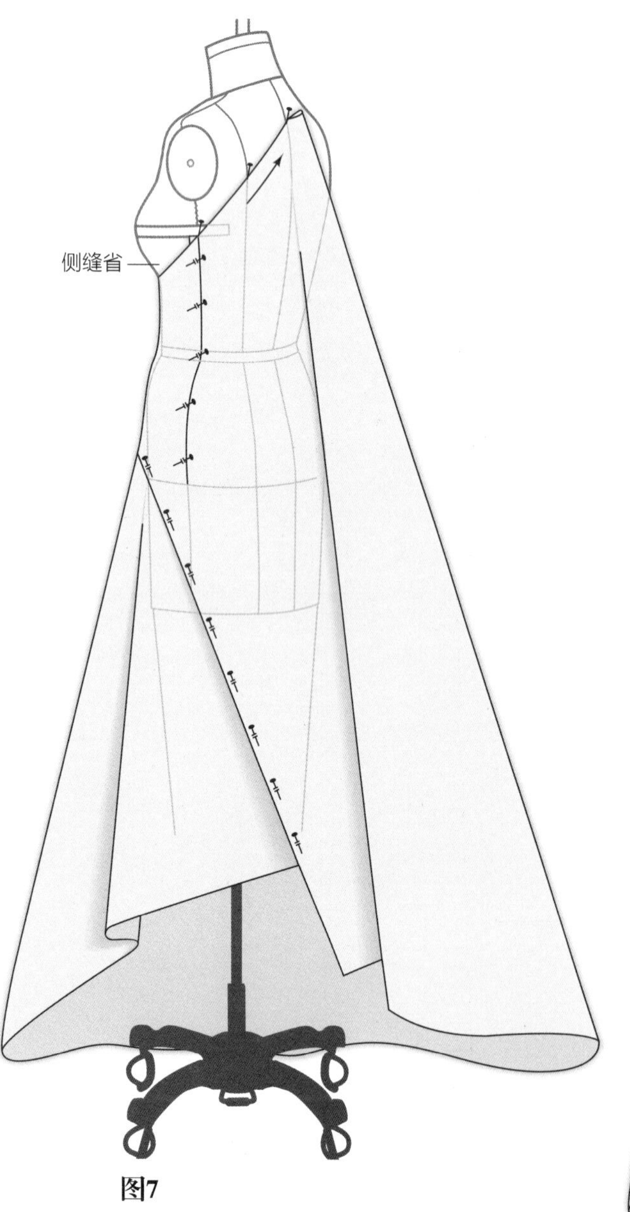

图7

后片喇叭造型的创作

- 构思几个创意点。允许摆量沿着后中线的一点自由悬挂，也许会低于缩短的下摆，或者在后片展开量的中线上抽褶，产生褶裥和瀑布式花边（裙撑效果）。

褶裥和瀑布式花边

- 最理想的花边位置是后腰围线往下10.2cm，留出进入的空间。
- 多余的量收于后中心线，并固定在腰围线以下10.2cm处，用针标记参考线，修剪余量至2.5cm，止于从10.2cm标记点向上3.8cm处，打剪口，并向里作贴边（图8）。

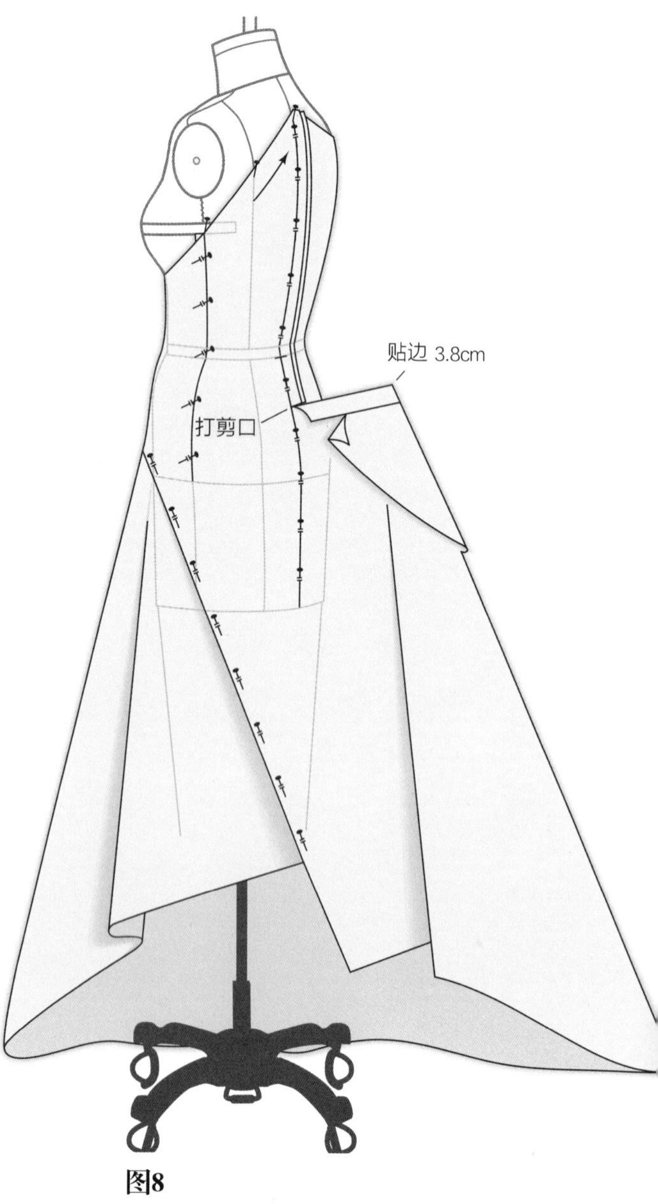

图8

手工抽褶

图9和图10

- 中心线的大摆通过手工抽褶并固定，效果非常吸引人（图9）。
- 用针标记出一条参考线作下摆造型。当瀑布式花边放松后，用针标记的下摆线就被校正成一条平滑圆顺的曲线（图10）。

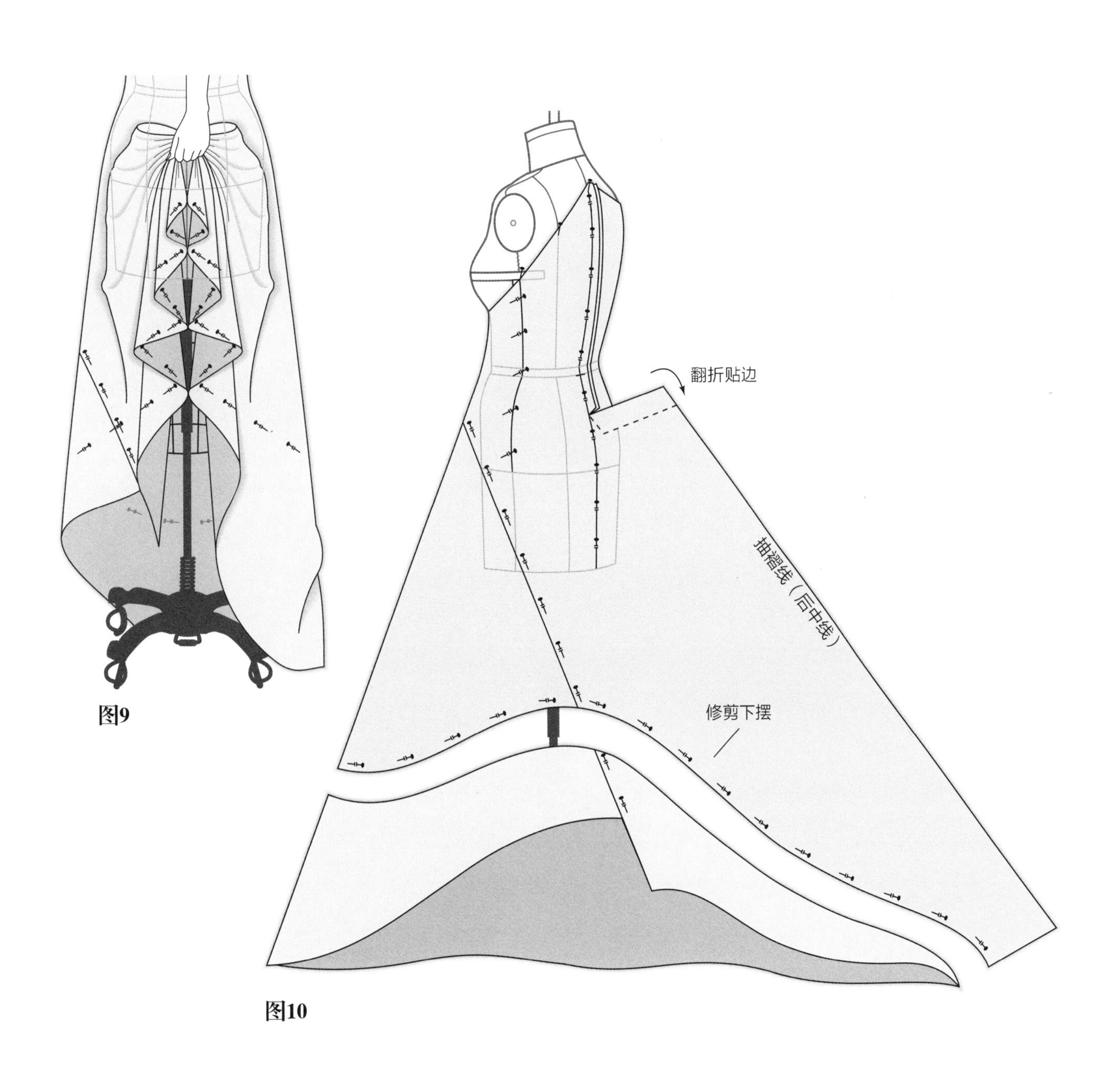

图9

图10

帝政式紧身胸衣

图11

- 去掉胸围线，并从下摆余量处立裁出露背吊带胸衣（a和b）。

完成立裁设计

图12～图14

- 将立裁好的衣片从人台上取下，修顺缝线。拉紧两条平行的线抽褶，以形成褶裥和瀑布状的花边（图12）。褶裥量非常大，必须要在蝴蝶结固定之前进行重叠（创造裙撑效果）。

纸样形状

- 将纸样上标记的A-B和C-D缝合在一起，为了便于蝴蝶结穿带，允许B和C开口（图13）。
- 加入隐形拉链（虽然维奥内未曾使用）和婴儿卷底摆线就完成了设计（图14）。

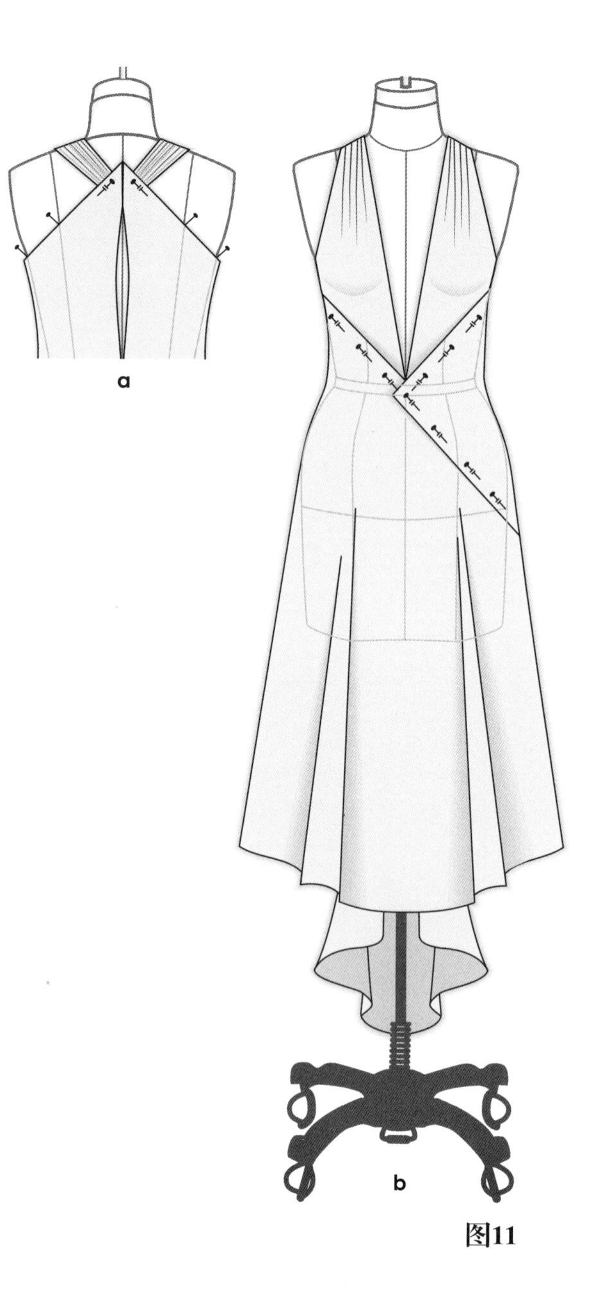

图11

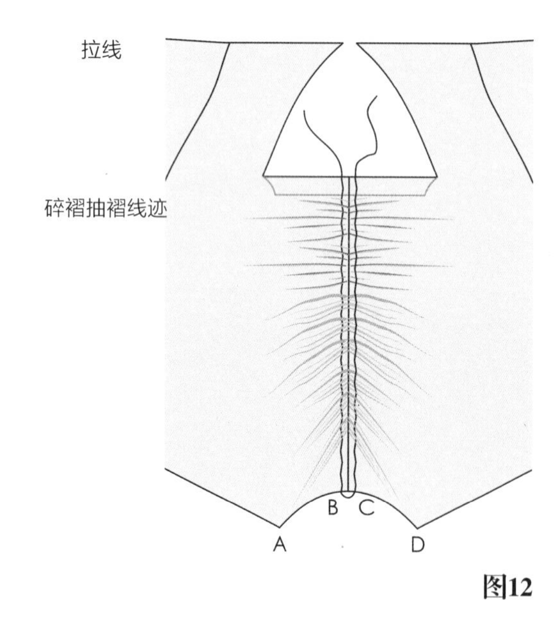

图12

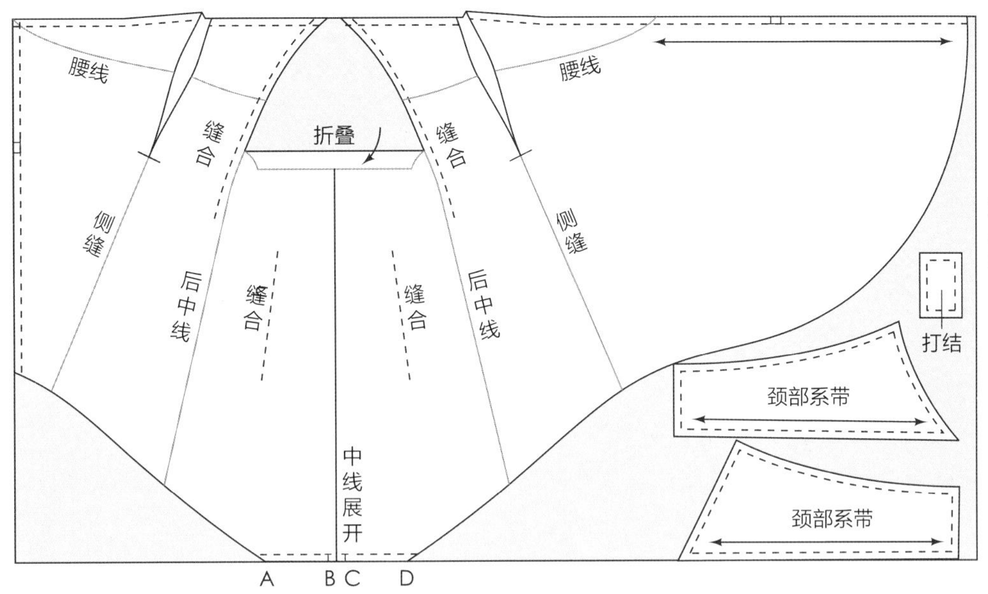

鼓励读者尝试用维奥内的方法创造前所未有的设计。

图13

图14

连袖、插肩袖、落肩袖

第4章

- 设计1：基础连袖
- 设计2：基础插肩袖
- 设计3：落肩袖
- 设计4：有育克的袖子
- 设计5：有公主线的袖子

连袖、插肩袖、落肩袖是那些基于它们的其它流行设计的基础和原型。其共同特征是将衣身与袖子采用特殊的方式结合来完成设计。如连袖，袖身是整片裁剪(在连袖设计中衣身的袖窿弧线和袖山弧线不可见）。通过比较，插肩袖和插肩袖的设计是通过立裁完成的，这样使袖窿弧线的一部分和袖底弧线形成垂褶的一部分，许多其它造型线是从袖窿和袖子结合的部位产生的。

连袖、插肩袖、落肩袖通常是设计便服的基础。也适合在不同类型的服装中的运用，包括紧身上衣、连衣裙、上装、衬衫、宽松上衣、运动服、夹克和大衣等。在休闲服设计中，可以通过降低袖窿深度，以及增加前袖窿和侧缝的放松量，来提高服装穿着的舒适性。在紧身胸衣的立体裁剪中，袖子的修改要适应其变化。

连袖基础样板

图1

连袖的袖片与衣身连为一体，并按照肩斜进行立体裁剪。袖底缝按照袖窿弧线以下不同距离加入到前后片中。袖子的基础部分可以通过立裁来实现，长度可以任意设计，也可设计成喇叭袖、抽褶袖或作溜肩的设计（如图1）。连袖可当作衣身进行立裁，通过增加长度，可将其做成蝙蝠式裙装或长袍。

图1

设计1：基础连袖

设计分析

图2

连袖的基本原理是将袖子和衣身体作为一体来完成服装。连袖的腋下深度是可变的，也可以作为袖子的长度来确定。如果有需要从人台上标记垫肩部位。如图例所示包括蝙蝠形裙装，是通过降低袖下缝以改变服装外形轮廓线。通过增加布料的长度制作出裙子，上装或长袍。

图2

准备人台

图3

- 在人台上将直手臂置于满意的角度上，然后用针固定。

图3

准备坯布

确定要立裁的服装类型：紧身上衣，长及臀部的上衣，裙装或及地的长袍。

图4和图5

测量前后衣片，然后记录臂长和手围的尺寸：

- 长度：按紧身上衣的长度定坯布长。其它的连袖都增加这样的长度。
- 宽度：76.2cm（模特：检查“胸宽”尺寸，包括臂长），在测量尺寸的基础上增加或减少尺寸。
- 标记前后领线并修剪。
- 胸高位尺寸见《服装立体裁剪（上）》尺寸表（#6）。

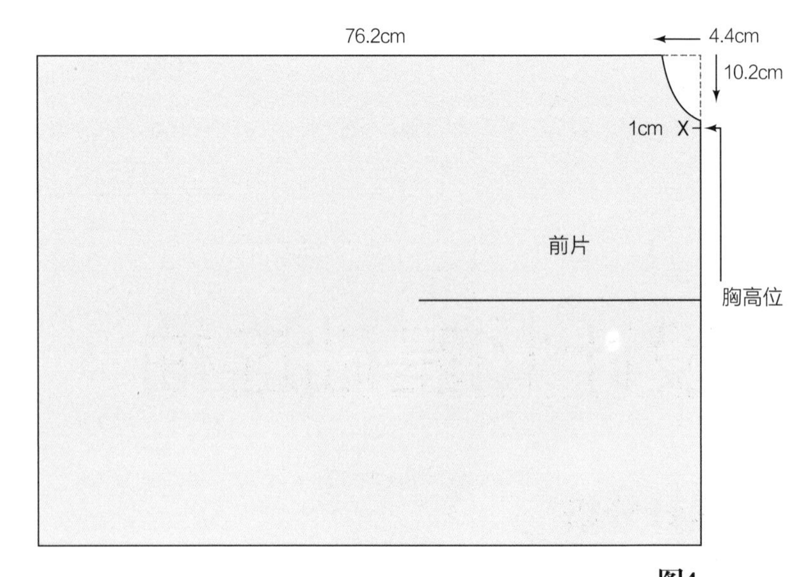

图4

5.1cm
76.2cm
4.4cm
X 1cm
后片

图5

立体裁剪步骤

图6

- 将布披于人台上，保证人台的中线为坯布的直丝缕方向，腰围为横丝缕方向后固定。
- 立体裁剪伸展袖上的多余部分，将横丝缕部分上移使之与胸围线处于同一水平上。在胸点处交叉固定。把伸展袖暂时固定。
- 在领口处沿着肩线抚平、标记，并在坯布上打剪口。在腰部沿着公主线抚平坯布。固定并且修剪。
- 从肩/颈点向外约2.5cm打剪口。

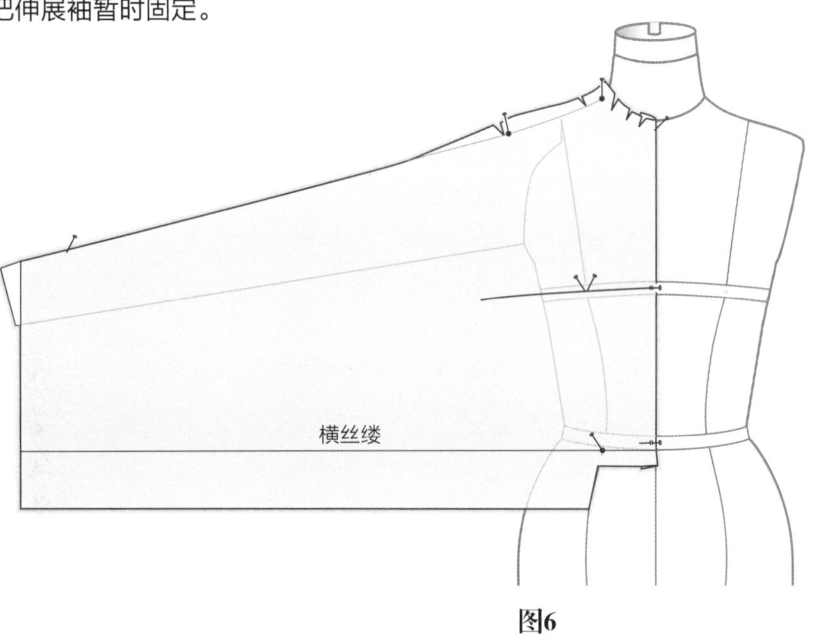

图6

图7

- 将伸展袖上的针取下，使得面料自然垂坠，就像坯布从胸部顺到侧缝指导线处一样（松量是向上移的），固定。将坯布沿着侧缝向下抚平，固定。
- 从侧腰线向上10.2～12.7cm用铅笔擦印标记，并且从标记处2.5cm处打剪口，并固定。
- 沿着腰线抚平坯布，标记，并打剪口。在公主线上用针固定一个0.3cm的松量（折叠），剩下的省量用针固定，作为公主线上的一个省。
- 由伸展袖向外调整坯布并标记袖长线。
- 在腰线开口处沿着袖底线标记11.4cm（用所记录尺寸的一半）。
- 标记的侧缝线和袖长线修剪至5.1cm以内，剩下后片，或取下来做后片立体裁剪。

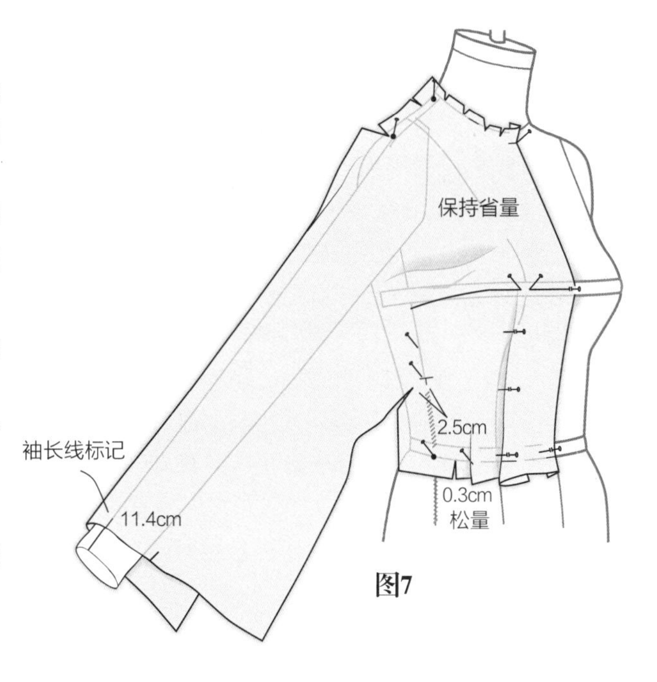

图7

图8

- 对连袖后片立体裁剪重复这个过程。抚顺肩部多余的量到袖窿部分。固定好腰省，腰省处留有0.3cm的松量（折叠）。

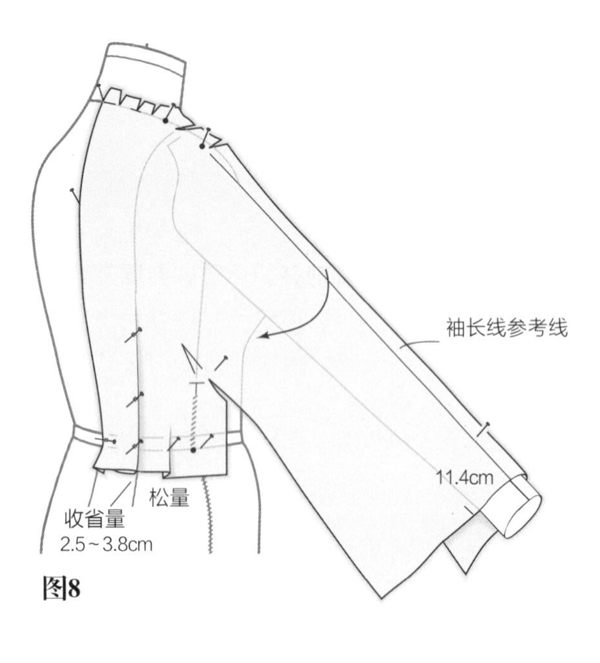

图8

图9

- 将前后袖长线别合在一起。
- 将袖底弧线别出想要的曲线，在腕处留11.4cm。
- 取下裁片，标记缝线并校准，有时调节袖长与袖底弧线之间的角度对于前后臂与侧缝之间的平衡是很有必要的。

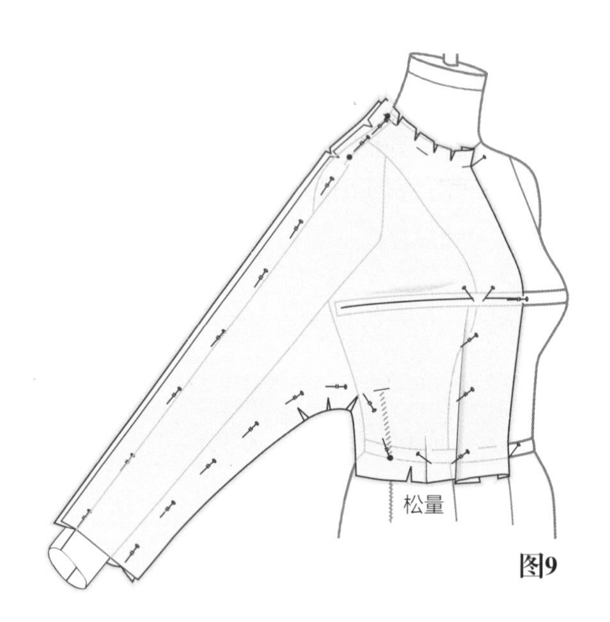

图9

连袖裙装立体裁剪

图10

- 准备坯布并增加期望的裙长量。标记胸高位（《服装立体裁剪（上）》尺寸表#6）和臀高（《服装立体裁剪（上）》尺寸表#14）。
- 按照紧身上衣前后连袖的步骤做立体裁剪，经过腰线并使坯布的臀围线对准人台上的臀围线。

此图所示连袖有两种形式：衣袖的腕围处可以抽褶；或呈喇叭状并且长度是从肩部向下的任何位置。

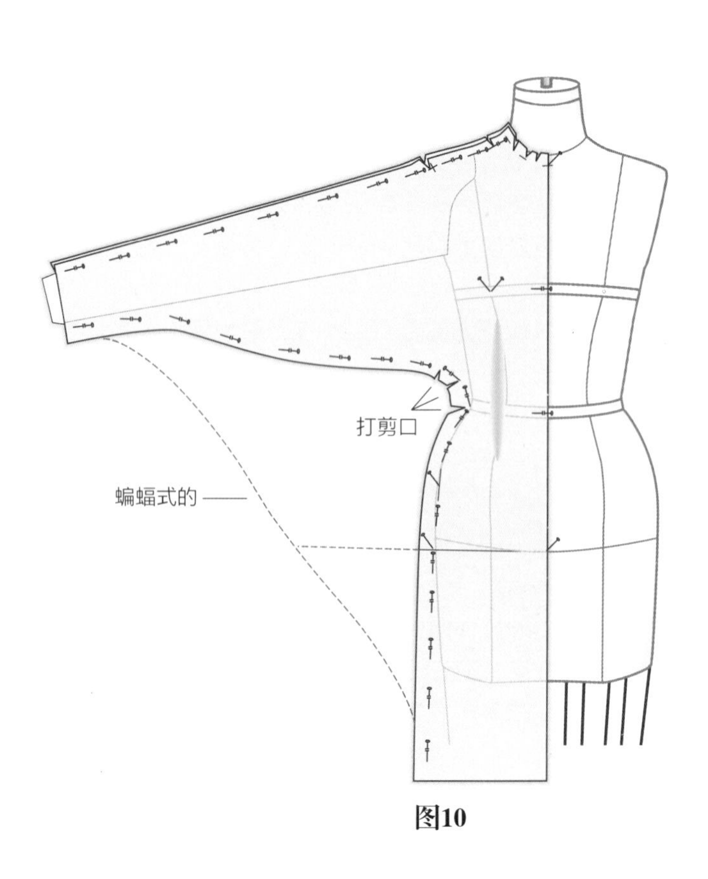

图10

形式1

- 连袖的侧缝到腰线是适体的、宽松的，没有腰省和塔克省，或者用双向褶和腰带来达到合体。腰到下摆处可以按基础裙来立裁。连袖的袖底部分大约从侧腰以上10.2cm处到手腕处做造型。

形式2

- 从手腕到下摆立裁侧缝（可看到为指导腋下造型所做的虚线），对于蝙蝠袖连衣裙来说是不需要腰省的。立裁有腰带的长袖服装则允许有较宽的下摆。

调整纸样

图11

- 用图钉固定前后衣片侧腰处。
- 旋转前片坯布，使得前后片肩点对齐，如果肩点高度不同，应该调整至相同。
- 检查衣袖的袖长和袖底线的长度，抚平不同的地方或者改变袖子的夹角使之相等。

图12

- 修改前后衣片袖子的夹角。在前衣片上从袖底缝至肩点缝迹剪开。重叠或者展开直至手臂处于同一角度。用胶带粘住并且修补，或者作出新的纸样。袖底弧线应该打三个剪口以便缓和张力。

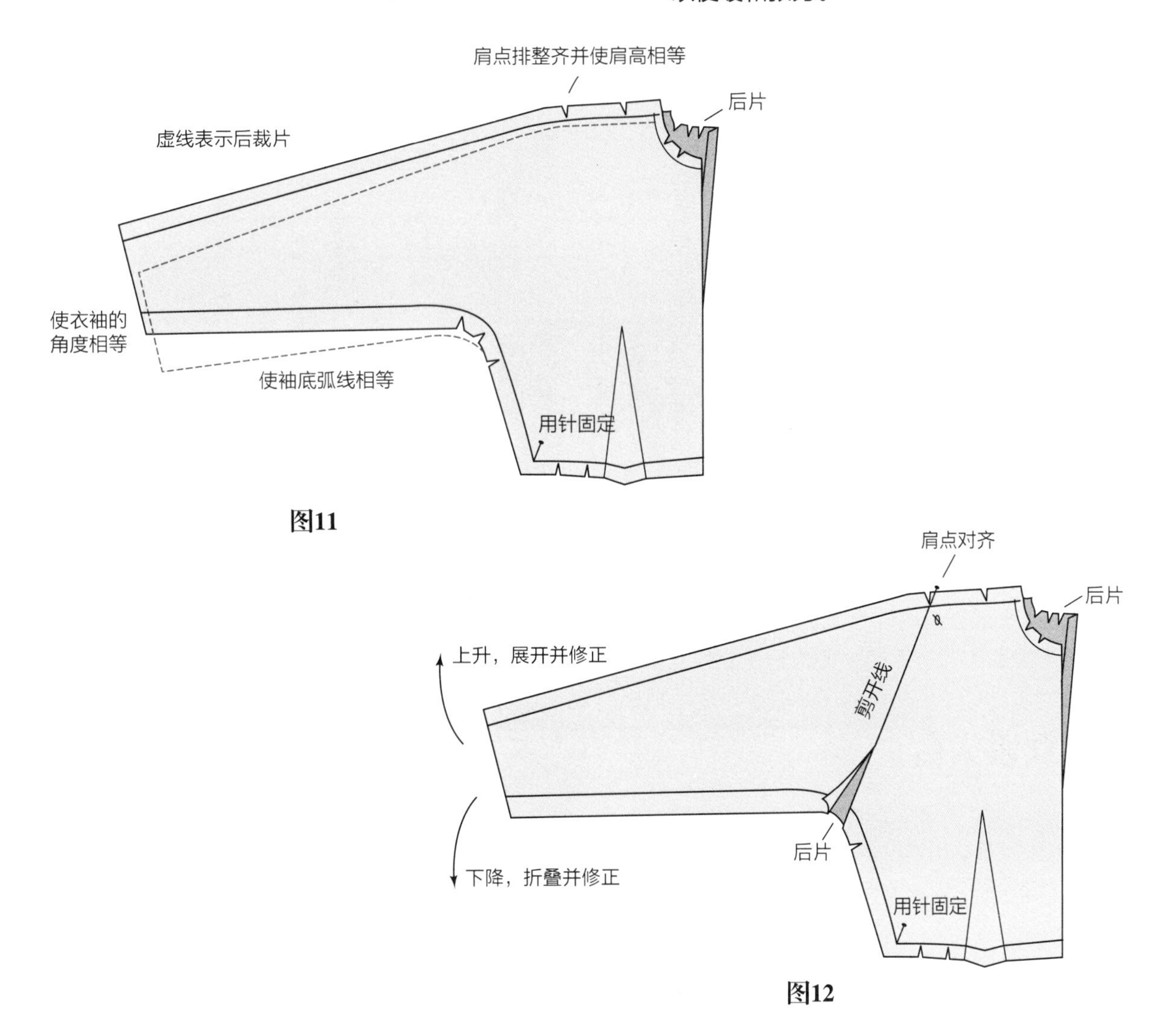

图11

图12

设计2：基础插肩袖

基础插肩袖是设计与之有关服装的原型，这种插肩袖可做许多不同变化，包括落肩、袖窿口公主缝和育克。基础插肩袖也适合于各种类型的服装：紧身上衣、女衬衫、短裙、夹克衫或者外套。这种袖子以做成锥形的，喇叭状的或者打褶到任何长度。

当服装的袖窿被降低至超过它的基础深度时，插肩袖的袖底弧线就变长了，这样可以增加抬起时的活动量。当胳膊放松时，这种修改则会使袖窿下出现折叠部分。按常规，袖窿低于袖窿板的量与衣袖抬起时的衣袖上臂宽是相同的。在立裁完基础插肩袖之后，再尝试立裁一个袖窿深7.6cm或者更深的插肩袖，增加5.1cm的侧缝松量，用相同的量来修改袖子。

设计分析

图1和2

基础插肩袖是从基本领线的无省袖样板得来的，其袖长至手腕处。紧身上衣的立裁有腰省和侧缝省。运用插肩袖的原理，增加袖底缝长。

图1　　图2

准备女装人台

图3

- 前片和后片：用针或胶带从肩/颈到袖窿中点沿着凸弧向下2.5cm做标记。这个位置被记为X。
- 用针在袖窿板向下3.8cm处标记袖窿深，并在手臂中部用针固定处结束。

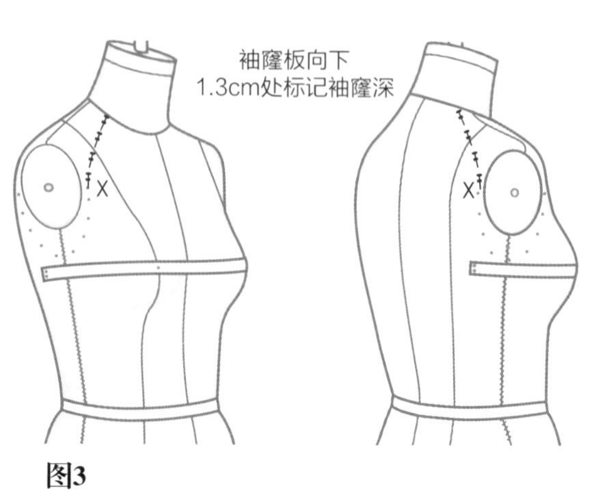

图3

袖子修正

图4

修改基础袖，使之符合袖窿深的变化，并在裁片侧缝增加额外的0.6cm的松量。例如，如果袖窿深被额外降低了1.9cm（从袖窿板开始共3.8cm），那么基础袖的袖宽就被额外降低了1.9cm。服装侧缝增加的松量与增加到袖底缝的松量是一样的。

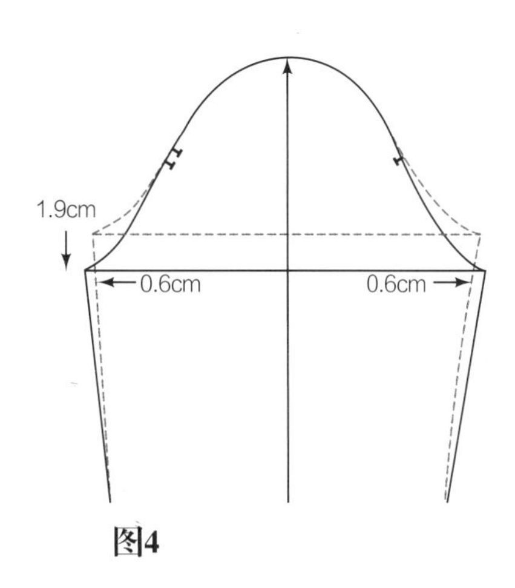

图4

准备坯布

- 准备前后衣片。
- 测量衣袖：
  - 长度：袖长，增加17.8cm（尺寸表#23）=______。
  - 宽度：袖宽，增加15.1cm（#25）=______。

立体裁剪说明

图5和图6

- 根据侧腰省衣片的操作说明立裁前后衣片。在袖窿中部用针固定0.3cm的松量（折叠）。后肩余量应被抚顺到后袖窿区域。
- 在坯布上画出或铅笔擦印标示插肩造型线，并且标记X作为参考。
- 从人台上取下裁片并且校准（用曲线尺画出袖窿下面）。标记X并修剪缝份。
- 固定或粗缝侧缝。

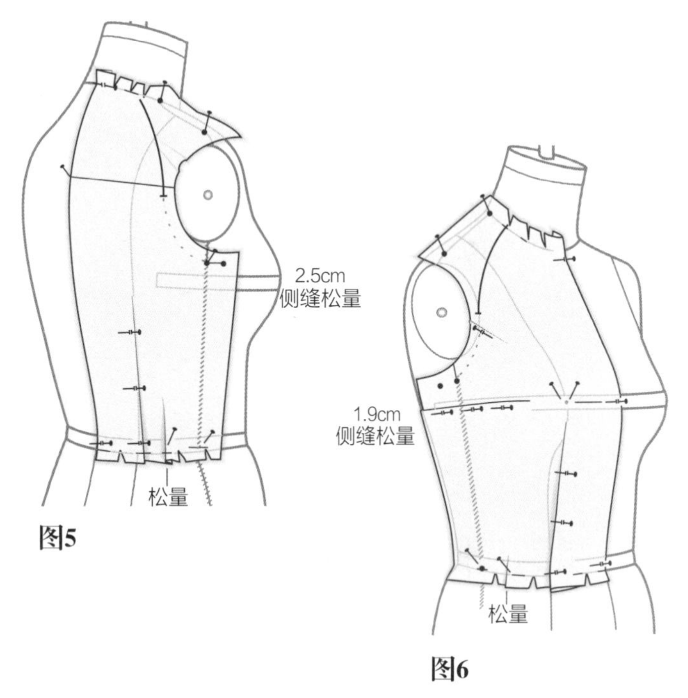

图5

图6

衣袖标记

图7

- 从侧缝到X移动无缝袖。在这个位置标记衣袖X。
- 在前袖上重复。

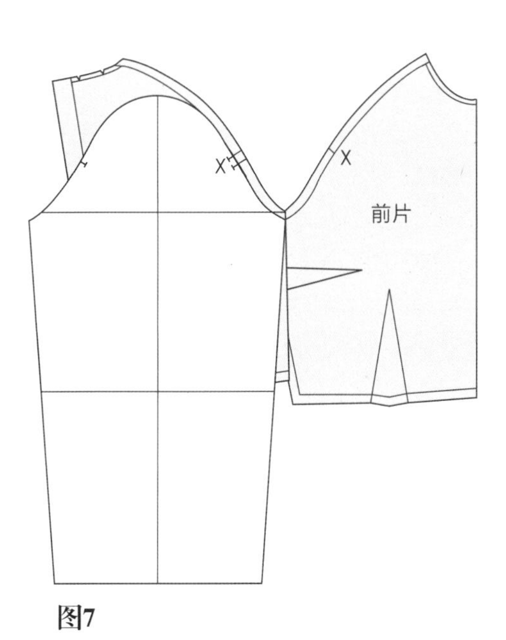

图7

准备坯布

图8

- 在坯布中间的上、下端标记C。
- 从C点的两侧各向外1.3cm画一条直丝缕线，袖宽附近允许有松量。
- 从顶点向下20.3cm处画一条线。

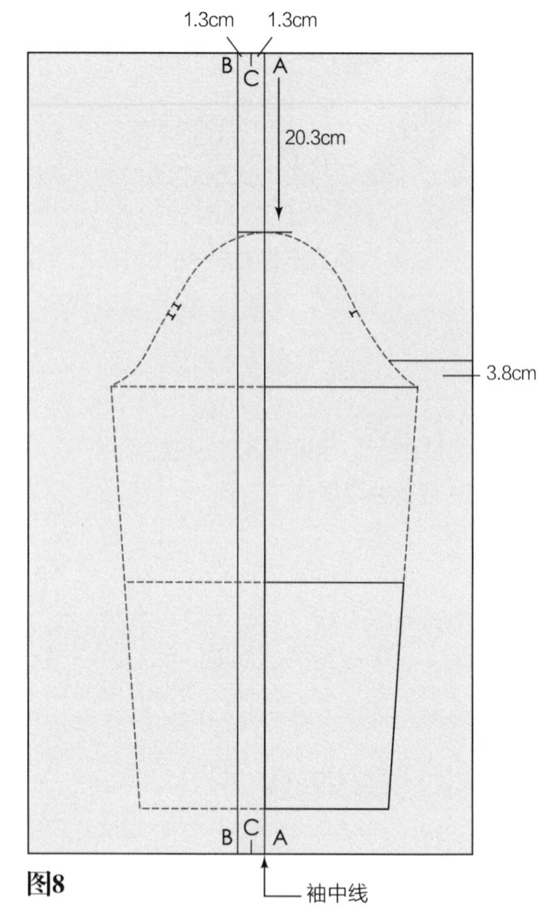

图8

绘制步骤：放置袖子

图9

- 将衣袖沿着丝缕放在参考线A上，让袖山与参考线接触。
- 沿着手腕到肘部进行描绘（虚线区域不用描绘）。
- 从衣袖的袖宽线向上3.8cm画一条参考线（抬高线）。
- 距袖山中点2.5cm放置一个图钉，向上旋转衣袖使之与抬高参考线吻合。
- 从袖底缝处到X标记处画衣袖。旋转时，虚线表示衣袖的位置不必描绘出来。
- 把衣袖的丝缕线移到B参考线处，并且对另一边重复这个过程。

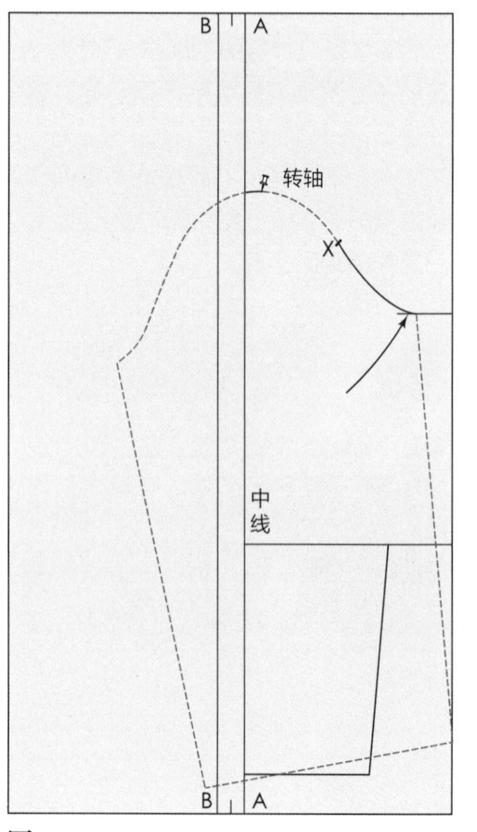

图9

图10

- 增加缝份并从坯布到X标记点剪开所准备的衣袖，剪至X。
- 固定，缝合或者粗缝袖底缝并加入衣片袖窿底线使之在X标记点吻合。将裁片重新放到人台上。

图11

- 把袖山放在人台肩点向外标记的0.6cm处。
- 沿着肩部抚平坯布，使坯布平滑地推向插肩造型线上。标记插肩造型线。
- 对后裁片重复这个过程。

图12

- 沿着肩线，把坯布多余部分别到一起，并在肩点向上别住0.6cm，使肩部稍微向上弧几厘米。修顺参考线中线固定的地方。沿着肩线可能会有松量产生。这可以通过拔去针或者把余量抚顺到领线来改进。从那里顺着拔去针的插肩线抚平坯布。重新绘制插肩线。
- 拿下完成的裁片。修顺并校准插肩袖。缝合坯布或先制作纸样来测试其适体性。

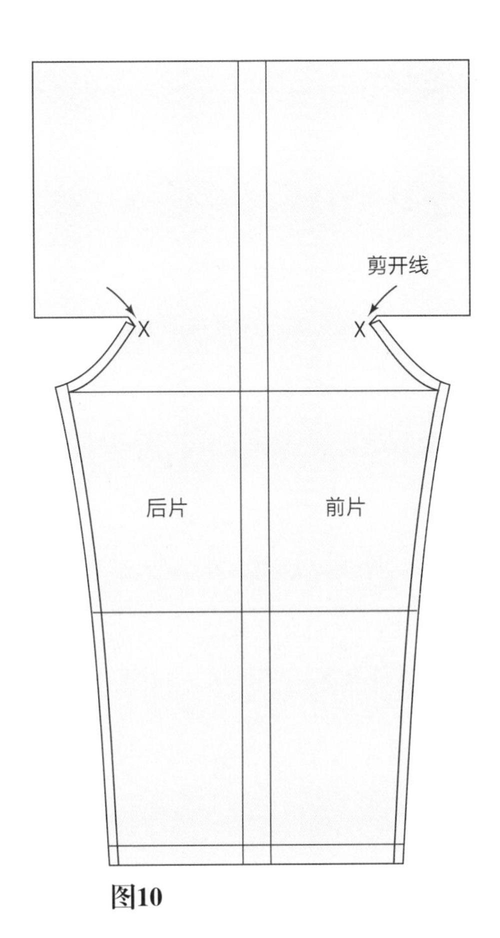

图10

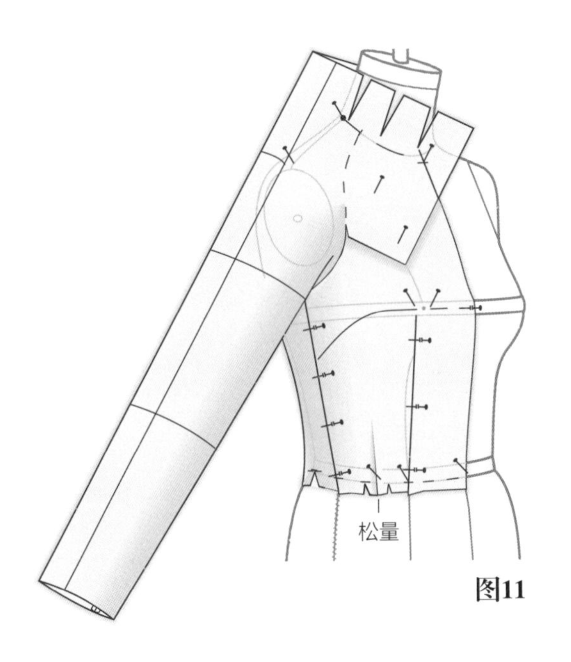

图11

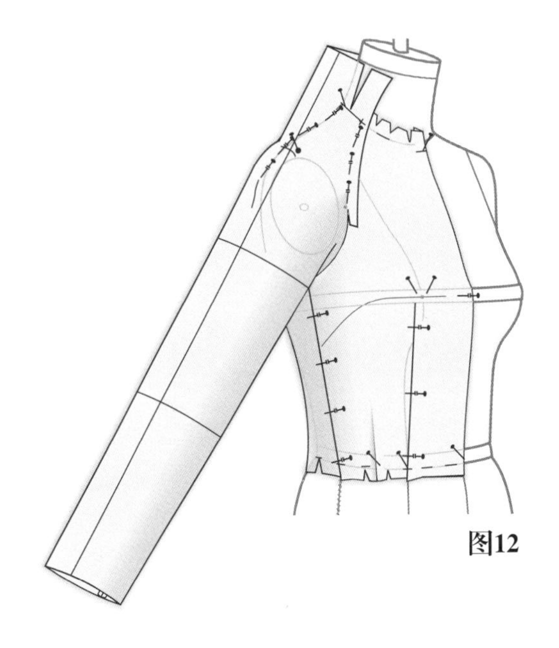
图12

完成纸样

图13

- 这是某一款设计的一片插肩袖。

图14和图15

- 衣袖可以在丝缕方向被分割，同时在衣片上展现出来。选择合适的丝缕线。

图13

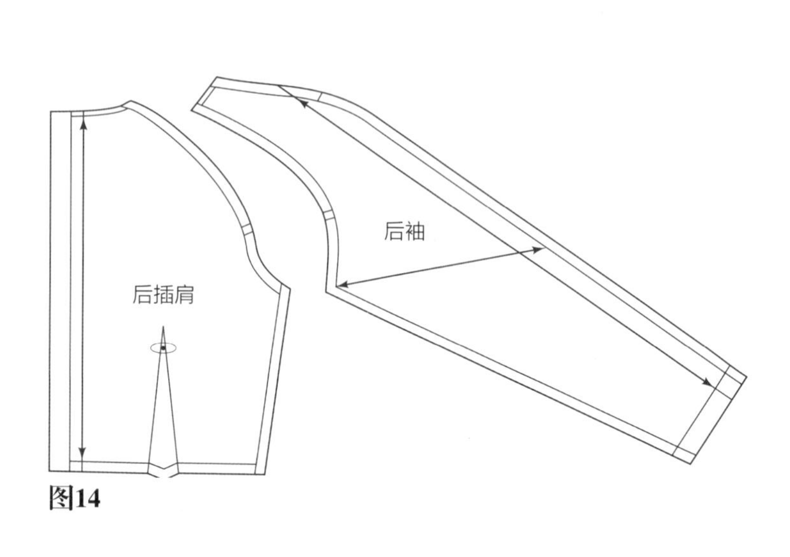

图14

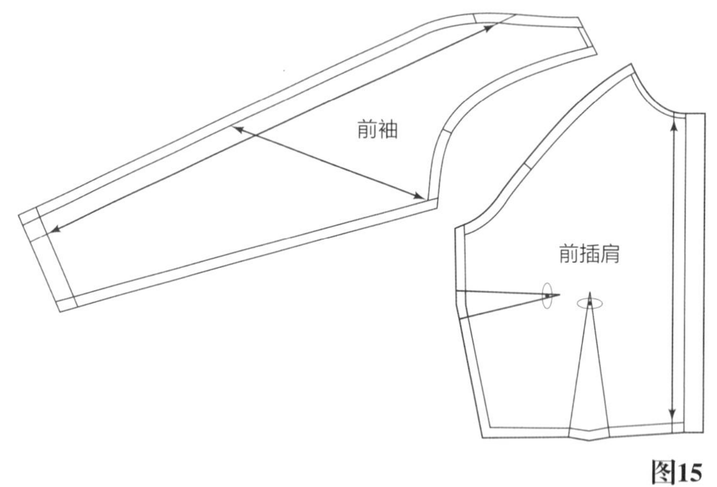

图15

设计3：落肩袖

图1

有袖或者无袖都可以作为立裁落肩的基础。落肩袖可以是多种多样的。下面效果图中间的这个例子就是作为一个露肩上衣被立裁出来的，其修剪的落肩部分暴露了部分上臂。它可以被立裁成一个仅有低袖连接的无肩带上衣，或者任何风格的袖上部与落肩连接的衣片。这些只是一小部分基于落肩基础的不同设计款。你可以随心所欲设计其它变化款。

基础落肩袖的立裁与插肩袖是不同的。相似之处就是造型线都聚集到了袖窿部。

设计分析

图2

袖子的袖山部分和衣身通过立裁产生落肩效果。较低的衣袖与之缝合。袖窿深至袖窿板下3.8cm处，但也可能定得更低或者更高。当袖窿深低于1.9cm时，袖子必须被修改。根据本书477页插肩袖操作指南标记袖窿深并且对衣袖进行修改。

落肩造型线开始于袖窿中部并在衣袖周围延续。这种落肩造型线是基本的，但是可用其它方法加以设计。如果需要的话，此时也可以在人台上固定上肩垫。

图1　　图2

准备坯布

- 根据本章前面的设计步骤准备坯布。

立体裁剪步骤：准备袖子

图3

- 完成衣袖的修改之后，从袖山向下5.1cm画一条线。增加1.3cm作为缝份然后横向剪开并修剪。
- 固定衣袖的袖底缝线。

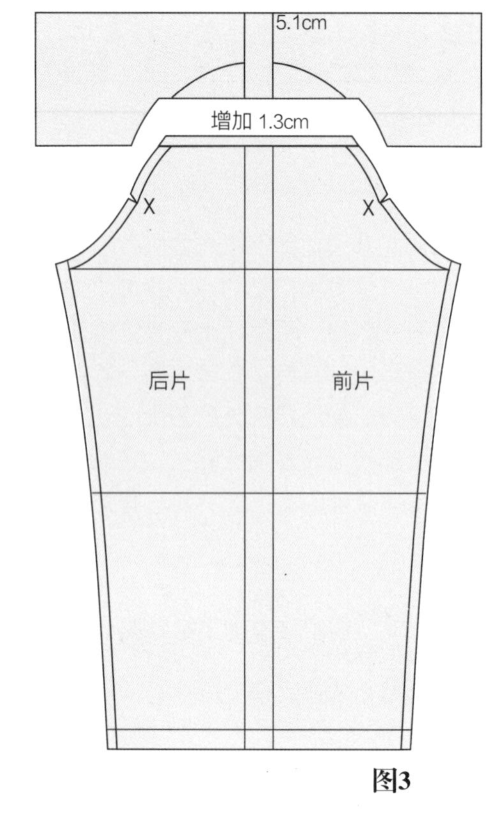

图3

落肩衣身

图4

- 把坯布放在人台上。立裁领线、腰线和侧缝线。在侧缝线标记1.9cm的松量。
- 用针固定腰省，在腰线处增加0.3cm的松量（折叠）。
- 从袖窿深到袖窿中部（X）用针固定。
- 立裁肩部并剪掉多余部分，坯布伸展量可超过肩点12.7cm。
- 从肩点向下标记10.2cm，并剪开至袖窿中部（X）。
- 取下裁片校准并且修顺缝线。

图5

- 立裁基础后片并用针固定一个腰省。除了增加2.5cm的松量外，其它按照前裁片给出的说明。

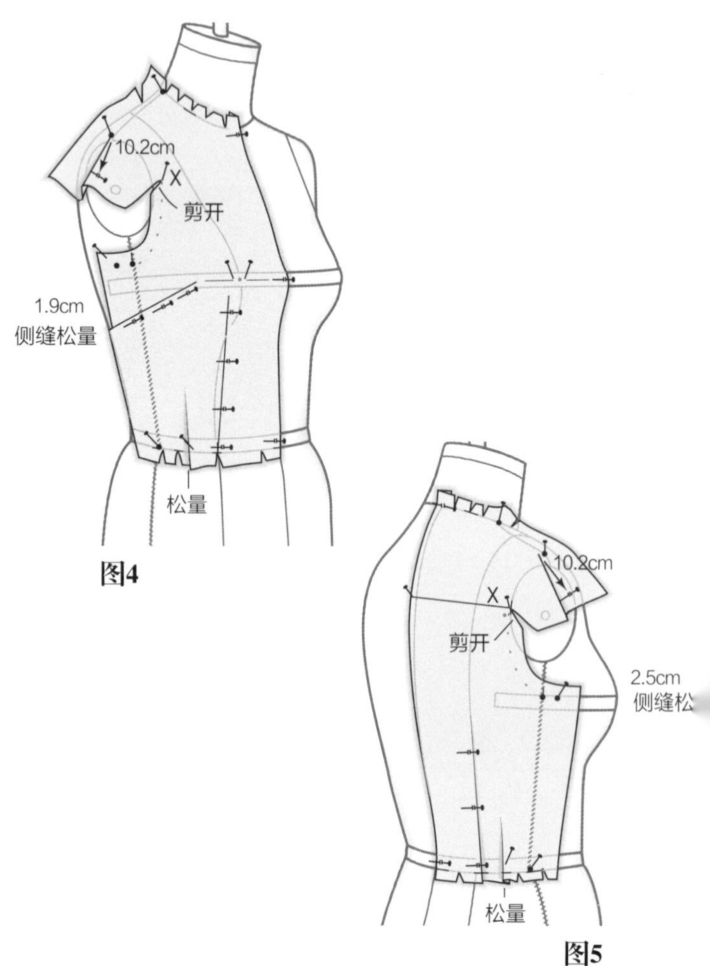

图4

图5

图6

- 从人台上拿下裁片并且校准。
- 如图所示，画前后落肩造型线。

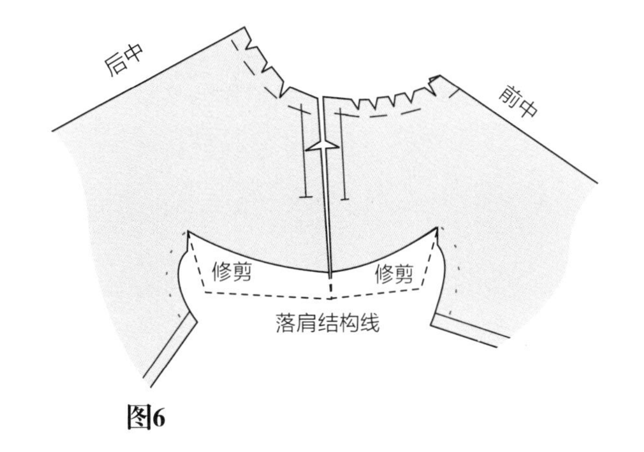

图6

图7

- 将前后裁片别合到一起并把袖底缝别合到服装的袖窿上。
- 把服装穿在人台上。
- 折叠并把落肩造型线用针固定到较低的衣袖上。
- 如果衣袖从人台上下落得太多，则将针放松到袖窿中部，并且降低袖山后重新固定针。造型线应该平顺，甚至平顺围绕着衣袖。

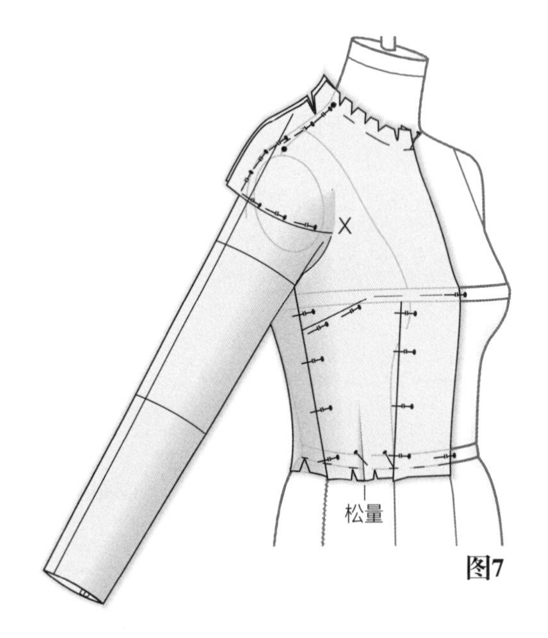

图7

完成纸样

图8

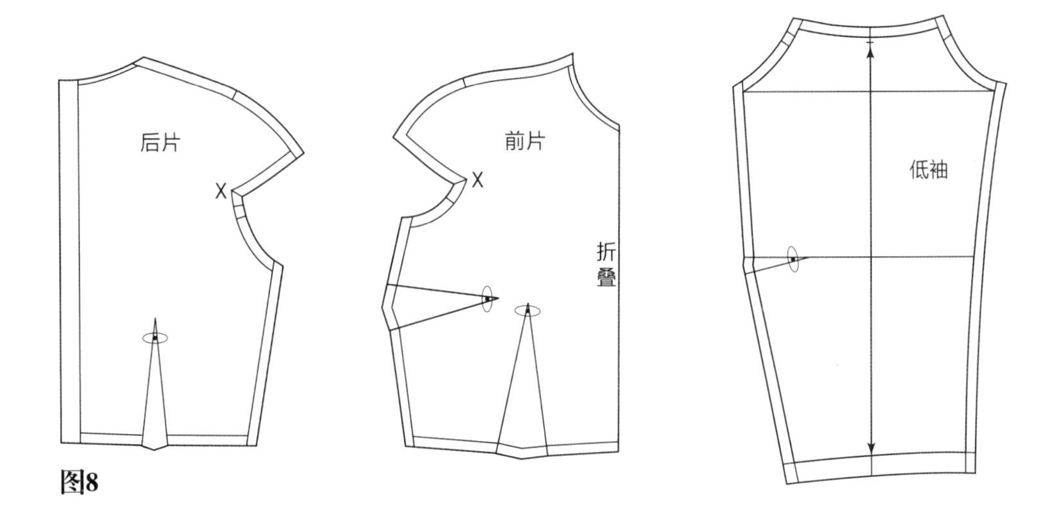

图8

设计4：有育克的袖子

育克是以基础插肩袖的原理为基础的。不同之处在于从点X（袖和衣片交点）开始的造型线的位置。

设计分析

育克造型线是基于插肩原理的众多造型线中的一种。造型线过X点与中心线垂直。衣袖基于同样的准备。这种衣袖可以被立体裁剪成锥形的、丰满的或夸张的造型。如果需要的话，可以在立裁前将肩垫固定在肩上。

图1

准备人台

- 在中心线上用针作标记垂直于点X增加1.3cm处的缝份。

准备坯布

- 按照坯布准备说明作衣身。
- 除了育克造型线被固定外，其余参照基础插肩袖的立裁程序。
- **注意：** 如果设计款有一个喇叭袖，那么衣袖的抬高量就不需要了。

立体裁剪步骤

图2和图3

- 立裁有基础腰线和侧缝省的前后衣片。
- 标记育克造型线使之垂直于中心线。

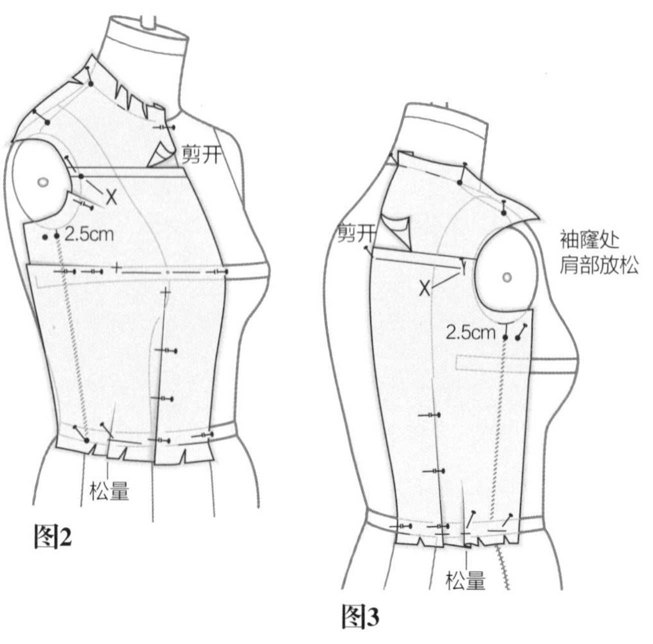

图2

图3

完成立裁

图4

- 把袖底缝别合至衣片的袖窿上。
- 把裁片放在人台上。沿着育克造型线抚平坯布，保证前中线处用的是直丝缕。立裁颈围线。用针别合肩袖缝线。
- 从人台上拿下裁片并校准。缝合坯布或者先制作样板用于适体性的检测。

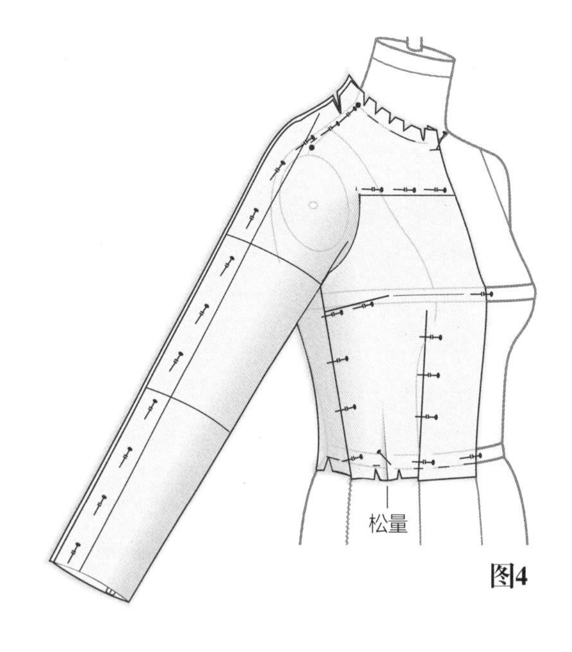

图4

完成纸样

图5

- 虚线表示基础衣袖。基础袖可以被修改为喇叭袖或者锥形袖，并且设计至任何长度。

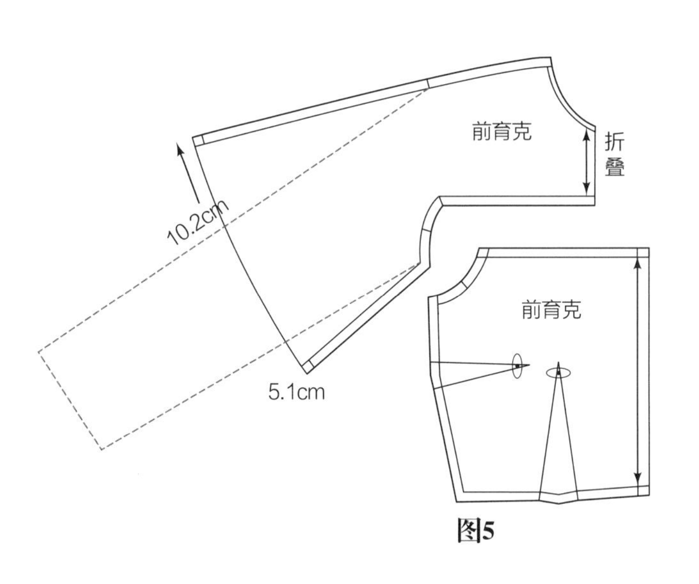

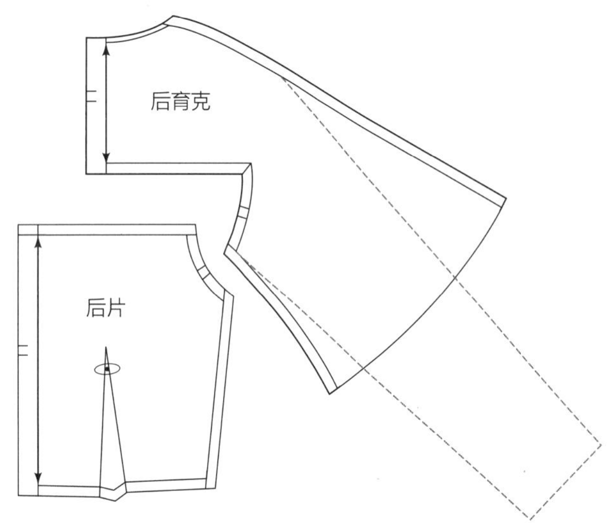

图5

设计5：有公主线的袖子

公主造型线在X处弧向袖窿。此款袖子的立裁准备与插肩袖是不同的。相似之处在于造型线都集中在袖窿中部X处。这种造型线可以设计在连衣裙、女衬衫、男衬衫、夹克衫、大衣和斗篷上。

设计分析

图1

公主线插肩被作为一个衣片进行立裁。制作衣袖样板可以有或者没有袖长线。衣袖可以被做成锥形的、宽松的或者收褶的，并可以被设计为任意长度。立裁是以袖窿公主线为基础的。

准备人台

把手臂放到人台上作为指导，参考《服装立体裁剪（上）》第94～97页。

准备坯布

- 按准备坯布时给出的测量数据说明，在前后片上增加25.4cm。忽略胸围线上的横丝缕。
- 用无省袖样板完成立裁。

图1

立体裁剪步骤

图2和图3

- 在前后片上立裁侧片公主线。如果可以，公主线结束于袖窿中部X处或者稍低处。

图4

- 取下衣片，用曲线板绘制袖窿弧线以下部分。
- 把修改过的袖底缝移动到X点。在前、后袖上标记位置。

图5

- 把坯布放在人台上，并立裁公主造型线至袖窿中部X点。在颈部和肩部做标记，并画出公主线。从人台上取下裁片并校准。
- 对后公主线重复这个过程。

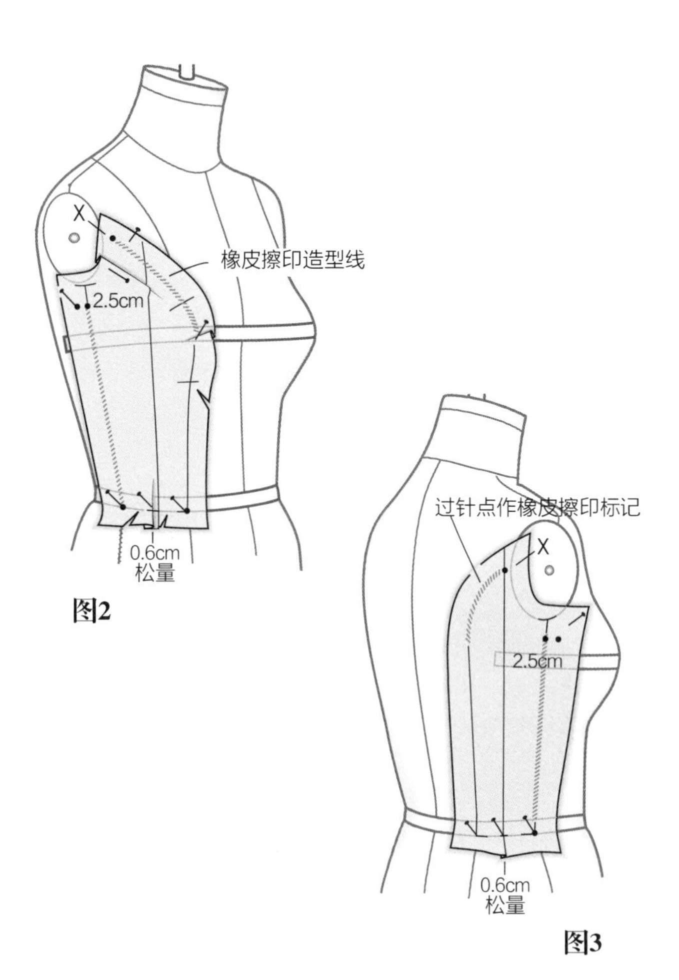

图2

图3

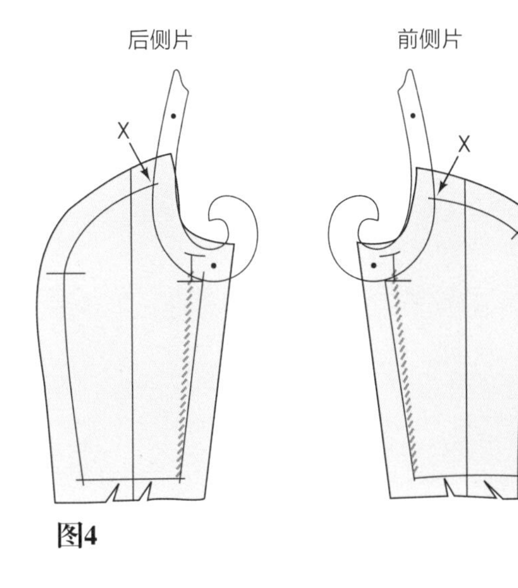

图4

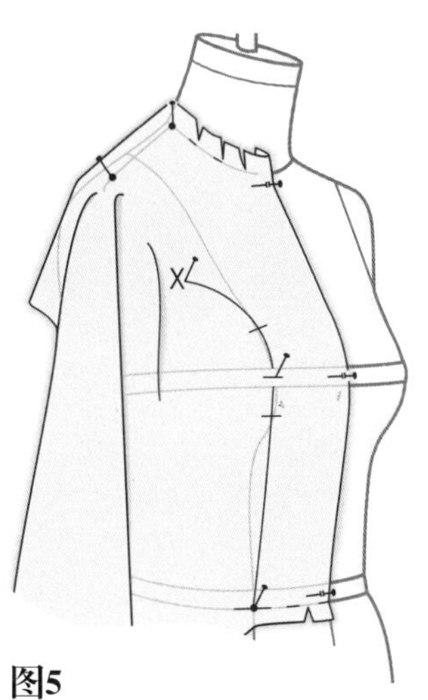

图5

前片

图6

- 从裁片的肩点向外，向上0.6cm标记参考线。
- 使衣袖的X点（衣袖的一半被清晰地展示出）固定住公主线和距肩点0.6cm的袖山相接。
- 沿着衣袖的曲线从X到Y提供抬高松量。从Y向下2.5cm标记一条线，记为Z。

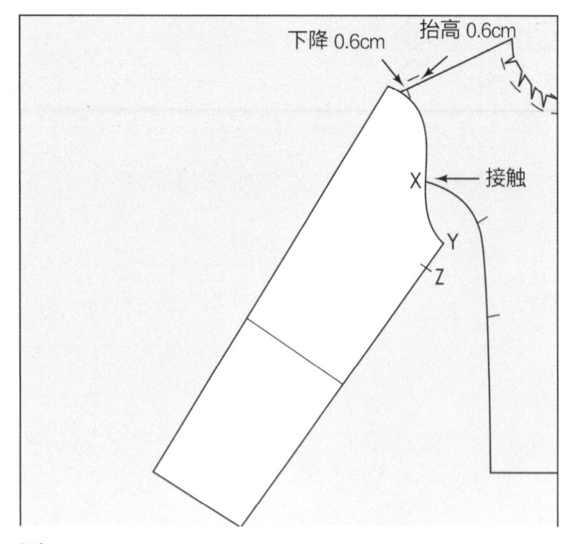

图6

图7

- 在肩部参考线处钉图钉，旋转衣袖直到衣袖角与标记Z处于同一水平线上或者相接触。
- 描绘肘部到腕部的袖底缝和袖中线。
- 拿下衣袖并从Y到肘部画一条稍微向内凹的弧线完成袖底线。
- 对后袖重复这个过程。

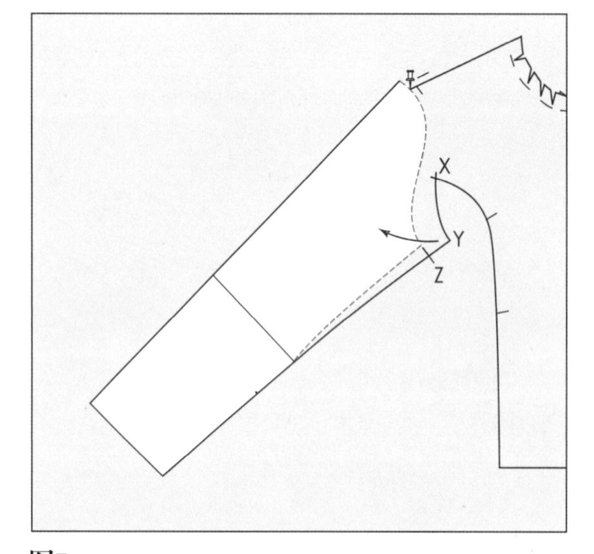

图7

图8

- 沿着轮廓线增加缝份。在设计不同种类的袖长时，可以有2.5～3.8cm的缝份。
- 在肩上画一条弧线。
- 对后裁片重复这个过程。
- 在布上裁下坯样。

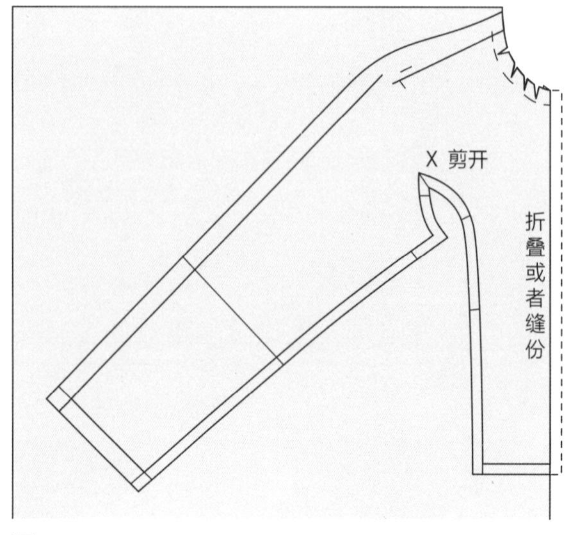

图8

图9

- 固定或者缝合除了袖中线以外所有的缝线。
- 在中心处固定前后片。
- 从肩/颈到肩点0.6cm标记处用针固定前后片袖长坯布。
- 在袖口从袖中线向外1.3cm处（为了松量）用针固定。一直向上用针固定，到达肩点逐渐弧成一个圆形。

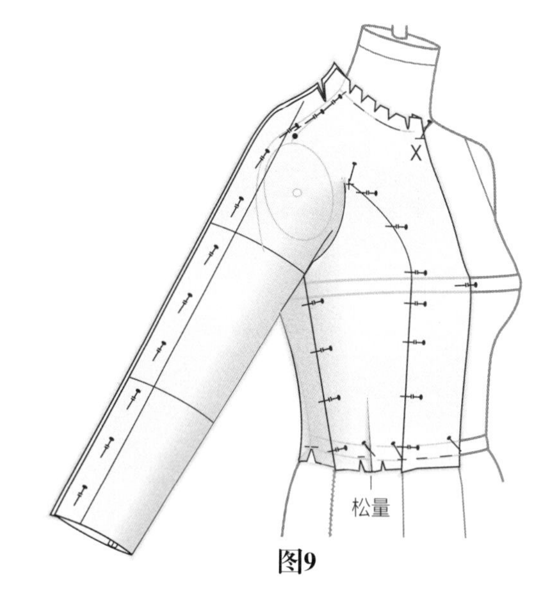

图9

图10

- 如果针接合处的松量大约是0.6cm，则在肩部向上标记2.5cm，向下标记5.1cm保持松量。若余量较多，可以把余量折叠并用针固定到一起。把裁片从人台上取下，修顺、校准并制作样板。

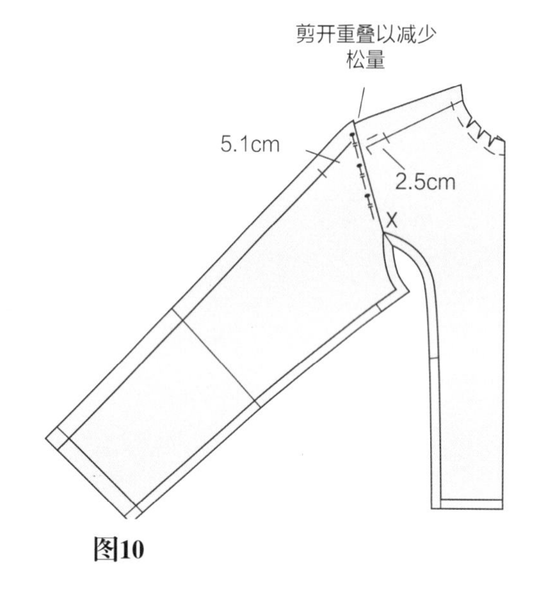

图10

衬衫基础样板与设计

第5章

- 设计1：带育克的经典款衬衫
- 设计2：休闲款衬衫
- 设计3：宽松款衬衫

尽管男式衬衫和女式衬衫的款式不同，但它们都可用来搭配裙子和裤子。男式衬衫制作精良，具有男性风格，女式衬衫更具有女性的妩媚，但是它们也具有相同之处。通过立体裁剪中对松量的调整，衬衫的袖窿深可以在袖窿板下任何位置变化并加大。较大的袖窿需对一片袖原型的袖窿弧线进行修改，以适应新的袖窿弧线。

基础型衬衫的多余量分布在袖窿之上，并作为褶子加到育克里。而对于较合体的衬衫，多余量一部分分布在袖窿上，另一部分加入到公主线中或者通过袖窿上的公主线处理。这种公主线式的长省道将使衬衫更加合体。同时袖子的修正也要基于袖窿弧线的长度。

衬衫的设计是基本以人体躯干为基础的立体裁剪原理（对更合体的衬衫，使用未修改袖窿弧线的人台来进行立体裁剪）。造型线、育克、塔克、增加丰满度、衣领、口袋、领口以及各种袖型设计（尤其是女式衬衫）均可以通过它们的基本款式变化而来。如图所示几种女衬衫的设计，但它们的纸样没有包括在这一章里。在准备白坯布时通过增加长度可以使衬衫变成连衣裙。

三种衬衫基础样板

图1

三种衬衫基础样板——较宽松的无省道衬衫（a）、带育克的经典款衬衫（b）、宽松的无省道衬衫（c）——每一种都有其独特的立体裁剪步骤和绘图顺序。主要区别在于松量大小不同、袖窿弧线的肥度和深度不同以及对基本袖型的修改方式不同等。

特别说明：基本款式、休闲款式和宽松款式的纸样均可与裤子纸样连在一起制作一件式连体衣，或者通过裁剪基础衬衫的长度至腰线下1.3～2.5cm处来修改。如果需要做合体的连体衣则衬衫腰线和裤子腰线要一致并调整。进一步的的说明参照第7章。

图1

衬衫种类

图2

以下是衬衫中比较有代表性的三种款式，它们可以给设计者更多的创作空间：

- 男式衬衫
- 女式衬衫
- 假日装

图2

无省袖纸样

袖型分析

无省袖源于基本袖型，它简化了袖原型没有肘部省道，是大多数纸样制作书中绘制其它袖子的一个非常有用的原型。

立体裁剪步骤

图3

- 拷贝基础袖型的净样，包括其所有标记。
- 沿腕线向前作袖中线的垂线，测量其长度，然后反向延长同样的长度，作手腕线的后半部分。
- 连接袖宽线和手腕线的端点（a）。
- 剪下完成后的纸样（b）。

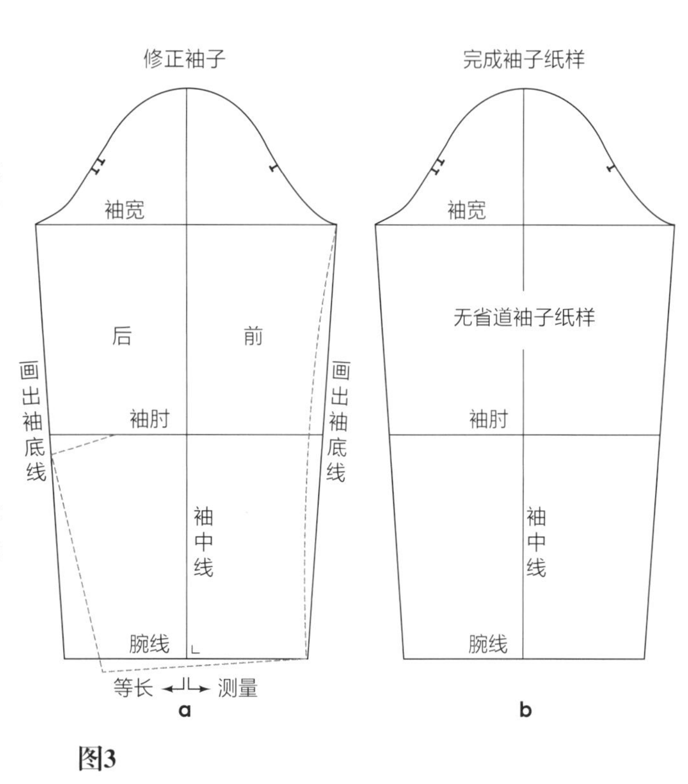

图3

设计1：带育克的经典款衬衫

经典款的衬衫比休闲款和宽松款的衬衫更合体。但是，稍微增大的袖窿也需要在无省袖的基础上作一些调整。其后背育克有很多种设计方法，后片下半部分的衣片可以设计成基本款式，也可以收一个活褶，也可以在后中线处采用工字褶或采用其它收褶方式。

设计分析

图1

肩部的余量被转移到后袖窿弧线，育克始于肩点下1.3cm，止于前片肩点下2.5cm。为了使袖窿平衡，1.3cm松量加到前袖窿中，前片立体裁剪剩余的量集中加在育克中（类似省道的作用）。在图中，衬衫衣片是基于躯干原型立体裁剪变化而来，而袖子是基于无省袖原型而来的。在作基本领型的立体裁剪时，参考《服装立体裁剪（上）》第9章关于该领型的立体裁剪说明。这里给出了三种育克和衬衫后背可供选择，图示了基础育克和基础衬衫后背。

图1

育克变化

图2

直育克的衬衫（a）被认为是基础型，它可以变化为款式b（后中为工字褶）和款式c（活褶），各种款式后衣片下半部分的设计说明已经给出。在准备白坯布时要考虑各种款式设计所需增加的尺寸。

图2

准备人台

图3

- 标记前后片育克风格线。

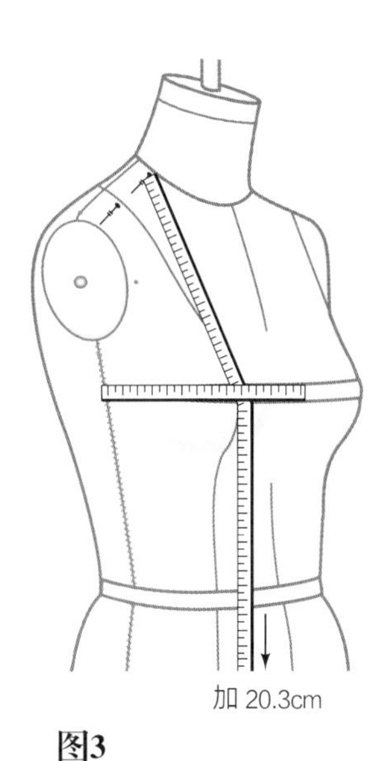

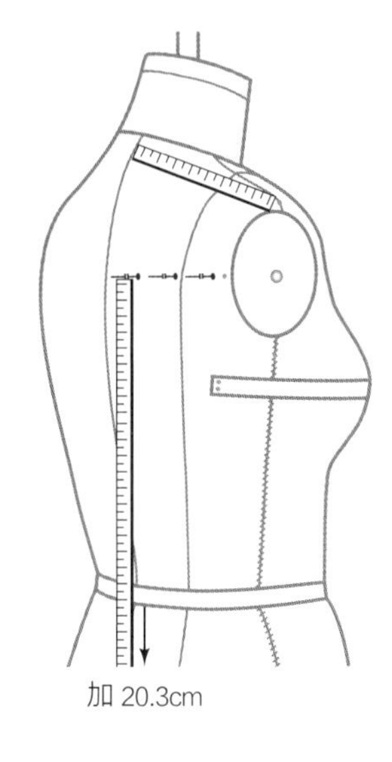

图3

准备测量

育克

- 长度：从后片育克最长部位的点量起，跨过肩部，直到前片育克位置的尺寸，并在此基础上加7.6cm=______。
- 宽度：测量从后中线到肩点的横丝缕距离，在此基础上加10.2cm=______。

衬衫下部:前片和后片

- 长度：测量后片育克最高点到腰部的距离，并在此基础上加20.3cm=______。
- 宽度：测量在胸围线上前中线到前片侧缝线的距离，在此基础上加12.7cm=______。
- 如果款式中包含碎褶或活褶的设计，在宽度方向另增加15.2cm=______。

准备白坯布

图4

育克

- 沿白坯布边缘，向下取6.4cm，向里取3.8cm，得到两点，过这两点画对应边的垂线。
- 暂时画出领线并修顺（a）。

衣片

- 在距布底边向上17.8cm的位置作垂线。沿布边向内2.5cm画平行线（图b和c）。（在纸样上画出扣位）。

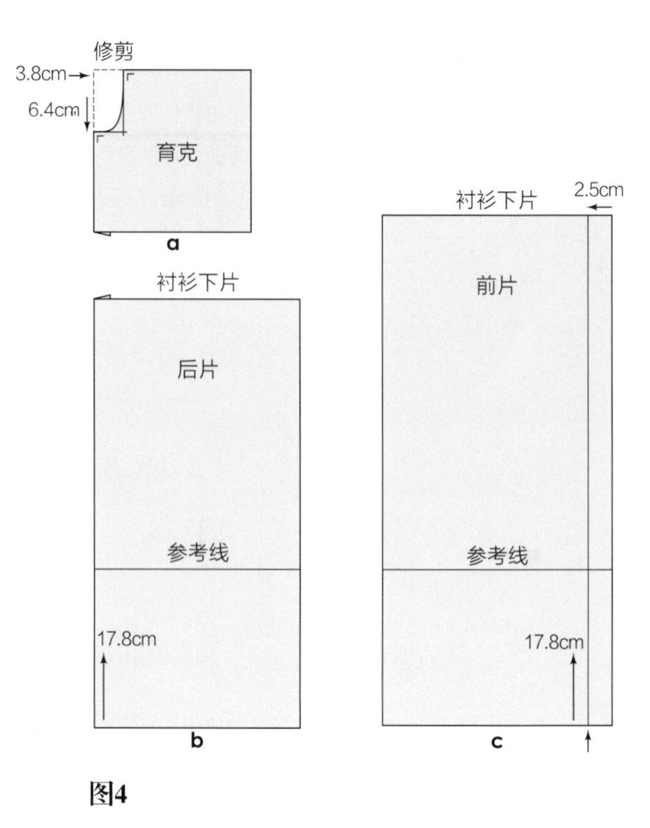

图4

立体裁剪步骤

后片育克

图5

- 在后领线上折叠1.3cm，用针固定。
- 沿着颈部翻过肩部到育克的前颈部抚平坯布，标记，打剪口，用针固定。
- 将坯布沿肩部抚平，用针固定。
- 标记肩点，并将肩线向外延长1.3cm，用针固定。
- 将育克沿后背向袖窿弧线中部抚平。
- 用针固定，并在袖窿弧线中部向外0.6cm做标记。

（休闲服装中，育克袖窿部位的间隙量是可接受的。）

前片育克

图6

- 在育克肩线部位做标记，打剪口。
- 在肩线两端点向内2.5cm各做一个标记，作为缩缝标记点。
- 将育克从人台上取下。

图7

- 画顺领围线，并画出穿过前育克的线。

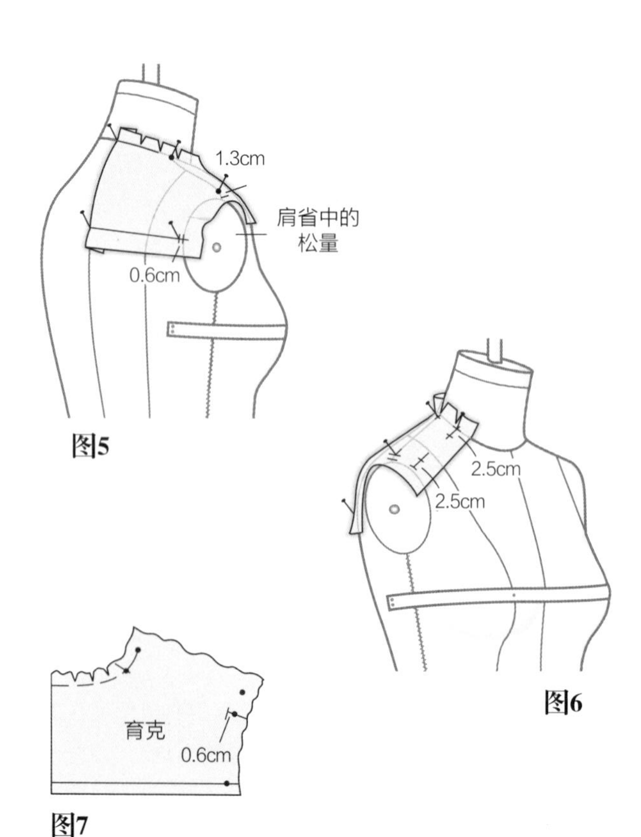

图5

图6

图7

前片立体裁剪

图8

- 在前中线X点用针固定直丝缕线，并在腰线固定横丝缕线。
- 抬高侧缝横丝缕线，直到下摆和臀围参考线平行,用针固定，并且平滑地将布移到侧缝/袖窿板再用针固定。
- 在袖窿板下3.2cm处作袖窿深，并用铅笔擦印标记出袖窿弧线和侧缝线。
- 在袖窿弧线上留0.6cm（折叠后）的松量。
- 将剩余的量集中在育克接缝线上，用临时的褶裥处理（后边将详细处理这个褶裥）。
- 在袖窿弧线中间位置取一点，在该点外0.6cm的位置标记并用针固定。

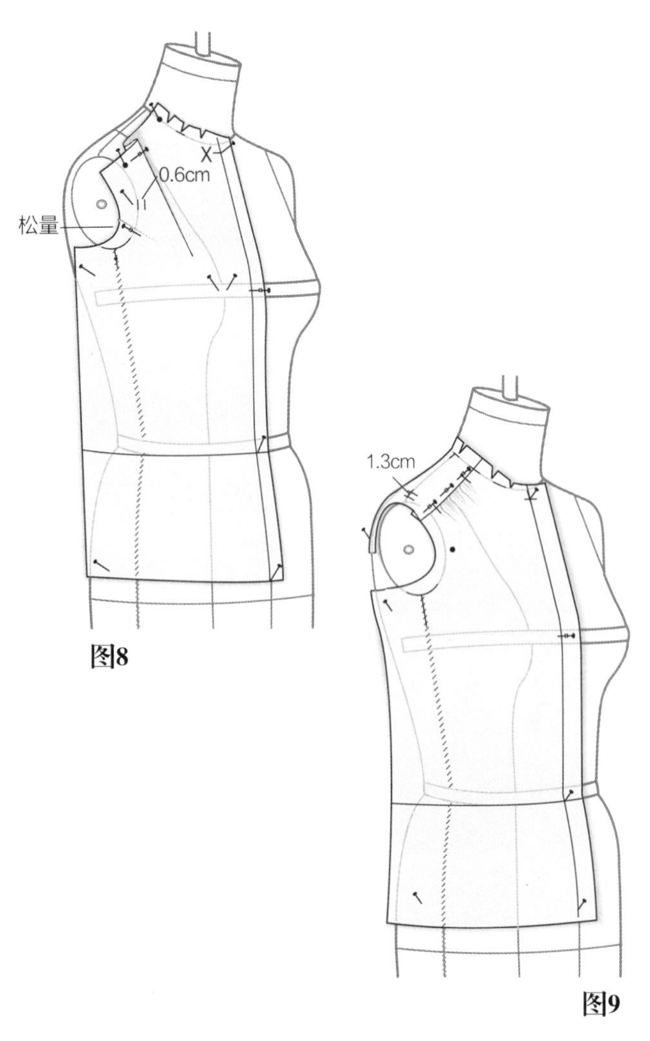

图8

图9

图9

- 将前片育克与衣片用针连接，将多余量以褶裥形式分布于标记点之间。
- 在该褶裥位置画出育克与衣片的连接线，后续画顺线条时可作参考。
- 从人台上取下前片及育克。

前片修正

图10

- 在不规则的褶量位置画一条曲线。
- 描出在袖窿板下3.2cm处的袖窿深位置。
- 侧缝线向外2.5cm作松量得到新的衣片侧缝线，并依据款式要求画好下摆。
- 腰线位置的侧缝线向里1.3cm（向里的量越多，越合体）。
- 从袖窿底到腰围线，再到下摆画侧缝线，并作1.3cm的缝份。
- 用直线或弧线画出下摆线。

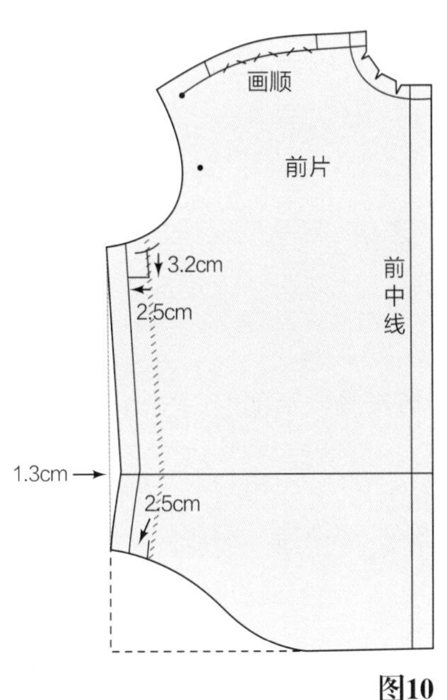

图10

后片立体裁剪

图11

下面给出的是基本款式衬衫的立体裁剪说明。如果选择的款式不同，请参考图13和图14的说明。按说明完成后，矫正纸样。

- 固定后中线和腰围线。
- 沿着育克线平铺白坯布，并用针固定袖窿弧线中点，在中点外0.6cm的位置做标记。
- 将白坯布在侧缝线和袖窿弧线位置铺平，并用针固定。
- 用铅笔标记袖窿弧线和侧缝线的位置，然后将白坯布从人台上取下。

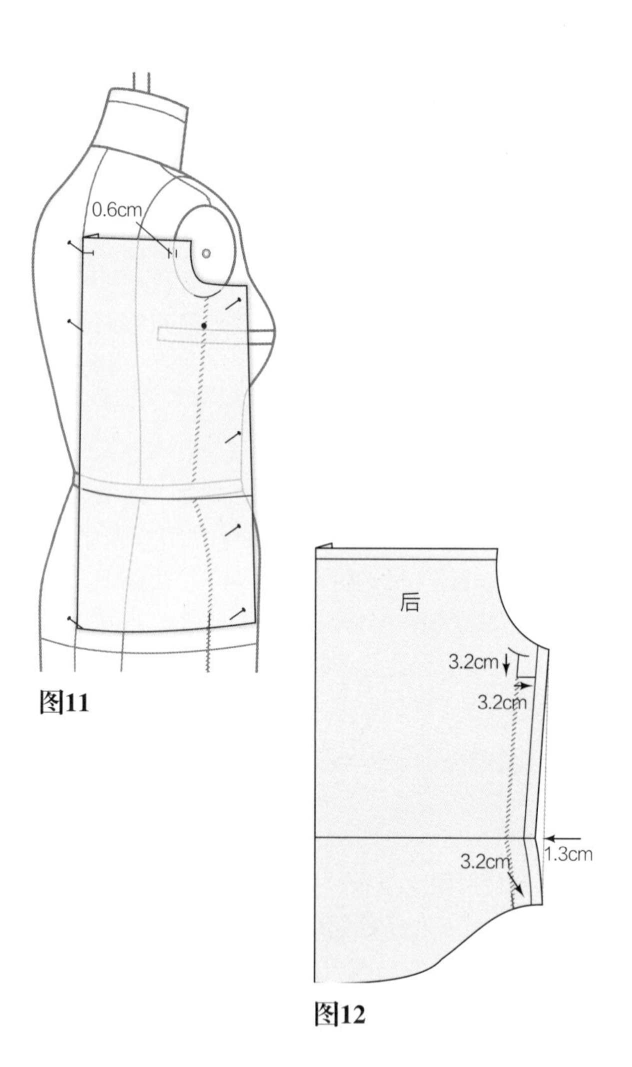

图11

图12

后片修正

图12

- 如图标记好袖窿深位置和侧缝线松量后，完成白坯布样板。
- 在后片与育克连接处作0.6cm的缝份。用虚线连接袖窿深点和下摆侧缝点，与腰围线的交点向内1.3cm，作一点为腰围线侧缝点，连接袖窿深点，腰围线侧缝点和下摆侧缝点，作侧缝线，并画出1.3cm的缝份。

后中褶裥

图13

- 在准备白坯布时，增加10.2cm的量作褶裥。
- 在后中线位置作2.5cm大小的对褶裥，另将剩下的多余量在款式要求的位置作活褶。
- 参照图片12的说明完成袖窿弧线，并画出下摆弧线。

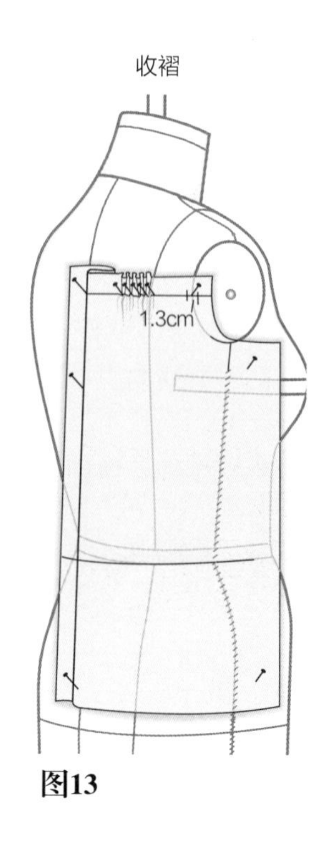

图13

活褶

图14

- 在袖窿弧线中点向内2.5cm作点X，然后从点X向外7.6cm作标记点。
- 过X点垂直向下画线，与下摆交于一点，用针固定（a）。
- 在X位置作褶裥，褶量在下摆消失（b）。
- 根据图12说明，完成袖窿弧线，并画出下摆的形状。.

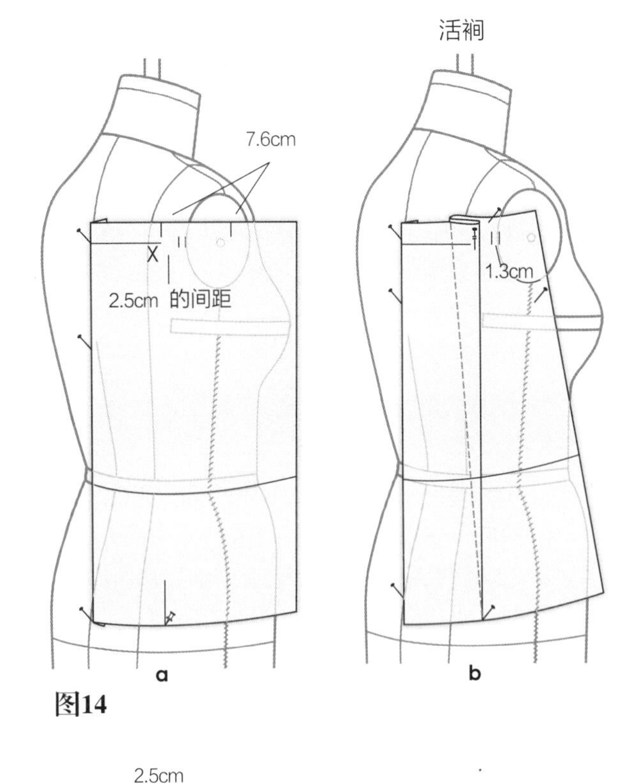

图14

作袖窿位置的育克

图15

- 领围线缝份量为0.6cm，其它部位缝份量为1.3cm，把前后衣片拼接，形成袖窿弧线。

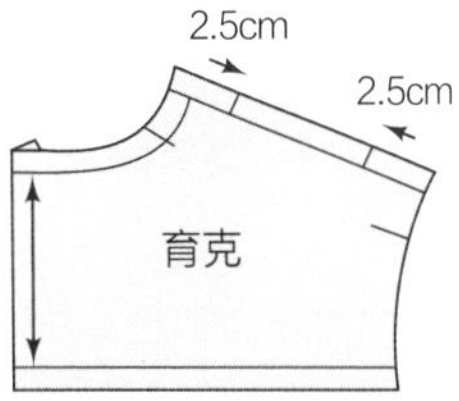

2.5cm
2.5cm
育克

图15

前片

图16

- 从袖窿弧线端开始，将育克与前衣片在接缝线对齐，忽略褶裥量。
- 将衣片平放。用曲线尺对齐肩线和袖窿弧线的交点，同时将曲线尺弧线和袖窿弧线对齐。
- 测量得到前袖窿弧线的长度，并记录为：________。

前

图16

后片

图17

- 取下育克上的针，并将育克与后片固定。
- 重复上面的步骤。如果曲线尺不够长，请选择其它曲线工具测量。
- 测量得到后袖窿弧线，记录为：________。

在试身前，做一片袖的立体裁剪，并缝制。

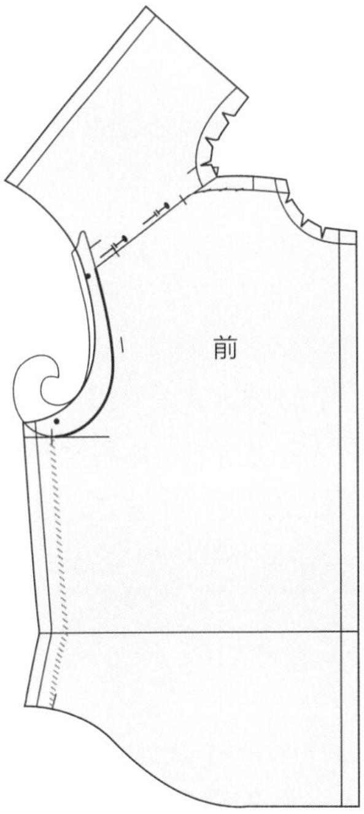

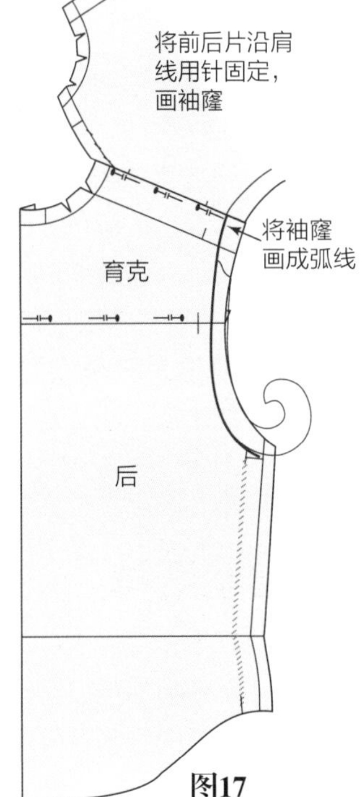

图17

无省袖的修改

图18

- 在纸上用虚线拷贝无省袖原型，包括袖宽线、肘线和袖中线。
- 在袖宽线上1.3cm画平行线，作为新的袖宽线。
- 以袖中线为轴旋转后袖窿弧线，使其另一端点与新的袖宽线对齐，画出袖山（虚线为原型袖山）。
- 袖山右侧重复以上步骤。

旋转点

袖宽

1.3cm

图18

图19

- 袖山高下1.3cm画一条水平线，参照该线再次画出袖山。测量前后袖山弧线，测量值应比袖窿弧线（含育克部分）大1.3cm,否则要通过增加或减少袖宽线的长度进行调整，最后画出袖底线。
- 将袖长缩短5.1cm（袖克夫宽度），或参照袖克夫宽度的设计值，画出袖长。
- 取袖底线和袖中线的中点，从该点向下取1.9cm，再从该点向上取5.7cm作开衩，可以是互搭的也可以是对缝的。

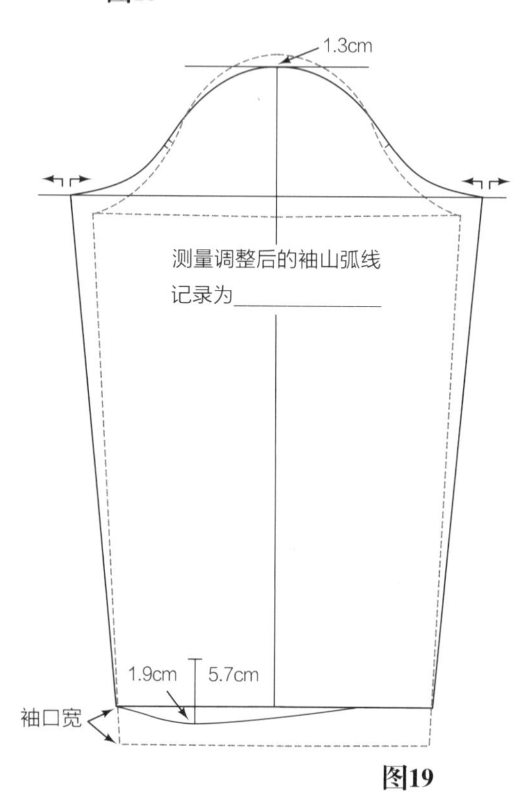

图19

袖克夫

图20

- 将纸对折，按给定尺寸画出袖克幅，例如，袖克夫长22.9cm，加2.5cm的扣眼位置，袖克夫宽为5.1cm。另外作1.3cm的缝份量，标出扣眼位置。

绱袖克夫

- 在袖克夫各边作0.6cm的缝份，与袖子连接处作1.3cm的缝份。袖子下摆可以打褶，可以收碎褶，也可以作成锥形的。
- 如果要作带领子的款式，参照第九章说明。将领子与领围线用针固定后，在人台上试衣。如果想要衣服更加合体，可以在侧缝线处做得更合体一些，也可以在前后片做更大的省道，实现期望的合体效果。

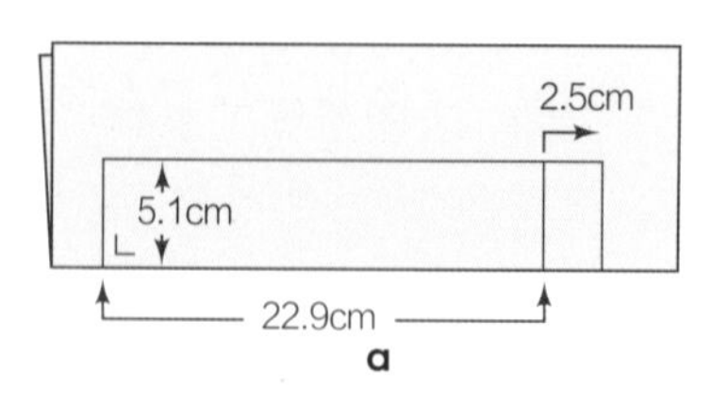

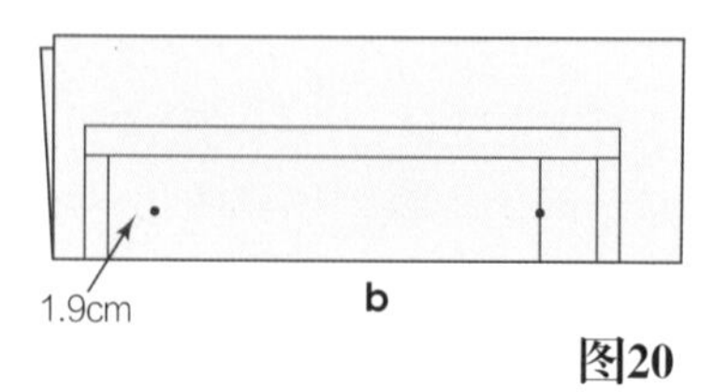

图20

绘制纸样

- 在纸上拷贝衣片纸样，并在前中线外6.4cm画平行线，作为前片门襟量，其中1.9cm为门襟量，剩下的量为折边。画出扣位和扣眼位置（见《服装立体裁剪（上）》第23页）。
- 更多的例子参照其它的纸样书。

设计2：休闲款衬衫

休闲款衬衫设计中可以有育克、口袋、塔克和风格线。

设计分析

图1

休闲款衬衫基于以人体躯干为基础的立体裁剪原理，由于在前袖窿弧线加入了宽松量，所以它的前袖窿弧线较大。为了使后袖窿弧线与前袖窿弧线相互平衡，后袖窿弧线在肩部的设计更靠前一些，且在侧缝线处也加入了额外的松量。袖窿深通常在袖窿板下3.8cm或更深的位置。肩线在肩点外1.3cm的位置（因此袖山高也相应的降低同样的尺寸）。无省袖也需要进行修改以适应更大的袖窿弧线。若有领子的设计，请参考《服装立体裁剪（上）》第9章说明。

图1

准备人台

- 在肩点外1.3cm固定针，针尖朝前中方向。
- 在人台上测量肩颈点到HBL（水平平衡线）的距离，在该距离上加10.2cm。
- 后片同前片的步骤。

准备白坯布

图2

- 根据测量尺寸裁剪白坯布。
- 如图修剪领窝线，在腰部画一条水平参考线。
- 参考人台测量尺寸表中的#7数据。

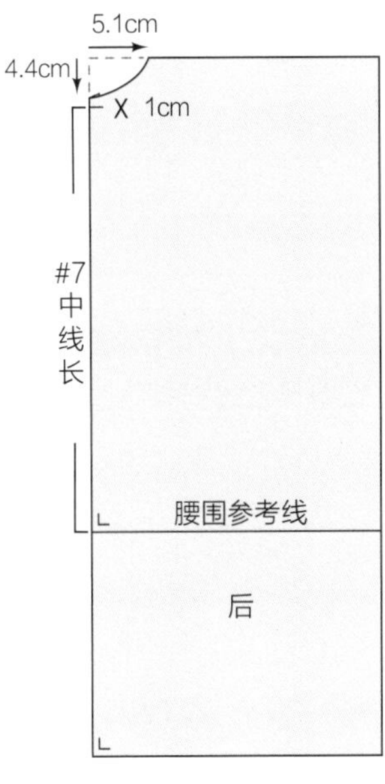

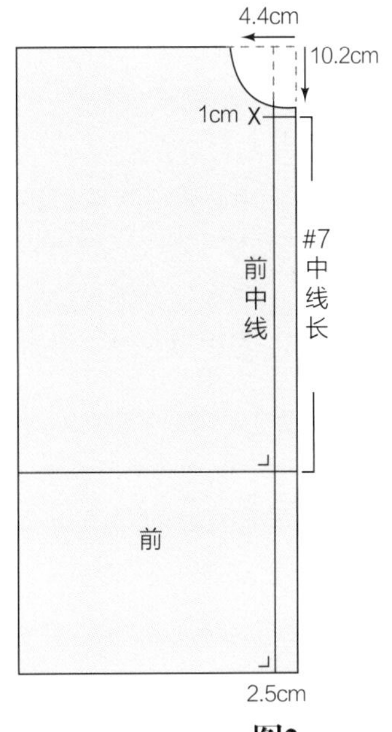

图2

立体裁剪步骤

图3

- 在前中线的直丝缕和下摆HBL（水平平衡线）的横丝缕上打针。
- 沿领围打剪口，将白坯布在肩部铺平，用针固定，延长肩部1.3cm。
- 立体裁剪做到袖窿中部，作标记并延长1.3cm用针固定。
- 在袖窿弧线上用针固定0.6cm松量（折叠）。
- 沿侧缝线向上平滑地推横丝缕线过袖窿板用针固定并将余量抚平。
- 在袖窿中部对剩余的余量作立体裁剪，为了保险用针固定住一个褶子。
- 标记出袖窿板的位置，铅笔擦印画出侧缝，并且标记低于袖窿板的袖窿深位置，增加侧缝松量。

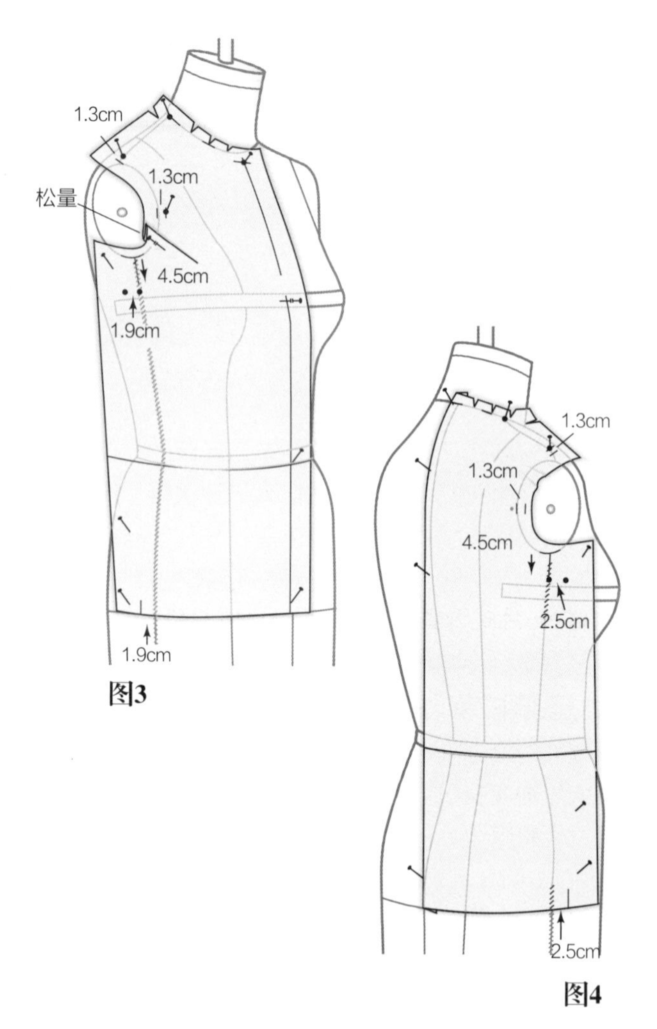

图3

图4

图4

- 重复图3的步骤，肩部剩余的余量在立体裁剪时置于后片袖窿弧线。
- 将裁片从人体上取下，画顺。

图5

- 画前后袖窿弧线。
- 侧缝线位置画直线。
- 腰围线处缩进1.3cm，再次画出侧缝线。
- 下摆线可以是直的、弧线的或其它形状。

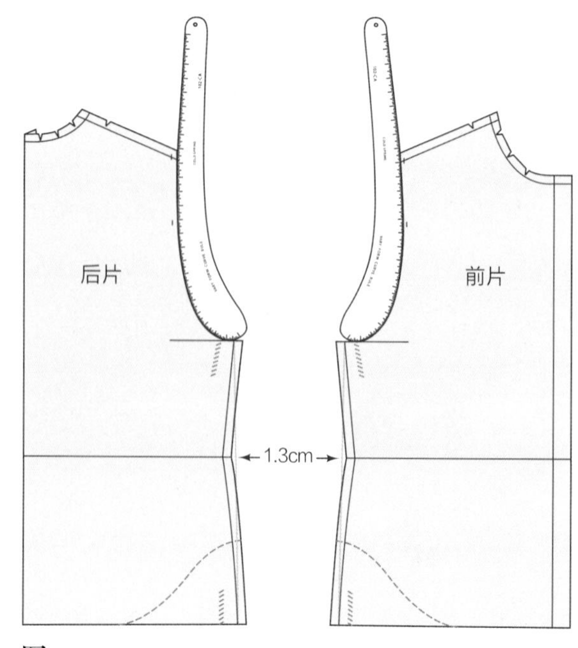

图5

图6

- 测量从X－Y点的袖窿弧线长，并将前后袖窿弧线长相加，将相加得到的数据二等分后加0.6cm，并记录X－Y尺寸。

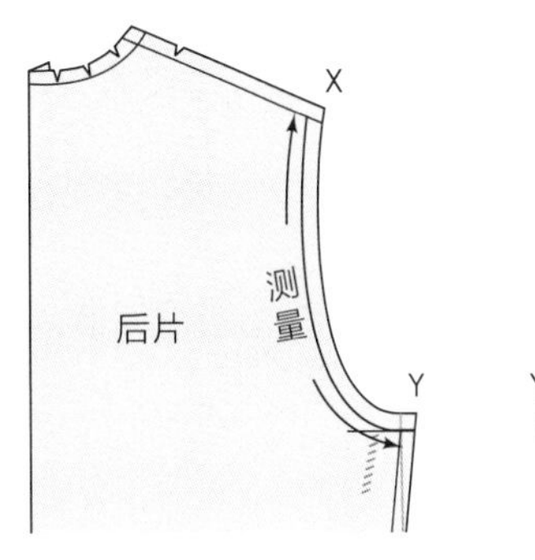

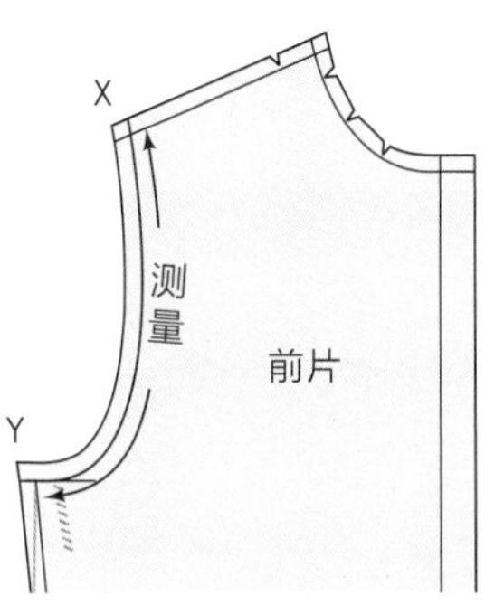

图6

图7

- 将一片式无省道袖子原型及其所有标记拷贝到纸上。
- 在袖宽线以上3.8cm处画一条平行线。
- 降低袖山高1.3cm（X）。
- 在腕线向上5.1cm处作标记，作为一个独立的袖克夫。

图8

- 从X到Y画一条线，使其长度为记录的袖窿弧长。并在其中点作标记点。
- 参照给定的测量值画袖山弧线。
- 另一边同样的步骤。
- 通过打褶或抽褶的方法绘制袖子的袖口。
- 参照后面设计3的做法完成袖克夫。

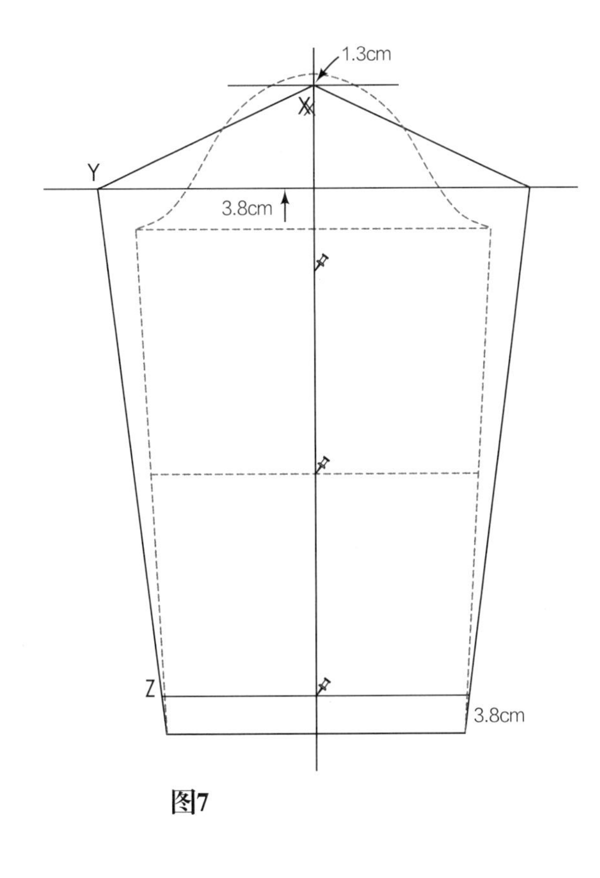

图7

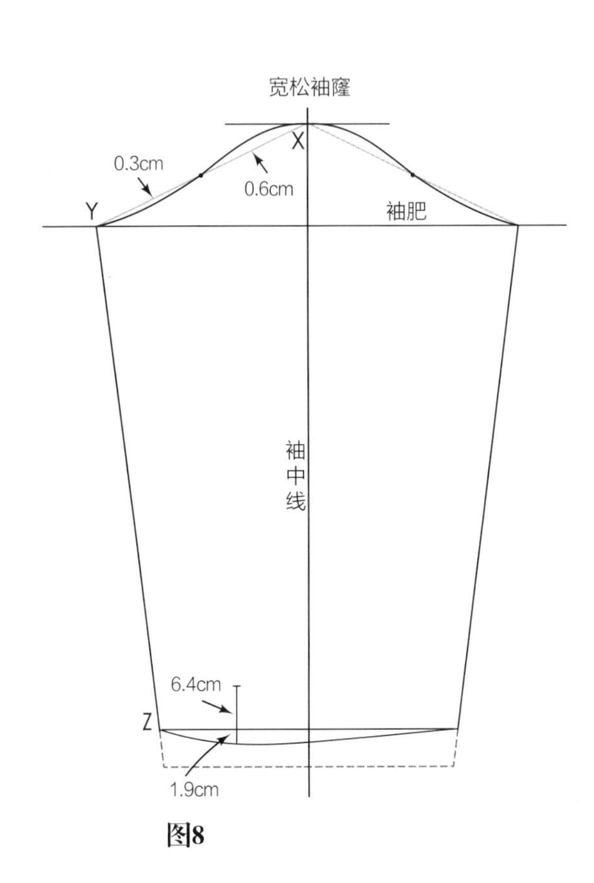

图8

设计3：宽松款衬衫

宽松款衬衫十分宽大，通过肩部不同的松量大小实现。由于在袖窿弧线中插入了多余量，所以袖窿深也非常低。

设计分析

图1

参照已给出的休闲款衬衫的立体裁剪说明。不同之处在于宽松款式衬衫需要额外的多余量。这些额外的多余量通常被做成临时褶裥，或直接放在服装尺寸中。袖窿深在袖窿板下7.6cm或更多的位置，同时它的袖子也是基于无省袖而来的。

图1

准备白坯布

图2

- 参照前文的白坯布准备方法。
- 在宽松款衬衫中，白坯布宽度方向增加5.1cm。
- 在距前中线和后中线10.2cm处各作一个2.5cm大小的褶裥（展开后为5.1cm）。
- 沿白坯布长度方向折叠2.5～5.1cm大小的褶裥，或者褶量到下摆为零。

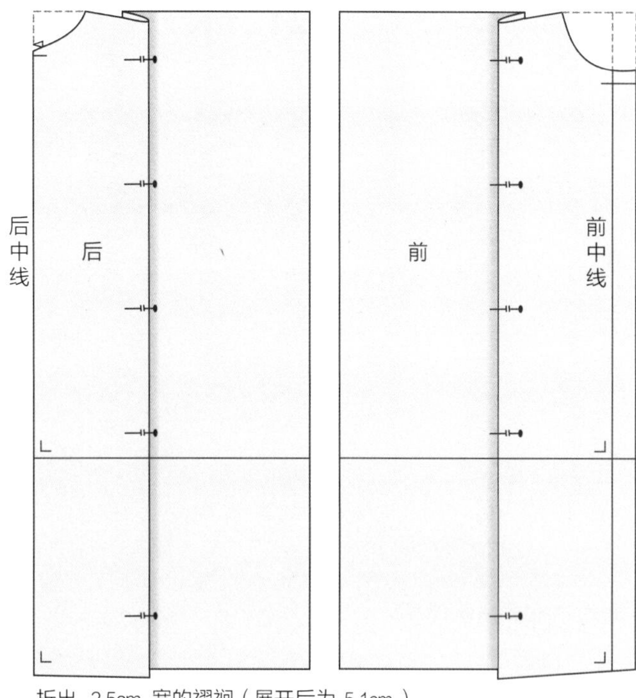

图2

立体裁剪步骤

图3

- 将直丝缕线对准前中线上和横丝缕线对准腰线，用针固定坯布。
- 将前片侧缝位置的多余量集中在袖窿弧线中点。
- 在袖窿弧线上留0.6cm大小的松量（折叠）。
- 在袖窿板下7.6cm或更深的位置作袖窿深标记。侧缝松量不需要。

图4

- 后片作法参照前片。然后将白坯布从人台上取下，并校对。

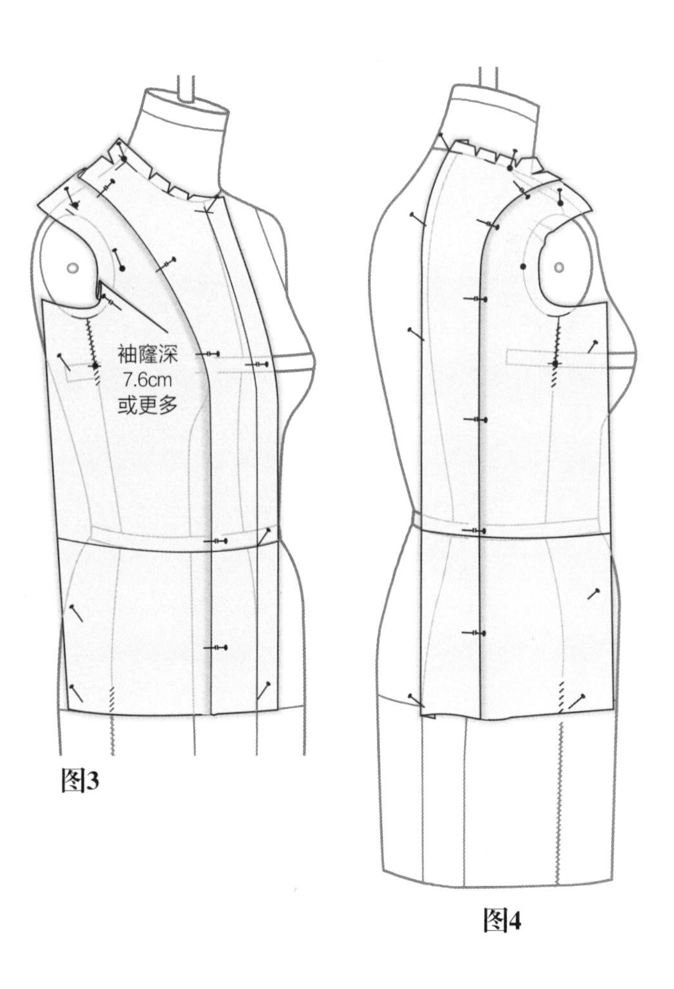

图3

图4

图片5和图6

- 打开褶裥，并校正裁片。
- 从侧颈点向肩点画一条直线。
- 画出前后袖窿弧线，为了平衡前后袖窿弧线长的差量，后袖窿弧线增加一定的尺寸，前袖窿弧线需减少相应的尺寸。
- 下摆可以是直线的，也可是曲线的。

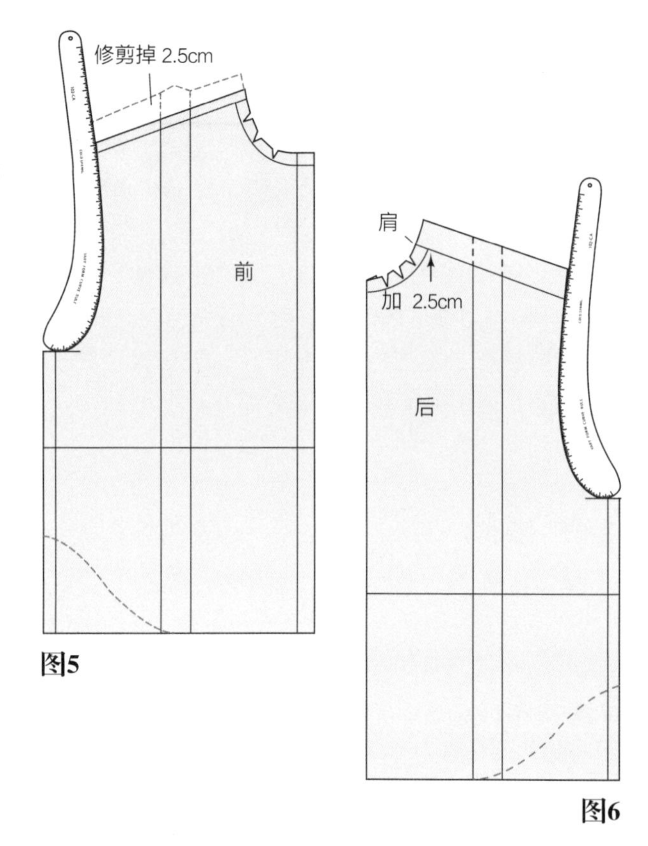

图5

图6

图7

- 图示为褶裥在下摆处的重叠量为0的款式，同时其下摆形状为曲线型，而非直线型。

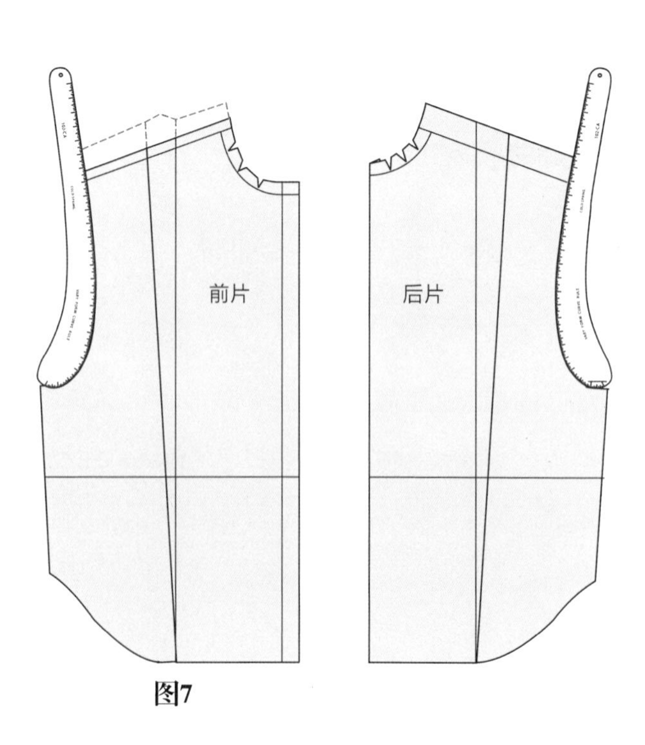

图7

图8

- 测量前后袖窿弧线长。使前后袖窿弧线等长，并同时增加0.6cm，测量如图X到Y点的弧线长。

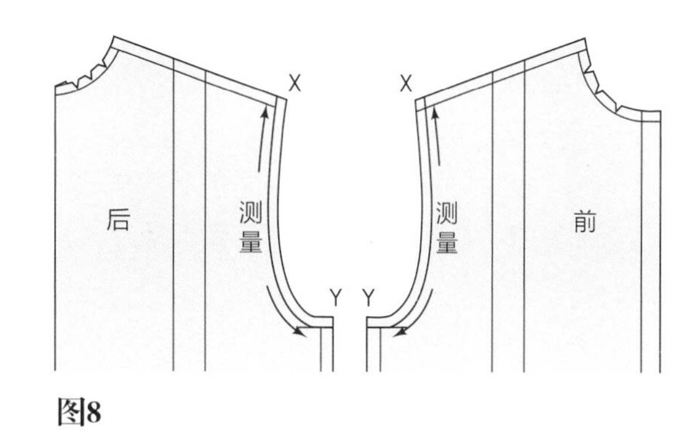

图8

图9

袖子的修改

- 拷贝无省袖，增大袖宽，袖肘宽和腕线。

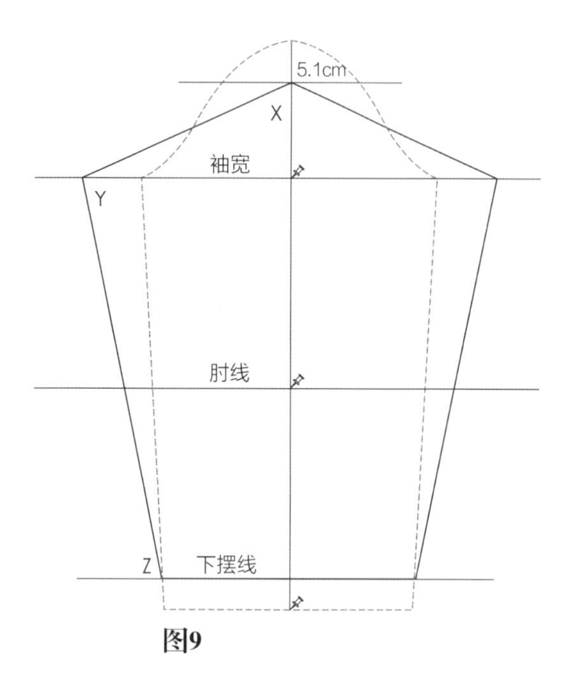

图9

袖长选择

- 将袖长剪短5.1cm作袖克夫，或者也可以增加袖长，在原来袖长的基础上作袖克夫。
- 将袖山高降低5.1cm标记为X点，然后连接X点和袖宽线上的点Y，使X到Y的长度等于袖山弧线长，同时连接Y点和Z点。
- 将测量的前后袖窿弧线长相加，并等分。在等分后的前后袖窿弧线上各加0.6cm为新的袖窿弧线，记录X−Y=______。

完成纸样

图10

- 参照本章袖克夫纸样的绘制说明，完成袖子的纸样。

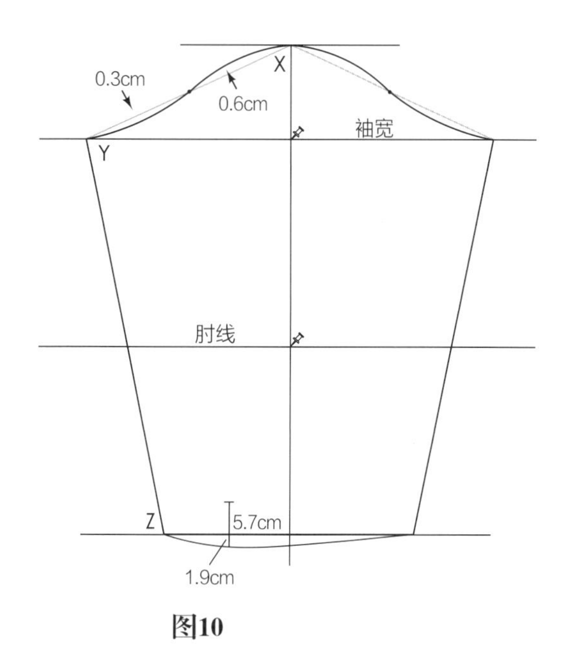

图10

外套/大衣
基础样板与设计

第6章

- 设计1：经典翻驳领外套
- 设计2：低领嘴翻驳领外套
- 设计3：肖像领（阔边领）
- 设计4：双排扣外套
- 设计5：青果领立体裁剪
- 设计6：披肩领

外套可以点缀时尚，搭配某种裙装的外套，属于套装的一部分，同时它也可以作为单独的服装与衬衫、短裤、长裙和其它服装搭配。它的款式可以是剪裁讲究的、偏女性风格的或者运动风格的。袖子的款式也是多样的，包括基本款式的一片袖、两片袖、插肩袖、露肩袖、和服袖和特殊款式的袖子。还有一些设计采用高袖山袖和羊腿袖，这些袖型将在后续纸样练习中将会看到。外套中常见的是翻驳领，另外还有低领嘴驳领和青果领。在后面的章节中将会介绍领子和领围线形状的变化。肩部公主线、袖窿位置的公主线被看作是大多数外套的基本风格线，另外根据服装的成本和最终用途可以增加或减少结构线的数量。本章开始和结尾部分将涉及到内部结构线的设计。本章虽然没有图示大衣的立体裁剪，但是给出了大衣立体裁剪的相应说明。

术语

图1

这两个图示标出了与外套相关的重要术语。这些术语需要设计者理解并熟记，以便在设计室里作更好的交流。

驳口点——翻驳线向下延伸的止点。

前中深——两驳头相互交叉位置的设计点。

领底——后领翻折下来的高度。

驳头——位于外套或大衣前片的翻折领。

领嘴—— 领子和驳头之间的空间形成楔形（串口）。

挂面——驳头的一部分，位于驳头反面（不包含翻领部分）。

翻驳线——翻领和驳头的翻折线。

青果领——驳头和翻领连在一起的领型。

图1

外套基础样板

外套和大衣是穿在其它服装外面的，所以在立体裁剪时，所用的尺寸比人台和模特的测量尺寸稍大一些。为了使外套或大衣宽松，或给里面的服装、支撑物件、衬里和垫肩提供空间，通常在领围线、袖窿弧线和侧缝处加入一定的松量。垫肩可以使肩部提高0.6cm或1.3cm（基于服装款式而定）。正如前面提到的，如果可以的话，在作外套立体裁剪时选择大一号的人台进行设计，否则，我们需要考虑以下因素：内部服装的厚度、外套或大衣所选面料的厚度。

内层辅助材料：术语及定义

图2

1. **衬布**——一种起加固作用的通孔组织，可以减小浅色面料的透明度或为其增加强度。通常采用质量较轻的梭织面料，平纹细布或黏合衬。它的纸样来自于外套纸样。
2. **黏合衬**——位于服装和挂面之间，用于加固领子、袖克夫、开衩、驳头、腰头或其它部位。黏合衬可分为有纺和无纺，可熔的和不可熔的，通常用来加固服装面料或用于轻薄面料的裁剪中。缝份部位需要用梭织不可熔的黏合衬，但对可熔性黏合衬是有选择的。黏合衬的纸样来自外套的纸样。
3. **里衬**——用于里布和底布之间（单独加入）。它作为单独的一层被缝制在里布上。它的纸样来自里布的纸样。
4. **里布**——它是包覆服装内部结构的最后的一层。它的纸样来自于外套纸样。

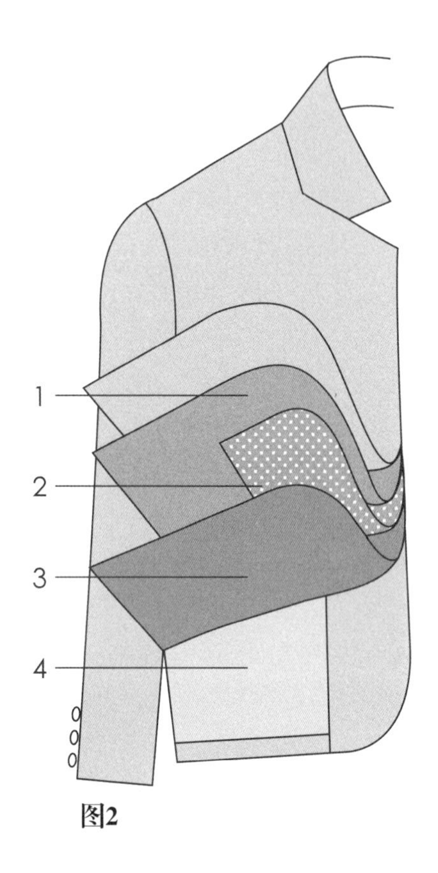

图2

补充说明

图3

裁缝店和面料市场有制作外套和大衣所需的材料，在采购面料时，使用上面讲到的专业术语将会便于沟通。用于胸部和肩部之间支撑凹面的做好的胸衬可以直接购买，也可以自己通过粘贴Pellon公司的粘合衬得到，起到加固作用。

立体裁剪得到的纸样同样也可以用来制作服装内部结构的纸样。

下面的例子只是一个指导，详细的说明将在本章末给出。

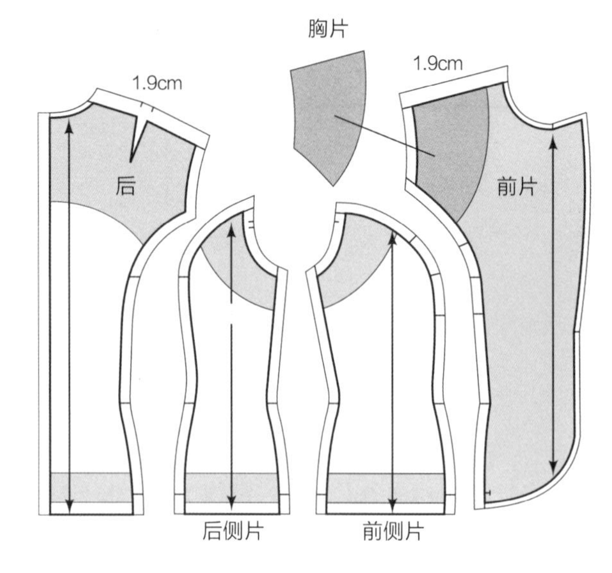

图3

袖子

图4

下图是一片袖和两片袖的内部结构图示。

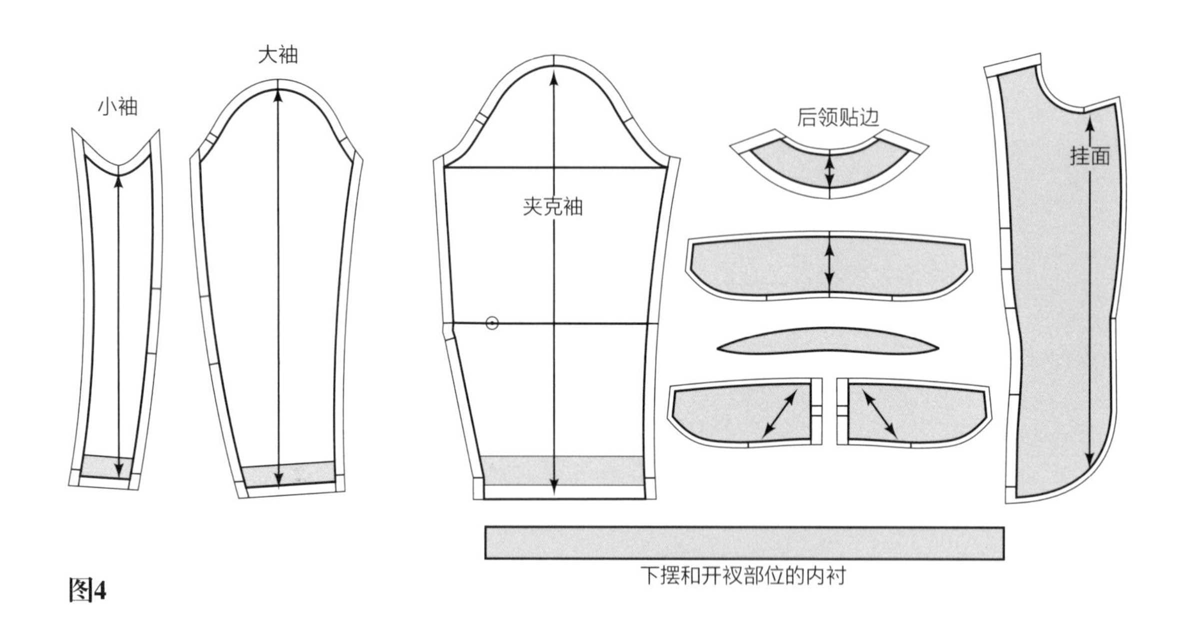

图4

外套衣身基础样板的立体裁剪

外套基础样板是基于人体躯干设计的，通过该基础样板立裁，我们可以对外套设计的合体度和平衡性有一个基本的理解。除了介绍翻驳领的立体裁剪外，所有外套基础样板都不包含任何驳领的介绍。同时为了节约设计者的时间，我们将用立体裁剪所得到的基础样板作为设计的基础，并在其中介绍袖子的设计。

准备人台

在人台上用固定针的方法可为面料的厚度和服装内部结构预留一定的空间。根据外套的款式确定垫肩位置时，该部位预留空间量要加倍。

领口线

图1

- 沿后领围线向下0.3cm位置固定针，并通过肩线逐渐向前领围线过渡，在领围线前中线位置下1.3cm处用针固定。
- 向侧缝处移动胸高点0.6cm，用针固定。

肩垫（基于外套款式）

- 将肩垫对折，中线与肩线对齐，并沿肩线向外侧移动0.6～1.3cm，将垫肩固定在人台上，以便立体裁剪过程中使用。
- 沿肩线放置一条绳子，并画出这条线。

驳领翻折线

- 在前中线下12.7cm标记出翻驳领驳头交叉点的位置（点的位置参照基本翻驳领的设计）。

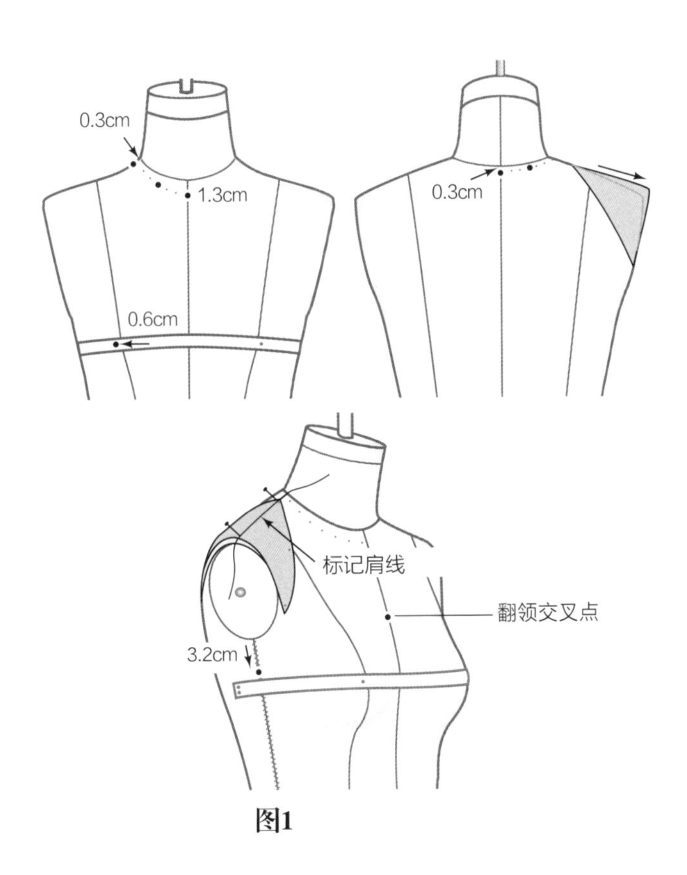

图1

袖窿深（基于款式而定）

- 在袖窿板下3.2cm处标记袖窿深点，该尺寸是标准型外套纸样设计的位置（大衣纸样设计中，袖窿点为袖窿板下3.5cm）。

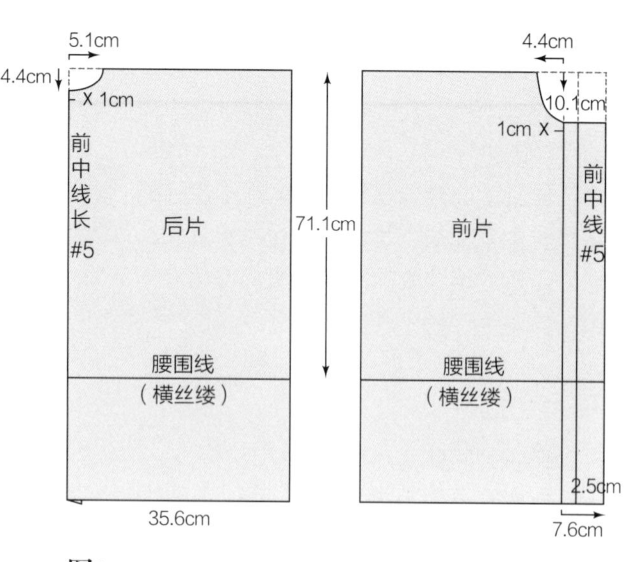

图2

准备坯布

图2

在原型纸样制作时，选择较厚的白坯布，或较易固定形状的白坯布。

- 长度：款式长度加7.6cm。
- 宽度：胸围线长度加12.7cm。
- 举例：直丝缕方向长度为71.1cm，横丝缕方向长度为35.6cm。
- 腰线长（供参考）：按照测量尺寸表的#5尺寸。
- 按照以上尺寸裁剪白坯布。

立体裁剪步骤

前片

图3

按照下面说明测量并作标记。

- 在人台颈围前中线X点用针固定白坯布，同时在平行于HBL的位置固定下摆。
- 作立体裁剪，沿颈围穿过肩线及袖窿中部用针头作标记。在袖窿中部用针固定松量0.6cm（折叠后），再继续到侧缝，标记位置，画出袖窿弧线，标出袖窿深位置，用铅笔擦印标出一段短侧缝，然后标记2.5cm侧缝松量。沿着臀围HBL作立体裁剪，向上到侧缝（用铅笔擦印标记一段短侧缝）然后标记2.5cm松量，再把多余的量别到指向胸高点的省道中。

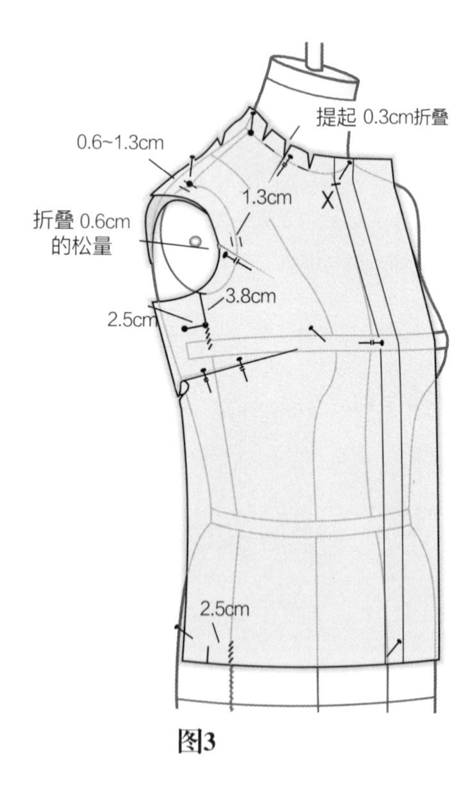

图3

后片

图4

- 沿后中线，从领围线到与HBL平行的下摆依次固定针。
- 在肩部公主线作1.3cm（折叠后）的省量，该省量在缝合前后片时将自然收掉。接着作袖窿弧线，这时出现的多余量要作为袖窿弧线长的一部分。

前片和后片

- 将衣片沿侧缝线和肩线拼合在一起。检查所完成服装的合体度及相关尺寸。然后将样板从人台上取下，画顺衣片上的肩线、侧缝线，再将样板缝合进行试身，试身后可作为后续参考样板。

袖窿

- 用曲线板将前后袖窿弧线画顺，按照下面图1进行尺寸测量。

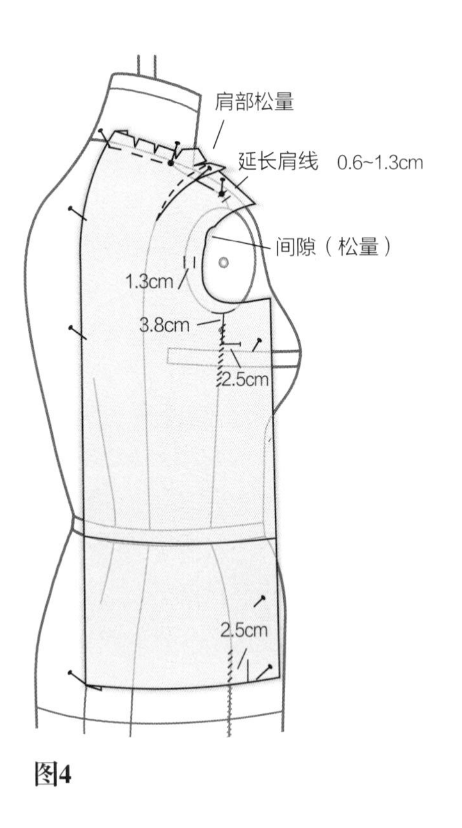

图4

外套袖子基础样板制图

袖窿弧线的测量

图1

- 测量前后袖窿弧线长=（前）______（后）______。
- 袖窿弧线总长：______。

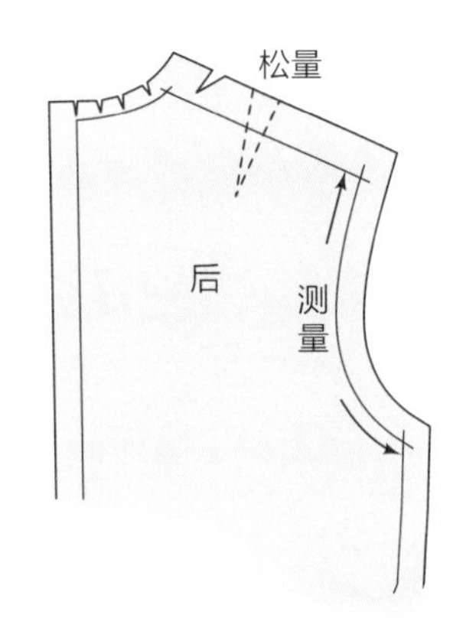

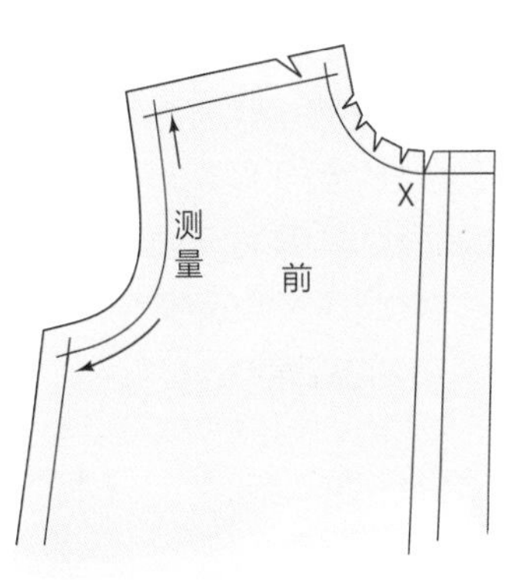

图1

袖子的修正

图2

再次测量外套基础样板的尺寸。

- 拷贝基础袖型，将袖山底点向下移1.3cm，向外移1.3cm，袖口两端点分别向外移动0.6cm。
- 加高袖山，以满足垫肩的厚度，然后在此基础上将袖窿弧线画顺。
- 测量调整后的袖山弧线长，用该尺寸减去袖窿弧线的长度，即为袖山缩量。
- 袖山缩量应在3.2～3.8cm之间。
- 按照前后对位点将袖子的袖山弧线和衣片袖窿弧线比对。

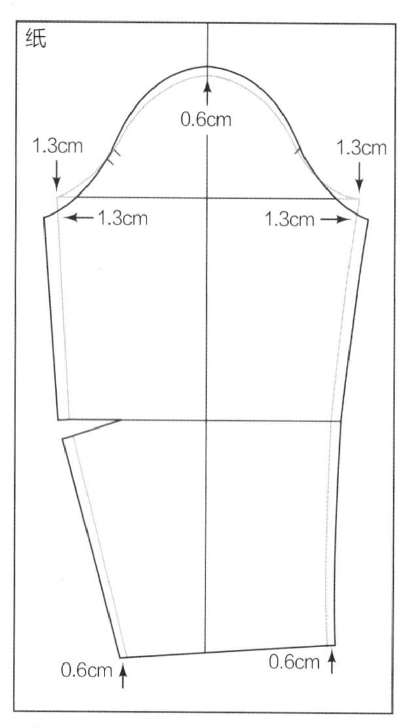

图2

试身

- 将袖子和衣片袖窿弧线用针粗缝。穿在人台或模特身上试身。
- 检查袖子的合体度，按照《服装立体裁剪（上）》第89～90页的内容校正。

增加袖山缩缝量：切开/展开方法

图3

- 将袖子样板拷贝到纸上，画出袖中线、袖宽线、肘位线。擦掉没用的线条，描出有用的线条。然后将两个袖口点均向里移动0.6cm，与肘位线点连接，得到的线条即为袖子的净线。
- 将袖宽线四等分。
- 在每个等分点处作垂线，并沿该垂线将袖子剪下，分为四部分。
- 将剪好的袖片放在准备好的纸上，
- 剪下的部分沿袖中线、袖宽线和袖肘线对齐。
- 按照款式要求的距离，用测量工具将袖子裁片分开一定的距离，等于增加了需要的或设计的袖山缩缝量。
- 在纸上画出袖子样板，并剪下。

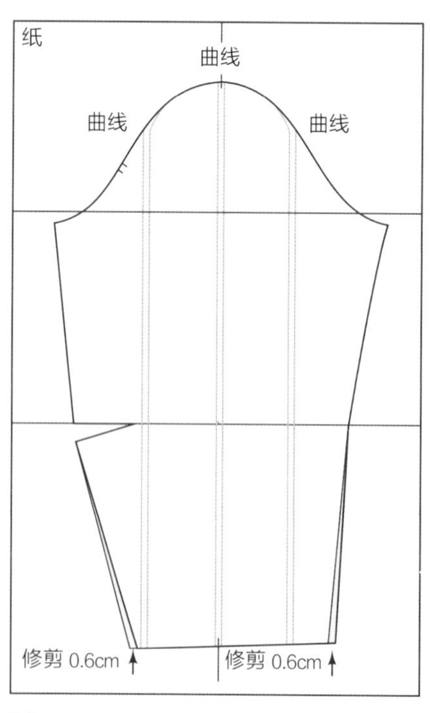

图3

外套大衣袖子放码

下面介绍外套袖子的放码方法，以适应不同的袖窿弧线。

放码方法和术语

与袖子位置相关的术语及放在纸上档差的参考

- **向外：** 档差的反方向（↑）。
- **向内：** 档差方向（↓）。
- **向上：** 档差方向的右边（→）。
- **向下：** 档差方向的左边（←）。

纸样（图4）为档差方向。

图4

- 在纸上画63.5cm长的水平参考线。
- 在纸的上下方向，作另外一条参考线，长17.8cm，水平参考线垂直。
- 沿垂直参考线放置袖子的袖宽线和样板丝缕标记线，画出袖口线，将两袖口点分别向外移0.6cm。

后袖片放码

图5

- 按箭头指向的方向和给定的数据移动袖子样板，然后画出新的袖山位置（如图描粗的线条）。
- 当纸样从一个码移到另一个码时袖子的直丝缕和袖宽线必须与给出的参考线平行。后袖放码以数字4结束，返回参考线，对齐直丝缕和袖宽线。
- 所用尺寸是外套袖子的，大衣袖子尺寸（档差）是外套的两倍，如图所示。

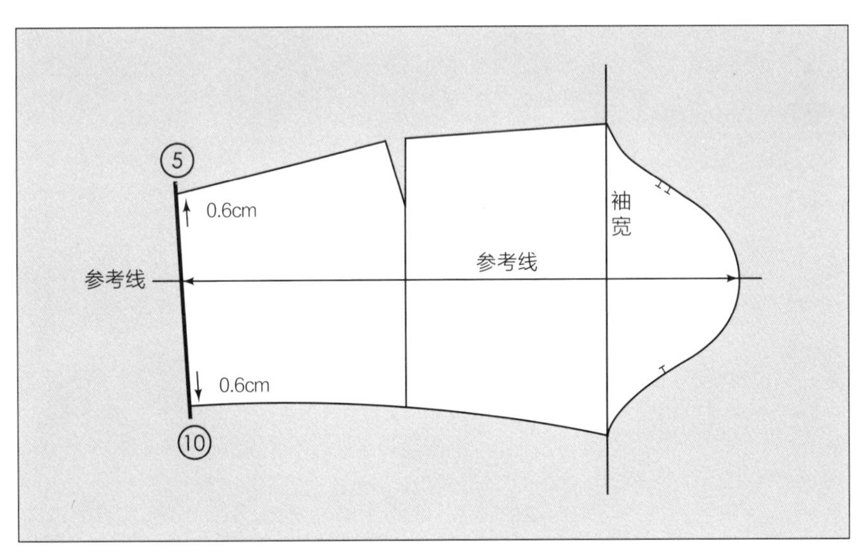

图4

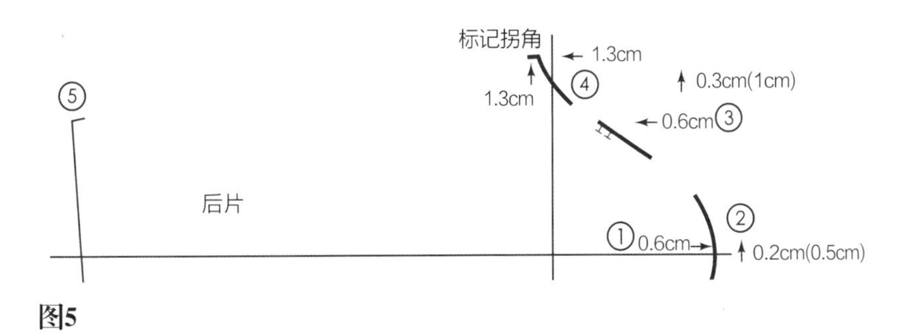

图5

前袖片放码

图6

- 将样板直丝缕标记线和袖宽线与纸上的参考线对齐，当袖山弧线从一级向下一级推板时，保证其对应点平行移动。袖山的放码从数字6开始到数字9结束。

后袖底缝

图7

- 将后袖底缝的中点设置在点5和点4中间，画出袖底缝，包括肘省。

前袖底缝

- 将前袖底缝的中点设置于点10和点9之间，并画出袖底缝。

袖山弧线

- 通过放码后的数据画出袖山弧线，即完成了袖子的放码。袖山缩量控制在3.8cm到5.1cm之间。
- 测量袖山弧线长，减掉前后片袖窿弧线，即为袖山缩量测量后若需要增加或减少袖山缩量，请参照《服装立体裁剪（上）》第89~90页的说明。

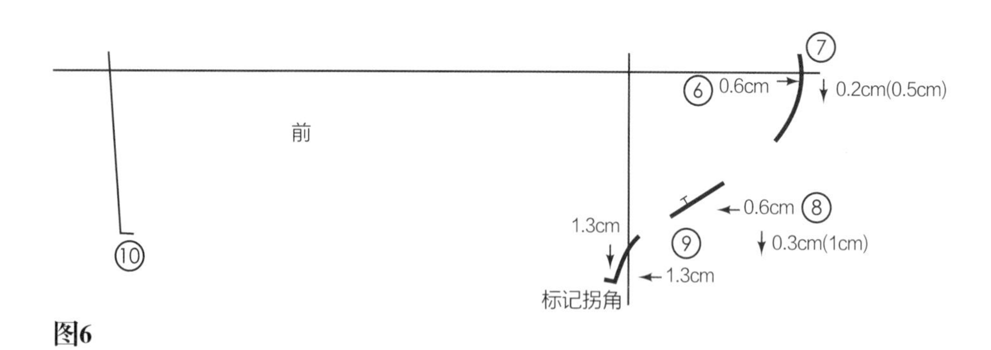

图6

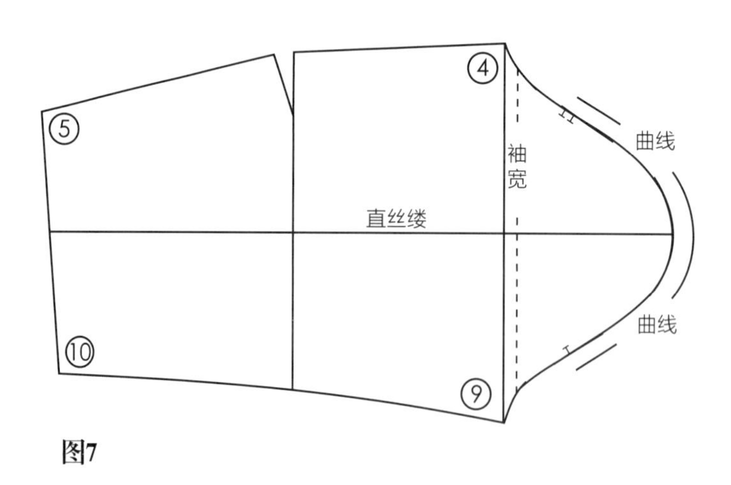

图7

两片袖制图

绘制步骤

图1

- 拷贝并裁剪外套袖子的基础样板。
- 对折袖宽线，前后袖宽分别二等分对折。
- 将得到的这两个折点均标记为X点。
- 此时，将前后袖山弧线腋下部位拷贝下来。
- 垂直于两条折线分别向前后袖山弧线画线，使其与前后袖山弧线的交点形成的垂线段长为3.2cm。
- 画出这两条垂线段，并将其于袖山弧线的交点标记为Y点。

大袖

图2

- 将袖子打开并画出中线。
- 在中线两端画出肘线和腕线中点。
- 在中线两端分别连接腕部X点到肘线标记点，一直到袖山弧线上X点。
- 用肘部和腕部给定的尺寸从X点向外做标记。
- 连接从腕部标记点到肘部标记点，直到袖山Y点的线条。
- 剪掉不需要的部分（阴影部分）。

小袖

图3

- 从大袖肘省的上下各3.8cm的位置标记松量控制刀眼位置，并将该区域连线画顺。
- 根据图中肘位线和袖口线上给出的尺寸，向里做标记点。
- 依次连接袖口线、肘位线上的标记点与图中袖山弧线上的Z点。
- 在下面放一张纸，将小袖拷贝下来。
- 移去纸张，画出小袖外轮廓。该轮廓在袖子后片向外凸出，在袖子前片向里凹进。
- 从纸上剪下小袖。
- 通过向下测量大袖袖山线上的点到肘部刀眼的距离和从腕部向上到肘部刀眼标记的距离，在小袖上肘线上下标记松量控制刀眼。刀眼距离之间的差量控制着肘部的松量。
- 如果需要，修顺袖口线。

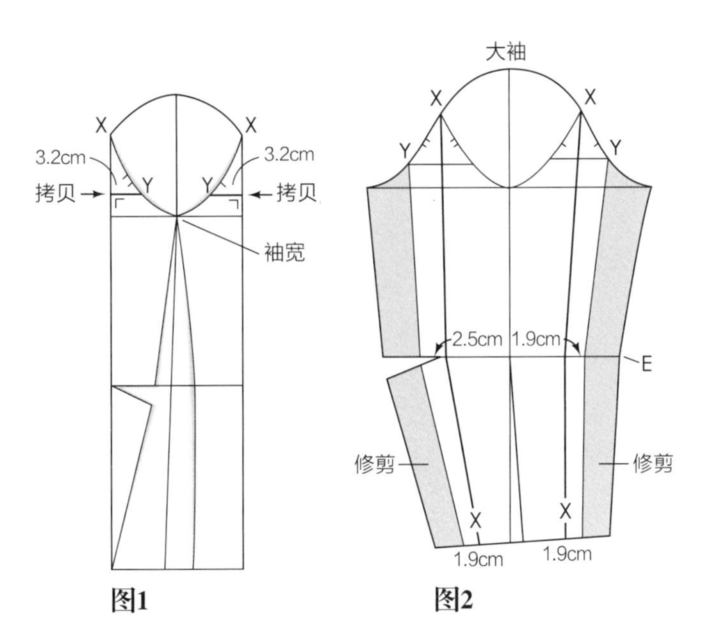

图1

图2

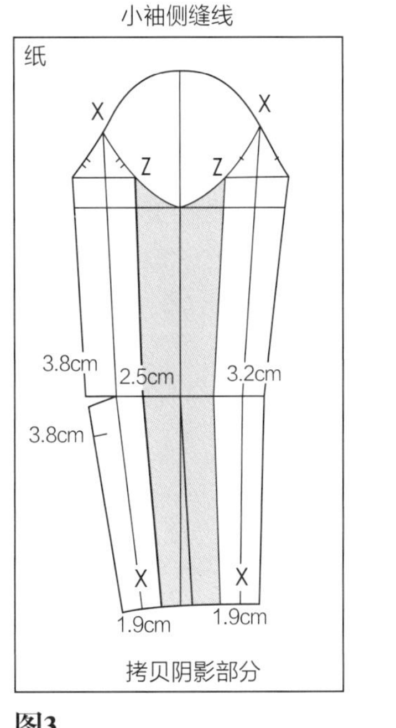

图3

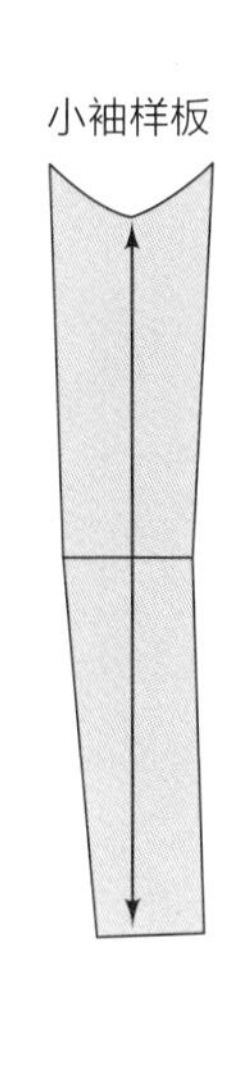

完成样板

图4

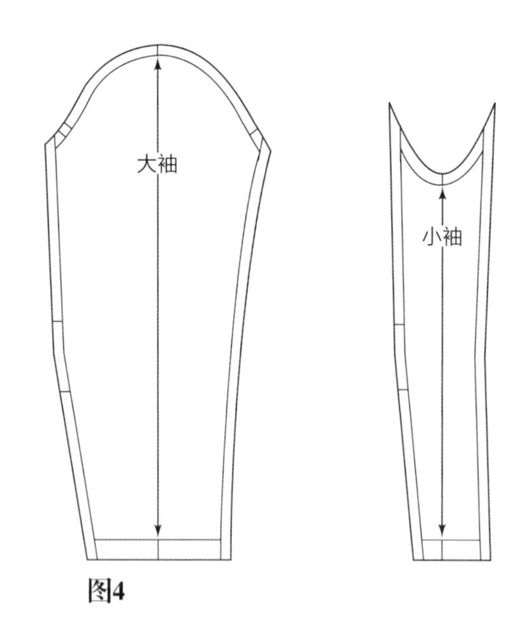

图4

驳头设计

图1 ~ 图3

- 本章列举一些常见外套的驳头设计方法，但也可以参照说明，根据款式自由设计驳头。
- 自由设计驳头款式。

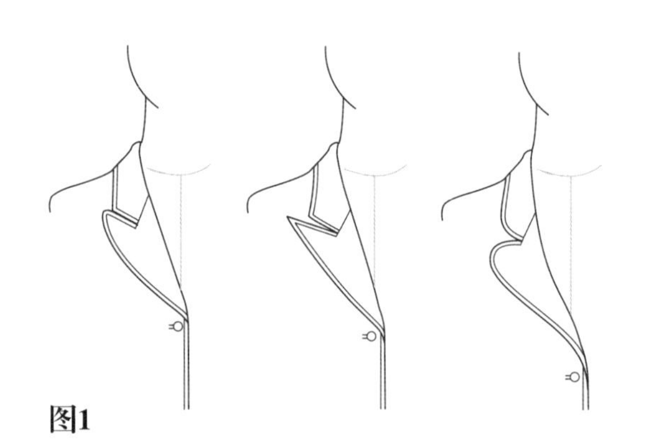

图1

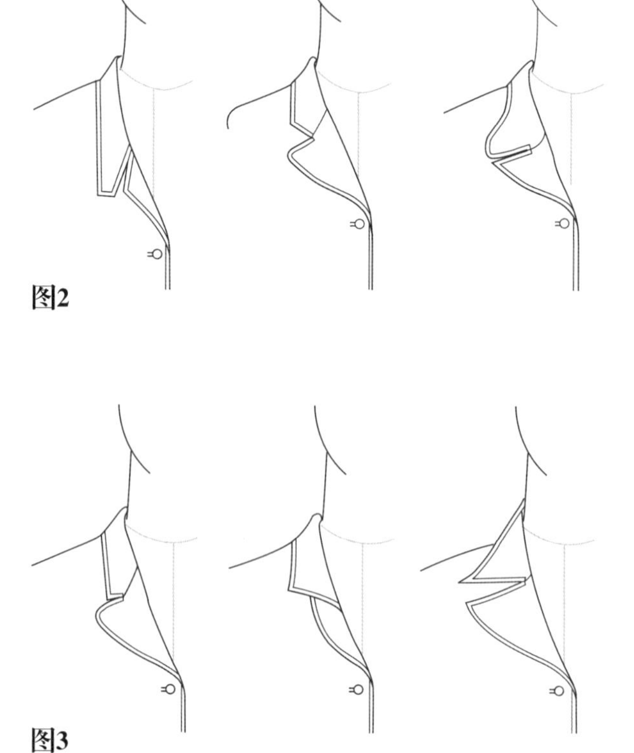

图2

图3

设计1：经典翻驳领外套

设计分析

图1

图为经典款式的翻驳领设计，领围线位置的缺口是立体裁剪的重点。这种外套可以在基础样板上进行设计，也可以参照第12章中圆下摆、公主线的外套款式进行设计。

准备坯布

图2

- 剪一块30.5cm × 61cm大小的白坯布，并在其上如图示标记。

领子

图3

- 剪一块30.5cm × 12.7cm大小的白坯布，如图示标记。

图1

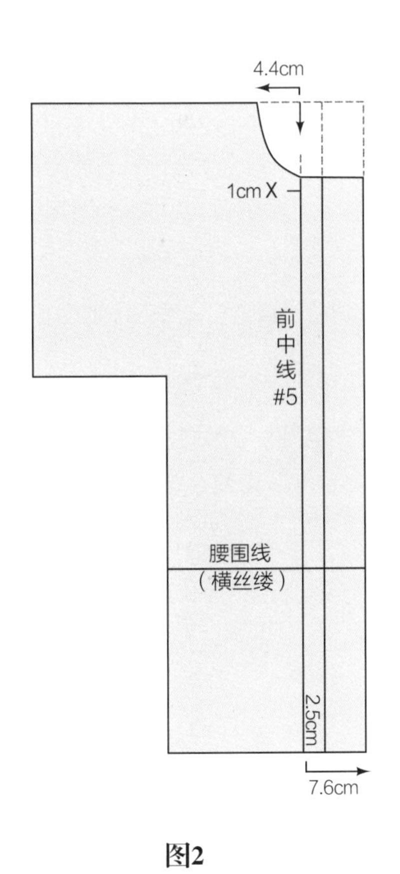

图2

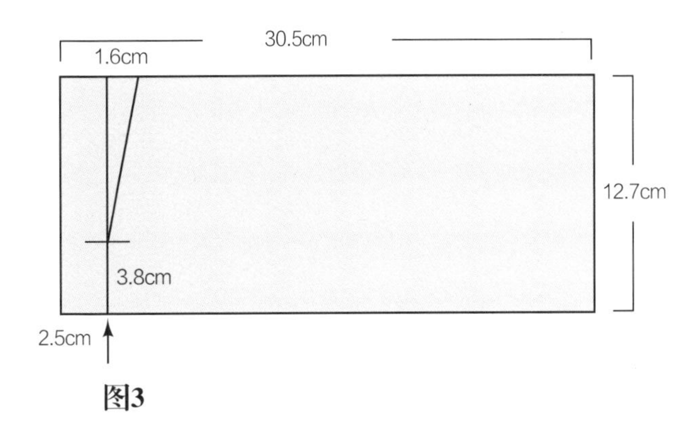

图3

立体裁剪步骤

前片

图4

- 将白坯布上画好的X轴与人台前中线对齐，并用针固定。
- 按针位置标记领围线，打剪口，并且用针固定松量0.3cm（折叠）。
- 完成立体裁剪，按缝份修剪领线。

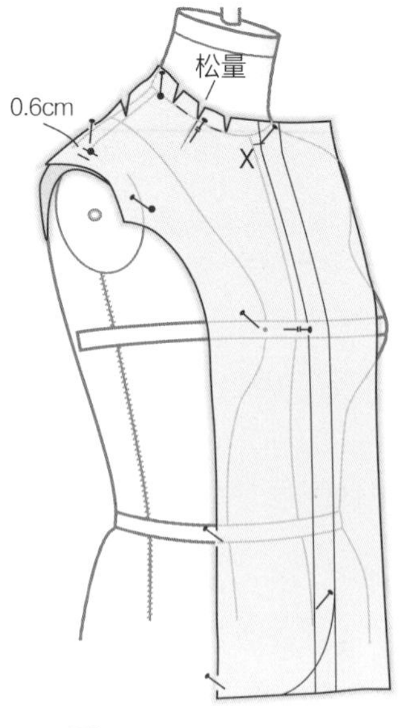

图4

驳头形状

图5

- 从肩/颈点向下5.1cm折叠坯布，按照一个设计的驳领深翻折到胸部。
- 用拇指压折翻驳线。
- 剪掉折痕以下的多余量（驳口点以下）。
- 继续修剪领弧线，从翻折的领口部位开始到前中线X点结束。
- 从X点到一个设计的形状处，止于驳口点，画出驳头形状。

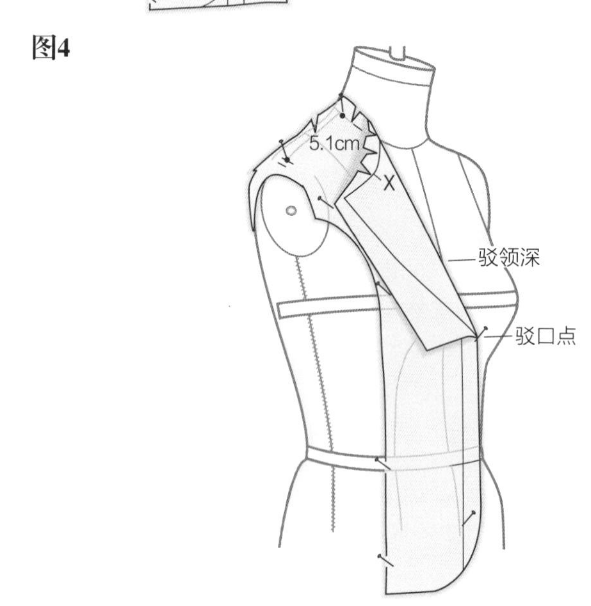

图5

图6

- 从驳口点到X修剪出驳头形状。

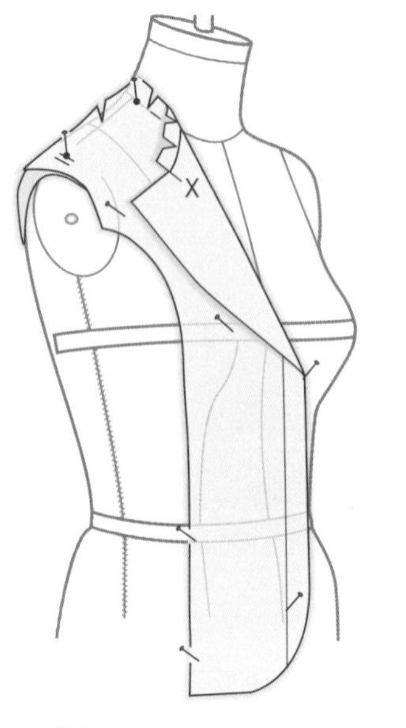

图6

领子的立体裁剪

图7

- 用针固定领子，使角度线处于后中线针尖位置。
- 将布平滑地推向肩/领部用针固定的地方，并打剪口，修剪余量。

图8

- 移动领子后中线，使之变成直丝缕，在人台后中线向上2.5cm处用针固定。

图9

- 围绕前领线铺平白坯布，打剪口，并在白坯布上作标记。

图10

- 固定前片裁片。
- 将领子与前片裁片固定。

图11

- 翻折领子，使其位于领围线下大约0.6cm处，并打剪口。

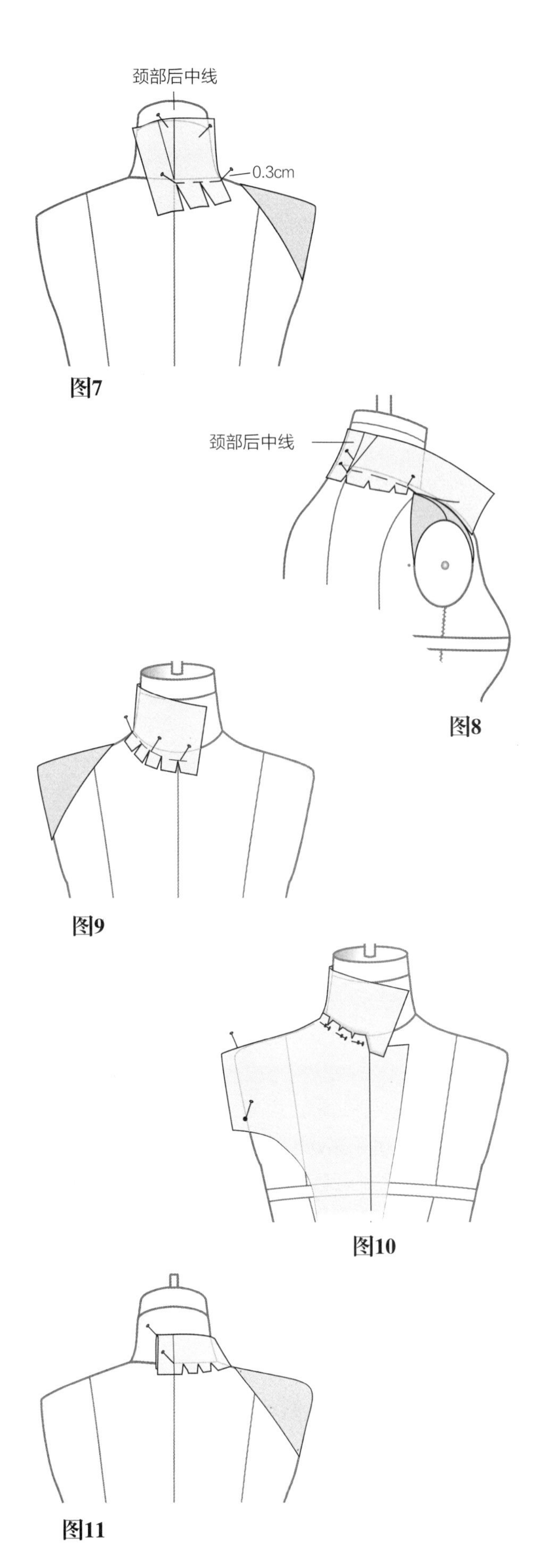

图7

图8

图9

图10

图11

图12

- 按款式要求修剪领子形状，使其在肩部平顺。
- 完成袖窿公主线并校正。
- 假缝或先作成样衣试衣。
- 完成外套袖子或两片袖的立体裁剪。
- 袖子的内部结构、衬里和挂面的做法参考第223～225页。

完成纸样

图13

纸样的形状显示了所设计的立体裁剪部分。

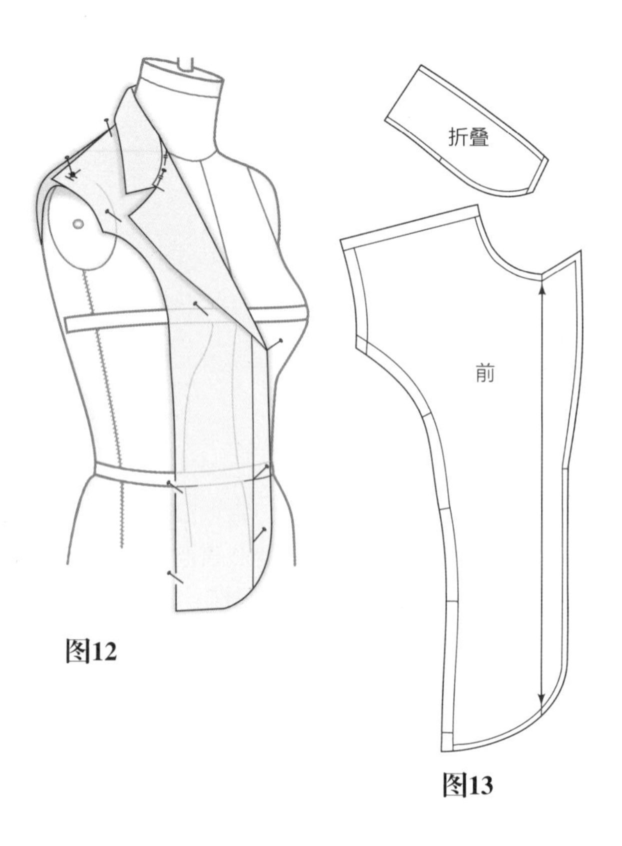

图12

图13

设计2：低领嘴翻驳领外套

设计分析

图1

相比经典款式的驳头位置，该款式的驳头位置较低。然而，这个位置是可以变化的，可以置于领围线下前中线上任何位置，这里强调驳头的立体裁剪。外套可以在基本原型或带公主线的上衣原型上进行设计如图所示，并参照第1章中公主线上衣立体裁剪方法的说明。

图1

准备坯布

图2

- 剪一块25.4cm × 66.0cm大小的白坯布，并如图进行标记。

领子

图3

- 剪一块38.1cm × 12.7cm大小的白坯布，并如图进行标记。

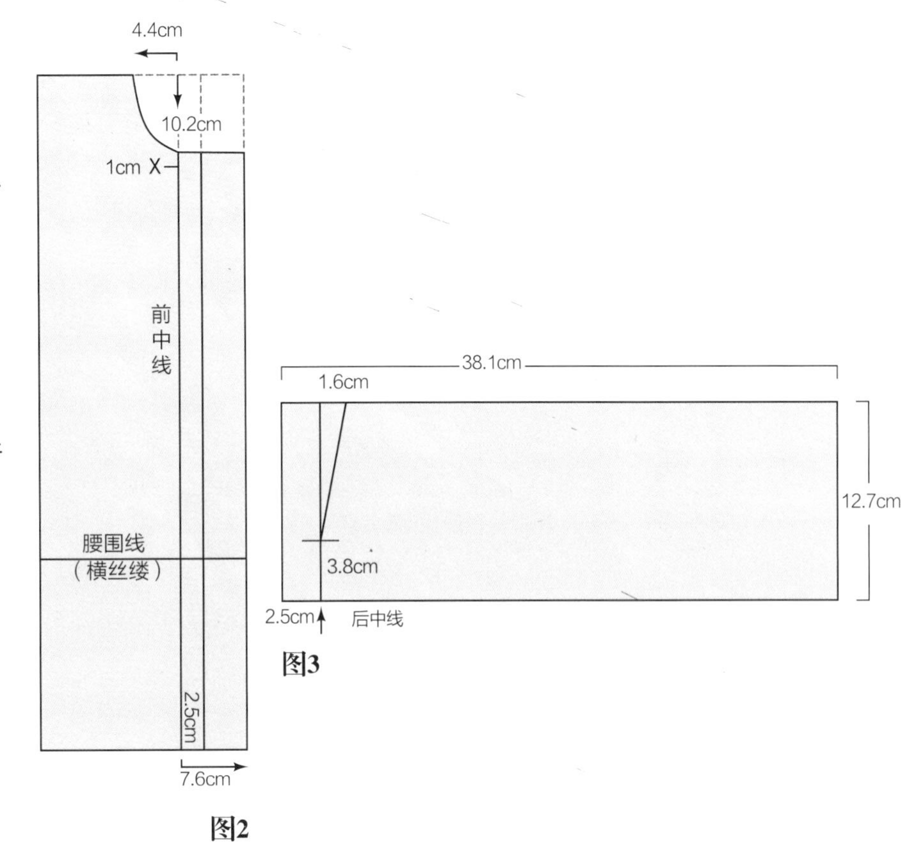

图2

图3

立体裁剪步骤

图4

前片

- 将白坯布上标记的中线X与人台前中线对齐并固定。
- 作领围线,同时作0.3cm的松量（折叠后）。
- 在白坯布上沿领围线作标记。
- 完成纸样。

驳头形状

图5

- 从肩/领以下5.1cm折叠白坯布，翻折到胸部一个所需要的深度。
- 用拇指整理驳头翻折线。
- 减掉翻折点以下的多余量（驳口点以下）。
- 在翻折线大约1/3的位置画一条长为3.2cm的X折线。
- 画出X折线到驳口点之间的驳头的形状。

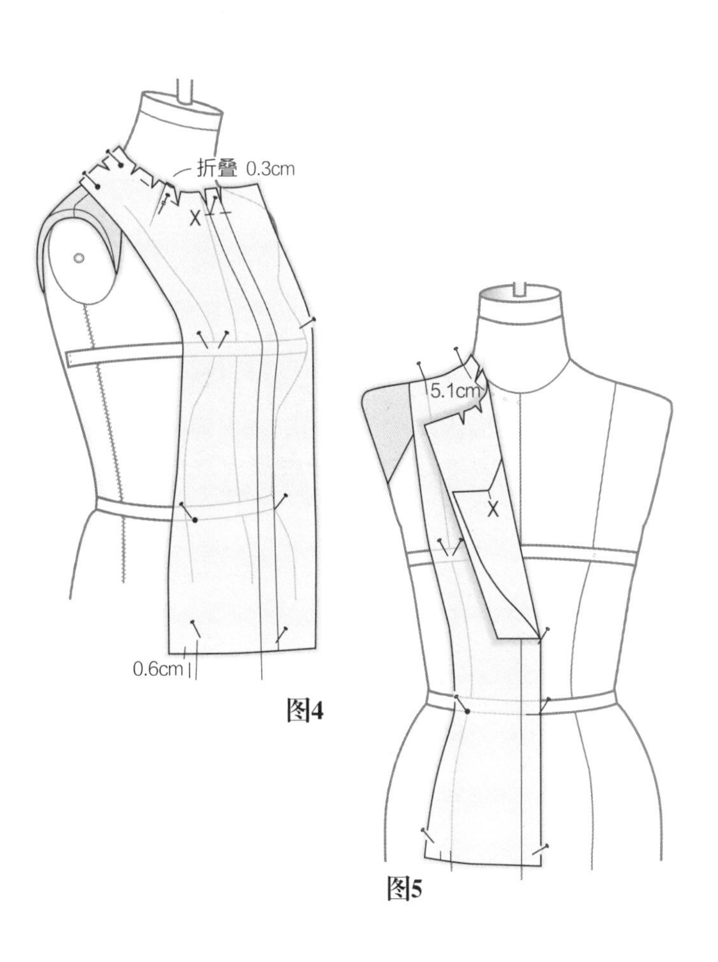

图4

图5

图6

- 剪出驳口点到X折线之间的驳头形状。
- 修剪领围弧线使之留有0.6cm的缝份。

领围线

图7

- 打开折叠部分，画出到颈侧点之间的领围线。
- 画出0.6cm的缝份。

图8

- 修剪领围线。
- 修剪缝份。

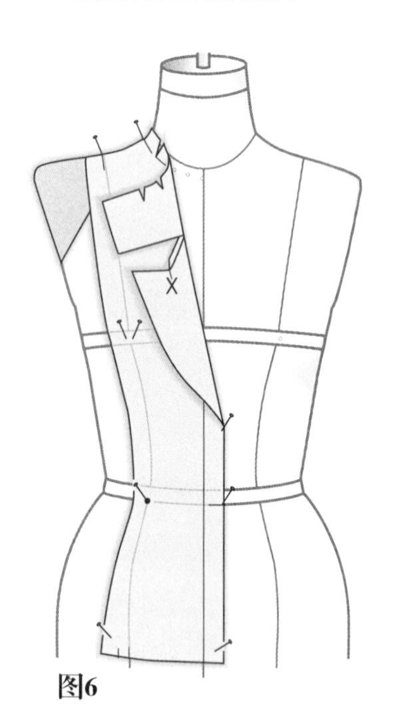

图6

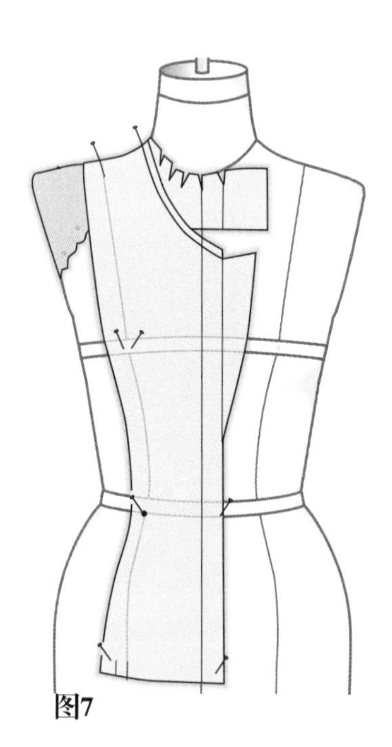

图7

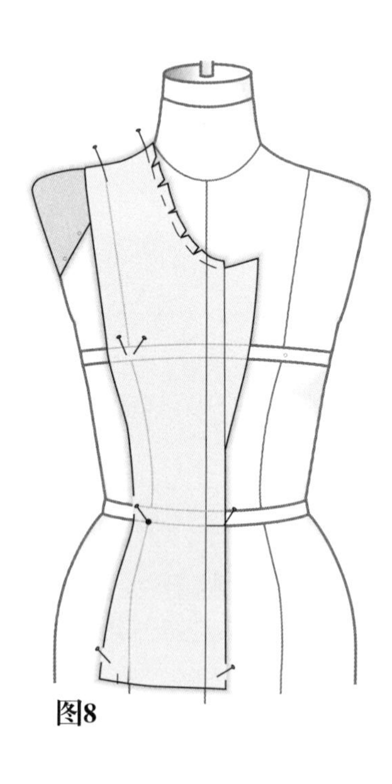

图8

领子

图9

- 将领子固定在人台上，使角度线与人台后中线对齐，在0.3cm针头位置作十字标记。
- 打剪口，抚平布，在领口线的针头位置标记领子线。
- 修剪余量至0.6cm缝份。
- 去掉后中线固定的针。

图10

- 移动坯布的直丝缕向与人台后中线对齐，向上2.5cm用针固定，作为领座高。
- 将领子翻下，打剪口，允许领子下落到针头位置以下约0.6cm处。

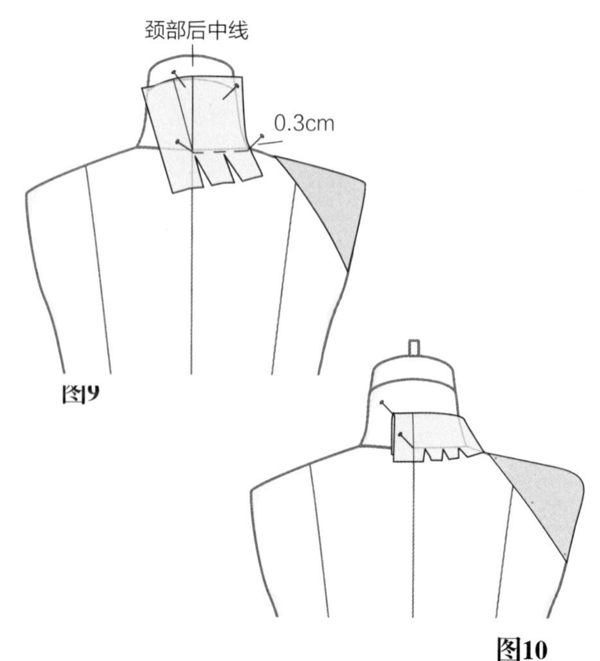

图9

图10

图11

- 使领子平服于人台，并与外套前片固定。
- 用铅笔在白坯布上沿针位置标出领子部分。

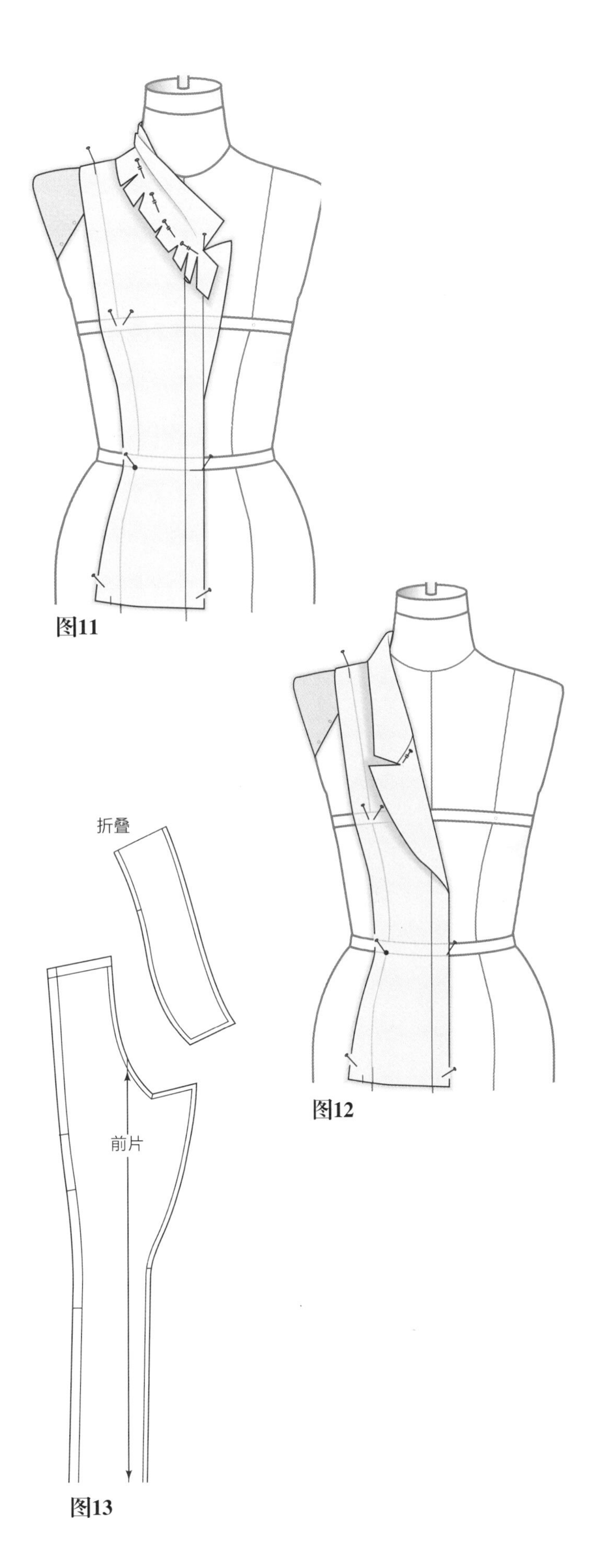

图11

图12

图13

完成驳领的立体裁剪

图12

- 如果需要，对领子和驳头进行调整。
- 完成公主线的立体裁剪，从人台上取下来修顺。
- 粗缝或制成样衣进行试身。
- 使用基本袖型或两片袖均可。
- 对于驳领的内部结构，衬里和挂面的制作参照第223～225页的说明。

完成纸样

图13

纸样形状显示了所设计的立体裁剪部分。

设计3：肖像领（阔边领）

图1

设计分析

图1

该领型领口位于肩部中间，驳头深位于胸围线上2.5cm的位置，这两个位置是可以根据款式调整的。这里强调的是驳头的立体裁剪，外套可以按照基础原型或按照分割线款式（如图所示）进行立体裁剪。有分割线款式的立体裁剪参见《服装立体裁剪（上）》第7章的第163页。

准备人台

图2

- 在胸围线上2.5cm的位置用针标记。
- 在后领围线下2.5cm的位置用针标记。
- 测量后领围线长并记录：________。

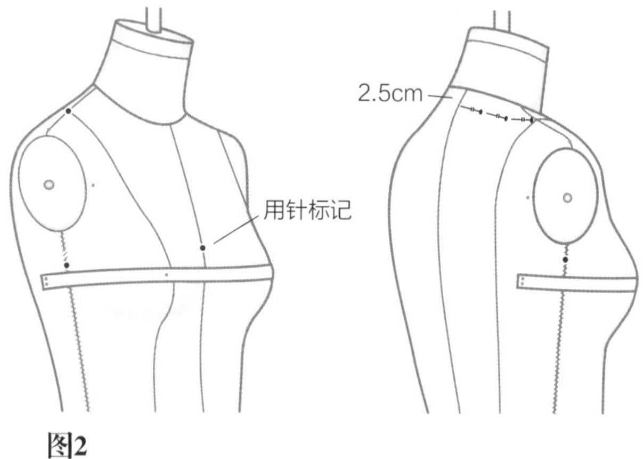

图2

准备作领子的白坯布

- 斜裁一块35.5 cm × 22.9 cm大小的白坯布。

领子

图3和4

- 按照给定的尺寸画出领子（图中长直线表示直丝缕方向）。
- 将画好的领子剪下，并沿后领围线打剪口。

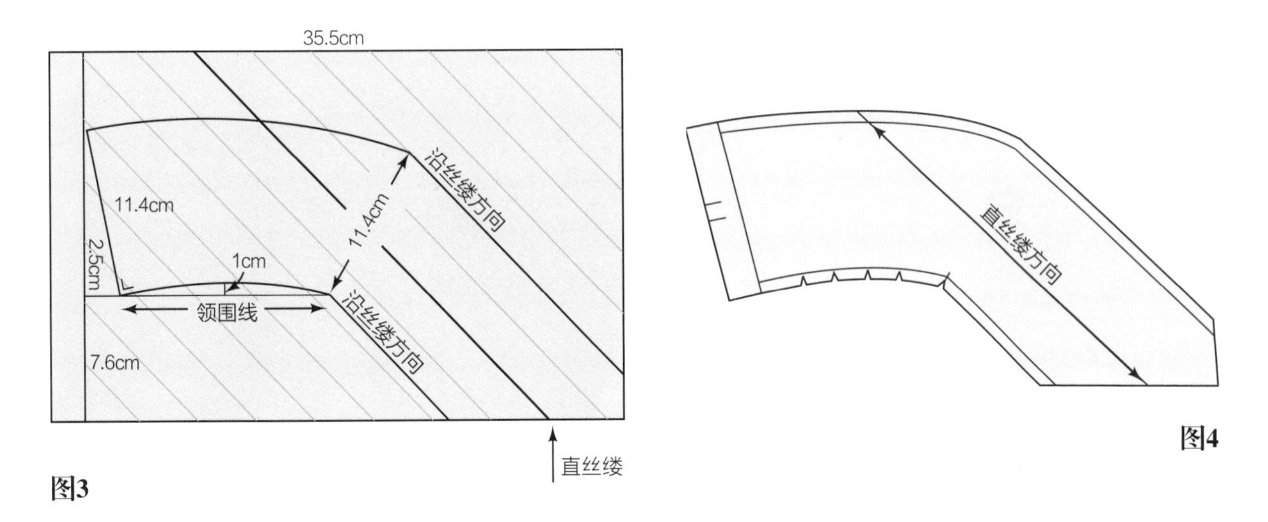

图3

图4

立体裁剪步骤

前片

图5

- 将白坯布上标记的中线与人台前中线对齐并用针固定。
- 画出领围线,固定0.3cm的松量（折叠后）。
- 完成前片的立体裁剪。

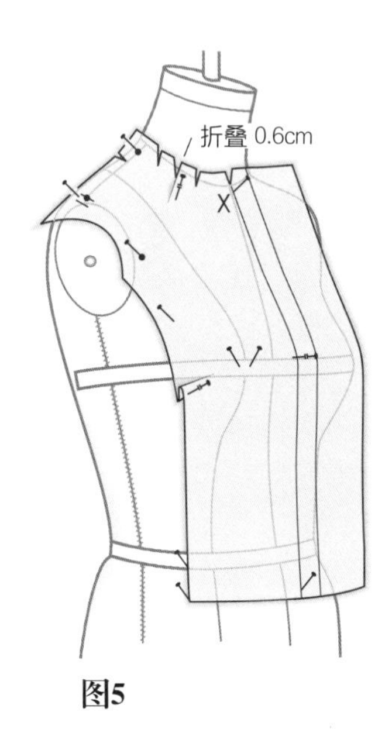

图5

驳头

图6

- 在肩中部翻折白坯布至胸部针点处。
- 用拇指整理翻折线。
- 减掉翻折线下的多余量，修剪折痕周围。
- 在翻折线线上标记一点，使该点到肩中部的距离为10.2cm。
- 从该点画一条距翻折线3.2cm长的弧线定X点。
- 从X点到驳头点之间画出驳头形状。

图7

- 从驳头点到X点剪出驳头形状。
- 从X点向上画出0.6cm的缝份，减去多余量。

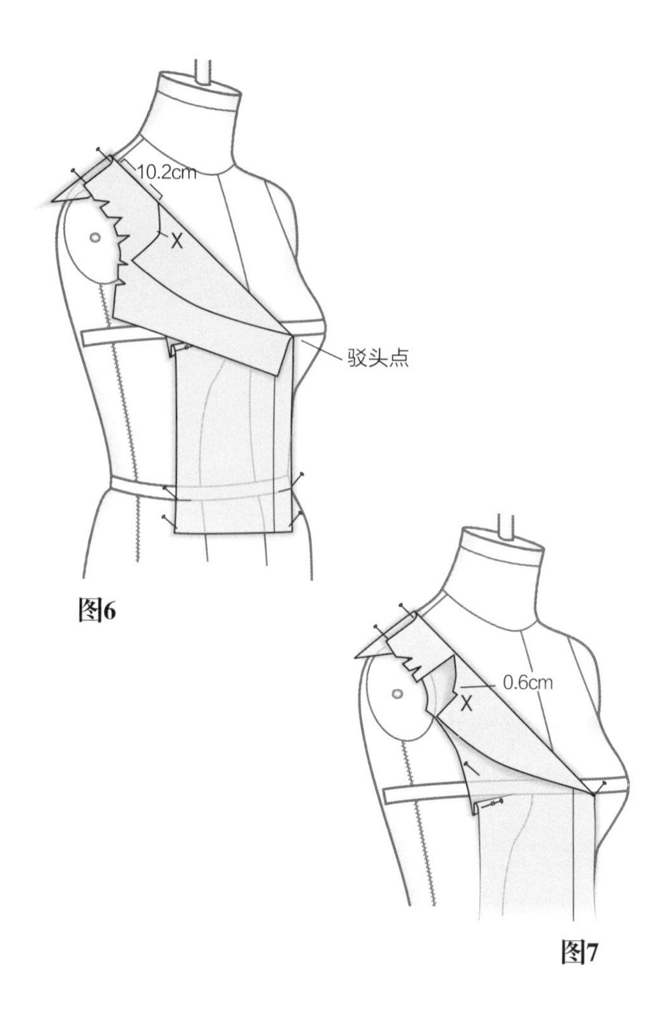

图6

图7

领围线

图8

- 打开折叠部分，画出到肩部领围线，预留0.6cm的缝份。

图9

- 减去领围线周围的多余量。
- 沿领围线打剪口。

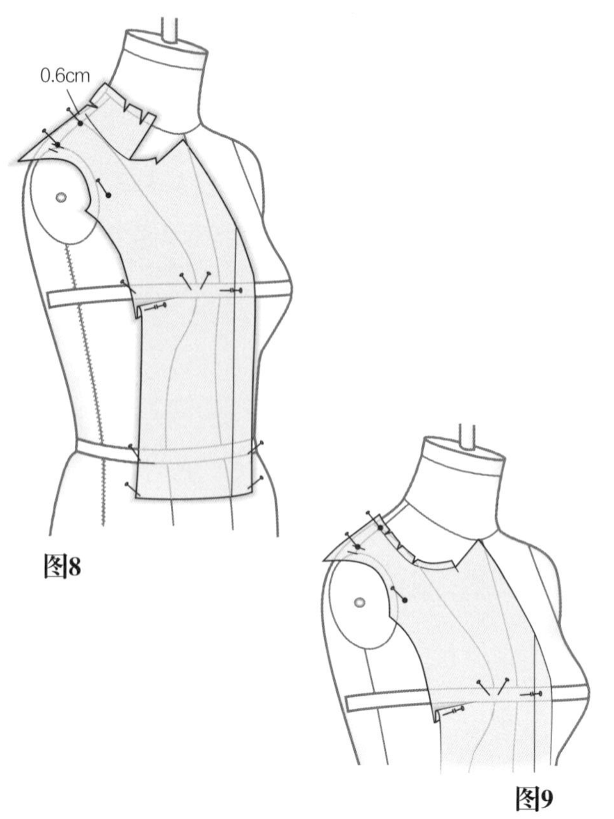

图8

图9

领子

图10

- 将领子后中线与人台后中线标记线对齐，并固定。
- 在后中线上1.3cm处用针固定，该针尖位置就是领子翻折线的位置。
- 沿着针头位置到肩部平滑地推布、打剪口，在白坯布上作标记，并用针固定。

图11

- 使领子前面部分与人台平服。
- 在画好的领围线外0.6cm处打剪口，沿所得曲线与上衣部分固定。
- 将领子翻下，并在后中固定。
- 按款式要求修剪领型。

图12

- 整理翻折线下的领子，将领子与驳头固定。

图13

- 画出领子的形状，修剪多余量。
- 完成前片的立体裁剪，画顺曲线并校对。粗缝或作样衣进行试身。
- 袖子采用基础袖型或两片袖。
- 驳领的内部结构、衬里和挂面说明见第223~225页。

完成纸样

图14

图示为立裁得到的纸样。

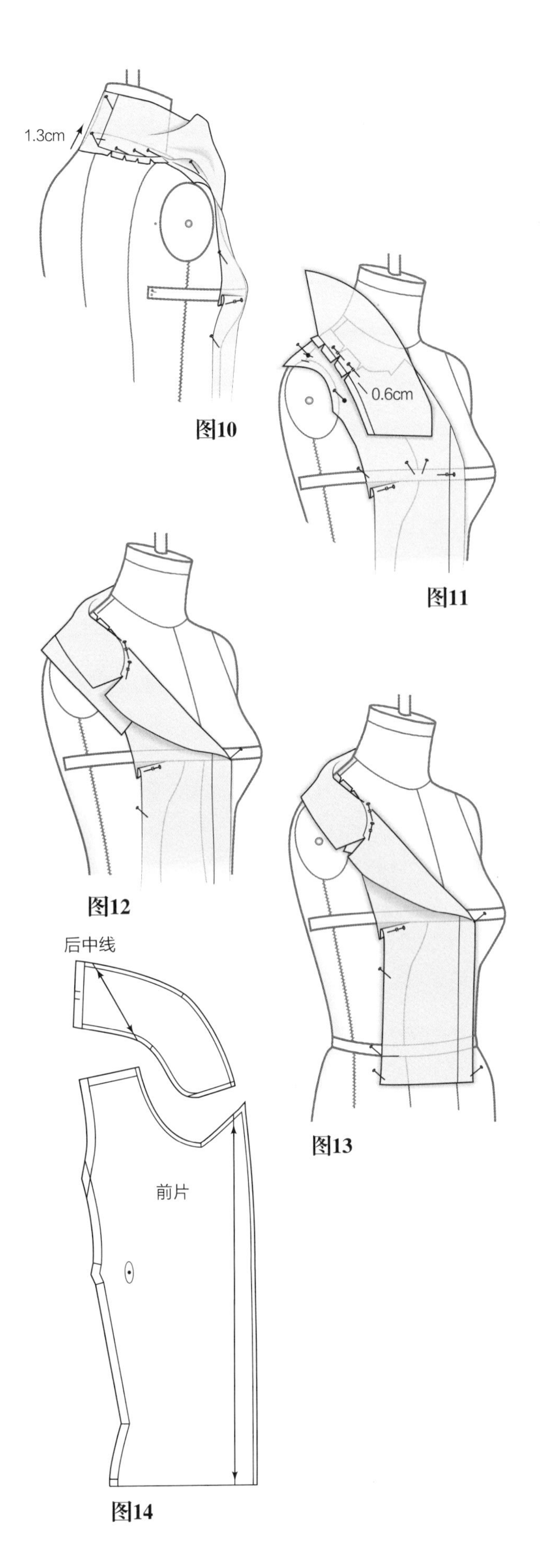

图10

图11

图12

图13

图14

设计4：双排扣外套

双排扣外套有一个较宽的门襟以适应两排扣子。双排扣外套驳头的款式很多，包括基本型驳领、低领嘴驳领、阔边领。这种外套可以是无领的，也可以是高领口的。

设计分析

图1

双排扣外套领子的设计为基本型驳领。驳头重叠的位置在胸围线以上。为了使驳头更加灵活，驳头在领围线下的位置增加大约1cm或1.3cm，使驳头位于胸前。

门襟宽度需能满足两排扣子的宽度，扣子平均分布在前中线的两端，在腰围线上10.2cm处标记驳口点的位置，本节着重介绍驳头的立体裁剪，上衣的款式不作限定。

准备白坯布

白坯布的准备参照前面第195页基本上衣原型的立体裁剪。

图1

立体裁剪过程

图2

- 将准备好的白坯布沿人台前中线对齐并固定。
- 在领围线处留1～1.3cm大小的松量，用针固定领围线，并在白坯布上画出领围线。
- 固定驳头点并标记。

图3

- 拔掉领围处固定松量的针。
- 在驳头点位置翻折白坯布做驳头。
- 画出驳头，并剪掉驳头以下的多余量。
- 按照基础驳领的做法完成驳头的制作。
- 完成驳领的立体裁剪，画顺曲线并校正。
- 粗缝或绘制成纸样进行试身。

标出扣眼位置，纽扣在前中线左右两边等距排列，且等距分布在前中线上（后片不再介绍）。

根据款式要求，纽扣离前中线的位置大小可进行调整。

袖子的制作采用基本袖型或两片袖的立体裁剪，衬里、挂面的内部结构参照第223～225页的说明。

完成纸样

图4

如图是完成的立裁纸样。

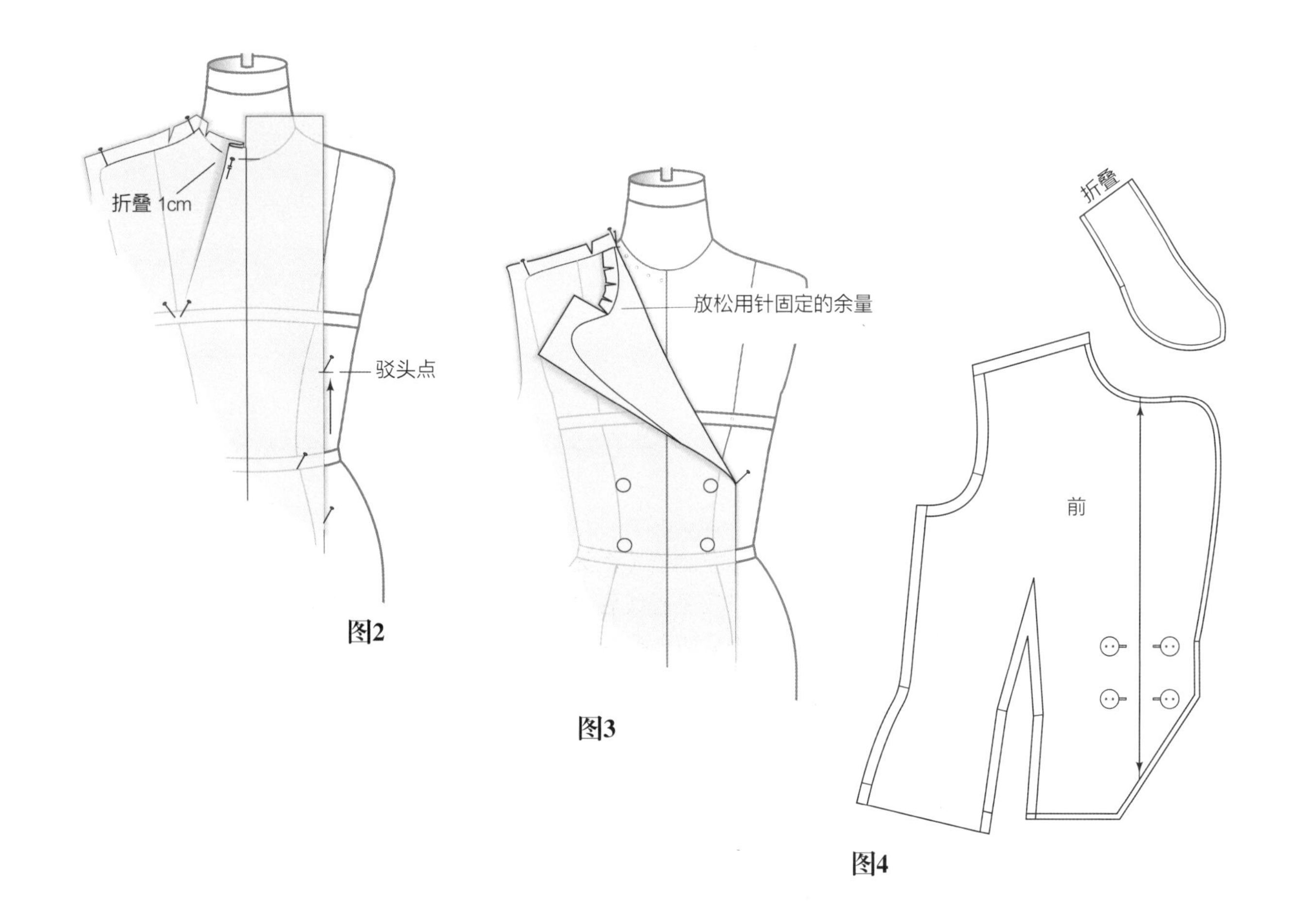

双排扣上衣领围深的设计变化

图5和图6

这些系列外套显示了不同的设计过程，尽管不同，也有相似之处。分析以下款式的相似点与不同点，哪一款做立体裁剪最具挑战性？一旦选定款式，为这个款式设计立体裁剪步骤。哪一个原型应该作选定款式的基础呢？

图5　　图6

基础青果领

青果领的驳头是一片式的，领座可以以全翻折（2.5cm高），也可以半翻折（1.3cm），或者是平翻（0.3cm领座高）来做立体裁剪，青果领在领围线后中也可以无领座，使翻折部分保留在前面部分。青果领的设计可用于连衣裙、男女衬衫、外套和大衣中。

设计5：基础青果领立体裁剪

设计分析

图1

肩线从肩颈处以下0.6cm做立体裁剪，后领座高在翻折前是2.5cm，向前翻折至胸围线以上。青果领围绕着驳头点（翻折延伸止点）。款式5的青果领是设计师克里斯汀·迪奥1940年代的创新设计。它是一款腰部合体，腰线到下摆呈装饰短裙的特殊设计。该款式为那些寻求更多经验的人来说是一个很好的挑战。

图1

准备人台

图2

- 从肩点向颈部向前0.6cm处作标记，用针固定。
- 长度：从肩/颈处经过胸部量至服装的长度，增加20.3cm=________。
- 宽度：穿过胸部测量，增加10.2cm=________。

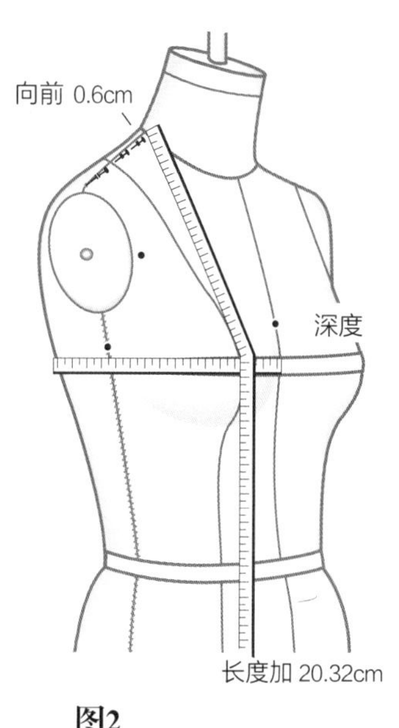

图2

准备白坯布

图3

- 向下15.2cm，标记A点，过A点在白坯布上作垂线，在上面标出白坯布中点并向下作垂线，剪掉。
- 从A点沿垂线向内量12.7cm，标记为B点。
- 过B点剪开2.5cm剪口。

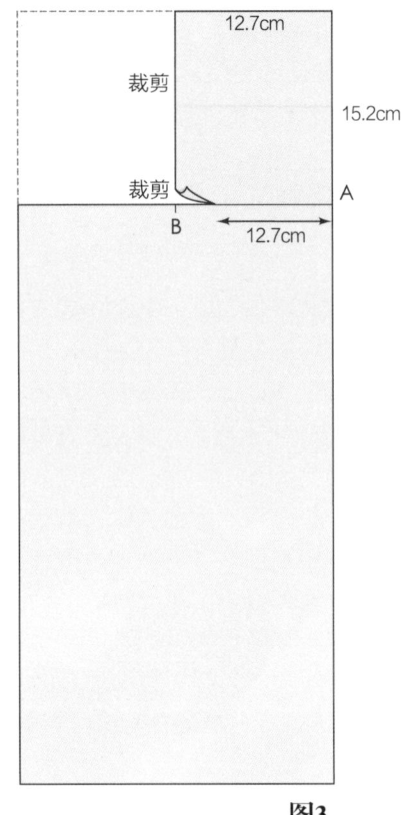

图3

立体裁剪过程

图4

- 使白坯布上的剪口与人台侧颈点对齐，并在该点固定。围绕该点旋转白坯布，使布边与人台前中线平行，并固定，同时在胸围线和腰围线下固定白坯布，这时侧颈点位置将会出现折痕。

图5

- 前中线外2.5cm作平行线，即为门襟线，该线止于胸围线上5.1cm的位置。

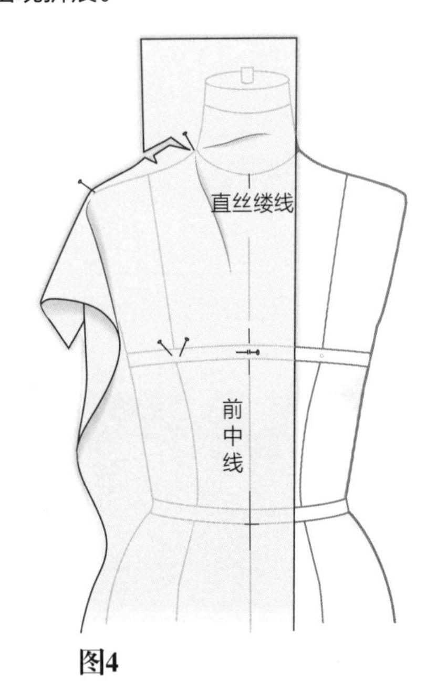

图4

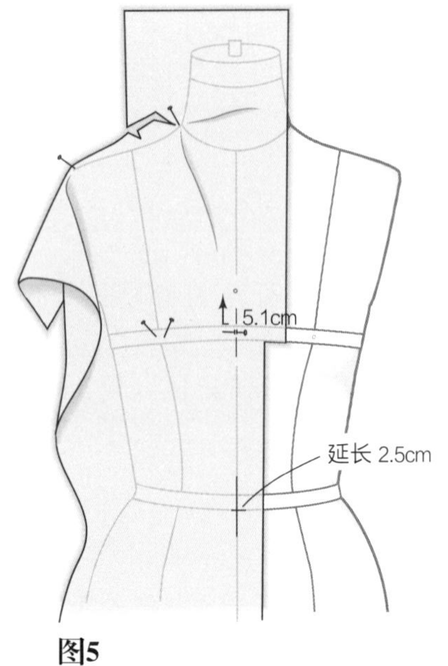

图5

鱼眼省

图6

在女衬衫、连衣裙或男式衬衫的青果领中，肩部的省道经常被忽略。而在外套和大衣中往往不能忽略，下面将介绍如何作肩部省道。

- 将白坯布沿颈部平铺，固定。
- 将颈部的多余量固定为鱼眼形状的省道，且鱼眼省的另一端点位于离前中3.8cm的地方，省大为0.6~1cm。
- 前片的立体裁剪可用外套款式，也可采用不收腰的大衣基础样板。

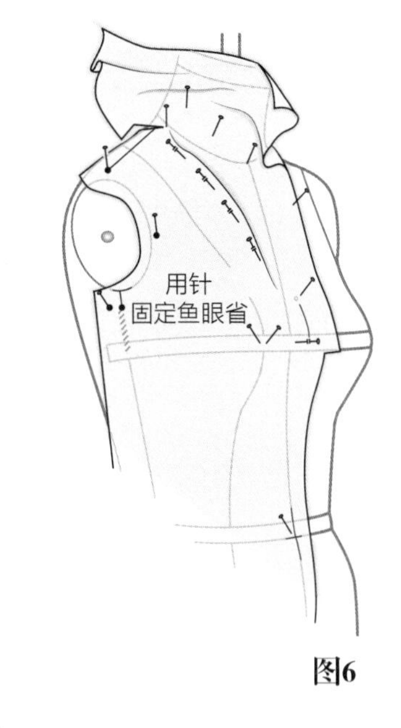

图6

图7

- 将白坯布打剪口，使做领子的白坯布平铺于颈部的后中线。
- 在颈部后中线位置和领围线上2.5cm的位置用针固定，后者为领子翻折线的位置。

图8

- 沿后中线上的针标记点翻折领子，然后沿领围线再次将向上翻折多余的白坯布，用手指沿翻折线里外整理，确保白坯布折痕在后颈部平服。

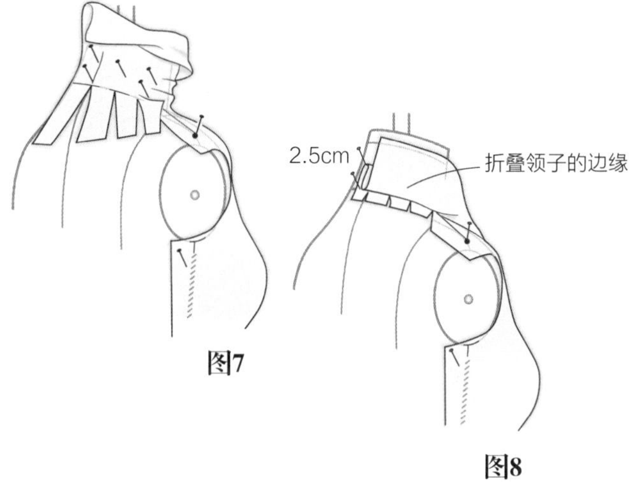

图7

图8

图9

- 向下修剪到翻折线（领子的边缘）。
- 修剪领子的边缘。

图10

- 前面的白坯布将延伸到驳头点。画出前面驳头的形状并修剪。当领子翻折于上衣时，将看不到鱼眼省。
- 完成领子的立体裁剪，从人台上取下，画顺曲线并校正，粗缝或做成样衣进行试身。

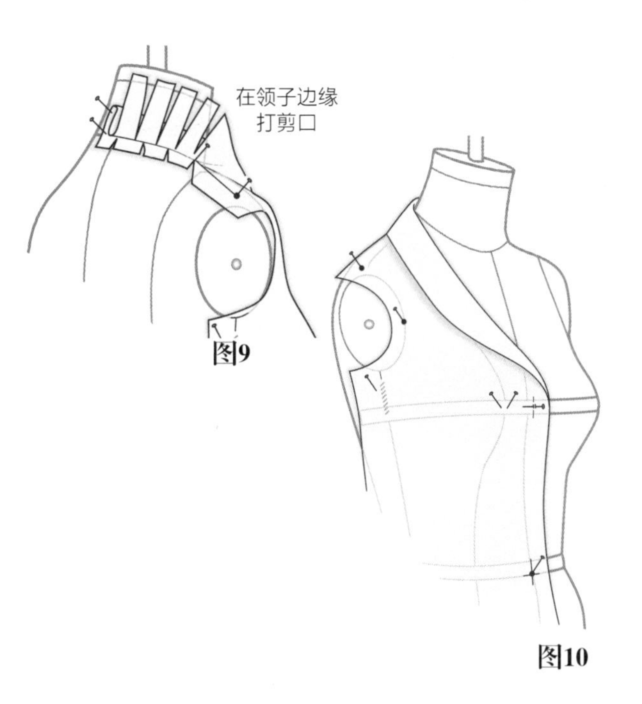

图9

图10

完成纸样

图11

缝合鱼眼双边省是为了消除外套领子下面多余的量，在挂面上并不需要里子纸样中的余量可以直接修剪掉。

使用基本袖型或两片袖的纸样。

内部结构、里子和挂面的纸样参照541～543页。

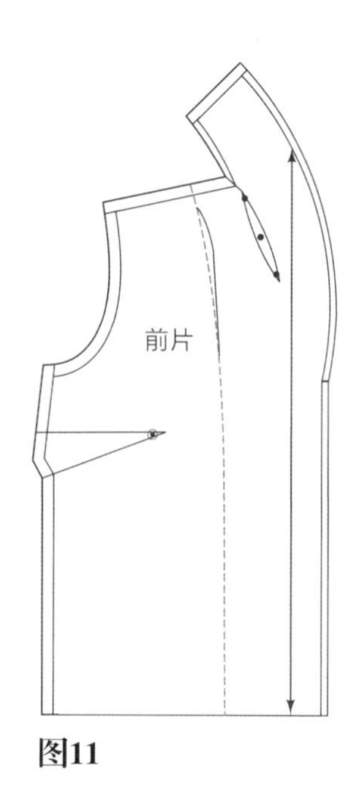

图11

设计6：披肩领

图1

披肩领（青果领的一种变化设计—译者注）在肩部和前中的位置，随款式的不同而不同，披肩领很宽，可被设计成不同的形状。它适于用各种女士服装：女衬衫、日装和晚装、外套、大衣和披肩。

图1

设计分析

该领在立体裁剪时，位于肩点向内3.8cm，胸围线向上大约2.5cm的位置，领子可以设计为任意宽度，但通常为12.7cm或15.2cm宽，为了简化披肩领的立体裁剪，从前后片纸样上拷贝领围线、肩线、袖窿弧线和侧缝线的纸样。

准备人台

图2

- 在后领围中线向下5.1cm的位置用针作标记，参照领围线，过该标记点作弧线。弧线终点在肩点内侧3.8cm的位置。

图2

需要面料

- 参照513页上衣基本原型立体裁剪的说明准备白坯布，且在白坯布长度方向增加5.1cm。

准备白坯布

图3

- 沿直丝缕方向在布边内侧2.5cm画线，在该线从上向下20.3cm的位置画一条短的垂线，作为参考线。
- 将白坯布上画好的直丝缕向与纸样的前中线对齐，并使颈侧点落在画好的水平参考线上。拷贝纸样，在白坯布上画出领围线、肩线以及设计所需的造型线。
- 在肩点内侧3.8cm处作Y点，过Y点作水平线，沿该线从布边向Y点剪开。

图3

立体裁剪步骤

图4

- 将白坯布上画好的前中线与人台前中线对齐。
- 在前中线上用针固定，使白坯布上的肩线与人台肩部对齐，在Y点处固定，抚平肩部，使之服贴，然后固定肩点。
- 固定乳点，并与前中线连接。

图5

- 将白坯布沿Y点和前中线的深度标记点翻折。
- 用针标记出领子前部的形状，并沿着针标记修剪至肩部。

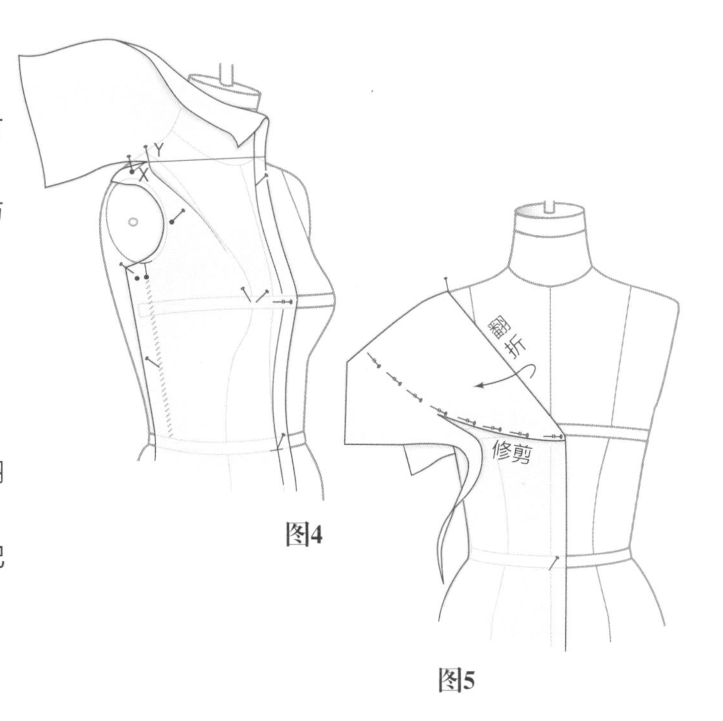

图4

图5

图6

- 向上翻开领子前半部分。
- 在Y点和距离前中线2.5cm的位置作鱼眼省（省的中间部位用针固定1.3～2.5cm）。
- 在省中翻折部位打剪口。

图7

- 将领子后半部分翻起，在后中线针标记点下2.5cm的位置固定白坯布，作为缝份量。
- 沿针参考线固定领子到肩部Y处。

图8

- 将领子翻下，沿后中线平行修剪领子边缘，用针标记出领子形状并进行修剪。

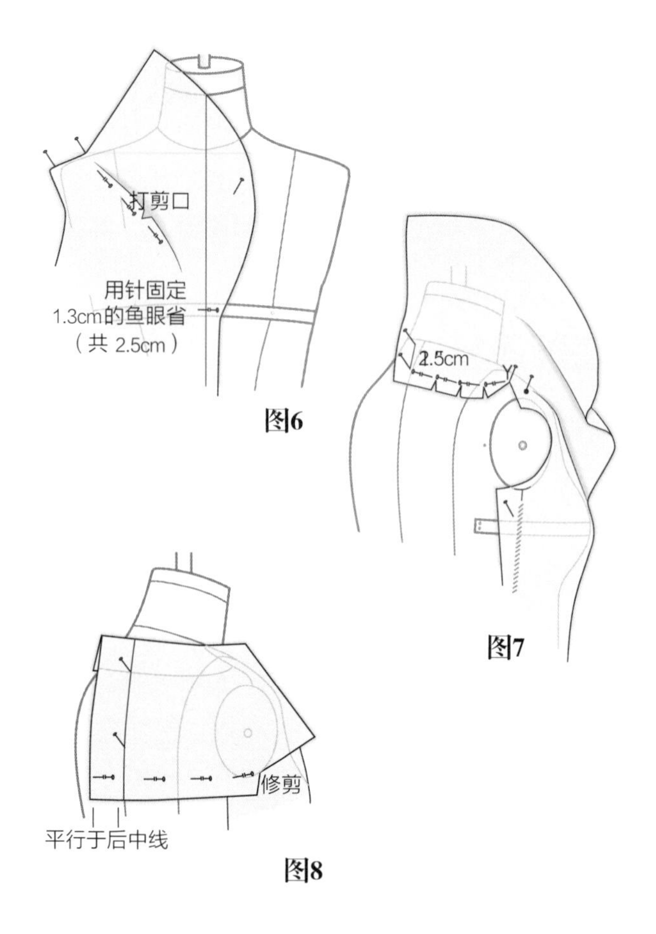

图6

图7

图9

- 驳头线位于肩部Y点内大约2.5cm的地方，同时使领子从前向后过渡圆顺。
- 如果不想使领子与胸部紧贴，可增加鱼眼省的省量。
- 取下做好的立体裁片，将曲线画顺并校对，粗缝或制成样衣后进行试衣。

完成纸样

图10

- 虚线是挂面的位置，作挂面纸样时应含有鱼眼省，用钻孔作。

图8

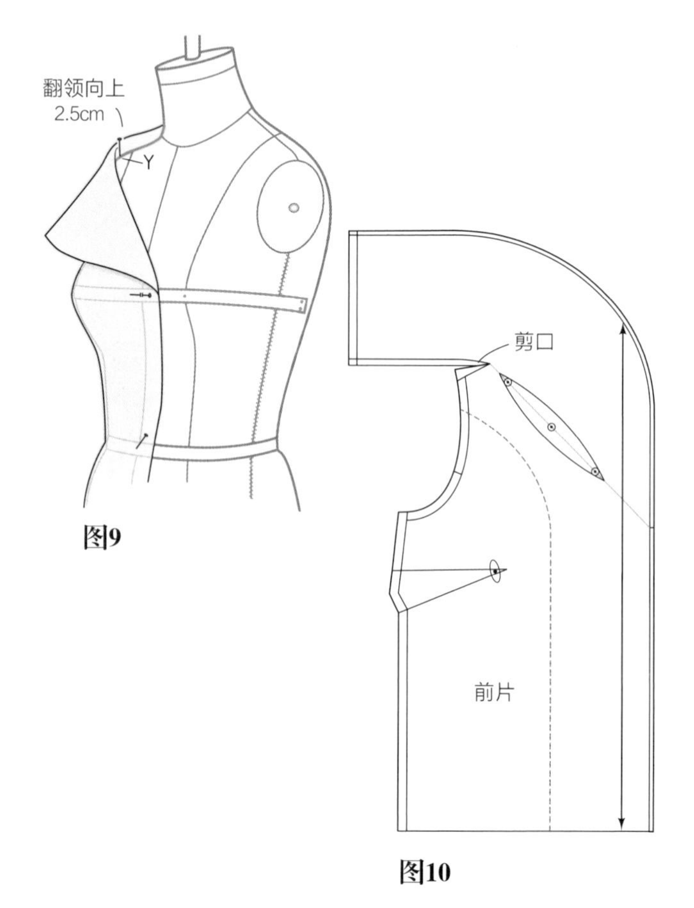

图9

图10

内部结构、衬里和挂面

内部结构说明

本书介绍的作法均基于带公主线的上衣基本原型。面料和费用决定了外套或大衣内部结构的类型和数量。

使用面料纸样绘制黏合衬或里子的纸样时，缝份量有时需要，有时则不需要。对于里子缝份量通常需减掉0.3cm。为了使驳口线形状稳定，通常在驳口线处牵一条有0.6cm缩量的小窄条。胸前的粘合衬可以是单层或多层，也可以同时使用黏合衬和里子，胸衬有助于处理肩部和乳点之间的凹面，将肩线向上抬高2.5cm，可以使肩部更加圆滑。

拷贝外套纸样

图1

- 使用带有缝份量的纸样来绘制服装里子和黏合衬的纸样。

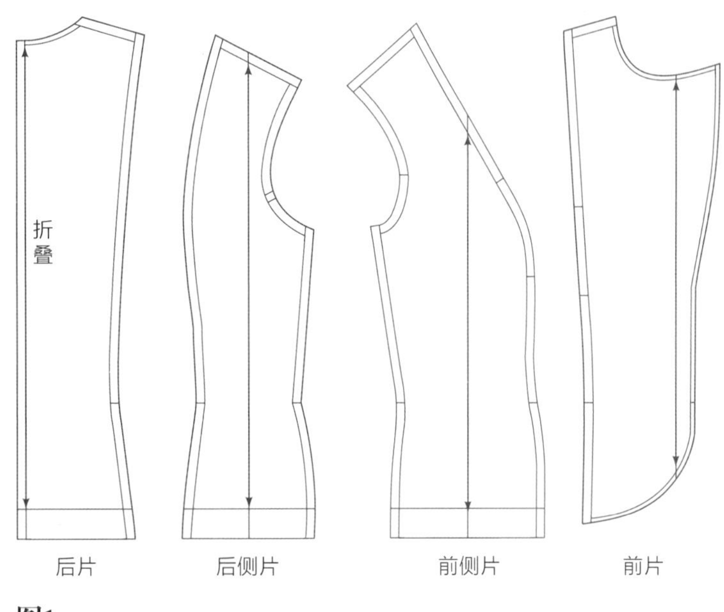

图1

曲线下摆的挂面

图2

- 在驳头处增加0.3cm，到驳口处增加量渐渐为零，并在驳口处即领子开始的地方打刀眼作标记（a）。
- 从下摆X的缝合线向上作1.3cm的刀眼标记，这个标记是里子折叠的位置（b）。

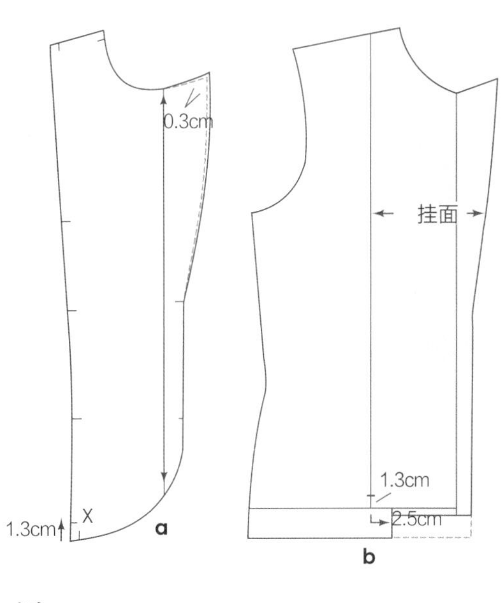

图2

方形下摆的挂面

- 方形下摆从下摆处被修剪1.3cm，直到距离挂面边缘2.5cm的位置，确保缝制时毛边的处理。
- 从挂面到里子折叠记号处向上1.3cm做刀眼标记。

后片挂面

图3

- 折叠纸张，将折痕与后中线对齐，描出后片挂面的形状，并标记出1.3cm的缝份量。
- 从后片纸样标记处剪下挂面部分。

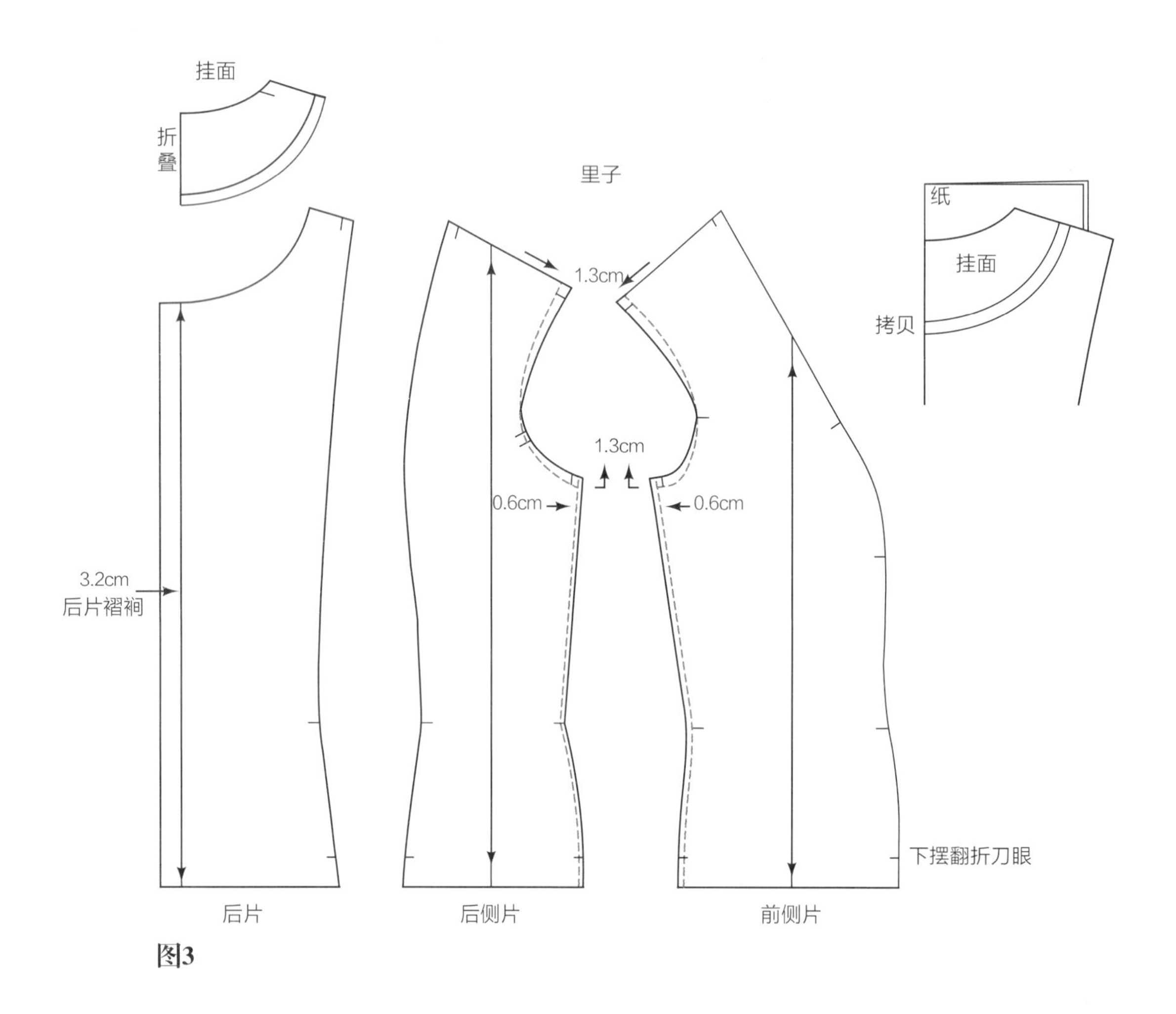

图3

里子纸样：前侧片、后侧片和后片

- 延长肩线1.3cm，抬高袖窿弧线1.3cm，在侧缝增加0.6cm。
- 画顺调整后的袖窿弧线。
- 里子的下摆比面料下摆少2.5cm。
- 将后中线增加3.2cm,用来作工字褶（该褶可至下摆或腰部）。

袖子里子

图4

- 拷贝袖子纸样。
- 袖山高降低1.3cm，袖窿深点抬高1.3cm，袖下缝增加0.6cm。袖口里子缝份量比面料少2.5cm，在袖口线上做缝线对位点，即可得到袖子里子的纸样。

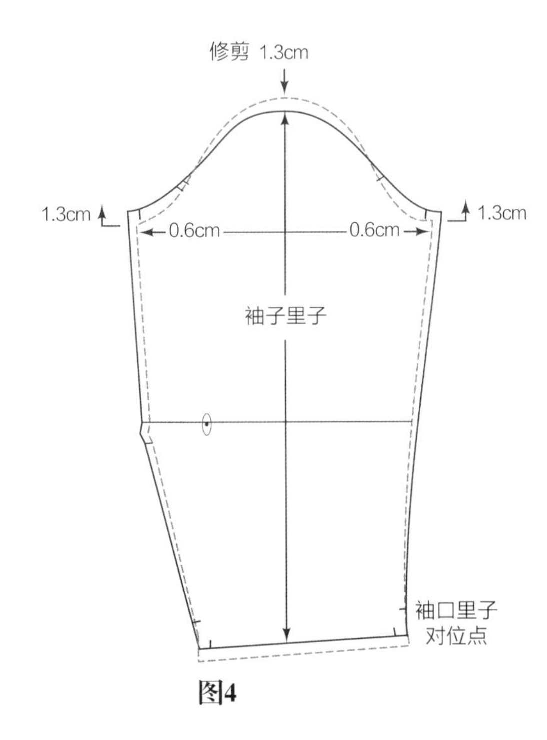

图4

领子

图5

- 拷贝领面并修正（a）。
- 在后中线处修剪掉0.3cm（厚面料更大些），顺势到领尖点（或到领子的止点）为0。
- 一片式底领（b）。
- 两片式底领（c）。
- 为了让翻驳线平顺，按照斜丝缕裁剪。

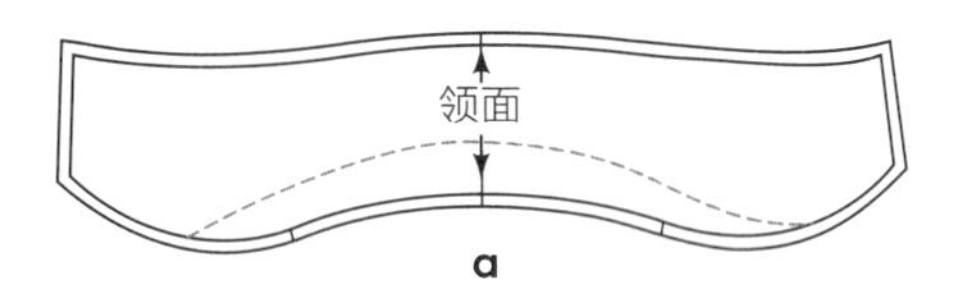

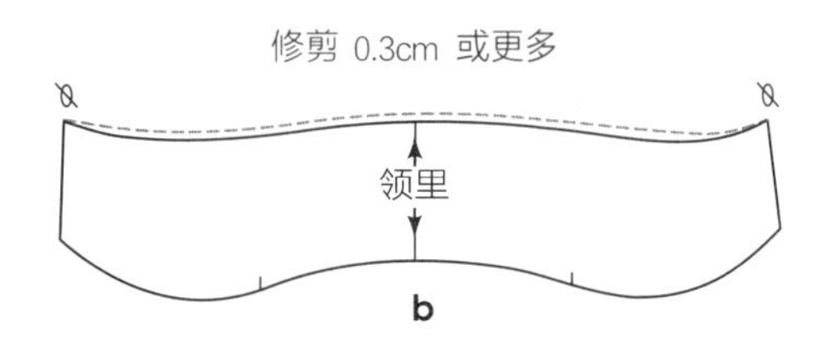

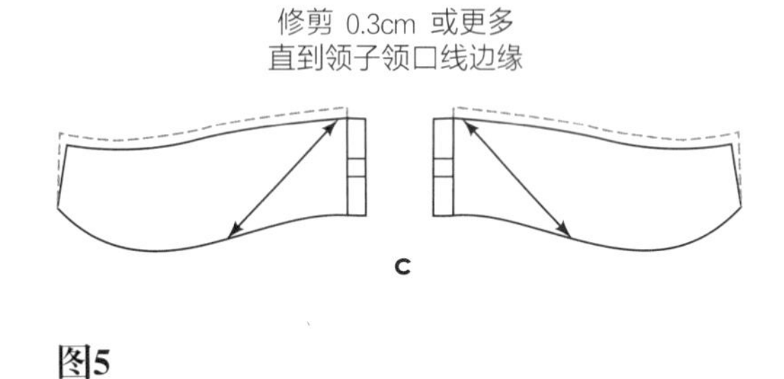

图5

裤子基础样板与设计

第7章

- 设计1：基础裤子
- 设计2：袋状裤
- 设计3：宽松裤
- 设计4：基础牛仔裤
- 设计5：喇叭形牛仔裤
- 设计6：传统裙裤立体裁剪
- 设计7：连衣裤

从运动裤到正式着装，裤子的设计可以适用于所有的场合。裤子风格和轮廓的多样性，使消费者可以按照自己的体型进行选择，裤子是时尚的产物，这就对立裁师/设计师如何开发它们提出了更多的要求。

裤子的立体裁剪是在裤子人台上进行的，最好是用一个可拆卸的腿来做。由于人台或模特两腿之间裆部形状，裤子的立体裁剪比较难。所以为了帮助简化裤子的立体裁剪过程，白坯布准备基于作者自己开发的准则进行。当没有腿部模型时，应该绘制裤子的平面纸样，除非为私人客户定制需要做立裁，在这种情况下就需要测量尺寸。

本章将讨论四种裤子的基础样板。根据其合体宽度而不是其形式给出以下名称：西裤、宽松裤、牛仔裤和裙裤。每一种裤子基型在裆部的松度不同。松量是基于前后臀围尺寸的百分比来定的，这一尺寸影响着裆长量，而裆长则影响裤子的宽松度。裆长量的不同，就建立了不同的裤子基型。一旦了解了每一种基型，并应用于坯布准备中，立裁师/设计师就可以自由设计任何平衡和适体的裤子款式。

四种裤子基础样板

原理

图1

裆部延伸的长度控制着裤子原型所需要的适体性。裆长越长，裆部越宽松；裆长越小，裆部越合体。裆长量是基于所有前后臀围尺寸的百分比来定的。

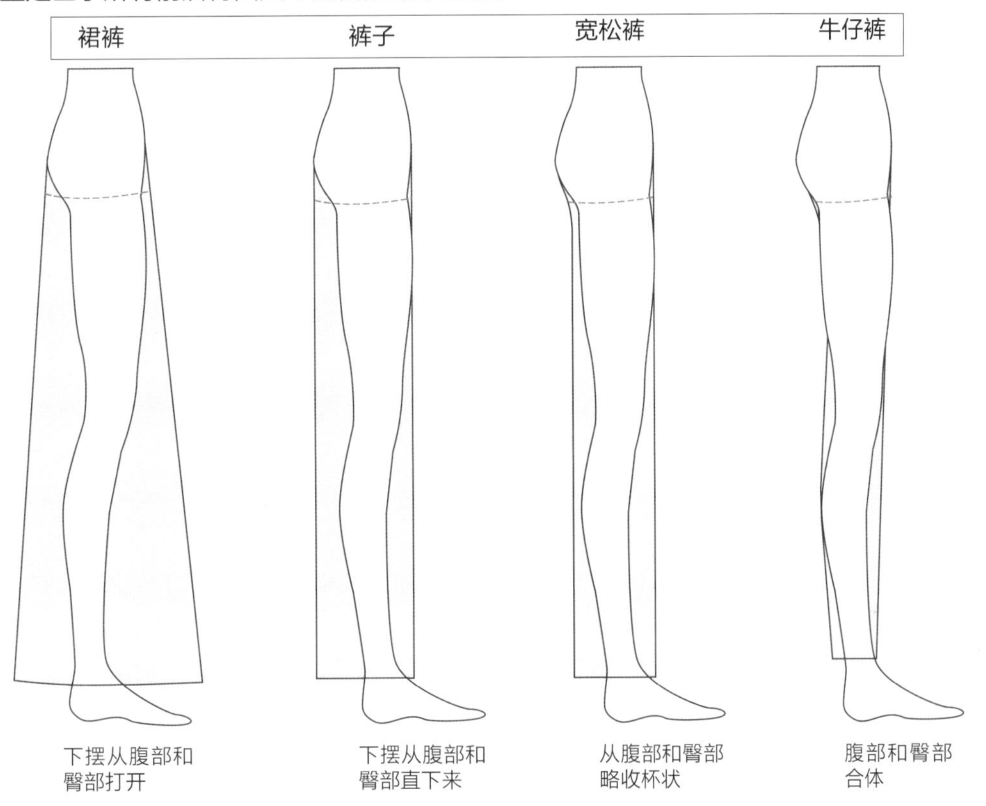

图1

裤子术语

图2

裆部——两腿分叉的部位。

裆深——从腰到两腿分叉部位。

裆宽——与裆深垂直的宽度；它决定裤子的基本形状。

裆线——从前裆点到后裆点的距离。

臀高线——臀围最宽的位置。

内侧缝线——裤子两腿之间的侧缝线。

外侧缝线——裤子的侧缝线。

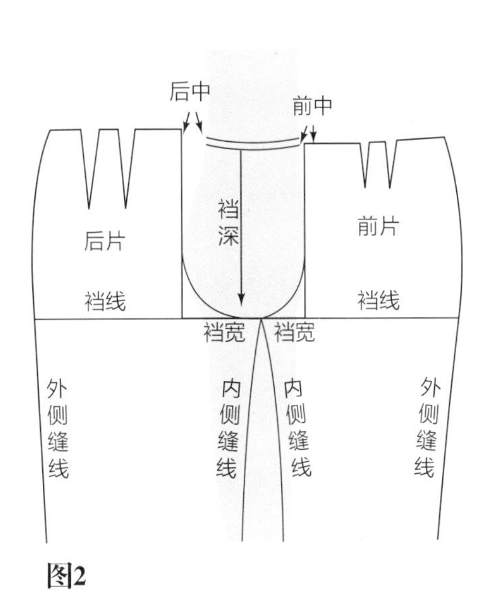

图2

腿部测量

- 在人台尺寸表（见《服装立体裁剪（上）》第32页）上记录测量尺寸，这里记录是为了方便。
- 前面测量和记录的尺寸是为了在准备的坯布上绘制裤子纸样。

给模特绘制裤子纸样时，按照给出的裤子类型的说明进行。

裆深和裆长

图3和图4

#15 **模特：**模特坐在椅子上，用带子标记腰围线，测量腰围线到椅面的距离。
记录为：______。

#15 **人台:** 如图使用直角尺。

- **裆长：**从腰围线前中线开始，经过裆下，一直到腰部后中线，如图虚线所示
记录为：______。

裤长

图5

对于不对称的体型，分别测量左右两边的尺寸。

#16 将尺寸放在侧缝线上腰带下边线上进行测量，并记录如下：

- 腰围线到脚踝的距离=______。
- 腰围线到地面的距离=______ 或者增加5cm到脚踝长度
- 腰围线到膝盖中部的距离=______。

围度尺寸

图6和7

#2 腰围=______。

#3 臀围=______ 在最大的尺寸处

#17 大腿围=______。

#18 大腿中围=______。

#19 膝盖围=______。

#20 小腿围=______。

#21 脚踝围=______。

#22 脚围（围绕脚跟和脚背测量）=______
（详见第231页图7）

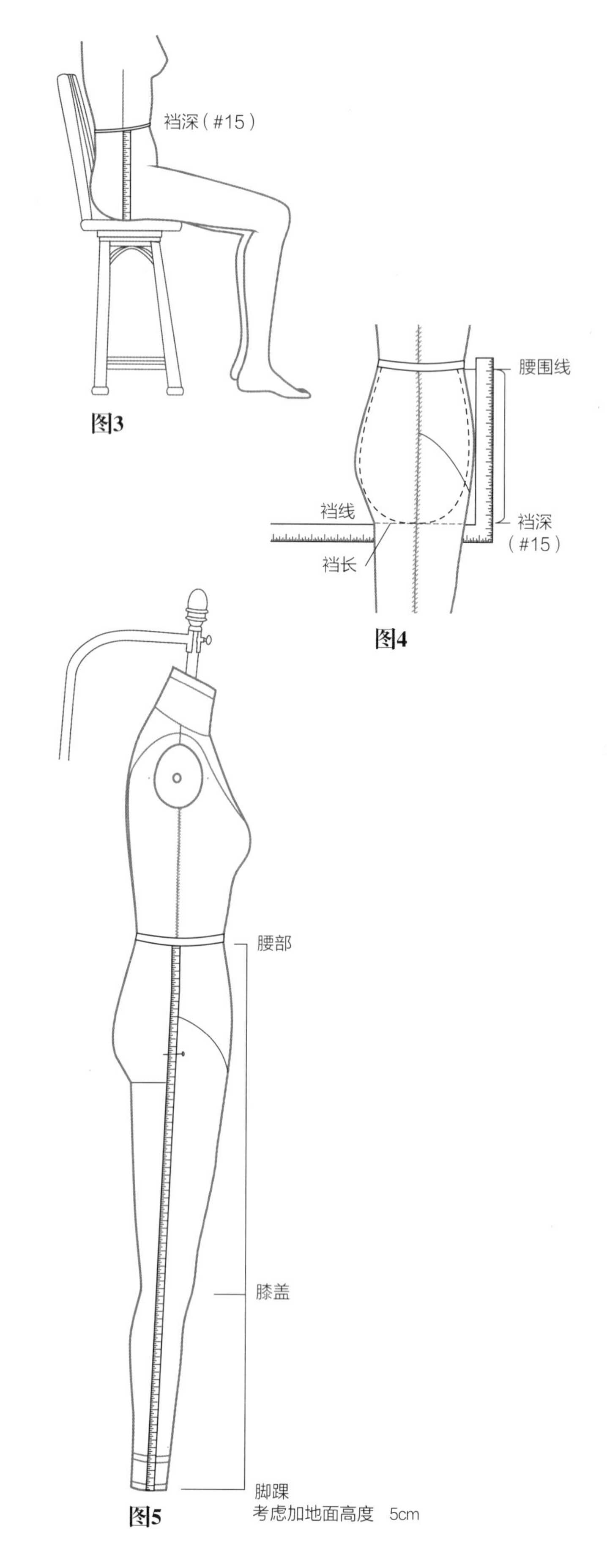

图3

图4

图5

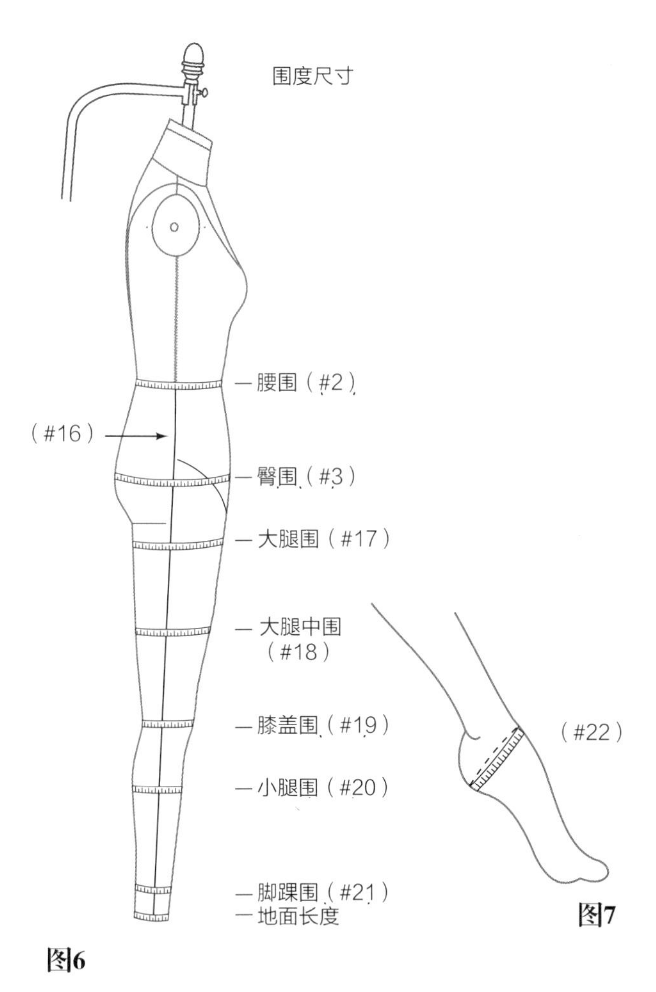

图6

图7

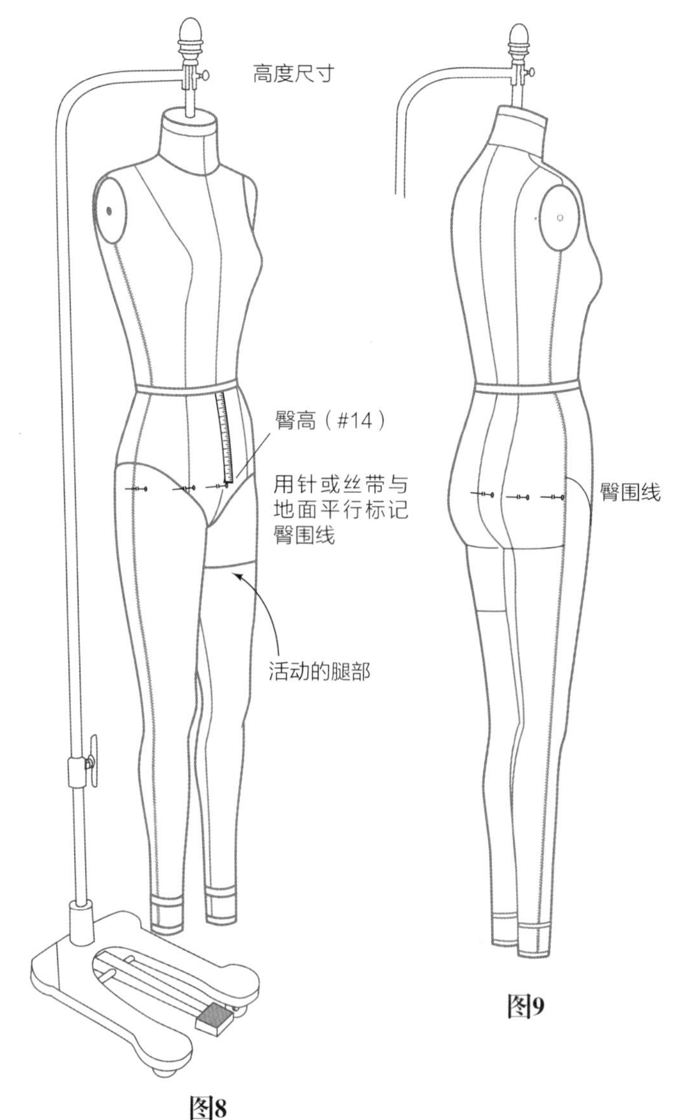

图8

图9

高度尺寸

图8和9

#14　臀高=________。围绕臀部的最大围度部位，在前中线处用针标记该位置（标准10号人台臀高为20.3cm）。

- 测量从地面向上到针标记点处的距离，用这个距离再测量从地面到侧缝和到后中线的距离。
- 在侧缝及后中线分别用针作标记。形成水平平衡线（HBL）。

弧线测量

图10和图11

#11　腰部弧线长=**前**________，**后**________。测量腰部前/后中线到侧缝线的弧线长。

#13　臀部弧线长=**前**________，**后**________。测量臀部前/后中线到侧缝线的弧线长。

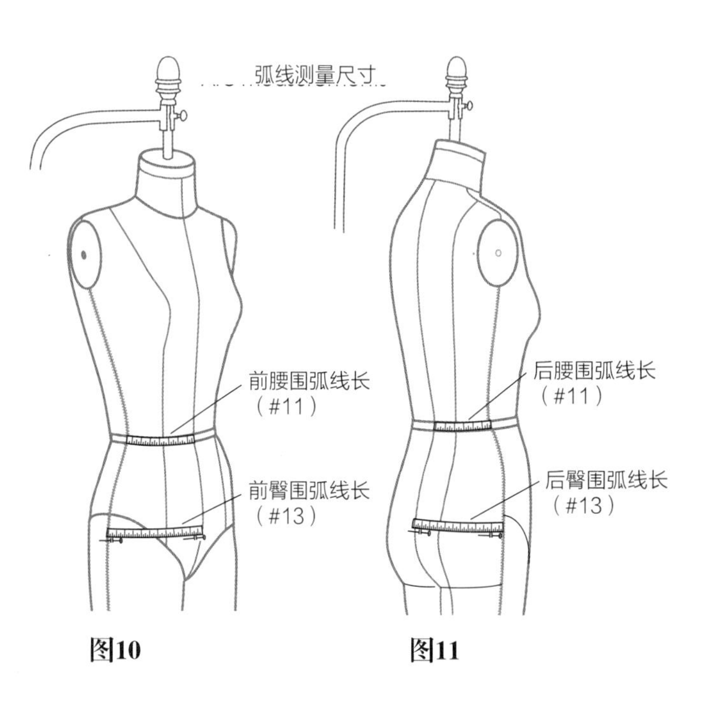

图10

图11

设计1：基础裤子

裤子基础样板

裤子基础样板是传统的褶裥裤，它是碎褶裤或喇叭裤的原型。

设计分析

图1

裤前片有两个褶裥，后面有2个省道，收完腰省后剩余的量作褶裥，裤襻位于口袋旁边的褶裥上，可用来固定褶裥。裤子的开口可以在前中线的任意一边。前后挺缝线是直丝缕的方向，脚口大小任意。裁剪、缝制和试衣时都需装上腰头。

图1

白坯布的准备

图2

后片

- 布长为实际测量尺寸加7.6cm。
- 沿直丝缕方向将布对半撕开。
- 在宽度方向从布的一角向内17.8cm作标记，过该点向下作等长的垂线段：
  - 裆深增加7.6cm（X）= ______。
  - 臀高增加5.1cm并标记=______，或者使用标准人台的#10测量数据20.3cm增加5.1cm，并沿该线段与臀围线的交点向上5.1cm作十字标记点。
- X-Y，从X点作水平线段，得到Y点，X与Y点之间的距离为臀围弧线尺寸。
- X-Z=后臀围弧线尺寸的一半
- 过Y点和Z点的中点作平行于丝缕的直线（挺缝线）。
- 使用曲线尺画出Z点到十字标记点之间的裆部弧线。
- 在立体裁剪时标出下摆线，调整到所需要的宽度。

前片

- 参照后面的作法画出前片。
- X-Z=前臀围弧线尺寸的1/4= ______。

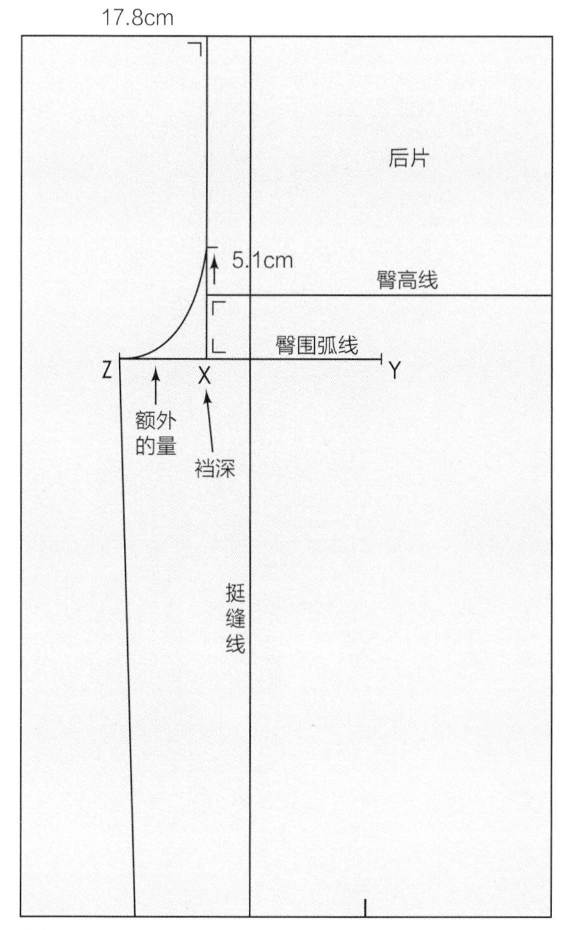

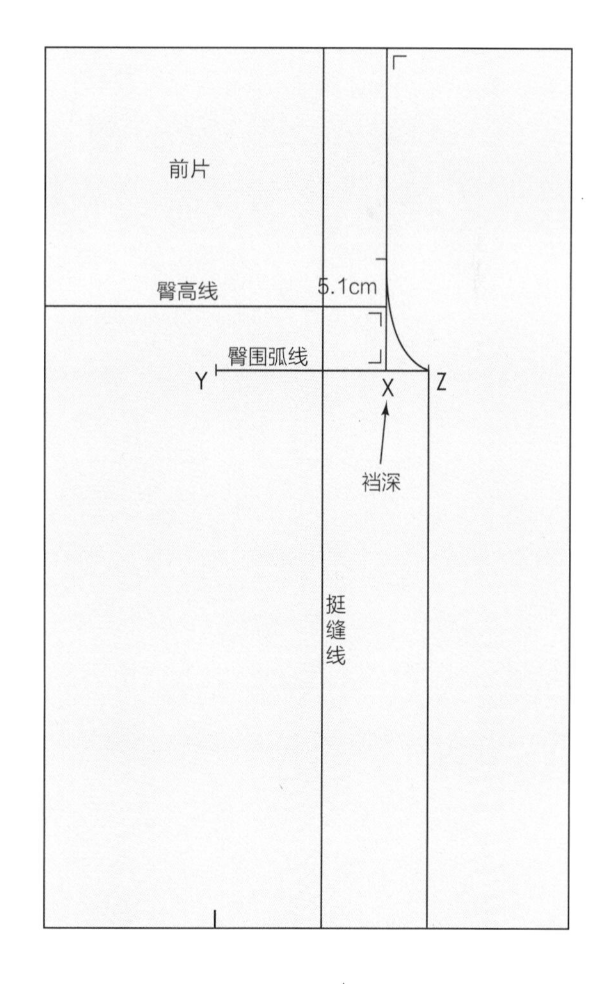

图2

立体裁剪步骤

图3

- 用所建议的尺寸画出脚口宽。
- 从Z点向下画出内侧缝线位置。
- 修剪多余量，在裆弯线处留1.3cm，内侧缝线处留2.5cm,用于可能的调整。
- 将前后片内侧缝线固定在一起。
- 从腿部取下裤片，校正中心线和水平平衡参考线HBL，用针固定。

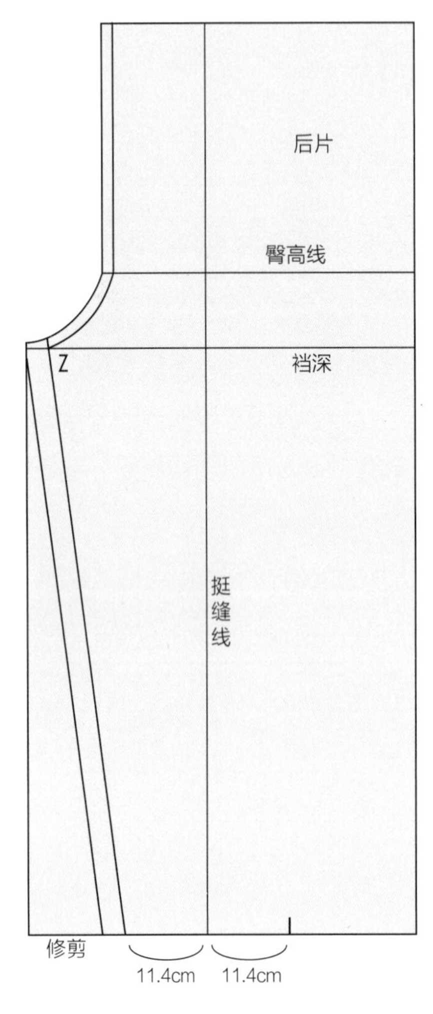

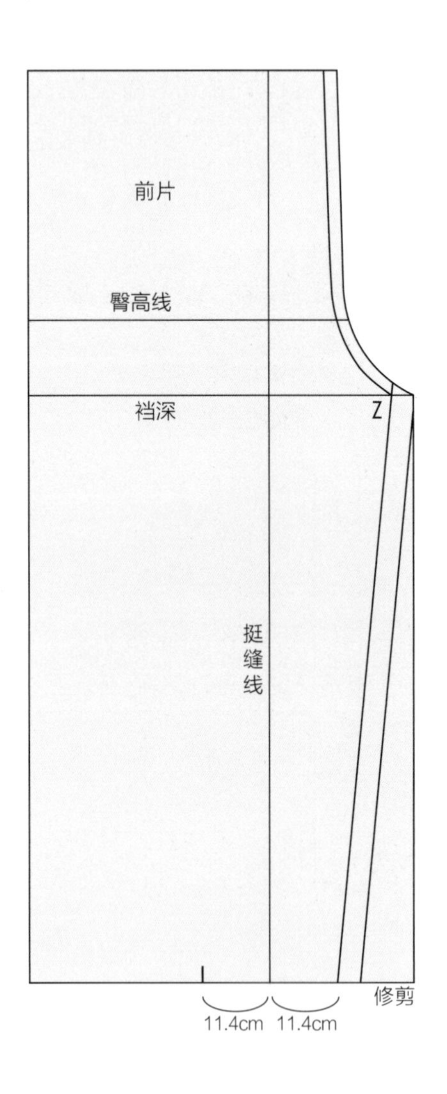

图3

前片两个褶裥

图4和图5

- 第一个褶裥量为5.1~6.4cm（折叠后为2.5~3.2cm）在挺缝线上作第一个褶裥。在固定褶裥时，注意越到下脚摆处褶裥量效果越小，在脚口处无褶量。
- 第二个褶裥量为3.2~3.8cm（折叠后为2.8~3.2cm），褶长为腰下17.8cm，平服固定褶量。
- 在腰部用针固定0.3cm松量（折叠后）。
- 标出穿过腰线的点，及褶裥两边的点。
- 用铅笔印画出侧缝到臀围线HBL的线。
- 标出0.6~1.3cm的臀围松量。
- 修剪多余量，在侧缝处留2.5cm的松量，以便之后调整。

后片

- 作两个省道，每个省道为2.5cm（折叠后为1.3cm）。
- 用针固定0.3cm松量（折叠后）。
- 在后中线、去掉剩下的多余量。
- 参照交点画顺后中线。
- 标出腰线和折叠的省道的每一边线。
- 用铅笔印描出侧缝线。
- 标出0.6~1.3cm的臀围松量。
- 用针固定从腰部到臀部一直到下摆参考点处的侧缝线。
- 沿侧缝线修剪多余量，留2.5cm的缝份便于后续调整。
- 用针固定内、外侧缝线。
- 试身时，将腰头缝在裤子上。

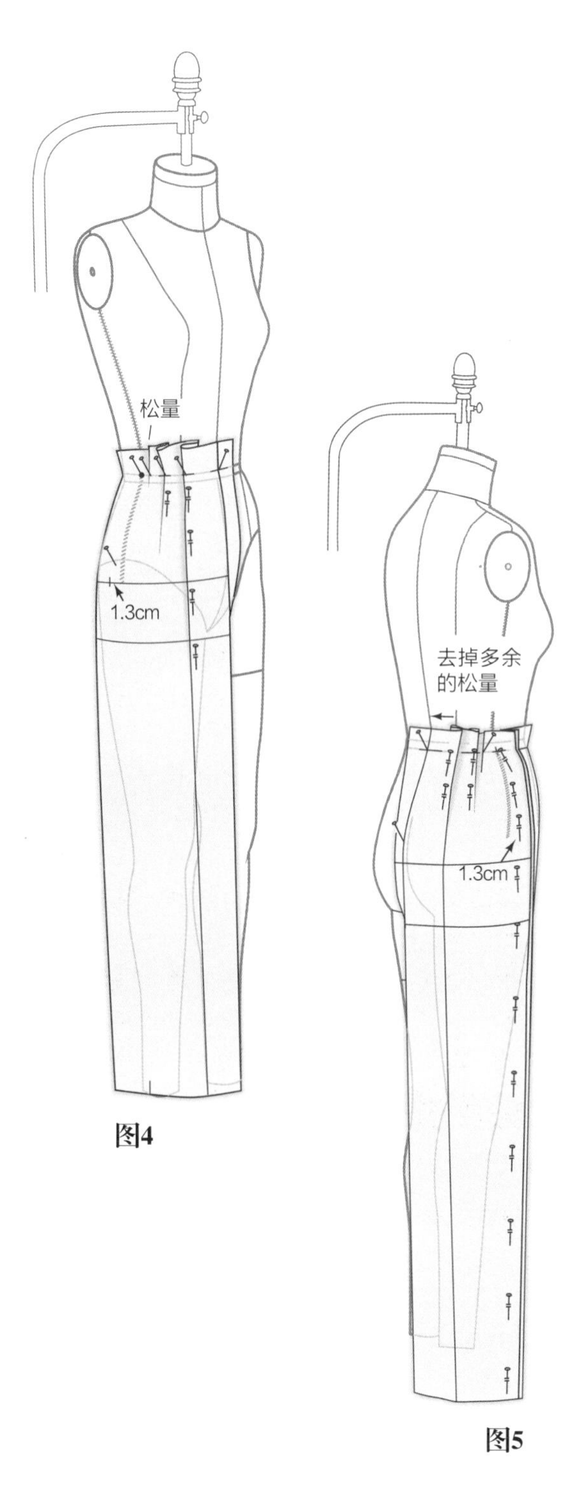

图4

图5

适体性分析

- 缝制腰头用来试衣。
- 如有必要，核对轮廓并调整腿型线。
- 确定裤长，标记下脚口线。
- 去掉固定褶量的针，用弧线尺画顺腰围线，标出1.3cm的缝份量并减掉多余量。
- 校正并画顺腿部线条（参照下面给出的完成例样）。

褶裥上口袋

图6和图7

- 在白坯布上用针做出褶裥，在褶裥上画出口袋位置。
- 将纸置于白坯布下方。
- 将白坯布上画好的口袋和褶裥位置拷贝到纸上。

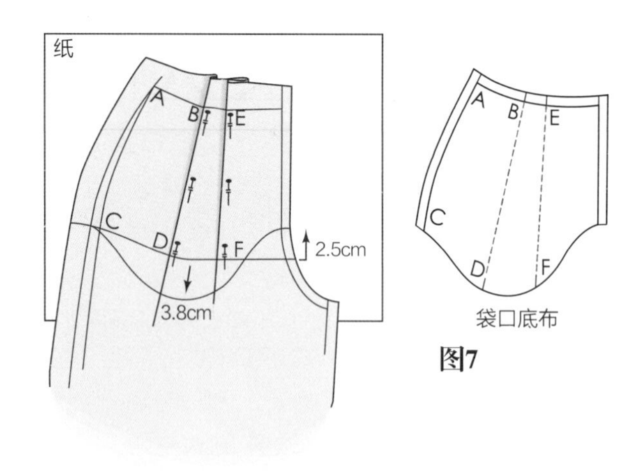

图7

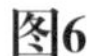

图6

袋口底布

图8

- 沿A、B、C和D点拷贝并剪出纸样。

袋口贴布

- 沿A、E、C、F标记点拷贝并剪下纸样。

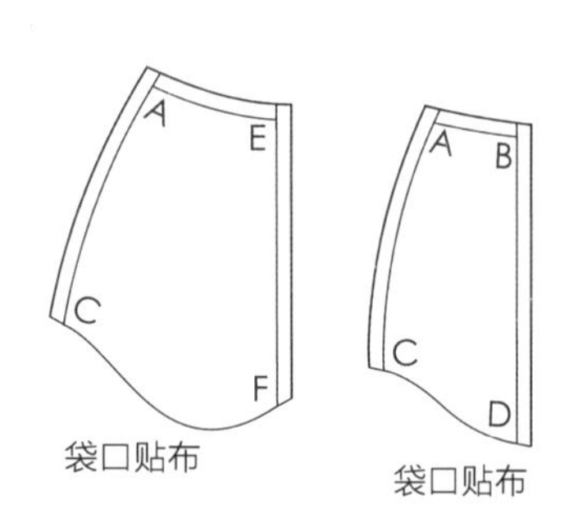

图8

缝制说明

- 在面料上剪下袋口里布、贴布和底布。
- 袋口底布与标记A、B、C、D的里子布缝合。
- 袋口贴布与裤片右边对齐并缝合，翻折后，与里子布的E、F线缝合。
- 将里子布固定在侧缝线、腰线和裤子前中线上。

完成纸样

图9

- 在左右裤片任意一片上画出前门襟。

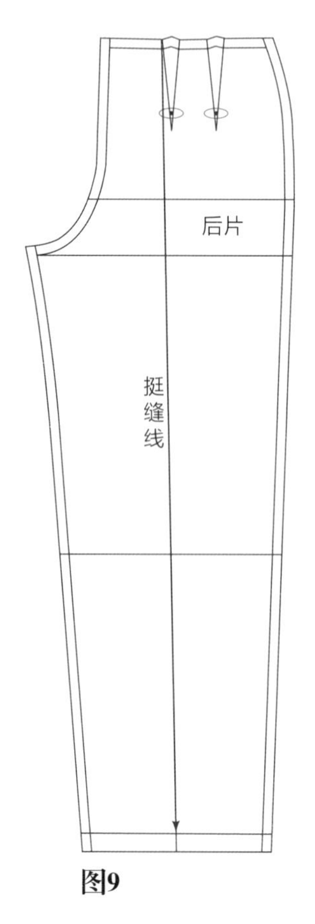

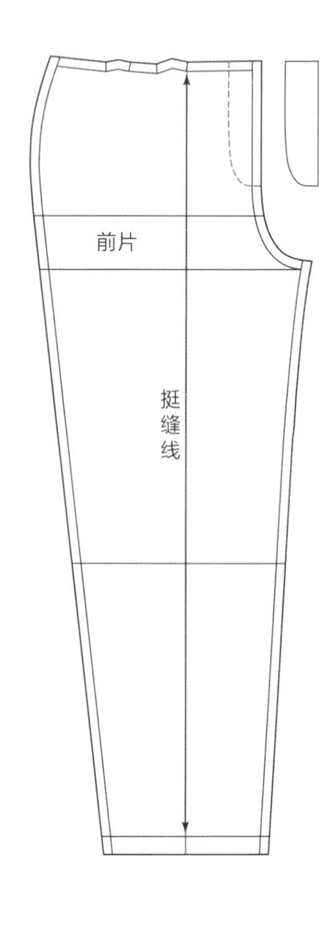

图9

设计2：袋状裤

袋状裤是休闲裤的一种变形，它适用于运动裤或晚上穿着。

设计分析

图1

袋状裤是基于裤子的基样变化而来。由于腰部抽褶可能需要全幅宽面料。为了不使裤子显得膨胀，褶靠近侧缝固定，并修剪多余量。腰部拉绳是设计的特点之一，而且裤口也用一根带子进行抽褶。

款式变化

- 腰部和脚口的松紧带可代替绳或带子。
- 腰带控制腰部收缩量，且裤长也不受限制。
- 裤长可以是任何长度。

白坯布准备

- 坯布的准备参考前面第233页的说明。

图1

立体裁剪步骤

图2

- 将前后片内侧缝线用针固定1.3cm，作为额外的松量。

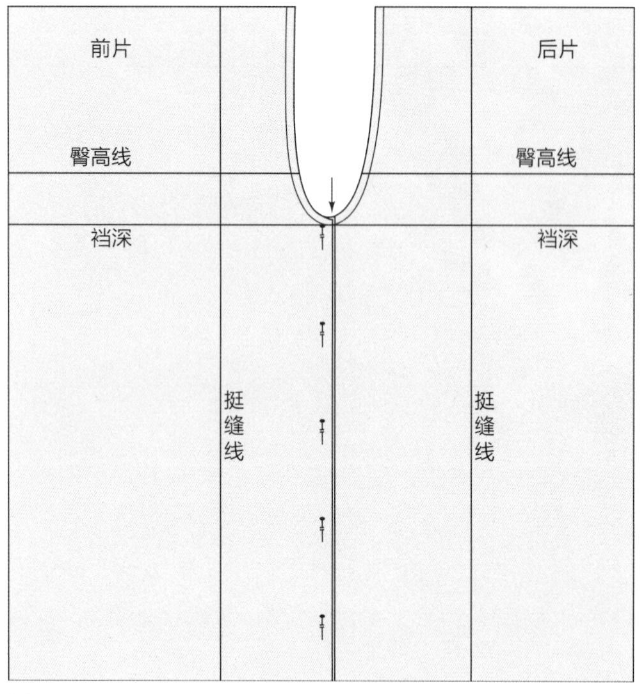

图2

图3和4

- 沿腰围线和脚踝固定一圈松紧带。
- 将白坯布放进松紧带，并使白坯布上的横丝缕参考线与人台臀围参考线平行。
- 使前后中线对齐。
- 将腰部和脚踝位置的松量均匀分布。
- 按要求控制各部分的宽松量，使腰部到下摆的松量逐渐减少。
- 标记腰围线和脚踝线。
- 取下裤片，校正并画顺结构线。

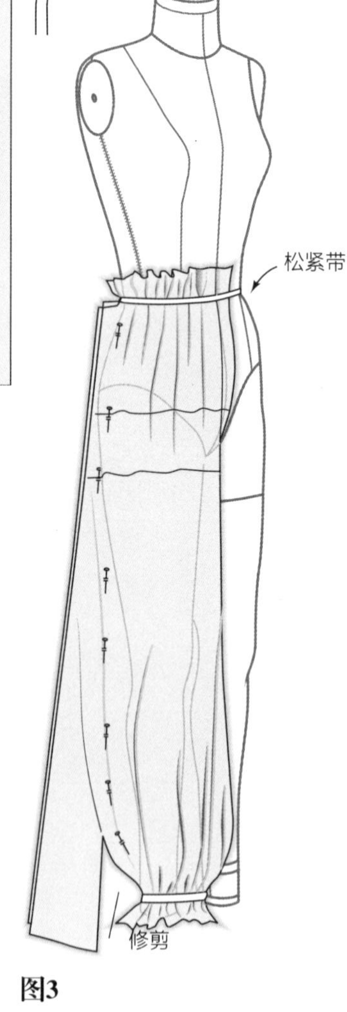

图3

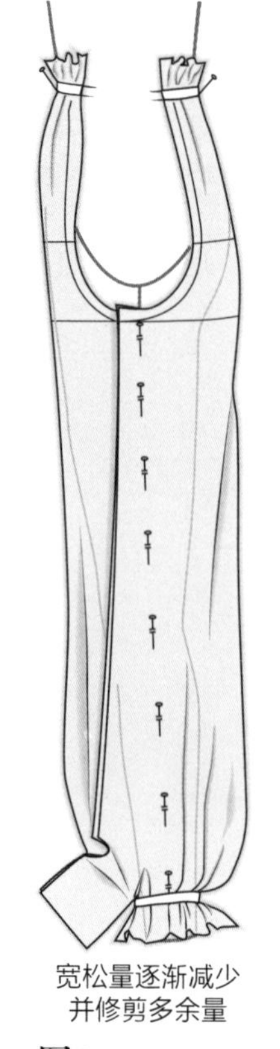

图4

完成纸样

图5

- 在腰围线上5.7cm处画线，作腰头用（用来加入松紧带）。
- 如果有口袋，用虚线画出口袋形状，将纸置于面料下画出口袋纸样。

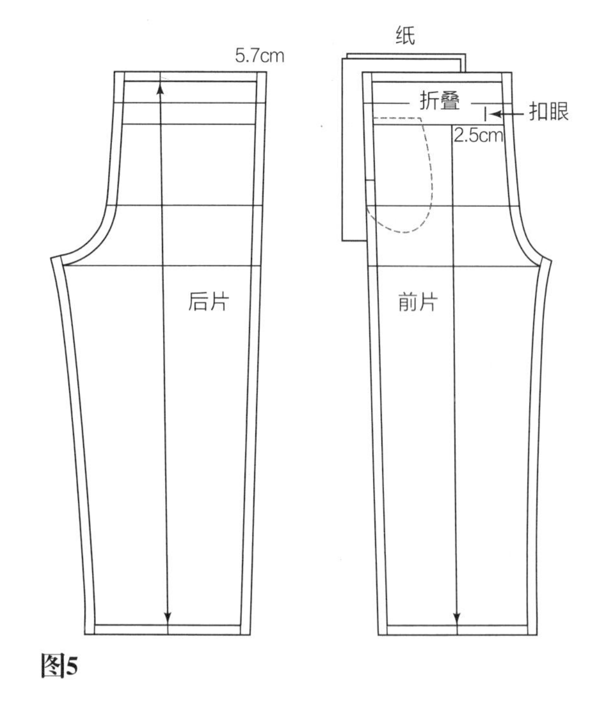

图5

口袋

图6

- 在面料上剪两块同样大小的口袋布（a）。

脚口带

- 按照如图b进行裁剪。

扣眼和绳子

- 在作腰头之前，在腰头前中线左右两侧各2.5cm缝制垂直扣眼。
- 将腰头折叠3.2cm并缝合。
- 通过缝好的扣眼穿好绳子。

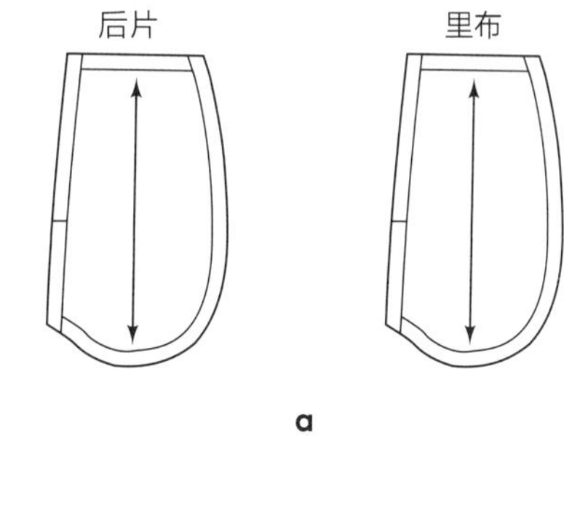

a

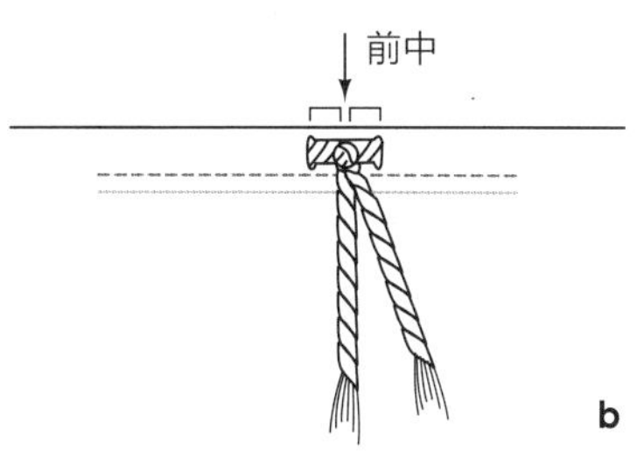

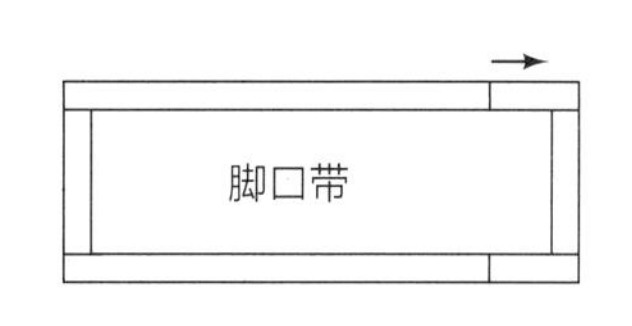

b

图6

设计3：宽松裤

宽松裤的基础纸样不像西裤那么松弛，也不像牛仔裤那么合体，它适合各种体型的人穿着，是很多裤子制板的原型纸样。

设计分析

图1

基础型宽松裤在前后片各有一个省道，由于裆宽稍紧，臀部和腹部在裆部会有略微的凸起。挺缝线是在直丝缕线上。

裤长按款式，可以是任意长度：

短裤——裆下5.1cm

牙买加裤——大腿中间位置

百慕大短裤——在牙买加裤长和膝盖之间

骑行运动裤——在膝盖下5.1cm的位置

斗牛士裤——小腿中间

卡普里裤——脚踝线上5.1cm

图1

准备白坯布

后片

- 白坯布长为：裤长加7.6cm。
- 将白坯布对折，撕开。
- 沿横丝缕方向，从布的一角向内17.8cm作标记点，过该标记点画垂线：
  - 裆深加7.6cm（X）=______。
  - 臀高，加5.1cm并标注=______，或者也可以用标准人台的#10测量值20.3cm，在此基础加上5.1cm。
  - 在垂线上比臀围线高5.1cm的位置作十字标记点。
- 从X点向侧缝线作水平线段，长为臀围弧线长，标记为Y点。
- X−Z=1/3后臀围弧线长。
  - 过Z−Y的中点作垂线（即挺缝线）。
  - 在Z点和臀围线上5.1cm位置的十字标记点之间画弧线，得到后裆弯线。
- 立体裁剪时按照款式要求画出脚口线。

前片

- 前片的作法重复后片的说明。
- 但是在画前片时，X−Z=1/4前臀围弧线长=______。

图2

- 画一条临时内侧缝线，减掉多余量。如有需要，多预留2.5cm作为款式调整量。
- 在裆弯线处留1.3cm的缝份量，减掉多余量。

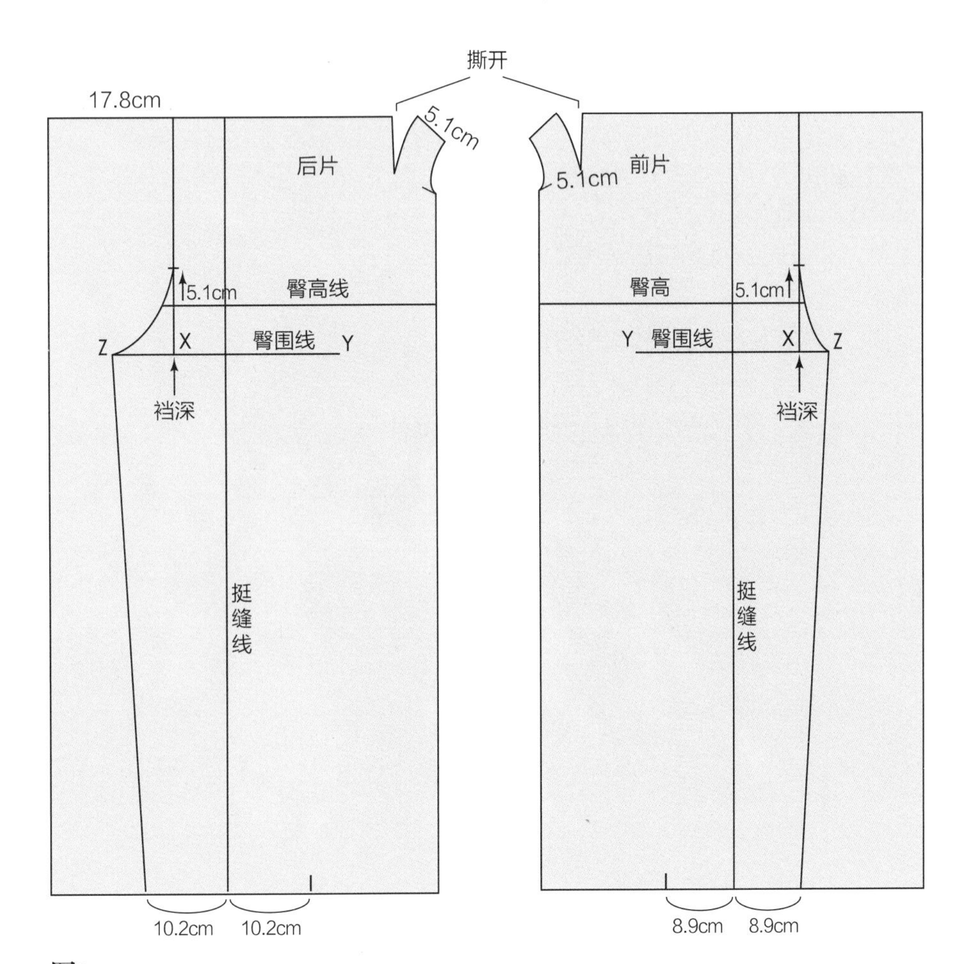

图2

立体裁剪步骤

- 白坯布上画好的内侧缝与人台的内侧缝线对齐并固定，同时确保前后中线和水平平衡线HBL对齐。

前片

图3

- 将前中线向侧缝线方向移动1.3cm并固定，在人台正面公主线上别起1.3cm的省量（折叠后）。同时留出0.3cm的松量（折叠后）。
- 在外侧缝线上留出0.6cm的松量。

后片

图4

- 在人台背面公主线上别起1.3cm的省量（折叠后）。
- 将剩余的松量从后中线去掉，固定并画出后中线，在十字标记点处画顺。
- 画出膝围线。
- 画出腰围线和省道。

固定裤腿线

- 膝围线在挺缝线两侧比脚口宽1.3cm。
- 为使裤腿平衡，从挺缝线两侧到裆线用针固定相等的量。
- 裤子可以是前门襟或后拉链的款式，用针固定。
- 取下立体裁片，校正，画顺各结构线。缝制腰头进行试身。

完成纸样

图5

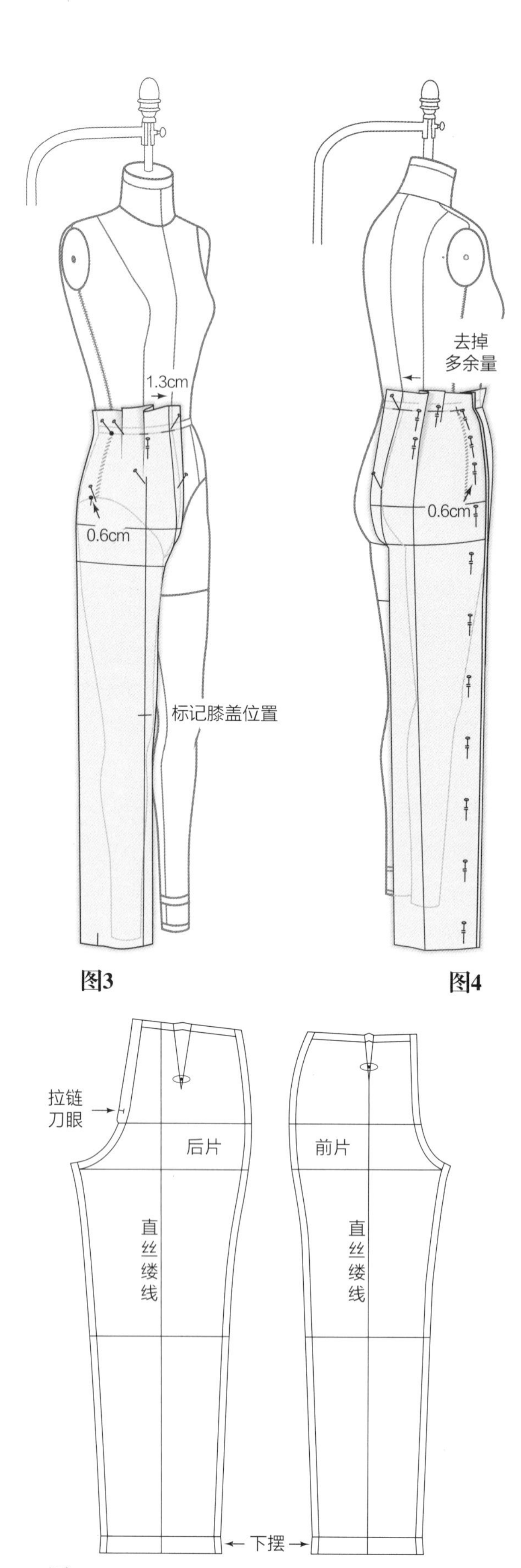

图3

图4

图5

设计4：基础牛仔裤

作为裤子的基础样板，牛仔裤纸样适合臀部、腹部、腿部较合体的裤子。该裤型可以是直腿型，可以是向外打开的，也可以是喇叭形的（后文将介绍到）。牛仔裤的脚口和腰围线的位置可以上下调整，同时它不含有省道。

款式分析

图1

传统牛仔裤后片有育克，前片有插兜，腰围线在前中线处降低。做这款牛仔裤时，先将风格线画在坯布上，立裁裤子后剪开。

款式变化

牛仔裤立体裁剪时，可以是直腿的，前、后片各一个省道。也可以是像图1中画出的无省道的款式，它在裆深处无松量，裤腿是基于腿部形状的，满足舒适并紧贴于腿部。挺缝线在直丝绺上，并且位于腿部中间。对于裤腿下摆向外展开款式的作法，参照562页的说明。

图1

白坯布的准备

后片

- 裁布，布长为测量长度加7.6cm。
- 将布对折，撕开。
- 从布的一角距离布边17.8cm作一点，过该点作垂线。
  - 裆深+7.6cm（X）=______。
  - 臀高+5.1cm=______或使用10号标准码人台尺寸20.3cm+5.1cm。
  - 从臀高标记点向上5.1cm作十字标记点=______。
- X-Z=1/4后臀围弧线+1.3cm=______。
- 画出Z-Y的中线即为挺缝线。
- 从Z点到十字标记点画裆弯线。
- 下摆将在立裁时再作调整。

前片

- 前片白坯布重复后片说明。
- X-Z=5.1cm（超过人台10号尺寸需加0.3cm的量）。

图2

- 在侧缝处留2.5cm的缝份，弯裆处留1.3cm的缝份，在白坯布上去掉5.1cm的量。

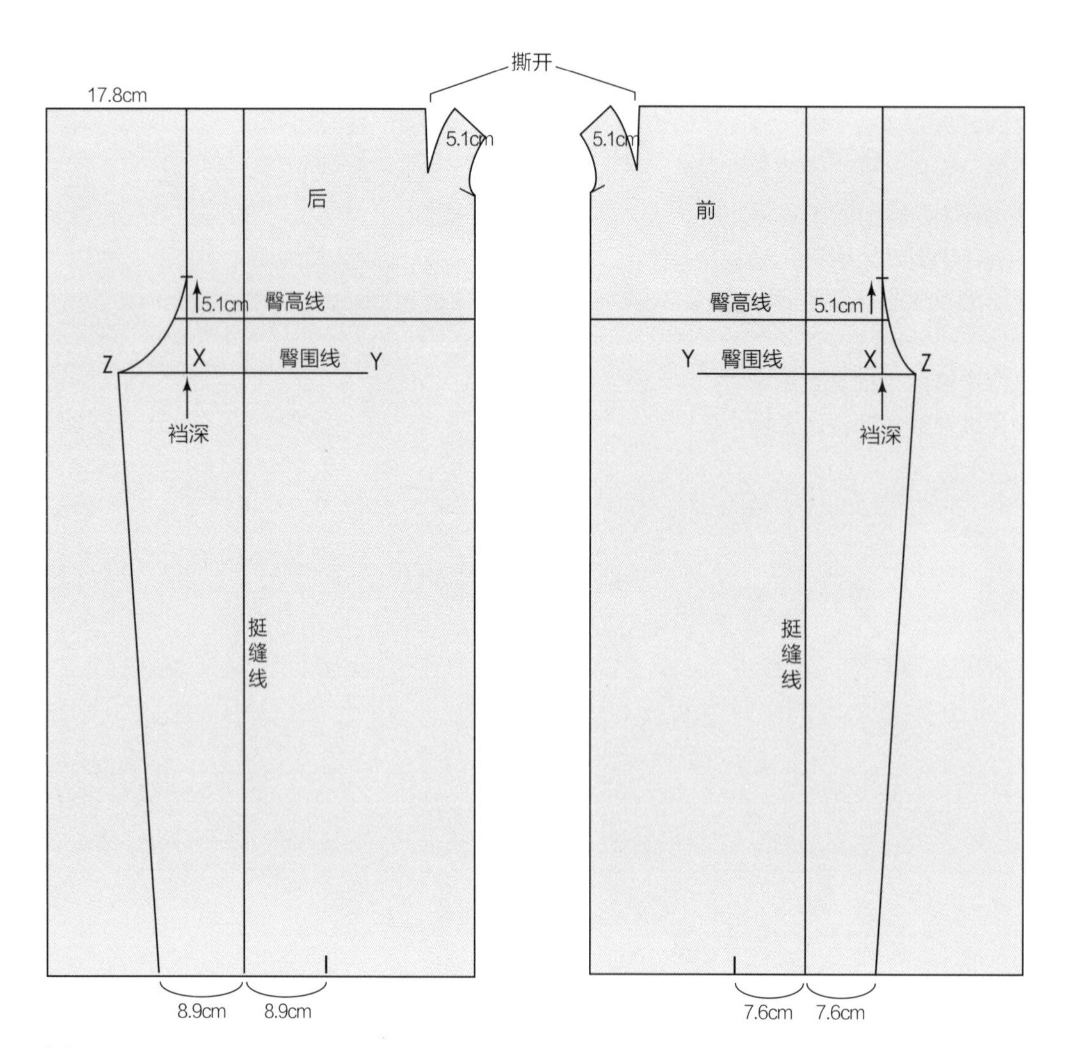

图2

立裁步骤：做腰线省道

图3和图4

- 将裤片放在人台的腿上或模特腿上，使前中线和臀围横丝缕参考线对齐，用针固定。
- 将裤片中线向人台的前中线外移动1.3cm。
- 在前片公主线上作1.3cm大小的省道，后片作2.5cm大小省道。
- 在前后腰围线上固定0.3cm的松量（折叠后）。
- 将剩下的多余量推向后中线，画顺十字标志处曲线。
- 标记腰围线，并用铅笔擦印描出侧缝线。

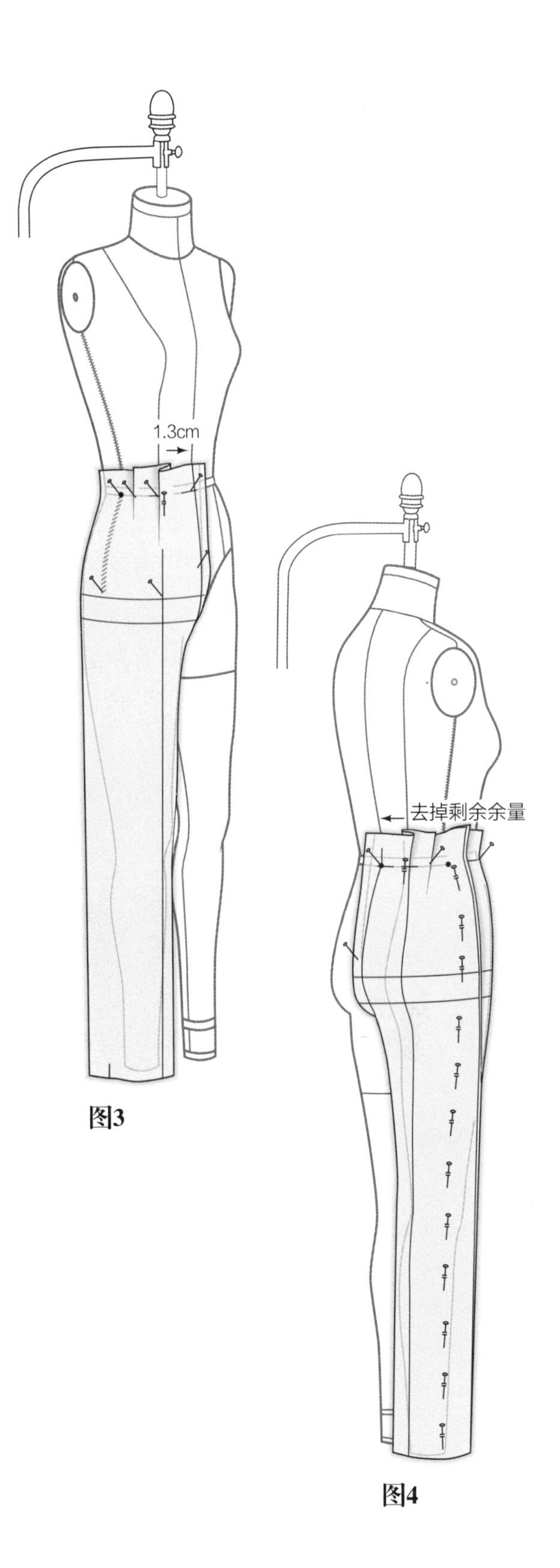

图3

图4

用针固定裤长

- 按照所设计的适体性将裤腿用针固定在一起，在裆线、腰线和脚口线裤子的宽度必须要在挺缝线两侧相等，以使裤子悬挂起来保持平衡。
- 去掉沿裤长线固定的针，并用铅笔标记出这条线。
- 参考完成的纸样形状作为指导，画出裤长的形状。
- 在制作纸样前校准并修顺。
- 缝合腰带进行合体性测试。

立体裁剪的步骤：腰部无省道

图5和图6

- 从前中线和侧缝线部位去掉多余量。
- 标记腰围线和侧缝线。
- 按设计作裤腿。

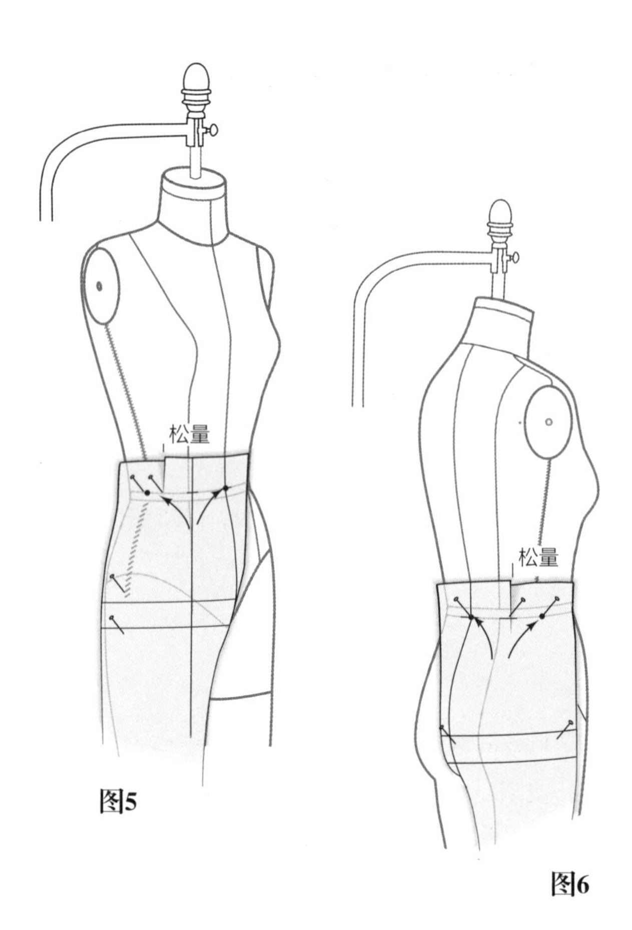

图5

图6

完成纸样

图7

- 腰部带省道的裤子。

图8

- 腰部无省道的裤子。

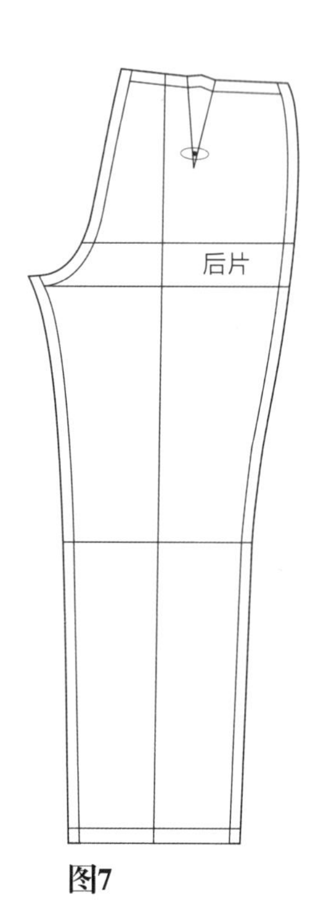

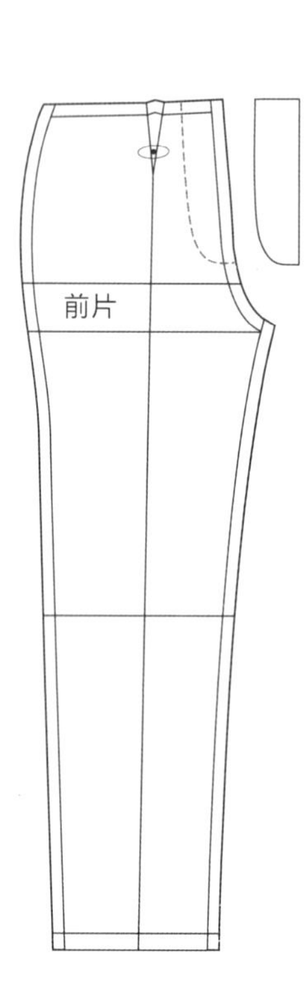

图7

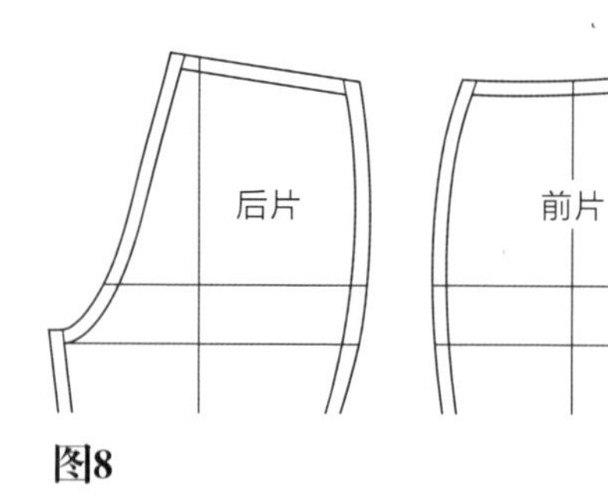

图8

设计5：喇叭形牛仔裤

白坯布准备

图1

- 参照以下牛仔裤基本原型准备白坯布。
- 从裆线向下摆作垂线确定脚口宽，脚口宽度可以参考标记线调整为任何大小。

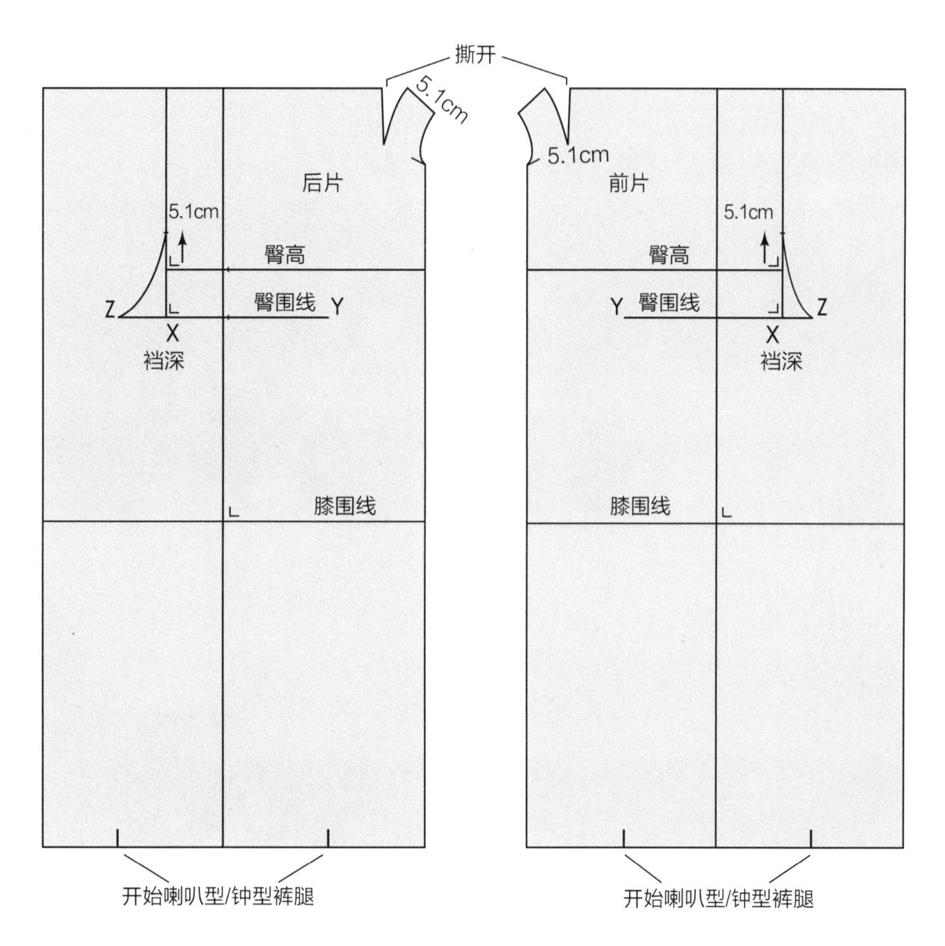

图1

立体裁剪步骤：
用针固定裤腿

图2和图3

- 用针固定裆线到裤口的内/外侧缝线，将针别成锥形。
- 内外侧缝线等量分布在挺缝线两边。
- 从人台上取下裤子，用铅笔印沿针画出侧缝，校正并画顺，缝制腰头试衣。
- 绘制纸样图。

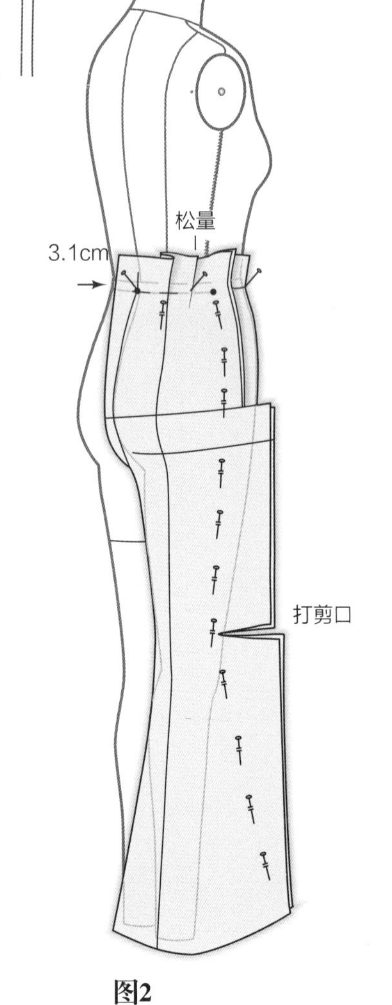

图2

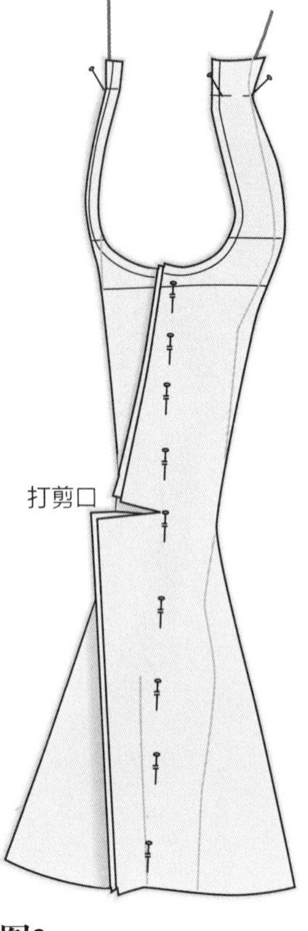

图3

完成纸样

图4

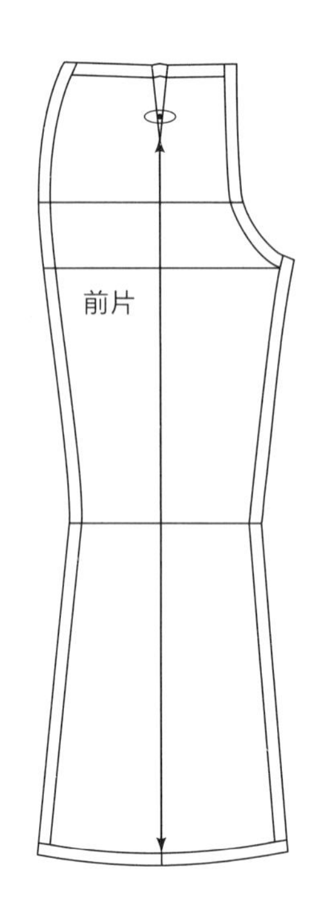

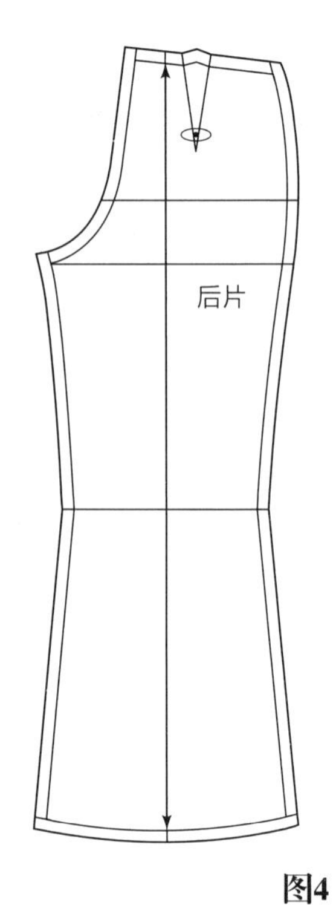

图4

设计6：传统裙裤立体裁剪

裙裤外形似裙子，只有当穿着者走起路来时裤腿才会分开，变裆成裤子的形状。任何裙子，例如喇叭裙、抽褶裙、百褶裙或育克裙，都可以通过在裙子前后中线加入裆弯变成裙裤，插入的裆弯可以根据西裤的原型来做（但不含西裤的褶裥）。裙裤可作为长款晚礼服裤装的原型。

款式分析

图1

传统裙裤含一个倒箱式褶裥（倒对褶裥），这个倒箱式褶裥（倒对褶裥）可以向下缝12.7~17.8cm，也可以不缝。

裙裤的作法参照A型裙作裤裙或其它款式裙子则可参考第8章的作法。在白坯布准备时，按照所需的裤长准备白坯布。

图1

准备坯布

- 按照以下尺寸裁布：
  - 长：款式长度加17.8cm。
  - 宽：前片=76.2cm；后片=63.5cm。

前片

图2

- 根据图中给出的尺寸，首先从布边向内17.8cm作标记点，过标记点作垂线，即为前中线。
- 沿腰线向下量取12.7cm，标记为W点，过W点作垂线段，长度为19.1cm，其中包含1.3cm的缝份，10.3cm的褶裥量，5.1cm的褶裥覆盖量，和预留2.5cm的其它量。
- 从W点沿前中线向下20.3cm作臀围线（该尺寸也可以参考测量记录的数据），并画垂线。
- W–X=裆深，标记并画垂线，
- X–Y=臀围尺寸，并作标记。
- X–Z=横裆宽，比前臀围尺寸的一半少1.9cm。画延长线并作其垂线至脚口。
- 用曲线板画出裆部曲线。
- 修剪多余量，留1.3cm的缝份量。

后片

图3

- 重复上面的步骤完成后片，减去褶裥的缝份量。X–Z距离等于后臀围尺寸的一半加1.9cm，然后向下作垂线直到脚口。

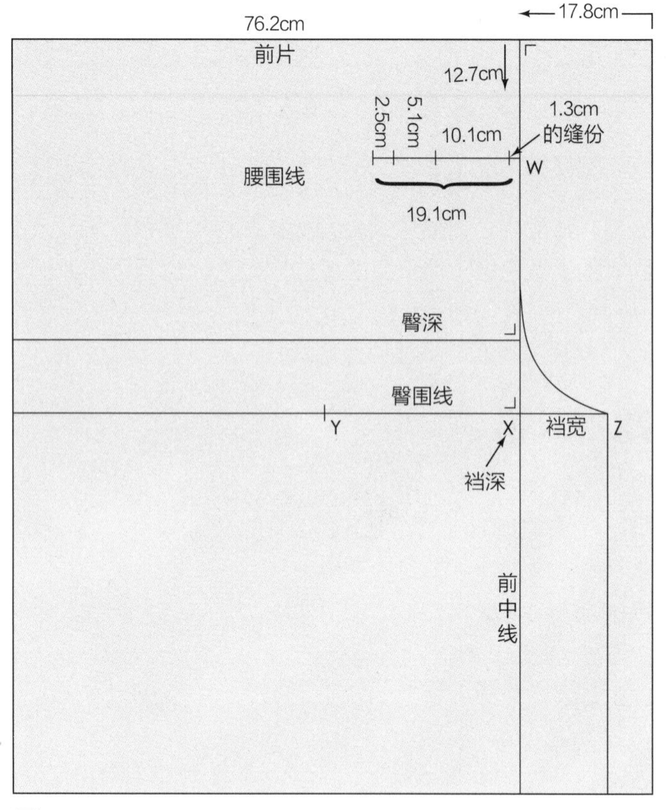

图2

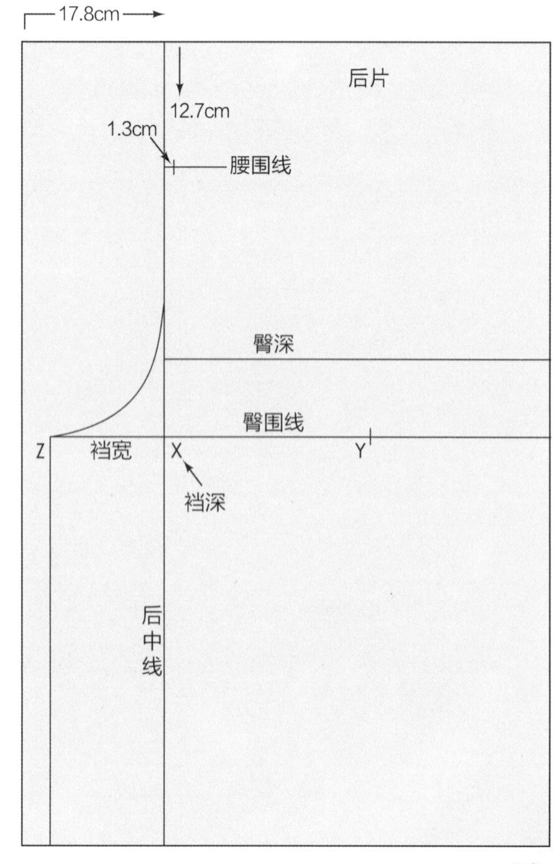

图3

立体裁剪步骤

图4

- 在缝份线上折叠褶裥。
- 在整个立裁过程中，用针固定住褶裥，标记。
- 将前后片内侧缝固定在一起。

图5

- 将坯布放在腿上，使坯布的纵向标记线与前中线对齐，水平线与臀围线对齐，用针固定。
- 在腹部抚平，用针固定0.3cm的松量（折叠后）。然后沿侧缝线将坯布向下抚平，用铅笔擦印标记侧缝线到臀部，并增加侧边张开量。标记腰围线。

图6

- 按照前裙裤片的方法作后片立裁。
- 将裁片从人台上取下，校正并画顺曲线。
- 缝制腰头进行试衣。
- 绘制纸样图。

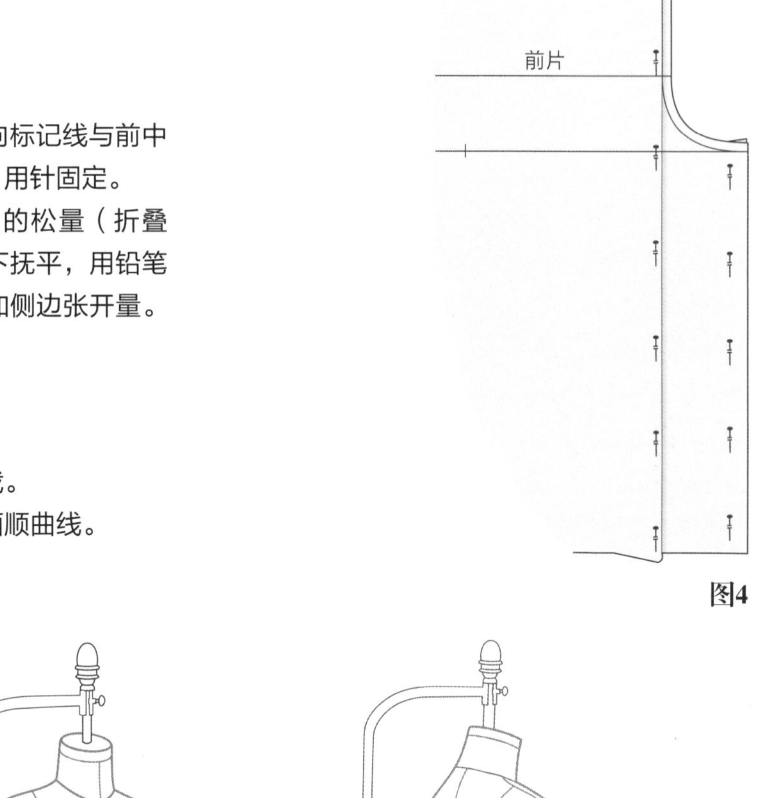

图4

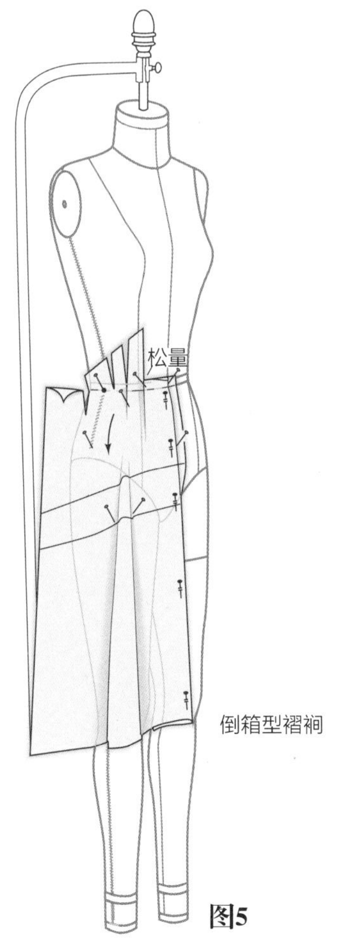

图5

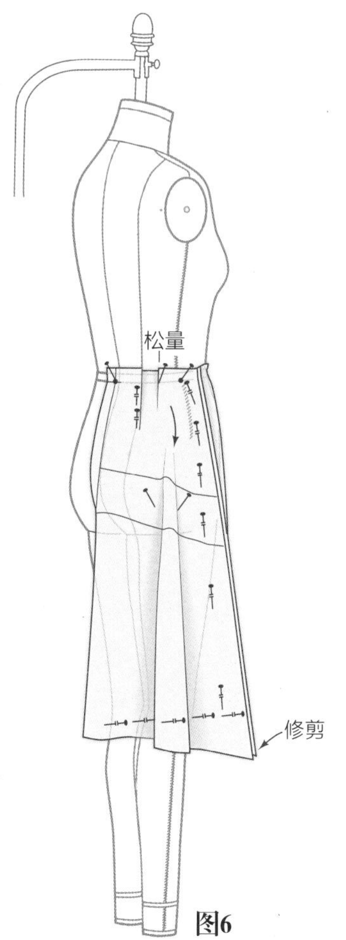

图6

完成纸样

图7和8

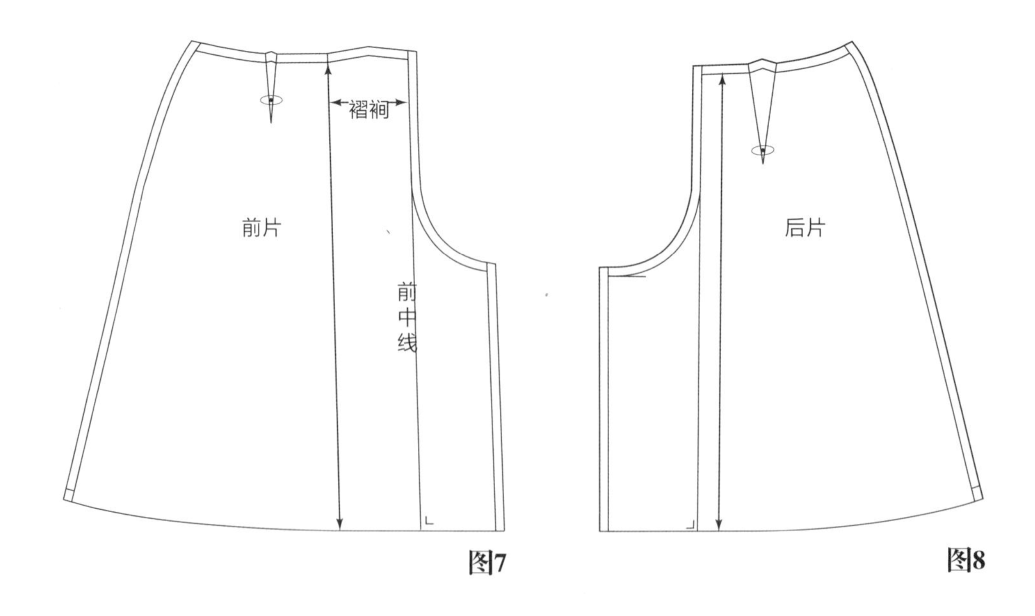

图7　　图8

设计7：连衣裤

图1

连衣裤裤子部分可基于西裤宽松裤或裙裤的设计。下面介绍连衣裤的三种作法：

1. 上装和下装之间无腰围线，如图例所示。
2. 上装和下装前片连成一片，后片有腰围线。
3. 前后片的上下装部分在腰间缝合。（任何款式的上衣和下装都可以搭配成连衣裤）。衬衫是最理想的上装。

图1

设计分析

连衣裤的宽松量按设计风格来确定，下面的测量数据适用于超大尺寸的连衣裤。连衣裤的上装基于衬衣原型，裤子裆宽基于裙裤或西裤的原型。将原型肩部扩大2.5～5.1cm，袖隆深向下5.1～7.6cm。侧缝松量为5.1～10.2cm。服装完成后须含有一个大口袋和扣子。裤脚口可卷起，也可是要求的长度，图示为裤子基础，如果上装用衬衫参考第5章说明。

准备白坯布

- 布长是从颈侧点到地面的长度加12.7cm=______。
- 测量从前中线经过到胸部侧缝，加25.4cm=______。
- 以上测量的尺寸适用于前后片。
- 按上述长宽尺寸裁剪前后片的白坯布。

前片和后片

图2

- 从下摆向上标出裤长尺寸加5.1cm垂直作腰围线。
- 从白坯布顶端向内17.8cm（后片）和7.6cm（前片）作标记点，过这两标记点向腰围线画垂线，得出交点W点。
- 继续延长垂线，定臀高线位并垂直画出臀高线。
- 再次延长到裆深加3.8cm。
- 标注X点，X–Y=前/后臀围弧线长。X–Z=后臀围弧线长的1/2,和前臀围弧线的1/4。
- 画出裆弯线。

图3

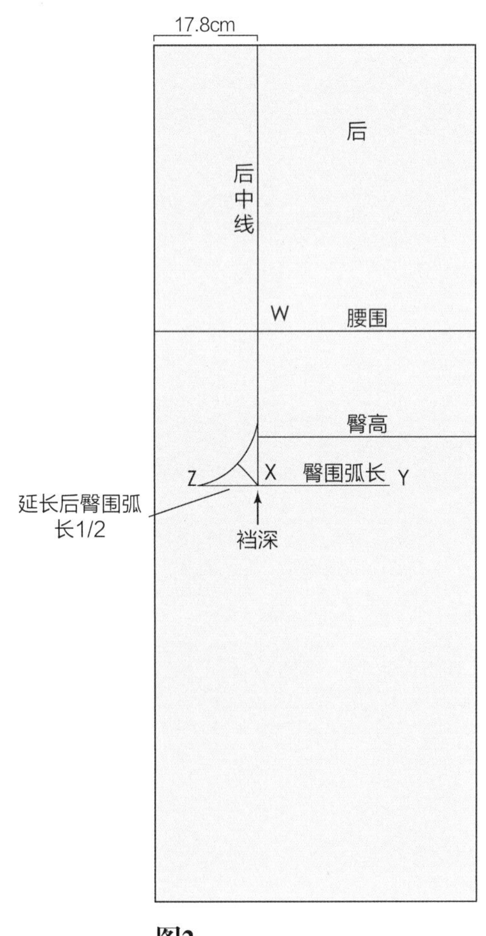

图2

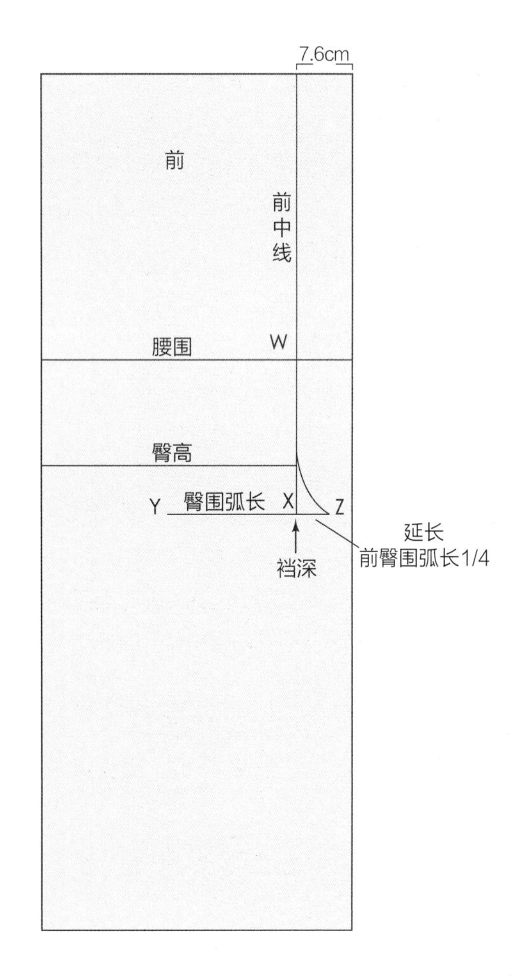

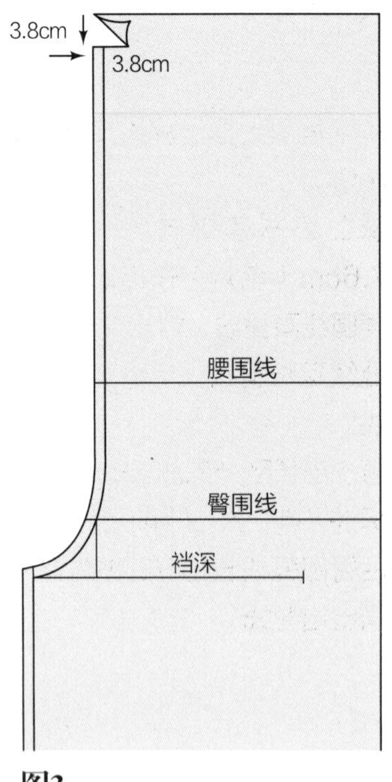

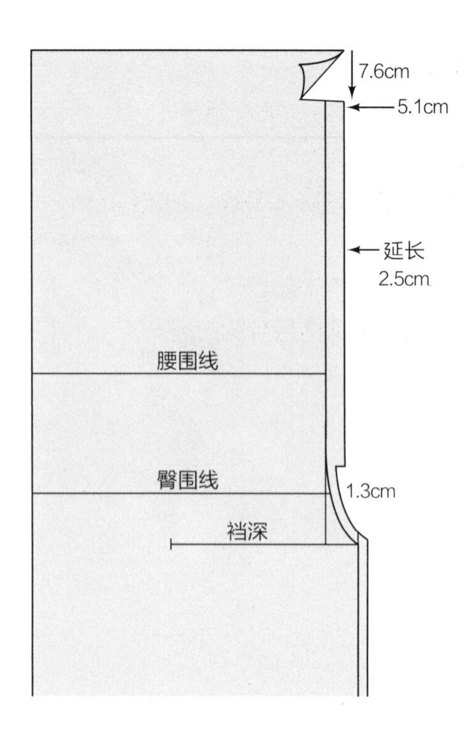

图3

- 从前中线向内2.5cm画一条线段，延长到腰下17.8cm的位置。
- 后片：沿面料一角向下3.8cm，水平向里剪开3.8cm。
- 前片：沿面料向里5.1cm，向下7.6cm剪开。
- 从裤裆点向下摆画线。
- 预留1.3cm缝份，修剪多余量。

图4

- 从裤裆点开始固定内侧缝线，止于下摆线上5.1cm的位置。
- 将制作连衣裤的面料包裹到人台或试衣者的腿部，同时使前中线和臀围参考线对齐，用针固定。
- 对连衣裤的躯干部分进行立体裁剪。
- 侧缝位置的多余量放在袖窿中间，增大前袖窿弧线。
- 标出袖窿中间位置，并延伸到肩点以外（5.1cm）。
- 用铅笔印画出侧缝线和臀围曲线。
- 在袖窿板下5.1cm画出袖隆深。
- 在侧缝线处留5.1cm松量。

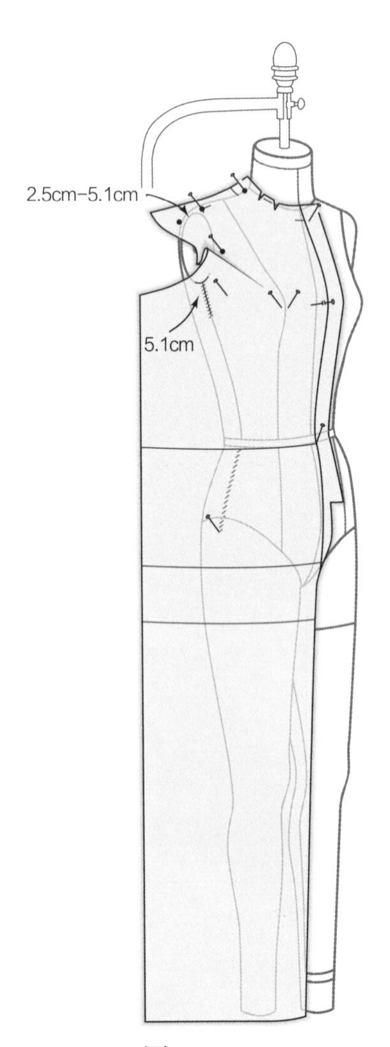

图4

立体裁剪过程

图5

- 作后衣身的立裁，并将肩部抚平，多余量抚至袖窿处，标记肩点和肩线外2.5cm的点。
- 标记袖窿中部，并在标记点外1.3cm再次标记。
- 按照需要的宽度用针固定内外缝线。
- 取下裁片较正，修顺画出纸样。
- 继续作袖窿弧线和袖子（参见第5章）。

完成纸样

图6和7

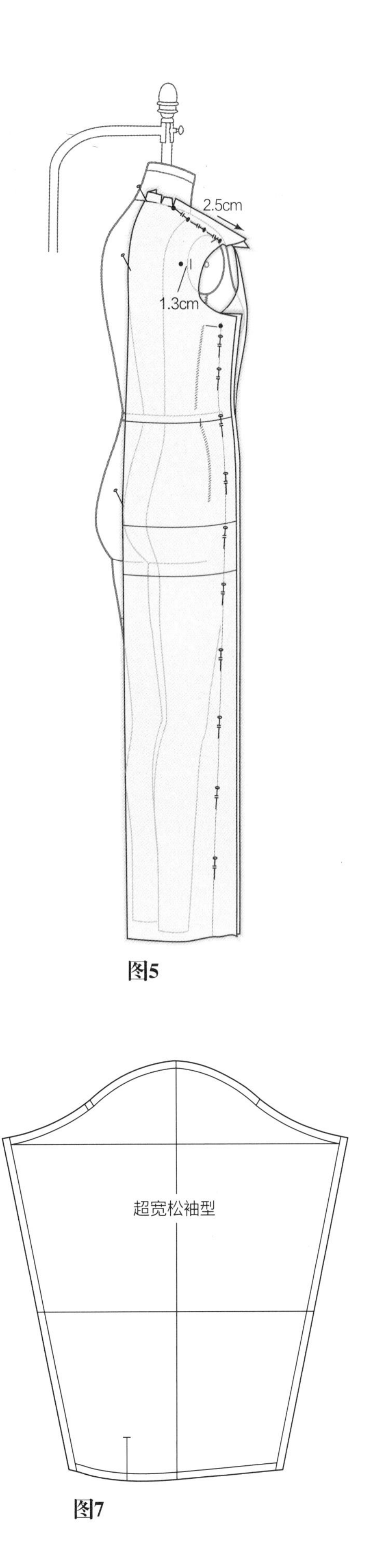

图5

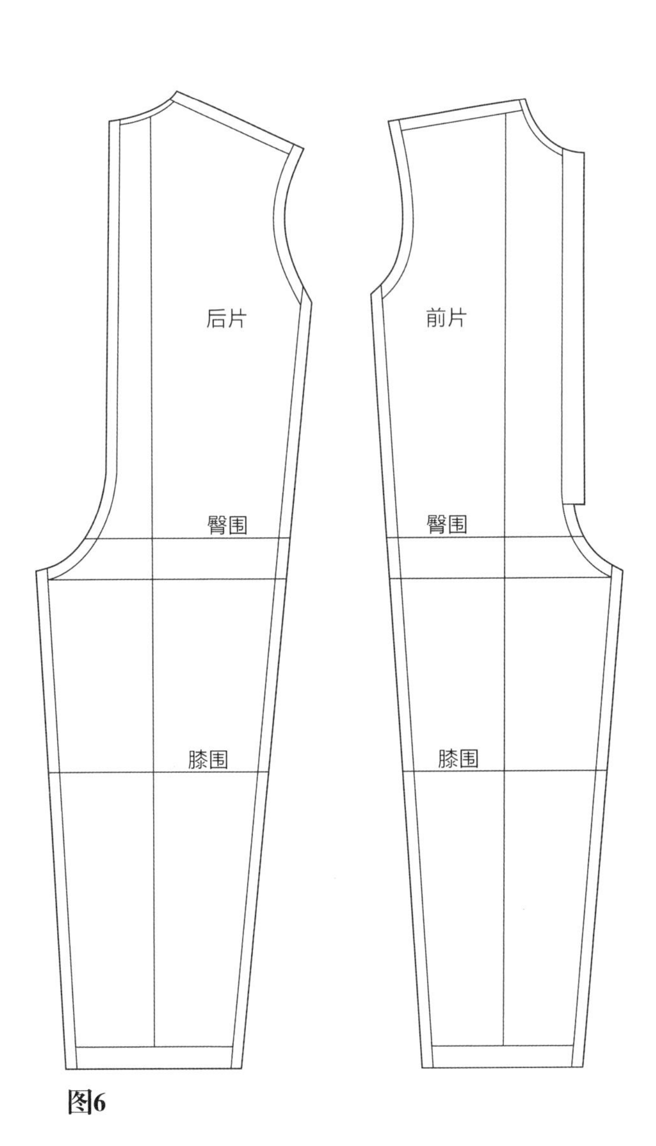

图6

图7

针织面料服装立体裁剪

第8章

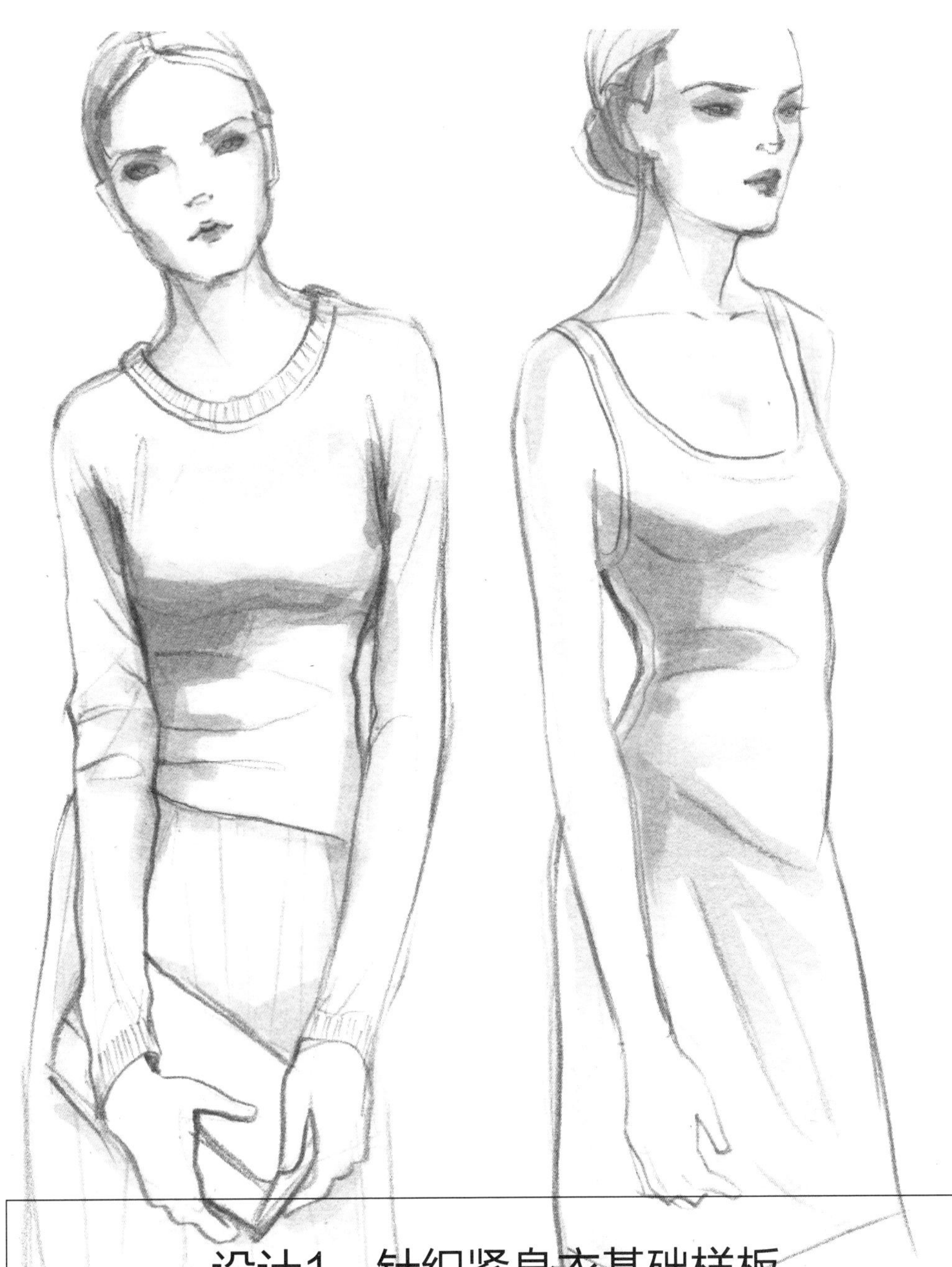

- 设计1：针织紧身衣基础样板
- 设计2：宽松短袖套衫
- 设计3：马甲袖合体短上衣

针织面料因为其独特的性能，成为设计师和时尚消费者的选择，这些独特的性能包括：

- **结构：** 针织面料由天然纤维和合成纤维构成。
- **通用性：** 针织面料适用于晚装、日常生活装和运动装。
- **弹性：** 针织面料在长度、宽度和任何斜向都具有弹性。

针织面料的特点

弹性和回复性

记忆性： 在被拉伸后针织物可以恢复到其原来长度的能力。

回复系数： 除去施加在针织物上的拉力后，其回复到原来尺寸的程度。

弹性系数： 当针织物被拉伸到最大的长度和宽度时，在长度和宽度方向的增加量。通常织物拉伸量为18%～100%，或更多。

针织物的弹性大小各异，就像在同一种针织物的长度和宽度方向的弹性也是不同的。两个方向都拉伸的针织物具有双向弹性。有些针织物可以向任何方向拉伸变形。当你选择一款面料时，了解其性能是很重要的。对于什么样的面料可以做什么样的衣服要做到心中有数。

针织物的分类

构成针织物的纤维种类很多，包括棉和尼龙。由莱卡和弹性纤维，或由莱卡和乳胶混合而成的纤维在重量、质地、纹理、弹性和收缩性等方面是不一样的。

单面和双面针织物

针织面料常常分类如下：

单面针织物（又叫作平针针织物）： 光滑的一面有垂直的螺纹效果，反面有水平的螺纹效果。

双面针织物： 两个方向的纱线锁合在一起，是一种牢固的针织物，弹性很小。

稳定（牢固）的针织物： 拉伸率为18%，可以从12.7cm拉伸到14.9cm，仅在横丝缕方向有弹性。

- 举例：任何纤维织成的双面针织物，和梭织物相似。它所制成的服装需要有胸部省道。

中等弹性的针织物： 拉伸率为25%，可以从12.7cm拉伸到15.9cm，仅在横丝缕有延伸性。

- 举例：尼龙经编针织物综合了稳固性和延伸性，是运动服装理想的面料。

弹性针织物： 横丝缕延伸率为50%，纵向延伸率为18%～50%，可以从12.7cm拉伸到19.1cm，它是一款较轻的并在立体裁剪时易于贴合人体的面料。它适用于塑身衣，紧身连衣裤，和泳装。

- 举例：棉/弹性纤维混纺，尼龙/弹性纤维混纺，以及任何含有恰当比例的弹性纤维和天然橡胶纤维的混纺纤维。

高弹性针织物： 在横向和纵向都有100%或更大的拉伸率。可以从12.7cm拉伸到25.4cm或更多的弹性纤维适用于运动服、舞蹈装或泳衣。

- 例如，任何含有恰当比例的氨纶线或胶纤维的面料。

罗纹组织：100%弹性罗纹（1×1组织）比2×2组织的弹性低。罗纹组织用于上衣和织带的设计中。

- 例如，“两针上，两针下”的针织物常被用于传统的袖口和领口部位。在领口和袖口的缝制过程中，罗纹织物要被拉伸。

拉伸方向

针织物也可根据其拉伸方向的不同进行分类：

经弹：长度方向具有拉伸性。

纬弹：宽度方向具有拉伸性。

双向弹：面料长度和宽度两个方向都具有弹性。

四面弹：弹性纱线在所有方向都具有相等的弹性。

在泳衣、连衣裙、外套和上装中，拉伸性最大的方向置于人体围度方向。

在运动服装，例如紧身衣、紧身连体衣和连体衣中，拉伸性最大的方向置于人体长度方向，这样允许有更大的灵活性。

针织物的回弹性

为了了解针织物在长度、宽度方向的拉伸和回弹程度，使用第260页的拉伸回复标尺进行测量，为设计选择更适合的织物。

在测量针织物回弹性时，通常会过度拉伸织物。出现在拉伸针织物中的褶子被过度拉伸要注意，织物过度拉伸后会缩短其耐持久性、破坏正常的功能特性。参照第260页的横向拉伸测试和说明，采用长度为12.7cm的各种针织物进行测试。

记录表格中列出的影响针织物弹性和恢复性的因素，如果可能包括针织物样品。

针织物种类图

图1

- 稳定（牢固）的针织物：拉伸率为18%。
- 中等弹性的针织物：拉伸率为25%。
- 弹性针织物：横向50%，纵向50%。
- 高弹性针织物：拉伸率为100%或更大。
- 罗纹针织物：拉伸率为100%或更大。

请在表格中黏贴小样，作为资料以供参考。

稳定（牢固）的针织物：拉伸率为18%

拉伸率为 ______ 恢复率为 ______

中度弹性的针织物：拉伸率为25%

拉伸率为 ______ 回复率为 ______

弹性针织物：横丝缕50%，纵向50%

拉伸率为 ______ 回复率为 ______

高弹性针织物：拉伸率为100%或更大

拉伸率为 ______ 回复率为 ______

罗纹针织物：拉伸率为100%或更大

拉伸率为 ______ 回复率为 ______

图1

弹性和回复性测量标尺

图2和3

本页页边的尺子是用来测量针织物弹性/回复性系数的。建议将标尺拷贝下来，贴于木板上，当测试和购买针织面料时随身携带。根据以下说明使用弹性标尺。

确定针织物的弹性回复系数：

横向弹性

- 将针织物沿横向折叠，由布边向内几厘米处固定一个针，作为测量的起点。
- 在距离起点12.7cm的位置再确定一点。
- 将折边放在尺子起点标记上。
- 一只手掌向下按住折边一端，另一只手向折边的另一边拉紧抚平。
- 如果出现折皱，放松拉力，直到折皱消失。
- 记录拉伸百分率，和在上述尺子标记的超出的距离。
- 释放拉力，测量回复系数。
- 如果针织物回到其最初的位置，说明织物恢复性很好，适合服装的最终用途。

纵向弹性

- 重复上述说明做纵向弹性测试。
- 并与针织物类型表（第259页图1）对照，确定其类型。

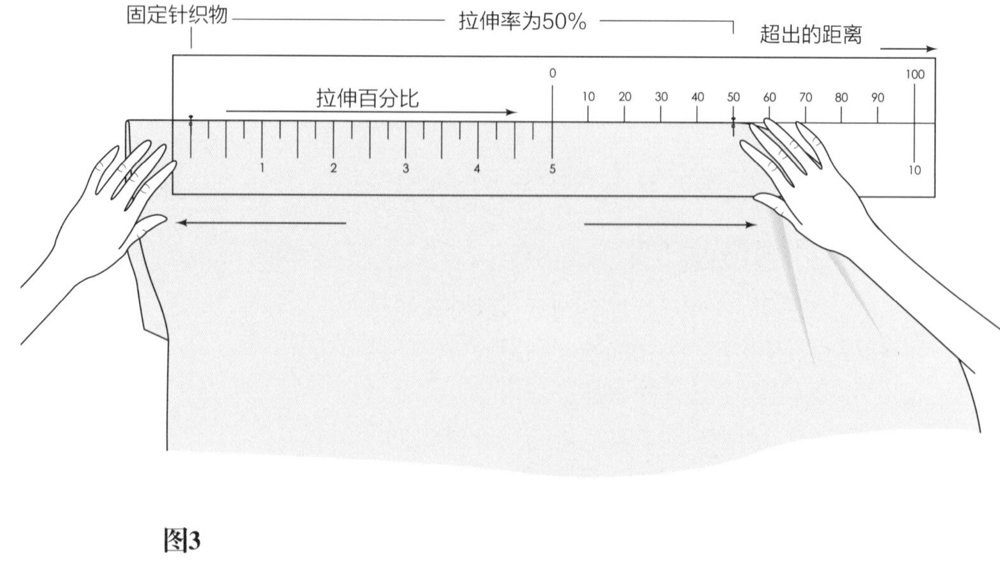

图3

测量包芯纱或含有弹性纤维LYCRA® 的弹性面料的伸长率的尺子

ELONGATION %

LYCRA®

DU PONT

测试样品的长度

图2

设计1：针织紧身衣基础样板

针织紧身衣基样（立裁用单向或双向弹性面料）是针织上装、连衣裙、塑身衣、紧身连衣裤和泳衣的原型结构。它是一种非常适体的、简单的基型而不需要用省道来控制。这种基本型结构在立体裁剪时要选择适用于上装的中等单向弹性的针织面料，拉伸率须达到25%（围绕人台），适用于运动装的双向或多向弹性材料，拉伸率须达到50%或更多，同时，将拉伸性较大的方向置于人台的纵向。紧身衣基础样板是针织服装的基础，当针织面料性能改变时，要在其基样上进行修改。这样可以为设计者节约时间，并简化纸样制作的过程。

其它的针织服装基础样板，可参照由无省休闲衬衫变化的上衣基本结构和结构紧致针织连衣裙结构。而立体裁剪一款非常宽松的针织上装，可以参照宽松款衬衫的基本结构。针织物的里料同样也被可用于连衣裙设计中。

刀眼形式

两种类型：剪0.3cm深的剪口，或作一个宽0.6cm，高0.3cm的三角。

设计分析

图1

紧身衣基础样板在立体裁剪时要尽量贴合于人台腰线，而没有折皱。针织面料要有足够的宽度，能够包覆至人台的另一面，以提高面料立体裁剪时的稳定性。在制作连衣裙时，增加额外的长度。

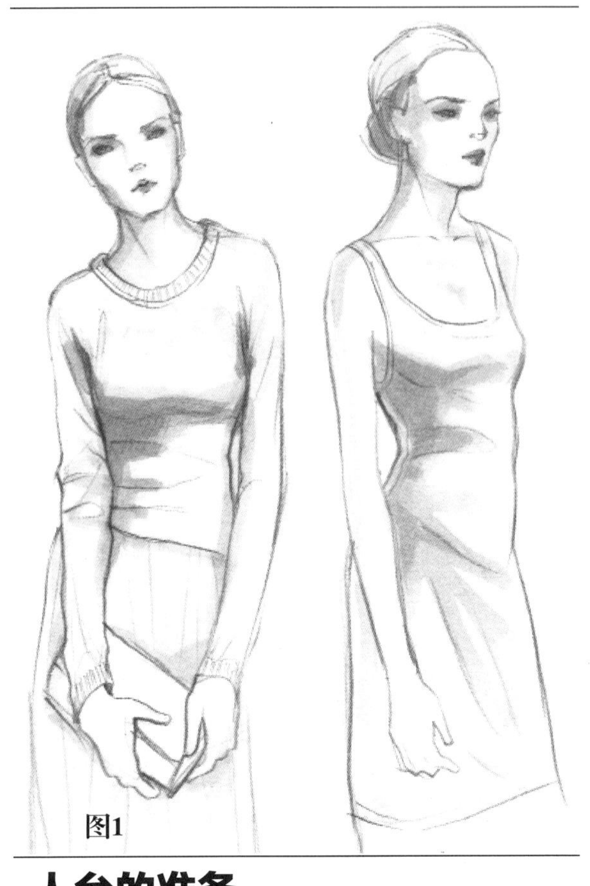

图1

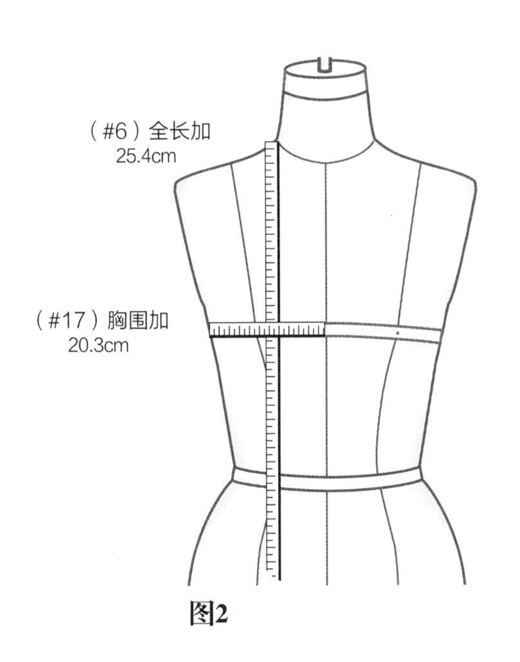

图2

人台的准备

图2

- 测量人台长度，加25.4cm=______。
- 测量宽度，加20.3cm，=______。

针织物的准备

图3

- 用拉伸测量标尺确定针织物的拉伸率。
- 较大的拉伸率是在针织物的宽度方向上。
- 在距离布边12.7cm的位置画线。
- 在该线上剪开7.6cm。
- 并在距离布底边2.5cm的位置画水平线（前后片均如此）。

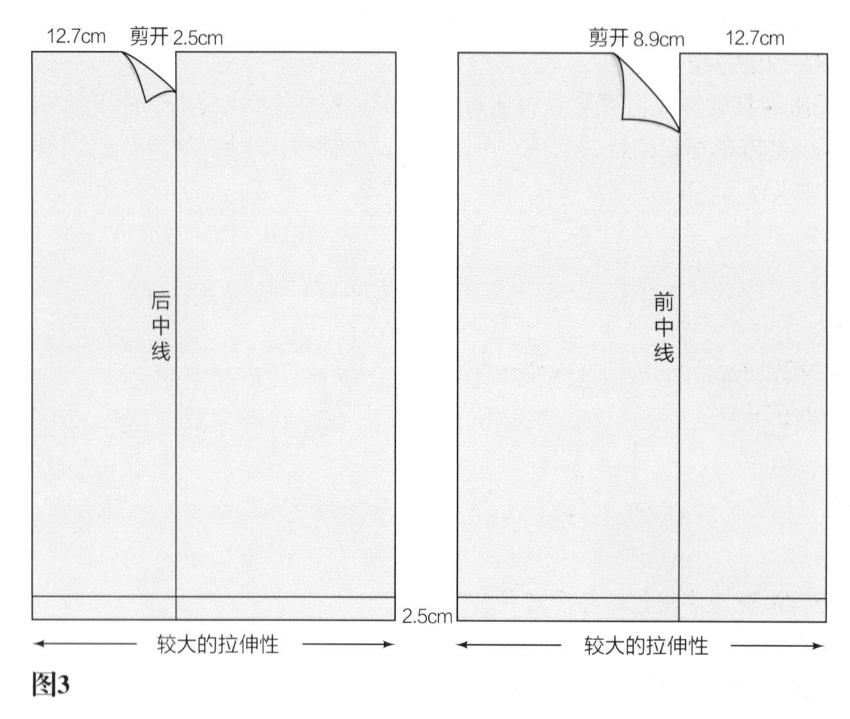

图3

立体裁剪的步骤

前片立体裁剪

图4

- 将针织布固定于人台上，确保纵向线在前中线上，水平线与臀围参考线对齐。
- 在针织物的两边用针固定。
- 将针织物在人台上铺平，在领围线向肩点作立体裁剪时，注意不要拉伸针织物。
- 将针织物从前中线向侧缝线铺平，这时在腰部会出现一些多余量。
- 沿侧缝线及其外侧线用针固定。
- 将针织物覆盖在袖窿板上，从袖窿顶抚平所有余量，用针固定。
- 确保针织物在侧缝线、袖窿弧线、肩线、领围线上平服。

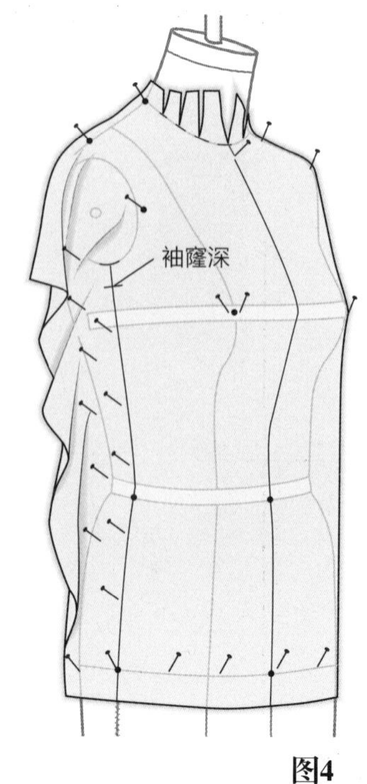

图4

- 标记如下位置：
  - 领围线
  - 肩颈
  - 肩点
  - 袖窿中点
  - 袖窿板
  - 侧缝线（十字标记侧缝）
  - 前后腰围线

后片立体裁剪

图5

- 重复前片立体裁剪的步骤。
- 将样板从人台上取下。

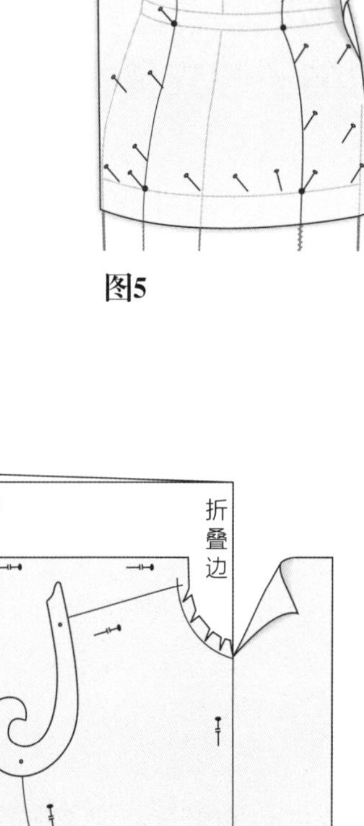

图5

校正前后片立体裁剪的样板

图6

- 将针织物样板置于纸上（前片折叠）。
- 确保固定在纸上。
- 校正侧缝线和肩线。
- 如果长度不同，在袖窿弧线、侧缝线和肩点处进行调整。
- 画顺侧缝线。
- 使用曲线板画袖窿弧线和领围线。将袖窿深降低1.3cm。
- 将样板拷贝下来。
- 移走样板，画出轮廓线。

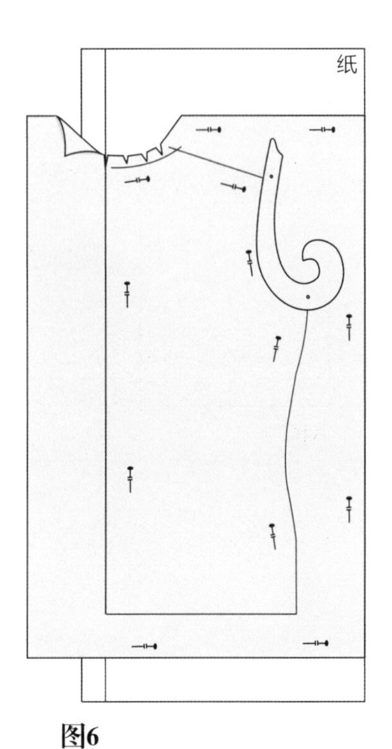

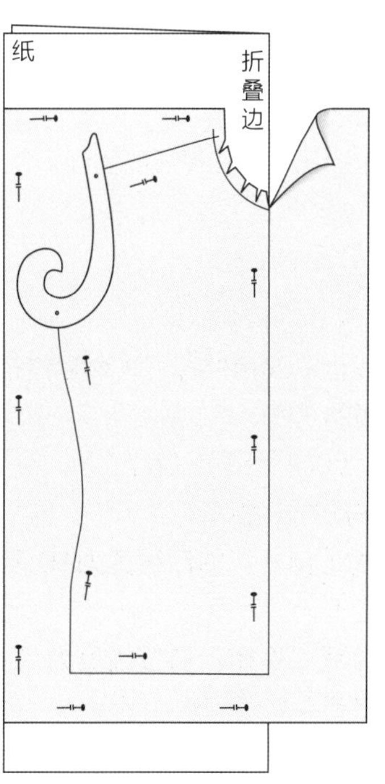

图6

完成纸样

图7

- 如图，按照需要在侧缝线和下摆处加1cm的缝份。
- 测量前后袖窿弧线长，相加后得到袖窿弧线长度= ________，该尺寸将用于针织物袖子的立体裁剪。

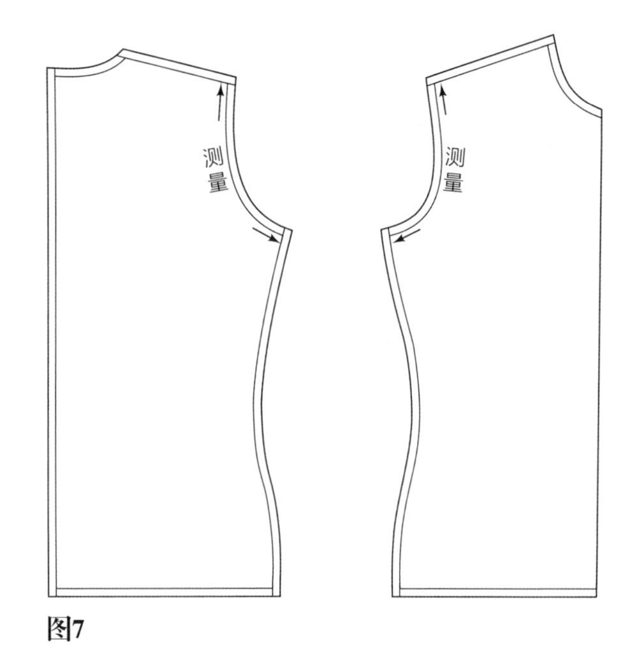

图7

针织物袖子的立体裁剪

需要的尺寸

图8

肘围/腕围=________，________

个人号型：________

标准号型：________

公司：________

- 将纸对折，折线作为袖中线。
- 在纸上拷贝出袖山弧线，标出袖宽线、肘位线和袖口线的位置点。
- 过每一个标记点作袖中线的垂线。

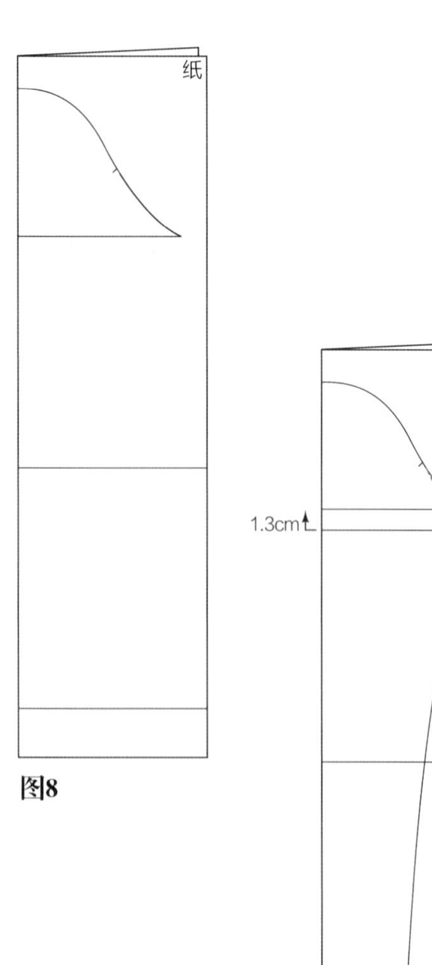

图8

图9

修改袖山弧线

图9

- 在袖宽线上1.3cm处标记，然后过该标记点作袖中线的垂线。
- 将袖窿底点向内移动1.3cm。
- 画顺袖子的袖山弧线。
- 绘制腕线（例如：袖口线宽为10.2cm，也可以改变）。
- 绘制肘位线（例如：肘位线宽为12.7cm，也可以改变）。
- 从袖口线向袖宽线画出新的曲线（袖底线）。
- 通过修改肘位线和腕线，调整袖子合体度。

测量袖山弧线

图10

- 袖山弧线应该比前后袖窿弧线大1.3cm。
- 通过增加或减小袖宽线的长度来调整袖山弧线。
- 调整后画顺袖山弧线。

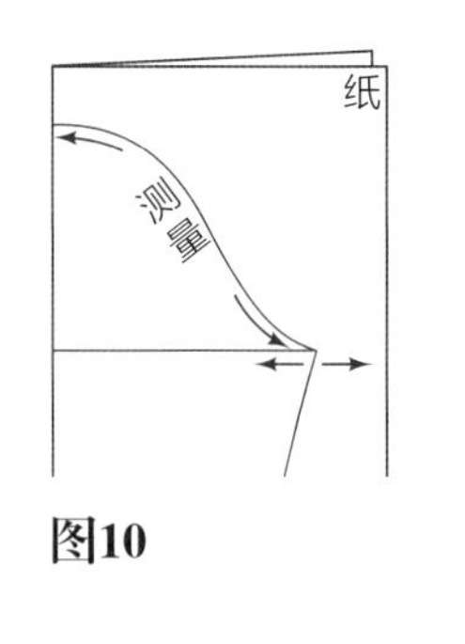

图10

增加缝份

图11

- 增加1cm的缝份后，从纸上剪下。
- 打0.3cm的刀眼或剪三角作标记。

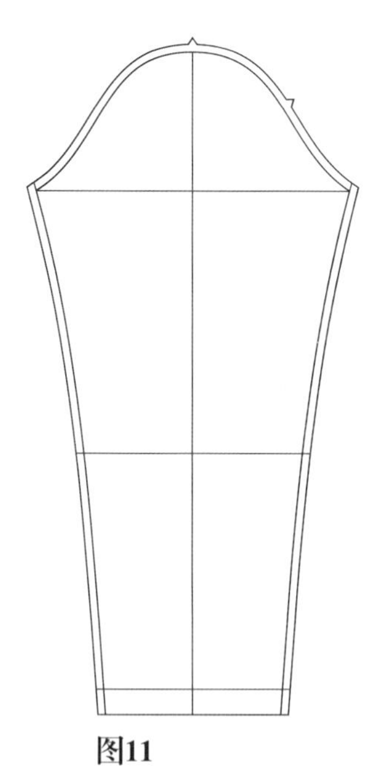

图11

设计2：宽松短袖套衫

款式分析

图1

参照宽松衬衫的立体裁剪过程。门襟嵌片宽为3.8cm，为减去部分的两倍。领子为螺纹面料可以订制，也可以通过裁剪得到。面料建议使用棉针织物。

图1

完成纸样

图2

门襟嵌片

- 前中线两侧各1.9cm处画线，线的长度为款式要求的长度，从上向下标记为A和B。
- 作1cm的缝份，剪去嵌片。
- 画嵌片条，宽为3.8cm，长为A-B的长度，裁剪两个门襟。

罗纹领

- 为领围尺寸的长度，拉伸较小。

袖子

- 拷贝休闲款上衣的袖子，将其剪到需要的长度。

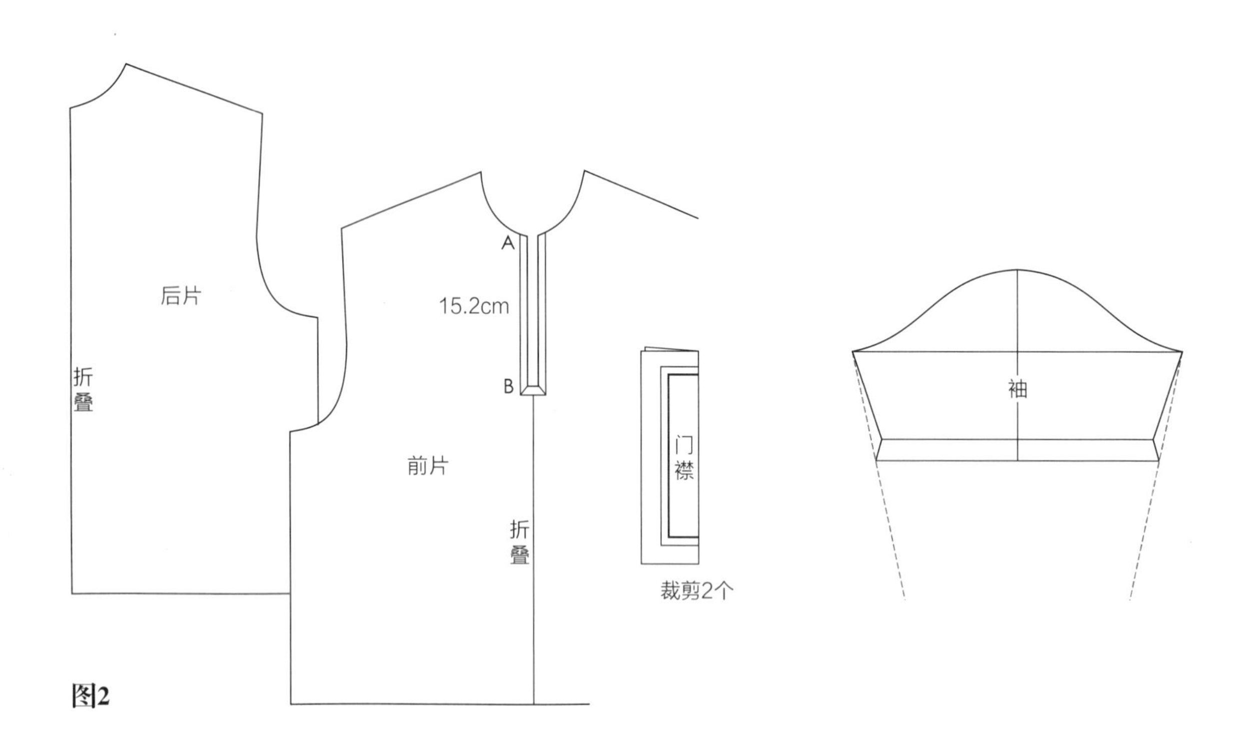

图2

设计3：马甲袖合体短上衣

设计分析

图1

短上衣长在胸下几厘米的位置，椭圆形领围线刚好在胸部以上。后领围线深较前领围线浅。可以在现有上衣的基础样板上画风格线得到，也可以通过立体裁剪得到。下面的例子介绍了在人台的针织原型，是通过领线标记，并剪出所需要的长度制作出来的。

图1

立体裁剪的步骤

图2

- 画出设计的领围线。
- 如果需要，用针固定侧缝线，使其更加合体。
- 将样板从人台上取下。

图3

- 对躯干部位针织物原型进行拷贝，或对立体裁剪得到的上装进行拷贝。

短马甲袖

图4

- 拷贝针织物袖子。
- 在袖宽线上5.1cm处画水平线。
- 从袖山向下7.6cm处向上旋转袖子到新的袖宽线，参照袖山弧线。
- 用同样的方法作袖子的另一半。
- 画顺袖山弧线。
- 在原袖宽线端点向内1.3cm画袖底线。
- 在袖宽线上弧长1.3cm画袖子下摆线。
- 袖山弧线应比袖窿弧线长1.3cm，如果不是，调整袖宽线。
- 用剪口或三角形作标记。

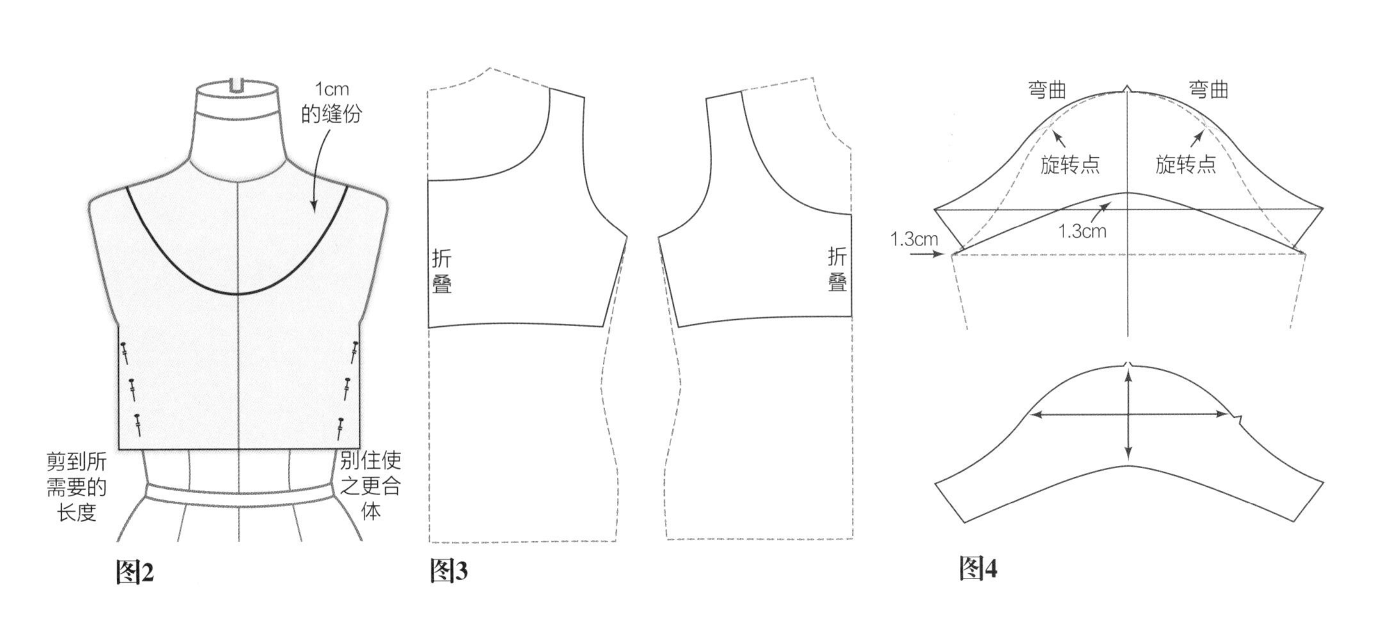

图2　图3　图4

紧身连衣裤、紧身衣和泳衣基础样板与设计

第9章

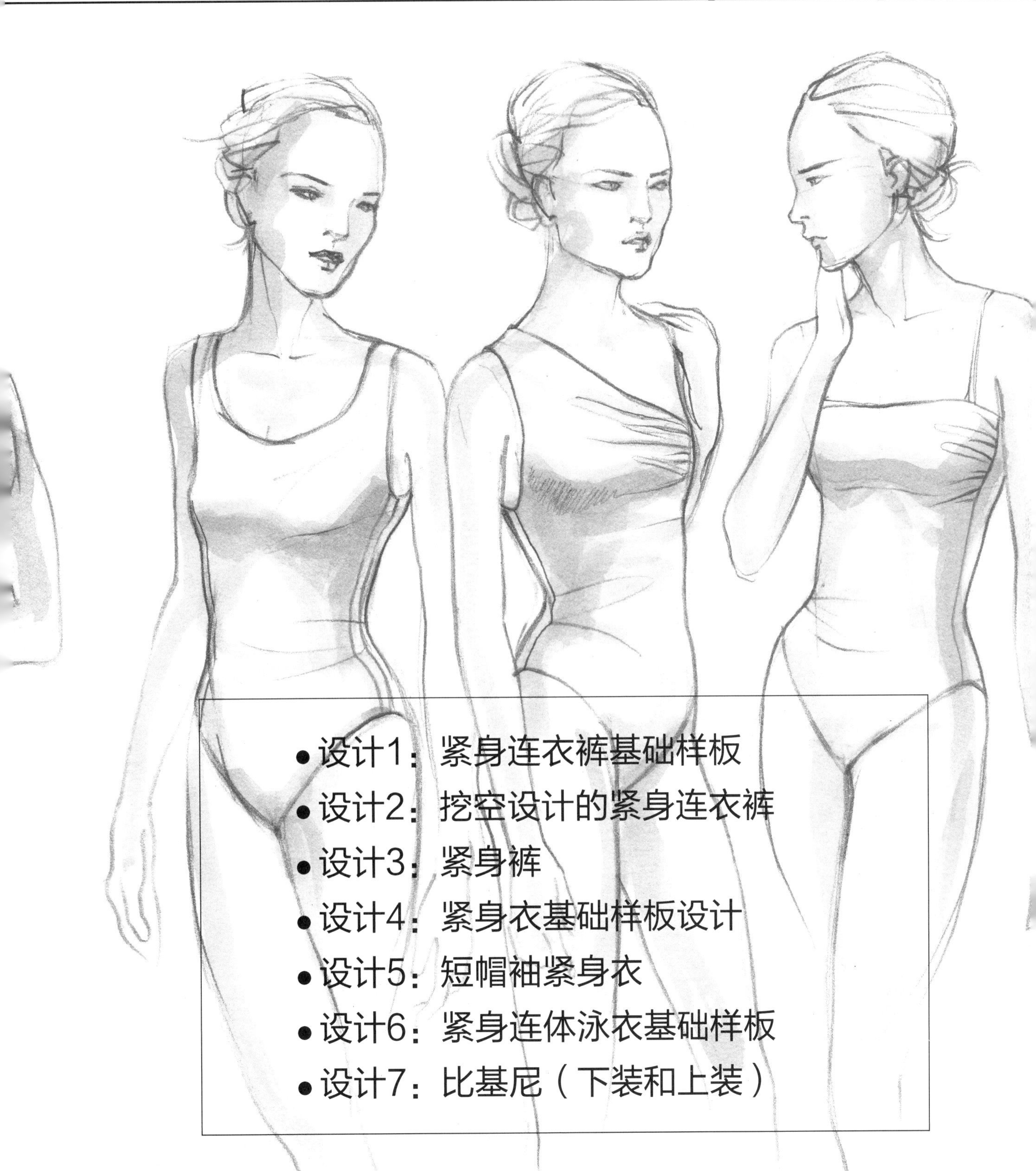

- 设计1：紧身连衣裤基础样板
- 设计2：挖空设计的紧身连衣裤
- 设计3：紧身裤
- 设计4：紧身衣基础样板设计
- 设计5：短帽袖紧身衣
- 设计6：紧身连体泳衣基础样板
- 设计7：比基尼（下装和上装）

紧身连衣裤是一款灵活的服装，它紧贴人体形态，不但适合运动和跳舞穿着，而且也适合白天或晚上穿着。它可以带袖子或无袖，将紧身连衣裤的基础样板从腰间分开，变成紧身裤，也可以直接被分成上装和下装。

莱卡/弹性纤维在被拉伸后具有良好的回复率，是制造紧身衣的理想材料。紧身衣和紧身连衣裤可以从基于人体躯干的针织物基础样板变形而来，也可以直接在人台上立体裁剪得到。

要注意的是，紧身连衣裤和紧身衣在衣服长度方向需要较大的拉伸率。将试身合体的服装保存起来以备后用，通过在其上加入一些风格线，可作为其它款式纸样制作的参考。这些基础样板是所有针织服装的基础，但是，如果拉伸率和回复率改变时，服装合体度的要求也需要改变。参照第7章的尺寸测量和第8章的方法来制作针织上衣。

设计1：紧身连衣裤基础样板

设计分析

图1和图2

传统的紧身连衣裤基于紧身针织服装的基础样板而来，并贴合于人体的轮廓。前后衣片的纸样同时制作，但完成时将被分开。在需要裁剪时，给出的尺寸包含缝份量。

建议面料：使用双向弹或多向弹面料（参见第8章）。先使用紧身针织服装的基础样板，当不能使用时，请参照第8章的作法。

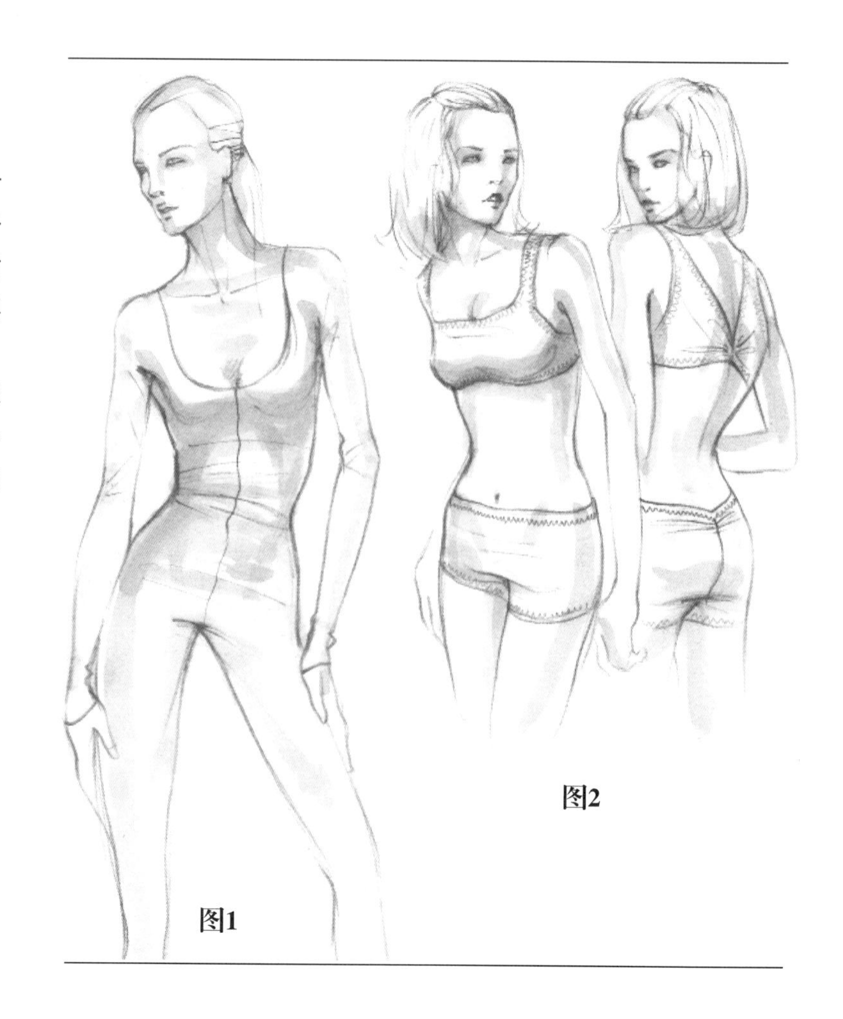

图1

图2

面料的准备

参照548～549页第18章的内容测量并记录各部位尺寸。下面是来自32页第4章人台的尺寸，也可以使用个人尺寸。

- 腰部弧线（#11）和臀部弧线（#13）=________。
- 裆深（#15）=________。
- 从腰部到脚踝的高度 =________。
- 膝围（#19）=________。
- 脚围（#21）=________。
- 长度：后颈点（#17）到脚踝（#16）的长度=________。
  总长=________。

准备样板纸

图3

- 拷贝前片并标记腰围线。
- 将后片放在前片上，并把它们的中线和水平平衡线（HBL）对齐。
- 此时后片肩线与领围线的交点和前片不在同一点上，在画领围线时将它们画顺。
- 从肩线与领围线的交点向纸的底端作中线的平行线。
- 腰围线，臀围线各变短1.3cm（见虚线所示）画出新的侧缝线，对于有袖子的服装，侧缝线从袖窿弧线底点处开始，对于无袖的服装，从袖窿弧线底点内1.3cm处画。

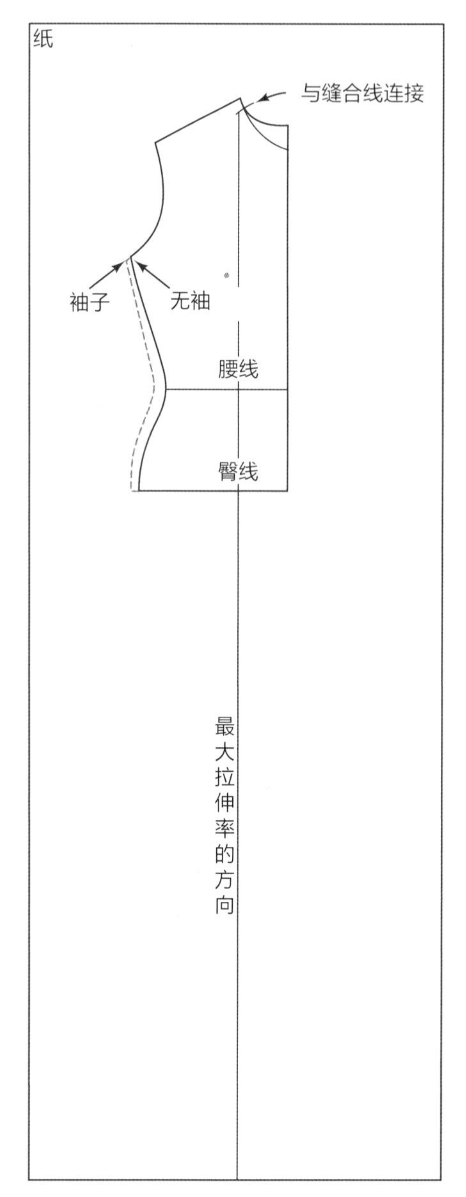

图3

图4

- 画裤长，从腰线X向下测量的数据减5.1cm。
- 标记脚踝线Y。
- 画中线的垂线，作裆深，大小为从腰下测量的实际数据减3.2cm。
- 在裆深和脚踝线的中间作膝线，参照以下数据：
  - 膝围数据：在直丝缕线两端各作膝围的1/4少0.6cm标记。
  - 脚口线：在直丝缕线两端各作脚踝围的1/4加0.6cm标记。
- 从脚踝向膝围线连线，并延长。

图5

- 延长裆深线，至1/4臀围线的长度，后片在此基础上再增加1.9cm（虚线），画出裆弯线。
- 外侧缝线：从臀围向下画一条向外的曲线，该曲线在与膝盖围线连接时向内弯曲。
- 内侧缝线：从裆宽线向内画一条曲线，并与腿部线条画顺，如图前片为实线，后片为虚线。
- 在画好的纸样下面放置样板纸，用针固定。
- 沿后片纸样剪下，如图虚线部分。

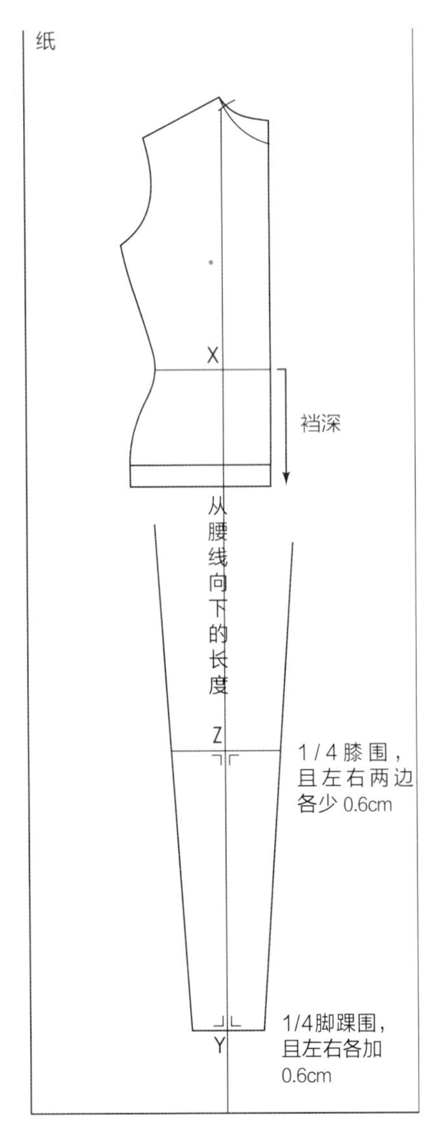

图4

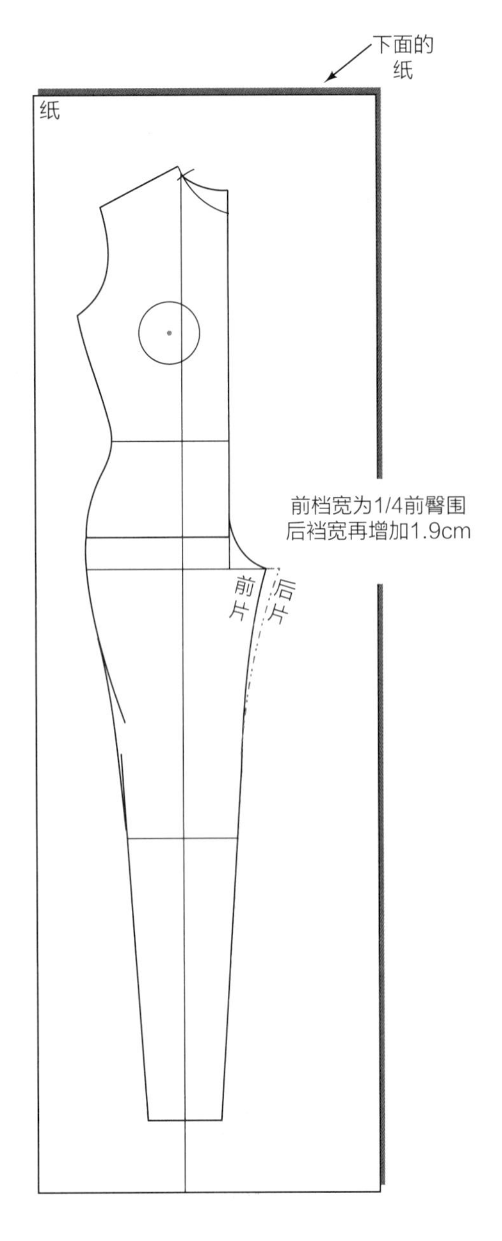

图5

完成纸样

后片纸样

图6

- 通过立体裁剪对后背弧线进行处理，将使服装后中腰更合体。

前片纸样

图7

- 修剪前片领围线。
- 减掉后裆宽多余的部分。
- 试身时标记乳点和乳房半径。

适体性分析

- 如果围度方向太宽松，用针沿侧缝线去掉多余量，并再次标记袖窿弧线，校正样板。
- 如果在长度方向太宽松，沿腰围线用针固定住多余量，剪掉在腰部重叠的量。
- 每次修正样板时都拷贝一份，并将原始样板保存下来。

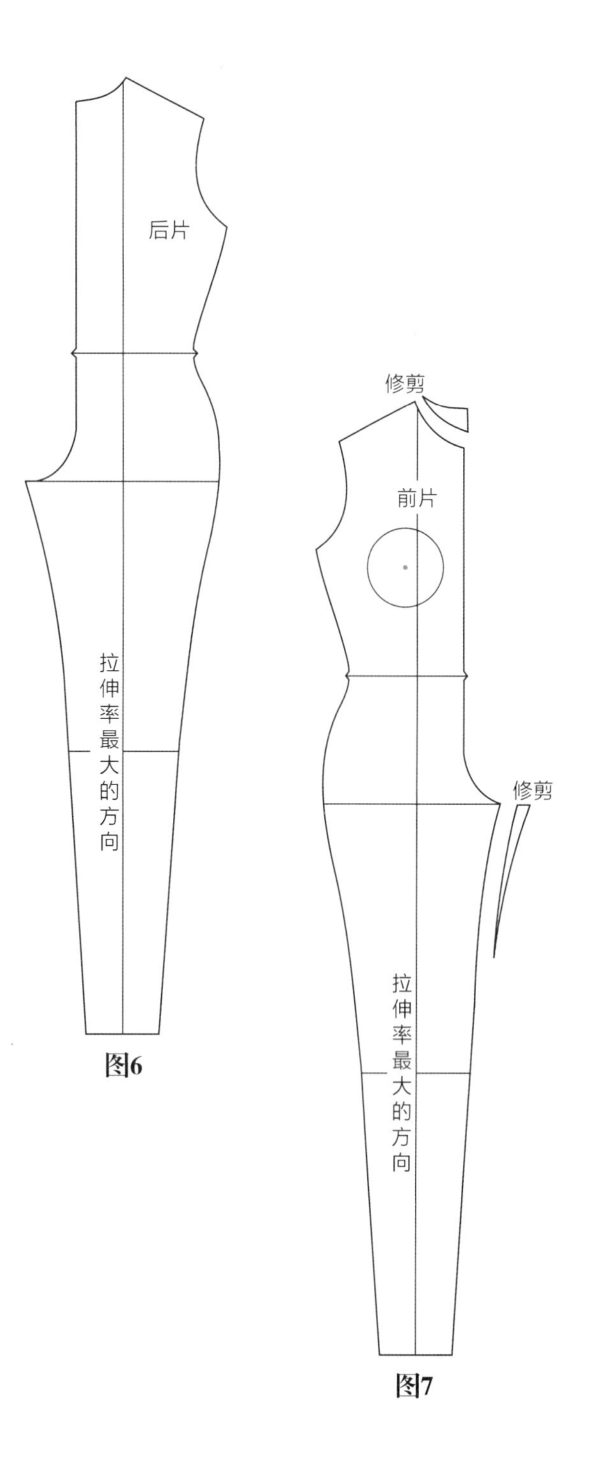

图6

图7

设计2：挖空设计的紧身连衣裤

图1和图2

下面的例子可供其它款式参照。**建议：** 风格线可以直接画在紧身连衣裤的拷贝纸样上，也可以在人台试身时画在服装上。采用可擦除的笔或者针标记。在纸样上去掉或转移风格线（不要把服装剪开）。

图1　　图2

标记风格线

图3

- 标记乳点和乳房半径。
- 粘贴松紧带，参照603页的松紧带、胶带和文胸肩带的说明。

纸样完成

图4

- 将风格线拷贝到纸样上。
- 在领围线、袖窿弧线和侧缝剪掉位置加1cm的缝份。
- 从纸上剪下样板，缝合并试身。

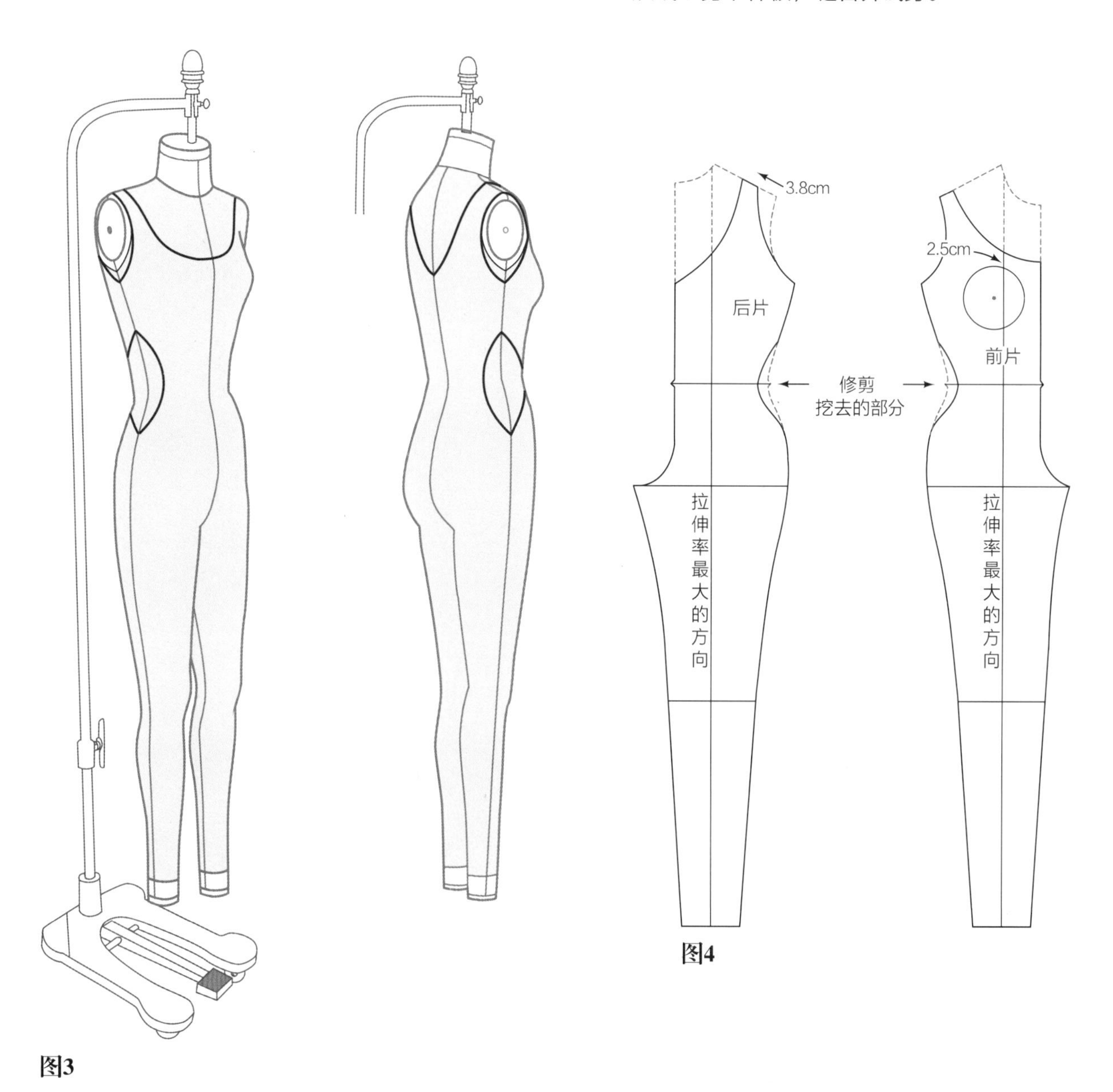

图3

图4

设计3：紧身裤

立体裁剪步骤

图1和图2

- 拷贝腰围线向上10.2cm，到裤子款式要求的长度，要记住裤子将会松弛，在试身时标记修正的量。
- 松紧带的宽度参照款式要求，其长度比实际腰围线短2.5cm。将松紧带插入腰部面料折叠位置。

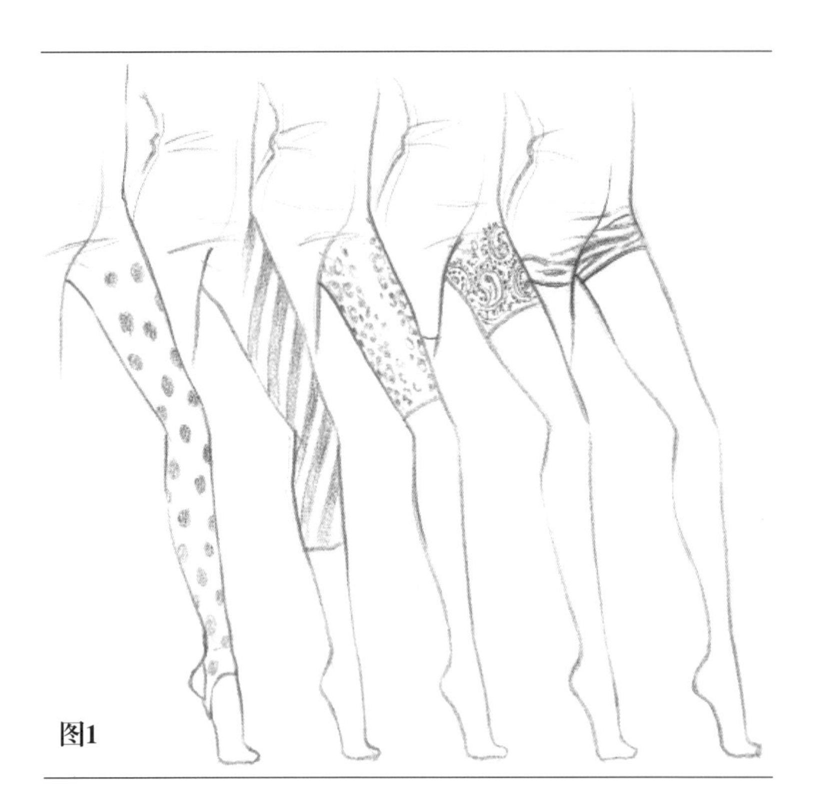

图1

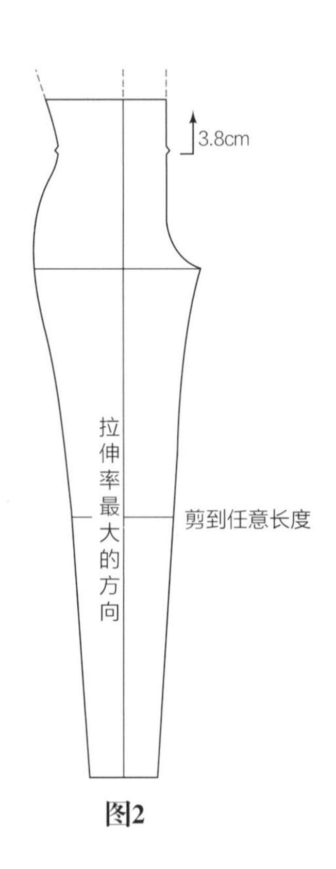

图2

设计4：紧身衣基础样板设计

紧身衣有一个变化高度的挖空腿线设计，而且可以设计为带袖或不带袖的款式（通常采用插肩袖、落肩袖或和服袖），它是通用服装，可用于运动，作为跳舞服，也可以作为街头服装穿在裙子和裤子之下。

莱卡/弹性面料是理想的材料，在被拉伸后具有良好的回复性。紧身连衣裤可基于针织紧身服的样板变化而来，也可以直接在人台上立体裁剪得到。但是采用针织紧身衣的样板变化会更方便，因为在人台两腿之间较难进行立体裁剪。

注意，在裁剪时，面料弹性较大的方向应置于紧身连衣裤长度方向。将试衣合体的样板保存起来以备后用，在其上加入一些风格线，可作其它款式纸样设计的参考。

紧身连体衣样板是所有针织服装的基础，但是如果面料的拉伸率和回复率改变时，服装的合体度也会发生变化。

款式分析

图1

衲弯是基于躯干形状而来的，在作紧身连衣裤的纸样时，前片和后片要连在一起制作，在完成纸样后再将它们分开。紧身连衣裤样板是所有连体衣的基础。

准备衣身人台

除了长度线，参照紧身衣裤的说明。记录裆弯长度，即沿腰围处前中线开始，经过裆底，测量至后中线和腰围线的交点。

图1

立体裁剪步骤

图2

- 从裆长线减去3.2cm并向下延长腰围线下的前中心线。
- 过前中线端点作垂线，长度为5.1cm作标记，再从这一点向里1cm处作标记。

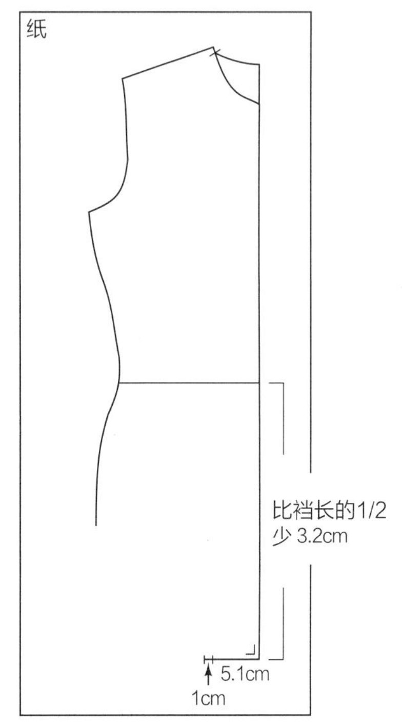

图2

图3

- 过该标记点作垂线。
- 从腰线向下测量，并在裆长的一半作标记点，过该点向侧缝线作垂线。
- 按照图示画出腿线，并在1cm的位置作十字标记。

后腿裁剪

图4

- 过两个1cm的标记点作一条直线，取其中点向外作垂线，垂线段长为2.5cm，按照图示说明画好后腿线。

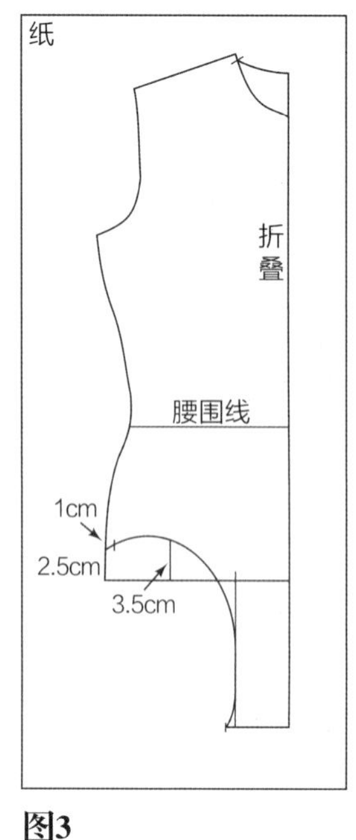

图3

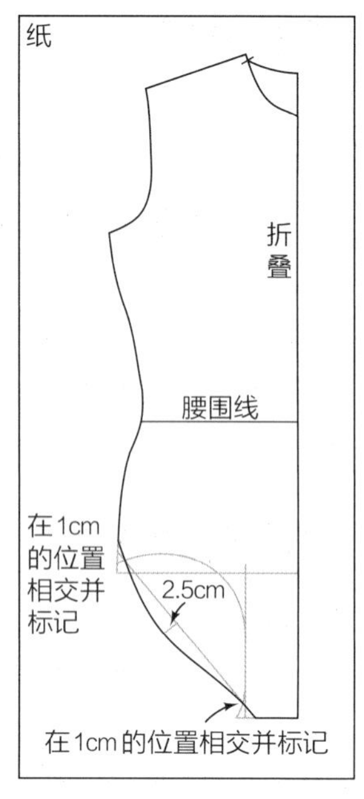

图4

完成的纸样

图5

后片

- 在样板下放置一张纸，用针固定，沿样板剪下，为后片纸样。如果想要更加合体，如图在腰部进行修改。

前片

- 修剪前片领围线得到前片纸样。

提高腿线

图6

- 画出较高的腿线，参照图示说明。

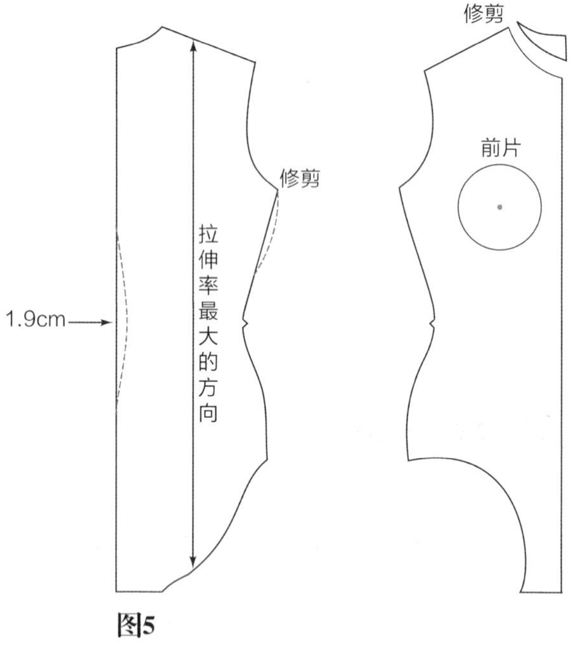

图5

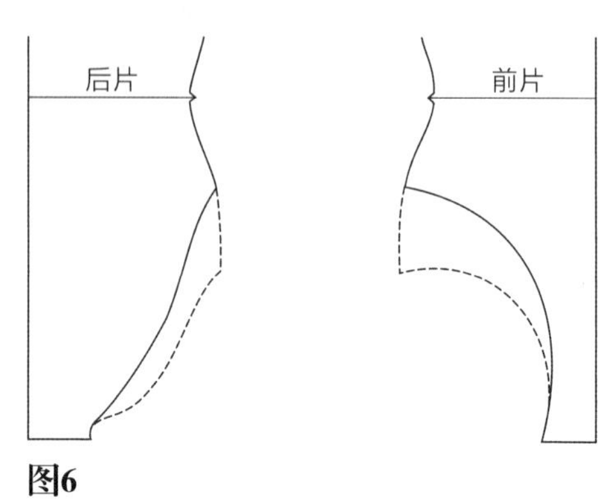

图6

适体性分析

- 将样板固定在人台上并测试合体度，如有需要进行调整。注意，不同拉伸率的针织物要求不同的合体度。在试身时标记出乳点和乳房半径，同时要注意当你修正纸样时要先在纸上拷贝一份样板。

设计5：短帽袖紧身衣

款式分析

图1

拷贝紧身连衣裤基础样板，并剪下，标记好风格线后将样板固定于人台上。用十字标记画出接缝线位置。取下并沿风格线剪开，使样板成为独立的部分。

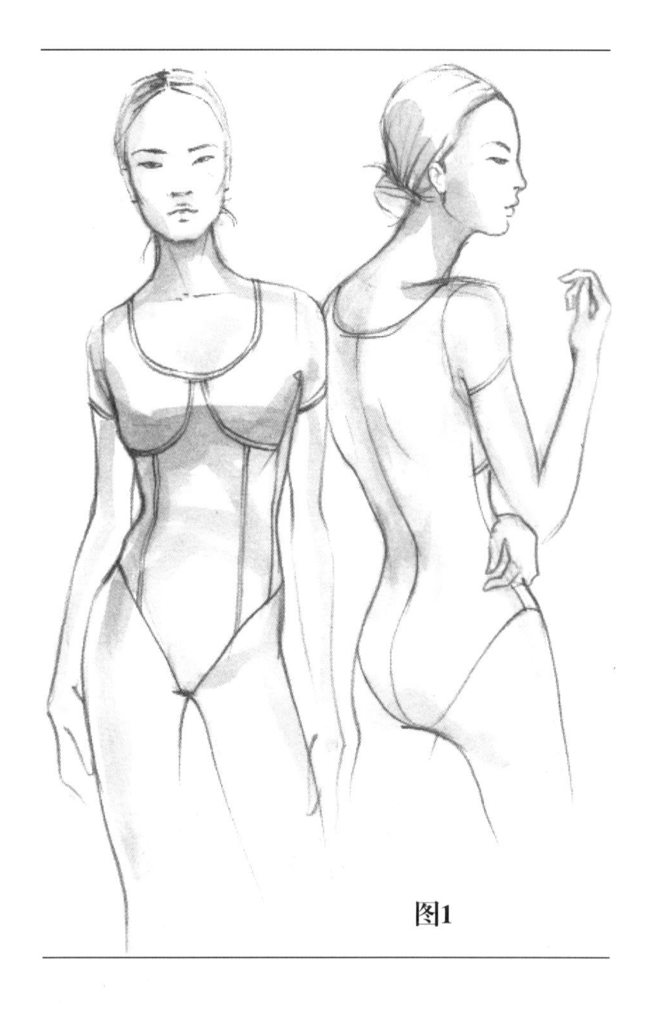

图1

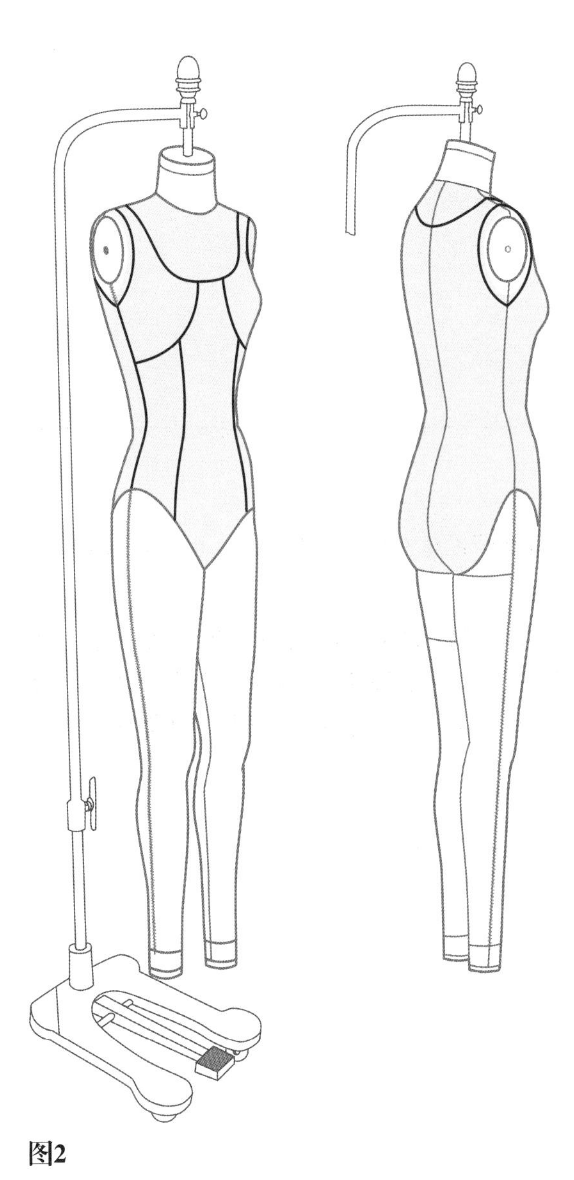

图2

绘制风格线

图2

- 标记风格线（或色块），并作剪口。
- 取下并将纸样剪开，成为独立的部分。

完成纸样

图3

- 上部风格线（a和b）
- 前片（e）
- 前侧片（c和d）
- 后片（g）
- 袖子（f）；如果597页的款式是无袖的，可以忽略袖子纸样。

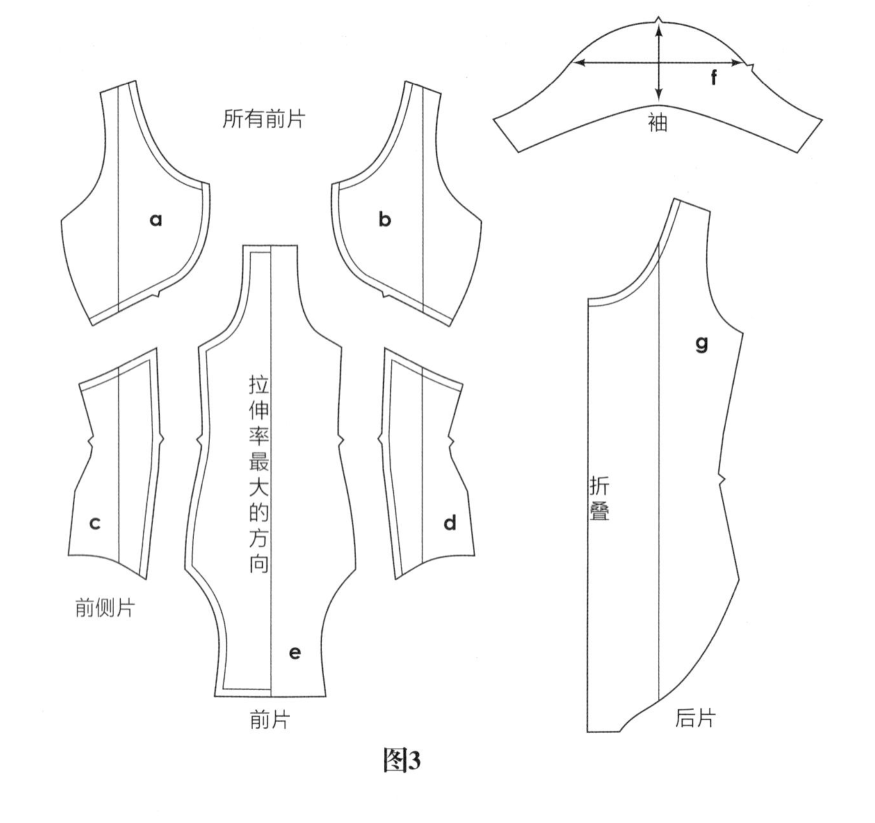

图3

泳衣基础样板

本章介绍了两款泳衣——紧身泳衣和比基尼。泳衣可以基于紧身衣基础原型变形，也可以采用所选面料进行立体裁剪。

紧身连体泳衣：一件式泳衣，侧面腿部挖空部分可以变化高度。它由针织弹性面料制成，除了拉伸性较大的方向位于人体围度方向外，其余都可根据紧身连衣裤的纸样说明进行制作。

比基尼：两件式泳衣——带罩杯的上衣和底裤——侧面腿部高度可以变化。这种泳衣可由弹性针织面料、机织棉或其它面料制作而成。

设计6：紧身连体泳衣基础样板

款式分析

图1

紧身连体泳衣是由紧身衣发展而来的，是一款流行女式泳衣。它由弹性针织面料裁剪而成，在人体围度方向拉伸性较大。当缝制或在人台上穿着时，如果面料太松，将侧缝线向里移动使其更加合体，调整拷贝的纸样。立体裁剪时，在原型基础上画出风格线，然后将衣片取下，沿画好的风格线剪开，制成新的纸样。

图1

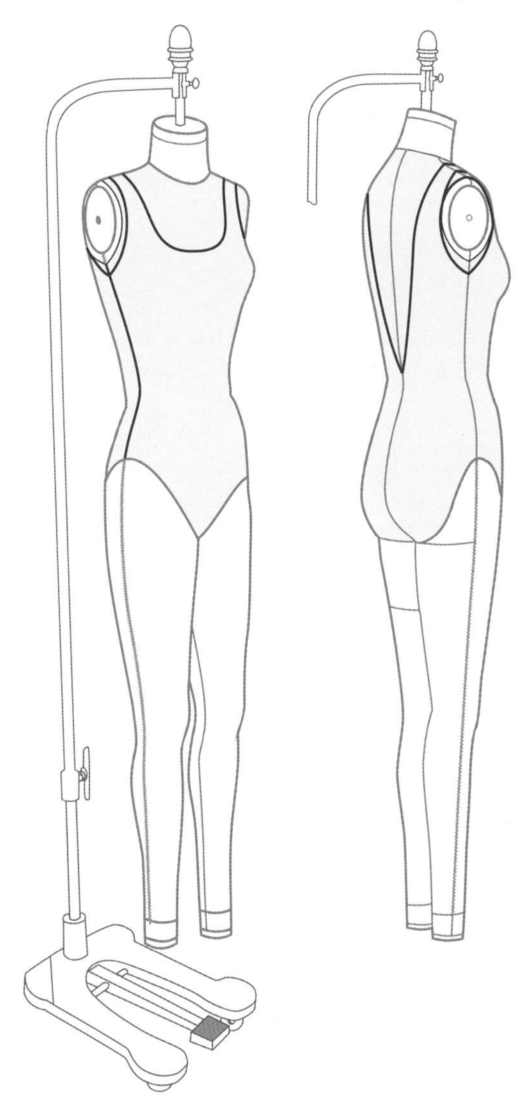

图2

绘制风格线

图2

低领口泳衣的后片肩带离开肩点向内的距离比前片肩带离开的距离更远（如图3所示）。使肩带在穿着时保持垂直，确保它在肩部的稳定性。然后将立体裁片人台上取下。

完成纸样

图3

- 在针织面料上拷贝紧身连衣裤纸样，然后将面料固定在人台上。绘制风格线并作1cm的缝份量。
- 在前片纸样上拷贝画出风格线，在各风格线处加1cm的量。
- 纸样上，肩带与肩线垂直相交。
- 在颈侧点内2.5cm画后肩带，并绘制1cm缝份量。

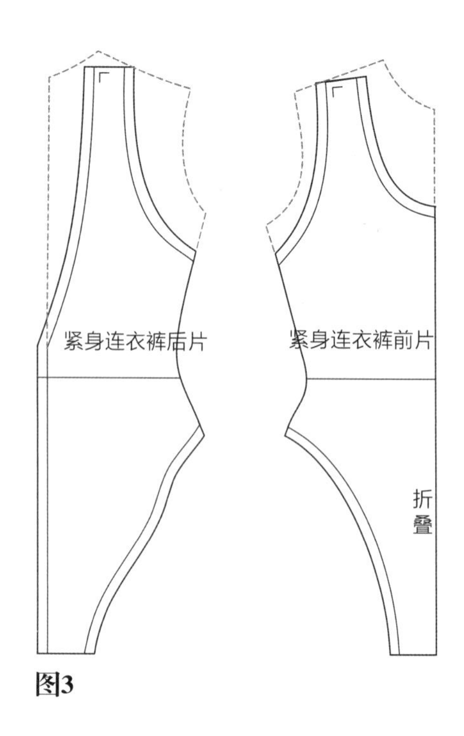

图3

设计7：比基尼（下装和上装）

款式分析

图1

女式泳衣的下装可以是比基尼短裤，上装罩杯的设计可以上下杯或左右杯，可以是单层罩杯也可以是夹棉型的。

图1

比基尼（拷贝或立体裁剪）

图2

- 如果泳衣的纸样可用，将其拷贝下来（从腰到裆部），在此基础上进行比基尼的设计，或者对它进行立体裁剪。参照前面弹性面料立体裁剪的说明。

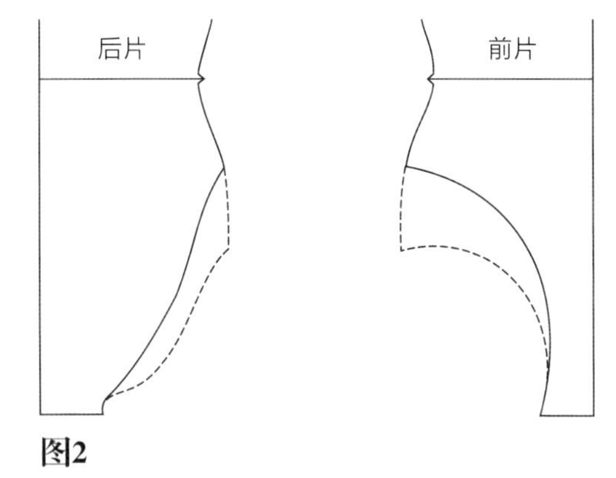

图2

立体裁剪的步骤

上装文胸

使用白坯布进行上装文胸的立体裁剪，试衣时不被拉伸，得到的纸样可适用于所有面料的立体裁剪中。

图3

- 对罩杯上半部分进行立体裁剪，标记胸部上边缘线和经过乳点到侧缝的分割线，然后将立体裁剪的面料取下。

图4

- 对罩杯下半部分进行立体裁剪，标记文胸下边缘线和经过乳点到侧缝的分割线。

图5和图6

- 将文胸裁片的上下部分固定在一起，继续作后侧翼的立体裁剪。

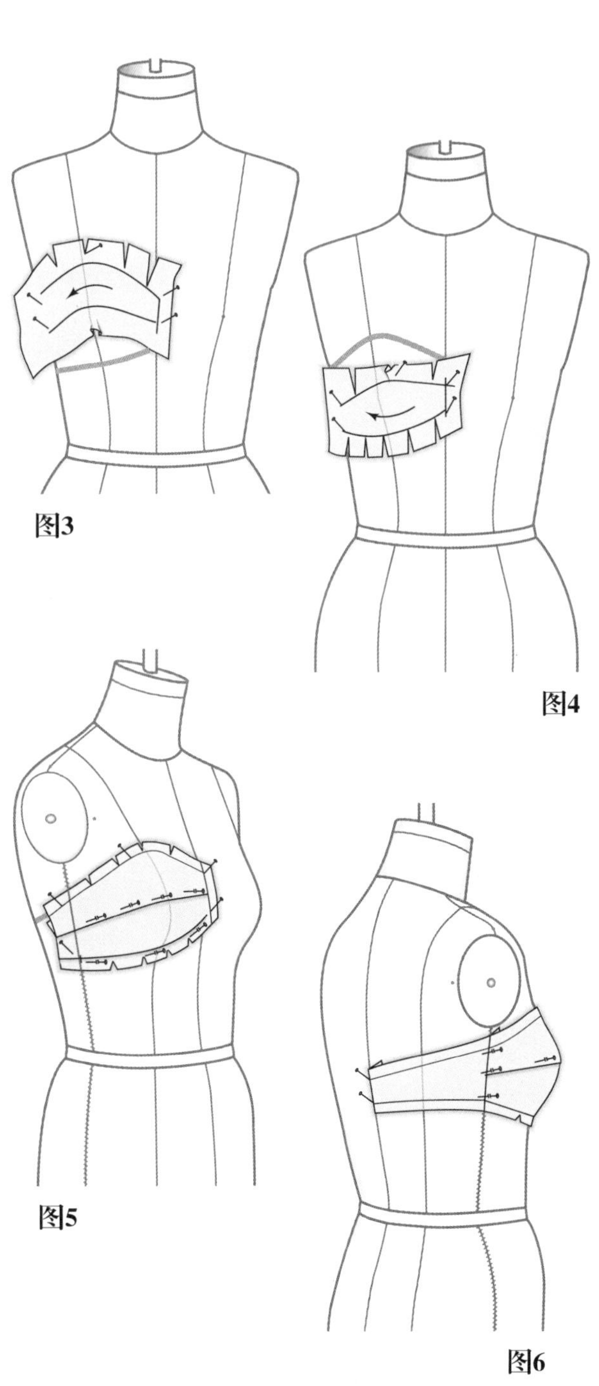
图3 图4 图5 图6

文胸纸样

图7

- 罩杯可以单独缝制为文胸，也可以用于紧身衣中。

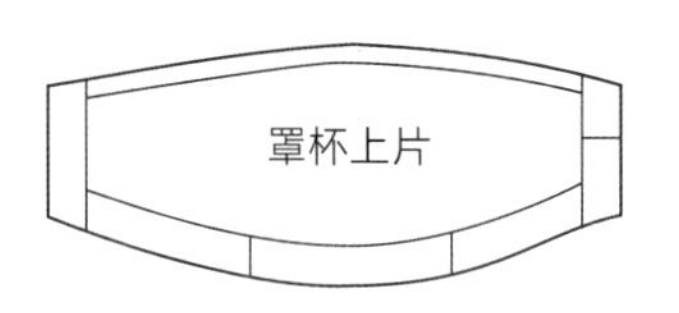

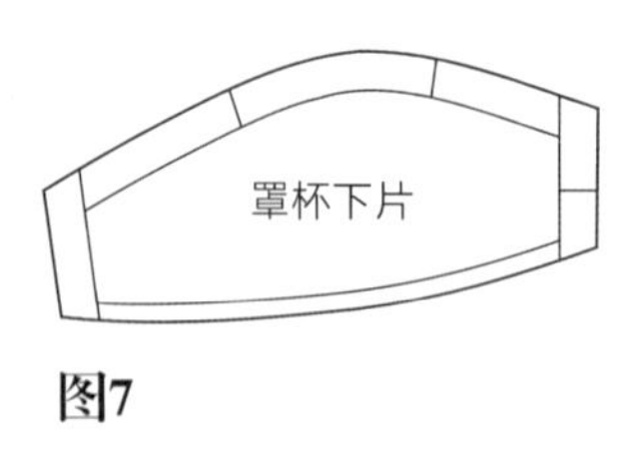

图7

立体裁剪步骤：肩带变化

系带

图8

- 将面料对折后裁剪，在肩带长的基础上加25.4cm，系带末端打结用。
- 作0.6cm的缝份量。

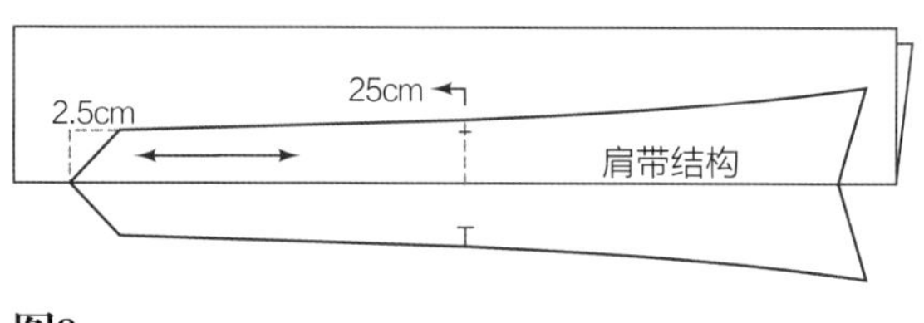

图8

用扣子固定的肩带

图9

- 将面料对折后拷贝肩带形状。
- 在其纸样长度方向增加6.4cm，然后在肩带末端向内2.5cm标记A点。
- 标记扣位和扣眼位置。
- 从A点向内10.2cm标记B点。
- 剪宽为1.9cm，长为10.2cm的橡筋，将肩带对折并拉伸后的橡筋黏贴于A和B之间。

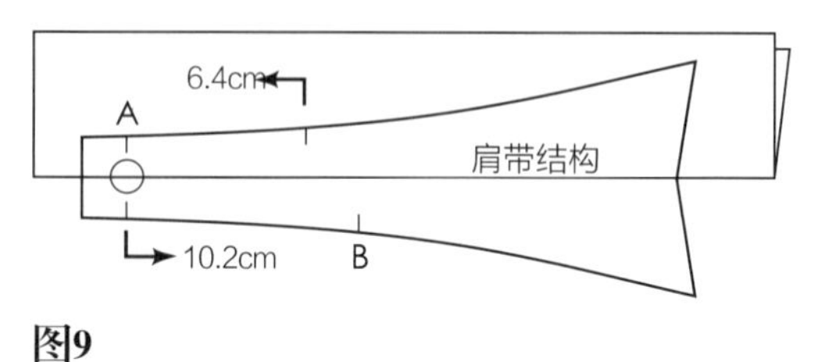

图9

带钩扣的肩带

图10

- 注：钩扣闭合件要求文胸有1.3cm宽的侧缝线。
- 剪两段宽为3.8cm，长为30.5cm的面料作为肩带。
- 另剪两段宽为1.3cm，长为15.2cm的橡筋（橡筋需被拉伸插入肩带折叠位置）。
- 肩带折叠成环，将钩扣插入环中，进行缝制。

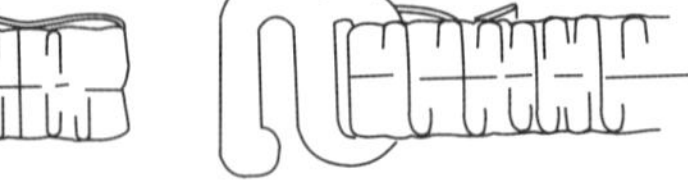

图10

使用橡筋、牵条和罩杯

以下信息是完成便于活动的服装的一般性指导。

所需物料

- 手针：使用9～10号的圆头针，针距为每厘米4～5针。
- 缝纫线：圆筒线（尼龙线或涤纶线）或棉线。
- 罩杯：可以从面料市场、专卖店买到。
- 弹性面料或尼龙经编织物：用于罩杯边、裆部、及泳衣的衬里。
- 橡筋：领围线用0.6cm宽，脚口用1cm宽的橡筋。

橡筋

无论是硬挺的面料还是针织面料，橡筋都可以在毛边上进行缝制，它的作用有两种：

1. 比毛边裁剪得更短，常用于胸围之间，通过拉伸，也用于臀围以下（中空区域）收掉下胸围的多余量。
2. 裁剪得与毛边等长，不用拉伸。橡筋可以防止毛边变形。橡筋常用于比基尼腰部和镂空（挖空）部位。

橡筋指导

例子说明了服装不同部位所需橡筋的长度。

1:1的比率：指橡筋与面料等长不作拉伸。

用人字车、包缝机或平缝机与服装固定。

橡筋缝制在服装的反面，当翻折时，用正面线迹，缝制时均匀拉伸橡筋，用针在中间位置固定，用以控制伸缩量（比基尼背面）。

特殊部位橡筋的长度

图1

领围线：

- 前: 比测量尺寸少2.5cm。
- 后: 1:1 比率（无拉伸）
- 袖窿弧线：1.3cm。
- 比基尼：5.1cm（允许端点有1.3cm交叉重叠量）。
- 前：1:1比率（无拉伸）。
- 橡筋在比基尼反面保持拉伸状态，在中间用针固定，使多余余量平均分布。

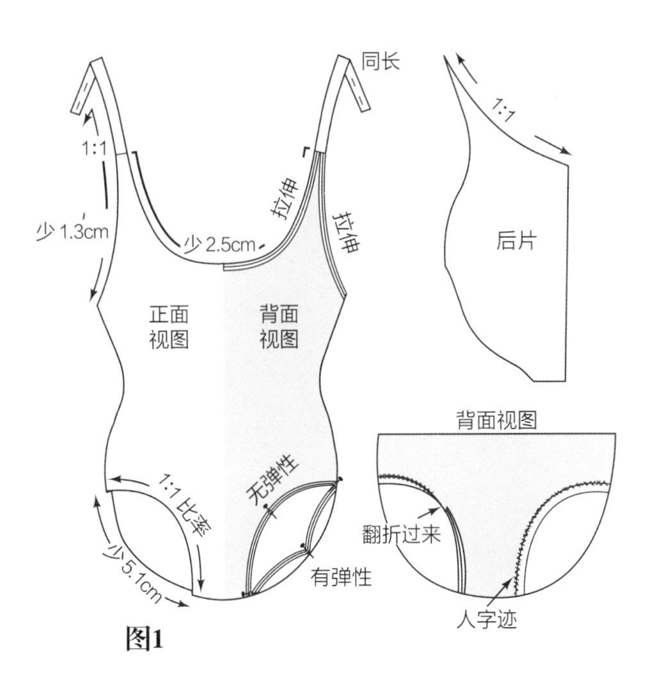

图1

挖空部分

图2

- 挖空部位橡筋比正常长度短2.5cm，通常在胸下位置拉伸1.3cm，其它造型线处拉伸1.3cm。

比基尼

图3

- 橡筋裁剪比实际总长短3.8cm。

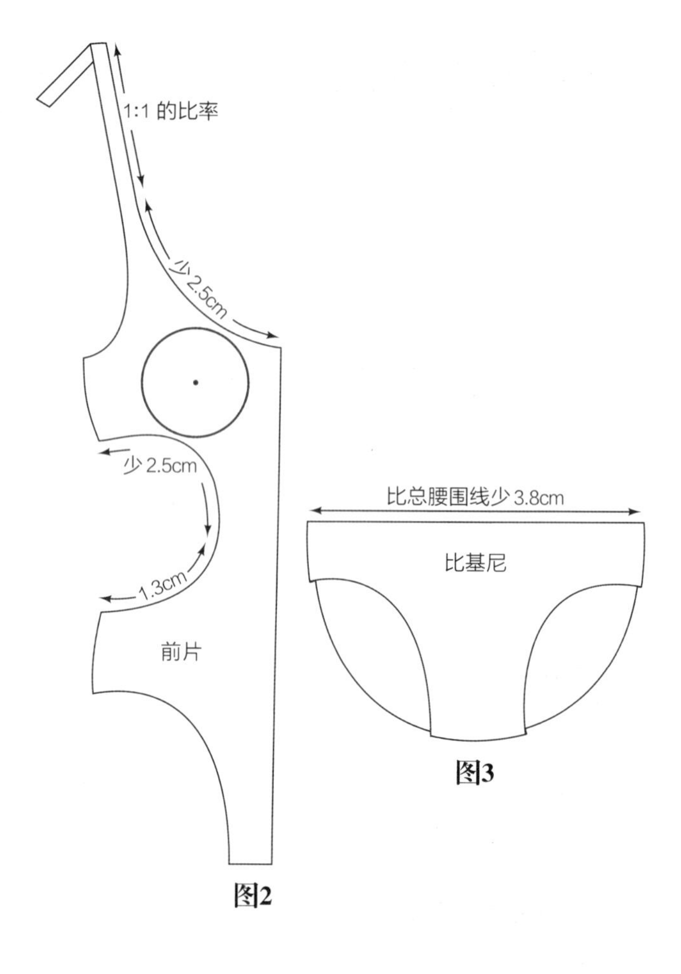

图2

图3

裆部衬里

图4

- 从纸样上拷贝裆部里子的形状（a）。
- 将纸样对折，里子与服装面面相对装上橡筋（b）。

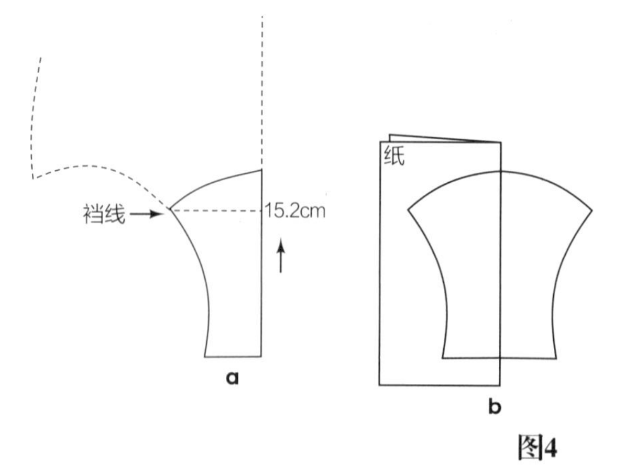

图4

牵条

图5

- 肩带牵条防止肩线拉伸。

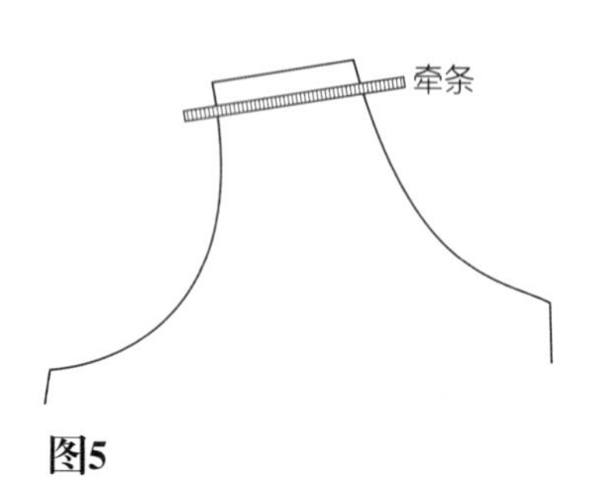

图5

罩杯/附加

- 女士泳衣和比基尼上衣可以有或没有罩杯。将罩杯附加在泳装上的方法很多，如图所示。

尺寸及需要的面料

- 测量两乳点之间距离，并分为一半，记录为______。
- 面料：经编针织物或弹力针织物。

立体裁剪步骤

图6

- 按照女士泳衣的纸样裁剪面料的长宽，并各加2.5cm。
- 在裁剪好的面料上用划粉画一条中线，并在离布边10.2cm的位置向上画一条水平线。
- 从中线向外十字标记乳点。
- 把罩杯放在面料上，将面料上乳点和罩杯上的乳点对齐。
- 用针固定罩杯位置，拷贝其形状。
- 在中线另外一边，用同样的方法拷贝罩杯。

胸点
胸点
参考线
10.2cm
中线

图6

图7

- 作1.3cm的缝份，将面料沿画好的罩杯形状中间破开。
- 将面料放在人台，并对罩杯进行调整，必要时，重新标记罩杯位置。
- 将罩杯用针固定在面料上，从人台上取下，与面料进行缝合。

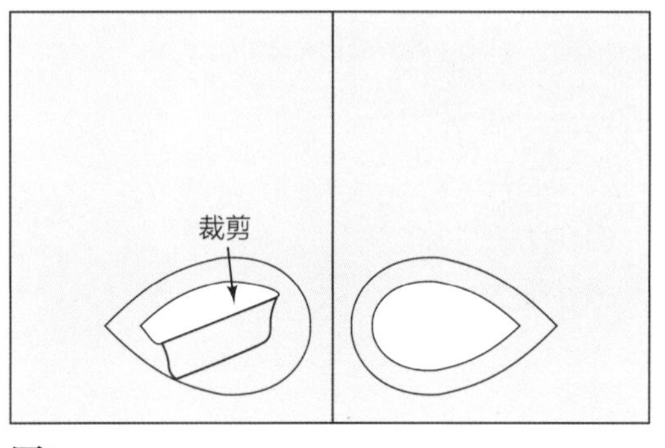

图7

图8

- 沿罩杯边在下面缝合0.6cm宽的橡筋花边。
- 在服装的反面固定或缝合里布，并沿服装轮廓修剪。
- 缝合1.3cm宽的橡筋（毡面向里），其宽度比里布底围短1.3cm。
- 将里布、橡筋和服装缝合在一起，将橡筋折叠并用之字缝或直线线迹缝合。

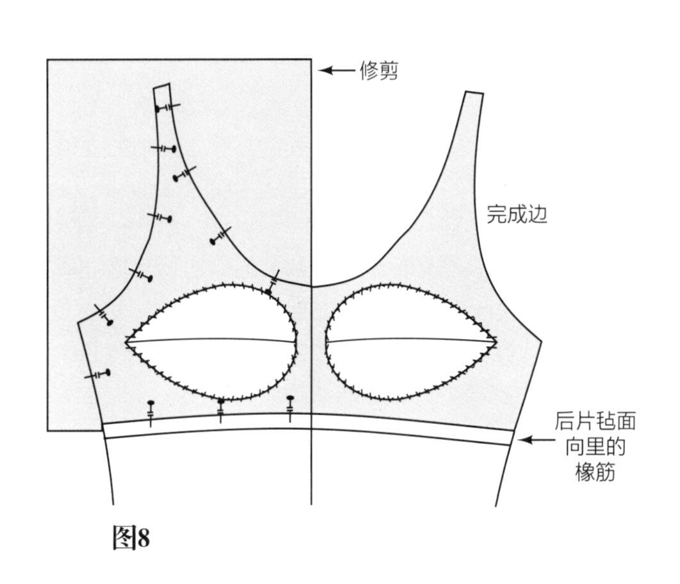

图8

附录 《服装立体裁剪（上）》目录

译者后记

《服装立体裁剪》中文版分上、下两册，由西安工程大学刘驰教授、蔡京廷助教、温星玉助教，以及陕西工业职业技术学院钟敏维讲师翻译。具体情况如下：刘驰翻译上册第1章至第5章，并翻译前言、致谢、目录、封面封底等，同时组织分配全书的翻译工作，并负责全书的修改和统稿，以及最后的校样；钟敏维翻译上册第6章至第10章；蔡京廷翻译上册第11章和下册第1章至第4章；温星玉翻译下册第16章至第19章。由于时间紧、工作量大，加之译者水平有限，错误和欠妥之处在所难免，恳请广大读者批评指正。